DIY 个性桌面

太极图案

CD 封面

主题书签

影视海报

高级轿车照片修饰

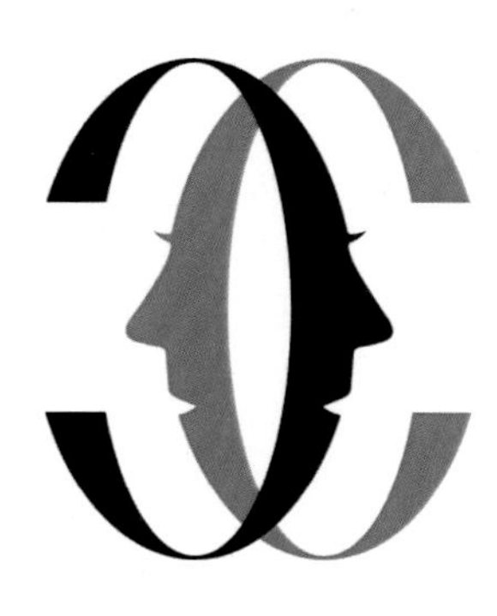

脸形图案制作

标志制作

艺术字制作

软件界面设计

一路走过

一路走过这些岁月，曾有无助曾有坎坷，追逐梦想，就让他们全部滑落……

首页　我的日记　我的相册　我的收藏　朋友留言

About Me

我是一名男生，五官端正，而且长得又英俊。我在学校遵守学校的规章制度，爱护公共财产。我的思想品德很好，有一颗善良的心。特别是我不会乱扔垃圾，会扔到垃圾桶里。很少人有这个习惯，这个习惯是了解我的人都知道的。我也会帮助我的家人、老师、同学和陌生人等等吧！

我的学习同样也很好，得过很多奖，其中学科的有：电脑、作文和数学。我的各门科目都是学得很好的。我也非常聪明。

Photo

日记

每年的十月一日，是祖国妈妈的生日，全国人民都欢庆这一天，这一天就是国庆节。　一九四九年十月一日是第一个国庆节，那一年我们伟大的中华人民共和国刚刚成立。中国人民终于解放了，他们成了自己的主人。爷爷说，那一年他正好刚刚出生。

今天是2011年10月1日，是第六十二个国庆节。这一　天，我已经是一年级的小学生了。因为庆祝国庆节，我们放假了。我和爸爸到了人民广场。我看到了飘动的红旗，看到了高兴的人们，看到了洁白的鸽子。这一天秋高气爽，这一天风轻云淡，这一天瓜果飘香，这一天就是祖国妈妈的生日----国庆节。

版权所有 @ 格格

个人主页

副券

黄海大学美术学院

电影节门票

水晶字效果

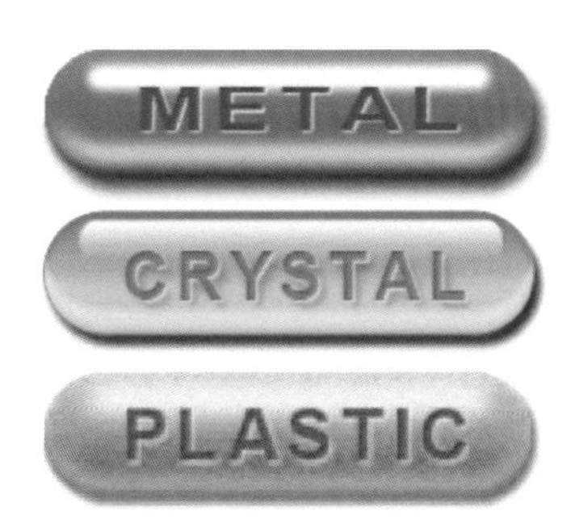

质感按钮

创意照片

装饰画

包装设计

个人简历封面

啤酒杯

水波效果

图像处理
Photoshop
CS6 | 中文版 |
基础教程
老虎工作室 王建华 赵玉红 编著
Non
Matrix
人 民 邮 电 出 版 社
北 京

图书在版编目（CIP）数据

图像处理 : Photoshop CS6中文版基础教程 / 王建华，赵玉红编著. -- 北京 : 人民邮电出版社，2014.7（2020.8重印）
ISBN 978-7-115-34625-4

Ⅰ. ①图… Ⅱ. ①王… ②赵… Ⅲ. ①图象处理软件—教材 Ⅳ. ①TP391.41

中国版本图书馆CIP数据核字(2014)第076027号

内 容 提 要

本书全面、系统地介绍了 Photoshop CS6 的基本功能及其常用工具，并对选区、路径、图层、通道、蒙版、滤镜、文本和图形制作等重点和难点内容进行了详细讲解。在介绍工具和命令的同时，还提供了精彩的案例练习和综合应用实例，以方便读者更好地理解和掌握所学内容。

本书配套光盘中提供了本书相关案例的素材文件、最终效果文件和操作视频。读者可以根据这些资料进行比对学习，在较短的时间内掌握 Photoshop CS6 的操作方法。

本书适合 Photoshop 初学者和有一定操作经验的读者阅读，尤其适合各类相关培训学校作为教材使用。另外针对近年来数码相机的普及，本书增加了数码照片后期处理方面的内容，因此也适合对数码照片处理感兴趣的家庭用户阅读。

◆ 编　　著　老虎工作室　王建华　赵玉红
责任编辑　李永涛
责任印制　焦志炜

◆ 人民邮电出版社出版发行　　北京市丰台区成寿寺路 11 号
邮编　100164　　电子邮件　315@ptpress.com.cn
网址　http://www.ptpress.com.cn
北京捷迅佳彩印刷有限公司印刷

◆ 开本：787×1092　1/16
印张：17.25　　彩插：2
字数：429 千字　　2014 年 7 月第 1 版
印数：8 701– 9 000 册　　2020 年 8 月北京第 8 次印刷

定价：39.00 元（附光盘）

读者服务热线：(010)81055410　印装质量热线：(010)81055316
反盗版热线：(010)81055315
广告经营许可证：京东市监广登字 20170147 号

关于本书

内容和特点

本书全面、系统地介绍了 Photoshop CS6 的基本功能及其常用工具，并对选区、路径、图层、通道、蒙版、滤镜、文本和图形制作等重点和难点内容进行了详细讲解。在介绍工具和命令的同时，还提供了精彩的案例练习、综合应用实例和课后练习题。在本书配套光盘中，还提供了相关案例的素材文件、最终效果文件和操作视频，能使读者在较短的时间内掌握 Photoshop CS6 的操作方法。

为了方便读者自学和培训学校教学使用，本书严格按照培训班的课程设置来编排内容，以课时决定章节的长短，采取了“主要内容讲解一案例练习一综合应用实例一每章小结一课后练习题”的介绍流程，以便培训班的老师上课时使用。在每一章的前面都给出了本章的主要内容简介，可帮助读者大概了解本章所要学习的内容。在介绍工具或命令时，一般先介绍该工具或命令的基本功能和基本操作，再详细讲解相关的选项和参数。对于重要和较难理解的工具或命令，本书提供了相应的案例练习，以便读者加深印象和加强理解。在每一章结束时，还给出了该章小结，总结本章内容并提醒读者要注意的问题。另外，在每一章的最后还给出了相关的课后练习题，便于读者巩固所学知识。

全书共分为 10 章，主要内容介绍如下。

- 第 1 章：初始 Photoshop CS6，主要介绍软件界面、基本概念、新增功能和如何学好 Photoshop CS6。
- 第 2 章：介绍 Photoshop CS6 的基本操作方法，包括软件界面、图像文件及图像浏览的基本操作，同时介绍图像文件的颜色设置、标尺、网格和参考线的设置等。
- 第 3 章：介绍选择工具和图层的基本概念与基本操作。
- 第 4 章：介绍工具箱中各种绘画及修饰工具的主要功能及使用方法。
- 第 5 章：介绍路径的基本概念和功能，以及矢量图形工具的使用方法。
- 第 6 章：介绍文字工具和其他工具，如裁切、切片、吸管和注释等的基本功能及其使用方法。
- 第 7 章：介绍图层的高级应用，包括图层样式、图层混合模式、图层组、图层剪贴组和智能对象等。
- 第 8 章：介绍通道和蒙版的功能及其应用。
- 第 9 章：介绍 Photoshop CS6 菜单中的图像编辑命令和图像颜色调整命令。
- 第 10 章：介绍 Photoshop CS6 中各种滤镜的效果及其应用。

读者对象

本书适合 Photoshop 初学者和有一定操作经验的读者阅读，尤其适合各类培训学校作为教材使用。另外针对近年来数码相机的普及，本书增加了照片处理方面的内容，也适用于喜欢数码照相技术的普通家庭用户。

配套资源及用法

为了方便读者学习，本书附带一张光盘，主要内容如下。

一、"Map"目录

存放本书所有实例练习所用到的素材文件。

二、"最终效果"目录

存放本书实例制作的最终效果。读者按书中的操作步骤完成案例练习及综合应用实例后，可以与这些效果进行对照，以查看自己所做的是否正确。

三、"练习题"目录

存放本书课后练习题的答案及最终效果。读者按书中练习题的操作步骤提示完成练习后，可以与这些效果进行对照，以查看自己所做的是否正确。

四、"操作视频"目录

该目录下包含"CH03"～"CH10"8 个子目录，分别存放第 3 章至第 10 章实例制作的操作视频文件。如果读者在练习时遇到困难，可以参照这些视频文件进行比对学习。

注意：播放视频文件前要安装光盘根目录下的"tscc.exe"插件。

五、"PPT 课件"目录

本书提供了 PPT 课件，以供教师上课使用。

参与本书编写的还有王倩、念晶晶、王陈承、宋真，在此向他们表示衷心的感谢，同时也深深感谢支持和关心本书出版的所有朋友。感谢您选择了本书，也请您把对本书的意见和建议告诉我们。

天天课堂网站：www.ttketang.com，电子邮件：ttketang@163.com。

老虎工作室

2014 年 4 月

目　　录

第10章 滤镜的应用……234

第1章　初识 Photoshop CS6

Photoshop 是 Adobe 公司旗下最为出名的图形图像处理软件之一。它集图像扫描、编辑修改、图像制作、广告创意、动画制作、图像输入/出于一体，深受广大平面设计人员和电脑美术爱好者的喜爱。新近推出的 Photoshop CS6 功能强大、操作便捷，具有极强的灵活性，更是受到多方好评。Photoshop CS6 新增了裁剪、内容识别修补、内容感知移动、3D 和逼真的 3D 效果等众多突破性功能。此外，还使用了全新典雅的软件界面，可更方便用户按照自己的使用习惯设置 Photoshop。

Photoshop CS6 可以应用于 PC 和 Macintosh。为了适应大多数读者的需要，本书主要介绍 Photoshop CS6 中文版在 PC 上的应用。

本章将引导读者对 Photoshop CS6 进行大概的了解，包括该软件的界面、基本概念等基本知识，同时介绍 Photoshop CS6 的新增功能和如何学好它。

1.1　Photoshop CS6 界面简介

正确安装 Photoshop CS6 后，单击 Windows 桌面任务栏上的 开始 按钮，在弹出的【开始】菜单中选择【所有程序】/【Adobe】/【Adobe Photoshop CS6】命令，即可启动该软件。

启动 Photoshop CS6 后，打开任意一个文件，都可以看出 Photoshop CS6 的工作界面有了很多改进，图像处理区域更加开阔，文档切换也更加灵活。由于 Photoshop CS6 默认的是黑色界面，本书为了讲解图示方便，特意换成了灰白色界面。具体操作为：选择菜单栏中的【编辑】/【首选项】/【界面】命令，在弹出的【首选项】对话框中，【外观】选项下面给出了 4 种界面颜色供用户选择。本书选择最后一个灰白色，单击【确定】即可。Photoshop CS6 的工作界面按其功能划分为几个部分，包括菜单栏、标题栏、工具箱、工具选项栏、调板区、图像窗口和状态栏等，如图 1-1 所示。下面分别进行介绍。

一、　菜单栏

菜单栏位于界面最上方，包含了用于图像处理的各类命令，共有【文件】、【编辑】、【图像】、【图层】、【文字】、【选择】、【滤镜】、【视图】、【窗口】和【帮助】10 个菜单；每个菜单下又有若干个子菜单，选择子菜单中的命令就可以执行相应的操作。

下拉菜单中有些命令后面有省略号，表示选择此命令可以弹出相应的对话框；有些命令后面有向右的黑色三角形，表示此命令还有下一级菜单；还有一些命令显示为灰色，表示当前不可使用，只有在满足一定的条件之后才可使用。

二、　标题栏

标题栏位于工具选项栏下方，显示了文档名称、文件格式、窗口缩放比例和颜色模式等

信息。如果文档中包含多个图层，则标题栏中还会显示当前工作图层的名称。

当打开多个图像时，图像窗口会以选项卡的形式显示，单击一个图像文件的名称，即可将其设置为当前操作的窗口。用户也可按 Ctrl+Tab 组合键按照顺序切换窗口，或者按 Ctrl+Shift+Tab 组合键按照相反的顺序切换窗口。

图1-1　Photoshop CS6 界面

三、 工具箱

工具箱的默认位置位于界面左侧，通过单击工具箱上部的双箭头，可以在单列和双列间进行转换。工具箱中包含了用于图像处理和图形绘制的各种工具，其具体功能将在后面相关章节中详细介绍。

要查看工具的名称，可将鼠标光标移至该工具处稍等片刻，系统将自动显示工具名称的提示。工具箱中有些工具按钮的右下角带有黑色小三角符号，表示该工具还隐藏有其他同类工具，将鼠标光标移至此类按钮上按下鼠标左键不放，隐藏工具即会显示出来。在隐藏的工具组中选择所需工具，则该工具将成为当前工具。工具箱转换状态及隐藏的工具按钮如图 1-2 所示。

四、 工具选项栏

工具选项栏（以下简称选项栏）位于菜单栏下方，其功能是显示工具箱中当前被选择工具的相关参数和选项，以便进行具体设置。它会随着所选工具的不同而变换内容。

五、 调板区

调板区的默认位置位于界面右侧，主要用于存放 Photoshop CS6 提供的功能调板（以下简称调板）。Photoshop CS6 共提供了 24 种调板，可用于对图层、通道、工具、色彩等进行设置和调控。用户可以利用菜单栏中的【窗口】命令显示和隐藏调板。

选项栏最右侧有一个灰色的矩形区域，称为调板井，主要用于存放调板窗。在处理较大的图像时，可以将常用的调板窗拖曳至调板井中存放，以取得更大的工作空间。默认状态下调板井中存放有【画笔】调板、【工具预设】调板和【图层复合】调板。

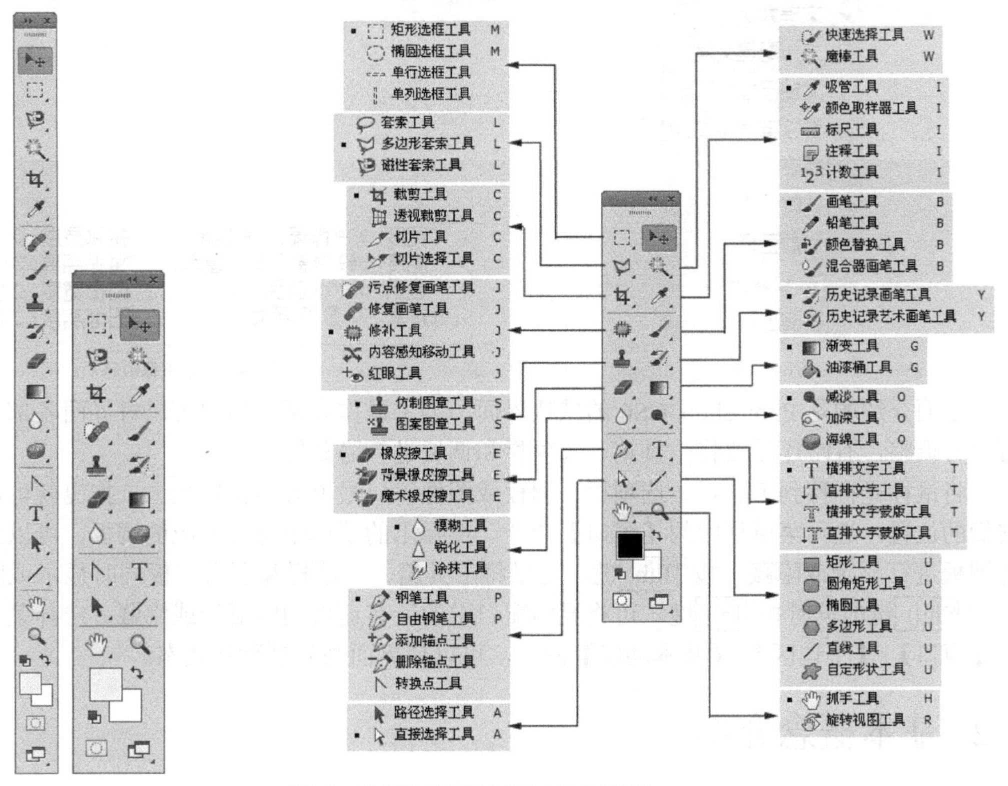

图1-2 工具箱转换状态及隐藏的工具按钮

六、 图像窗口

图像窗口中会显示所打开的图像文件。在图像窗口最上方的标题栏中显示图像的相关信息，如图像的文件名称、文件类型、显示比例、目前所在图层以及所使用的颜色模式和位深度等。如图 1-1 所示图像窗口的标题栏中显示的是“纸鹤.jpg@33%（RGB/8 ）”，表示当前打开的是一个名为“纸鹤”的 JPG 格式图像文件。该图像以实际大小的 33%显示，当前的颜色模式为 RGB，位深度为 8 位。

将一个窗口的标题栏从选项卡中拖出，它会变为可以任意移动位置的浮动窗口。拖曳图像窗口的标题栏，可以移动图像窗口的位置。将鼠标光标移动至图像窗口的一个边框上，当鼠标光标显示为↔（或↕）形状时拖曳，可拖动图像窗口边框的位置，改变图像窗口的大小。将鼠标光标移动至图像窗口的任意一个角上，当鼠标光标显示为↘（或↗）形状时拖曳，可同时拖动图像窗口相邻两个边框的位置，改变图像窗口的大小。

七、 状态栏

状态栏位于工作界面或图像窗口最下方，显示当前图像的状态及操作命令的相关提示信息。显示百分比的右侧是当前图像文件的信息，单击文件信息右侧的▶按钮，在弹出的菜单中选择【显示】命令，弹出如图 1-3 所示的菜单。

单击状态栏，将弹出一个小窗口，显示图像的宽度、高度、通道等信息；按住 Ctrl 键单击状态栏，则将显示图像的拼贴宽度、拼贴高度等信息，如图 1-4 所示。

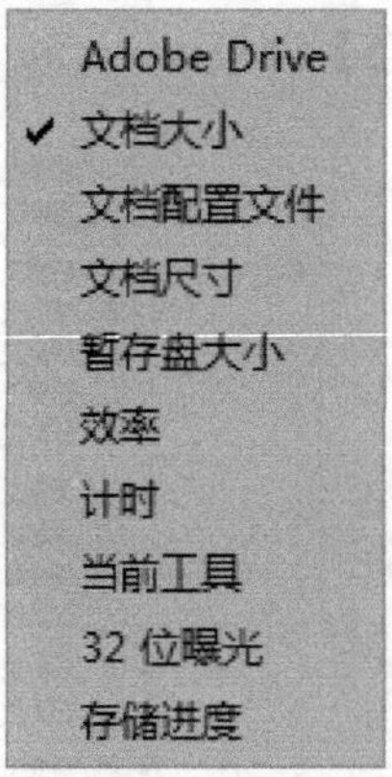

Adobe Drive
✓ 文档大小
文档配置文件
文档尺寸
暂存盘大小
效率
计时
当前工具
32 位曝光
存储进度

图1-3　菜单

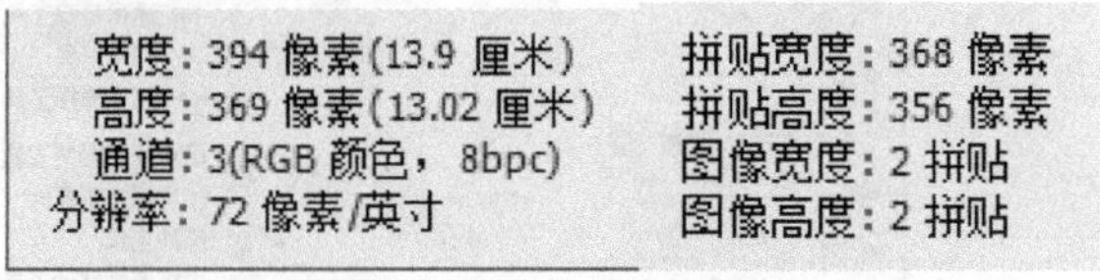

宽度：394 像素(13.9 厘米)　拼贴宽度：368 像素
高度：369 像素(13.02 厘米)　拼贴高度：356 像素
通道：3(RGB 颜色，8bpc)　图像宽度：2 拼贴
分辨率：72 像素/英寸　图像高度：2 拼贴

图1-4　显示图像信息

上面介绍的是 Photoshop CS6 的默认界面。为了操作方便，用户可以对界面各部分的位置进行调整，有时还需要将工具箱、选项栏和调板进行隐藏等。

将鼠标光标移到工具箱、选项栏、调板或图像窗口最上方的标题栏上，拖曳就可以移动它们的位置。选择菜单栏中的【窗口】命令，在弹出的菜单中选择相应的调板，可以分别对各调板进行显示或隐藏。按 Tab 键，可以将工具箱、选项栏和所有调板同时显示或隐藏；按住 Shift 键的同时按 Tab 键，可将界面窗口中的所有调板同时显示或隐藏。选择菜单栏中的【窗口】/【工作区】/【基本功能】命令，可以使界面恢复到默认状态。

1.2 基本概念介绍

读者在学习 Photoshop CS6 时，不仅要了解 Photoshop CS6 的界面，还要了解一些相关的基本概念。下面分别对其进行介绍。

一、像素和分辨率

在 Photoshop 中，像素（Pixel）是组成图像的最基本单元，为一个小矩形颜色块。一幅图像通常由很多像素组成，这些像素被排成横行或纵列。当用缩放工具把图像放大到一定比例时，就可以看到类似马赛克的效果。每个像素都有不同的颜色值，单位长度的像素越多，分辨率（ppi）越高，图像的品质就越好。图 1-5 所示为显示器上正常显示的图像，当把图像放大到一定的比例时，效果如图 1-6 所示。

图1-5　显示器上正常显示的图像

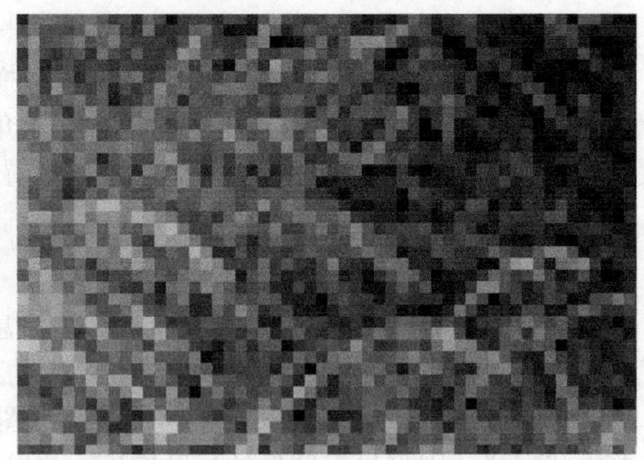

图1-6　图像放大后的马赛克效果

图像分辨率是指图像在一个单位打印长度内像素的个数，分辨率的单位是 ppi（pixels per inch）。例如，图像分辨率是 72ppi，即在每英寸长度内包含 72 个像素，也就是在每 1 平方英寸的图像中有 5184（72×72）个像素。图像分辨率越高，输出效果越清晰。

分辨率的高低和图像大小之间有着密切的关系，分辨率越高，所包含的像素越多，图像的信息量越大，文件也就越大。此外，图像的清晰度也与像素的总数有关。如果像素固定，那么提高分辨率虽然可以使图像变得比较清晰，但尺寸会变小；反之，降低分辨率图像会变大，但画面会变得比较粗糙。像素数目和分辨率共同决定了打印时图像的大小。像素相同但分辨率不同的图像，打印时的大小也不相同。

另外，经常提到的输出分辨率是以 dpi（dots per inch，每英寸所含的点）为单位的，它是针对输出设备而言的。通常激光打印机的输出分辨率为 300dpi～600dpi，照排机要达到 1200dpi～2400dpi 或更高。

ppi 与 dpi 都可以用来度量分辨率。经常有读者会将它们混淆，但它们之间是有区别的：ppi 指的是在每英寸中所包含的“像素”；dpi 指的是在每英寸中所表达出的“打印点数”。多数用户都是以每英寸内的打印点数来度量图像分辨率，因此通常都是以 dpi 作为分辨率的度量单位。

二、 点阵图和矢量图

点阵图也称为位图图像，是由诸如 Photoshop、Painter 等软件制作的。如果将此类图放大到一定程度，就会发现它是由一个个小方格组成的。这些小方格被称为像素，且每个像素都有一个明确的颜色，故此类图又被称为像素图。点阵图的特点是可以表现色彩的变化和颜色的细微过渡，从而产生逼真的效果，并且很容易在不同的软件之间交换使用。在整幅图片中，单位面积内所包含的像素越多，就越能表现出图片细微的部分。其中，分辨率和点阵图有着密不可分的关系，分辨率越高，单位面积内的像素就越多，图像也就越清晰，但占用的存储空间也越大；反之，分辨率太低或将图片显示比例设置得过大，就会使图像变得模糊且产生锯齿边缘和色调不连续的情况，如图 1-7 所示。

由于点阵图是由一连串排列的像素组合而成的，并不是独立的图形对象，所以不能个别地编辑图像中的对象。如果要编辑其中部分区域的图像，就必须先精确地选取需要编辑的像素，然后再进行编辑。能够处理点阵图图像的软件有 Photoshop、PhotoImpact、Painter 以及 CorelDRAW 软件内的 CorelPhotoPaint 等。

点阵图是利用许多颜色以及颜色间的差异来表现图像的，因此它可以很细致地表现出色彩的差异性。

矢量图是由经过精确定义的直线和曲线组成的，因这些直线和曲线称为向量，故矢量图又称为向量图。其中每一个对象都是独立的个体，它们都有各自的色彩、形状、尺寸和位置坐标等属性。在矢量编辑软件中，可以任意改变矢量图中每个对象的属性，而不会影响到其他的对象，也不会降低图形的品质。

矢量图与分辨率无关，也就是说可以将矢量图缩放到任意尺寸、可以按任意分辨率打印，也不会丢失细节或降低清晰度。因此，矢量图最适合表现醒目的图形，无论缩放到何种程度均能保持线条清晰，如图 1-8 所示。

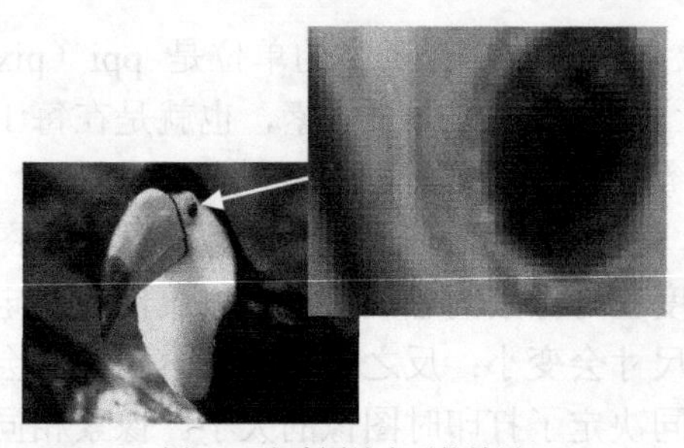

图1-7 点阵图放大后的效果

图1-8 矢量图放大后的效果

矢量图的文件大小只与图形的复杂程度有关，一般需要的存储空间很小，绘制与编辑时对计算机的内存要求较低。在输出时，可以以打印机或印刷机等输出设备的最高分辨率进行打印或印刷。矢量图一般是直接在计算机上绘制而成的，可以绘制编辑矢量图的软件有 Illustrator、CorelDRAW、FreeHand 和 Expression 等。

点阵图和矢量图是有区别的：点阵图编辑的对象是像素，而矢量图编辑的对象是记载颜色、形状、尺寸和位置坐标等物体的属性。

三、 颜色深度

颜色深度（Color Depth）用来度量图像中有多少颜色信息可用于显示或打印像素，其单位是位（bit），所以颜色深度有时也称为位深度或像素深度。常用的颜色深度是 1 位、8 位、24 位和 32 位。颜色深度为 1 位的像素有两个可能的数值：0 或 1。较大的颜色深度（每像素信息的位数更多）意味着数字图像具有较多的可用颜色和较精确的颜色表示。

因为 1 个 1 位的图像包含两种颜色，所以 1 位的图像最多可由两种颜色组成。在 1 位图像中，每个像素的颜色只能是黑色或白色；1 个 8 位的图像包含 28 种颜色或 256 级灰阶，每个像素可能是 256 种颜色中的任意一种；1 个 24 位的图像包含 1670 万（2^{24}）种颜色；1 个 32 位的图像包含 2^{32} 种颜色，但很少这样讲，是因为 32 位的图像可能是一个具有 Alpha 通道的 24 位图像，也可能是 CMYK 色彩模式的图像，这两种情况下的图像都包含 4 个 8 位的通道。图像色彩模式和色彩深度是相关联的（1 个 RGB 图像和 1 个 CMYK 图像都可以是 32 位），但并不总是这种情况。Photoshop 也支持 16 位/通道，可产生 16 位灰度模式的图像、48 位 RGB 模式的图像、64 位 CMYK 模式的图像。下表列出了常见的色彩深度、颜色数量和色彩模式的关系。

色彩深度	颜色数量	色彩模式
1 位	2（黑和白）	位图
8 位	256	索引颜色/灰度
16 位	65536	灰度，16 位/通道
24 位	1670 万	RGB
32 位		CMYK，RGB
48 位		RGB，16 位/通道

1.3 操作约定

当移动鼠标时，屏幕上的鼠标光标就会随之移动。通常情况下，鼠标光标的形状是一个左指向的箭头 。在某些特殊的操作状态下，鼠标光标的形状会发生变化。Photoshop CS6

中的鼠标有 6 种基本操作，为了叙述上的方便约定如下。

- 移动：在不按鼠标按键的情况下移动鼠标，将鼠标光标指到某一位置。
- 单击：快速按下并释放鼠标左键。单击可用来选择屏幕上的对象。除非特别说明，以后所出现的单击都是用鼠标左键。
- 双击：快速连续单击鼠标左键两次。双击通常用来打开对象。除非特别说明，以后所出现的双击都是用鼠标左键。
- 拖曳：按住鼠标左键不放，将鼠标光标移动到一个新位置，然后释放鼠标左键。拖曳操作可用来选择、移动、复制和绘制图形。除非特别说明，以后所出现的拖曳都是指按住鼠标左键不放移动鼠标光标的操作。
- 右击：快速按下并释放鼠标右键。这个操作通常会弹出一个快捷菜单。
- 拖曳并右击：按住鼠标左键不放，将鼠标光标移动到一个新位置，然后在不释放鼠标左键的情况下单击鼠标右键。

1.4 Photoshop CS6 的新增功能

Photoshop CS6 给用户带来了很大的惊喜，特别是它新增了很多强有力的功能。这些功能大大突破了以往 Photoshop 系列产品更注重平面设计的局限性，对数码相机的支持功能有了极大的增强。新功能可以帮助用户更快地进行设计，提高图像质量，并专业高效地管理文件。下面来介绍 Photoshop CS6 的几大新增功能。

一、 全新的界面

Photoshop CS6 首先从界面颜色上就与以前版本不同，默认界面是深灰色的，如果你不习惯或者不喜欢的话也可以更改，打开编辑--首选项，选择界面，可以从中选择自己喜欢的颜色界面，如图 1-9 所示。

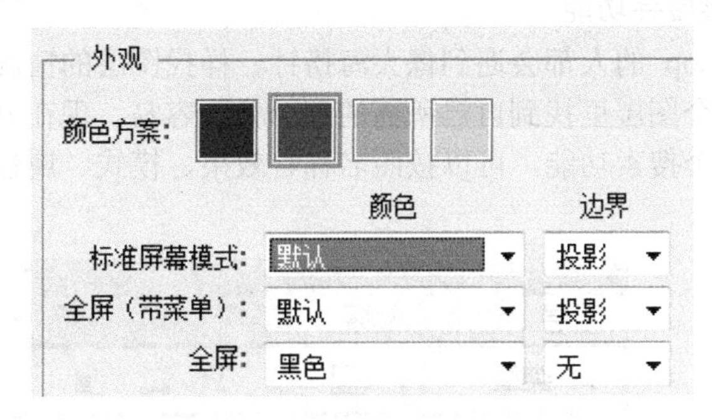

图1-9 自定义颜色界面

二、 全新的裁剪工具

使用全新的非破坏性裁剪工具快速精确地裁剪图像，Photoshop CS6 分成了裁剪工具和透视裁剪工具在画布上控制你的图像，并借助 Mercury 图形引擎实时查看调整结果。跟之前的版本不同，Photoshop CS6 裁剪的长宽比例可以自定；可以不受约束地裁剪自己想要裁剪图片的大小。另外裁剪工具栏里还多了一个拉直的功能，视图选项里多了几个选项，三等分、网格、对角、三角形、黄金比例以及金色螺线，这些对重新构图都有很大帮助，如图 1-10 所示。

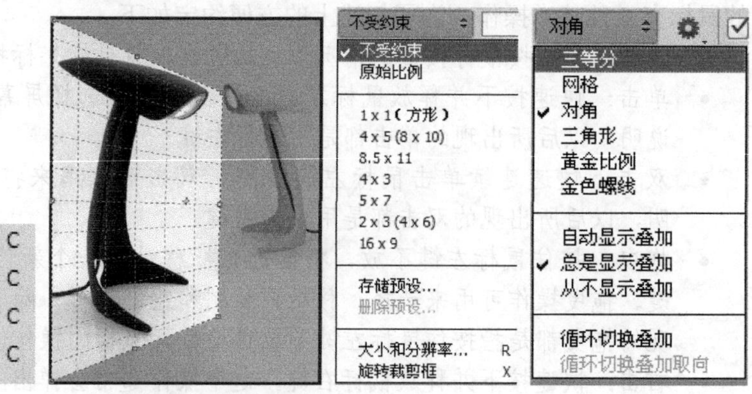

图1-10　裁剪工具组

三、 全新的污点修复画笔工具

Photoshop CS6 的污点修复画笔工具组里面增加了一个内容感知移动工具，它和选区工具有类似功能。即可以做选区，在工具属性栏里面有个模式，其两个选项移动和扩张将选取的物件移动或延伸至影像的另一个区域，然后内容感应移动技术就会自动重新合成影像并混合物件，产生出色的视觉效果，如图 1-11 所示。

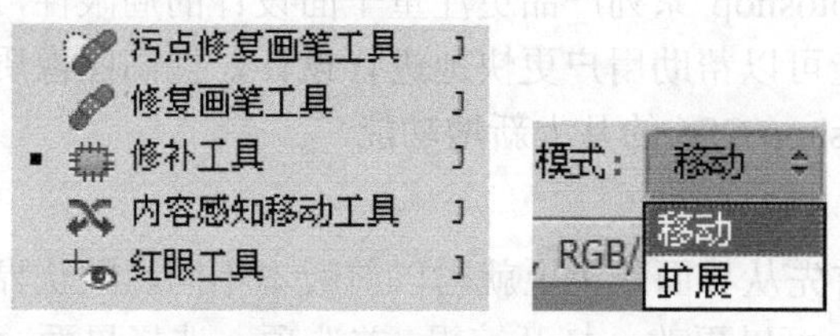

图1-11　修复画笔工具组

四、 全新的图层搜寻功能

相信用过 Photoshop 的人都会遇到像大海捞针一样找图层的情况，虽然用户会给图层重新命名，但要在几十个图层里找到自己所需的那个并不容易。现在好了，Photoshop CS6 的图层面板上增加了一个搜索功能，可以按照名称、效果、模式、属性、颜色等快速找到相应图层，如图 1-12 所示。

图1-12　图层搜寻功能

五、 一键打造 3D 字体

Photoshop CS6 除了可以一键美图之外，其 3D 图像编辑特性还能够为图片加入 3D 图层，并能改变其位置、颜色、质感、影子及光源等，从而进行实时处理。

六、 全新的滤镜功能组

另外 Photoshop CS6 的滤镜功能组也发生了很大变化，第 10 章将单独讲解。

Photoshop CS6 的其他一些变化会在以后的每一章节中详细讲述，这里不再赘述。

1.5 如何学好 Photoshop CS6

许多读者在学习 Photoshop CS6 时往往有这样的经历，当掌握了软件的一些基本命令后，就开始上机绘图，却发现绘图效率很低，有时甚至不知如何下手。出现这种情况的原因主要有两个，一是对 Photoshop CS6 基本功能及操作了解得不透彻；二是没有掌握使用该软件进行图像处理及平面设计的一般方法和技巧。

下面就如何学习及深入掌握 Photoshop CS6 谈几点建议。

(1) 熟悉 Photoshop CS6 的操作环境，切实掌握 Photoshop CS6 的基本命令。

Photoshop CS6 的操作环境包括程序接口、多文件、多视窗操作环境等。用户要顺利地和 Photoshop CS6 交流，首先必须熟悉其操作环境，其次是要掌握常用的一些基本操作命令。

常用的命令主要有【选择】工具、【绘画】工具、【修饰】工具及【形状】工具中包含的命令。用户要想做出更好的效果，则还应掌握【图层样式】、【图像编辑】、【图像调整】及【滤镜】等工具和菜单中的命令。在平面设计中，这些命令的使用频率非常高，因而熟练且灵活地使用它们是提高作图效率的基础。

(2) 跟随实例上机演练，巩固所学知识，提高应用水平。

了解了 Photoshop CS6 的基本功能并学习了其基本命令后，接下来就应参照实例进行练习，在实战中发现问题、解决问题，掌握 Photoshop CS6 的精髓，达到较高水平。本书中提供了大量的实例练习和习题，并总结了许多绘图技巧，非常适合 Photoshop CS6 的初学者学习。

(3) 结合专业学习 Photoshop CS6 的实用技巧，提高解决实际问题的能力。

Photoshop CS6 是一个高效的设计工具，在不同的设计领域中，人们使用该软件进行设计的方法也常常不同，并且形成了一些特殊的绘图技巧。只有掌握了这方面的知识，用户才能在某个领域中充分发挥其强大功能。

本书第 2 章～第 10 章都提供了典型的综合应用实例，讲述了用 Photoshop CS6 绘制和编辑图像的一些方法与技巧。相信读者在认真学习完本书后，能力会有很大提高。

1.6 小结

本章主要介绍了 Photoshop CS6 的界面以及基本概念等基本知识。为了方便读者了解该软件，还专门介绍了其新增功能；同时，介绍了一些关于学习该软件的要点。

读者在学习本章时，要重点关注两点：一是要熟悉 Photoshop CS6 的界面和基本概念，并牢记界面各部分的名称，理解基本概念的含义，这对后面章节的学习是非常重要的。二是要熟悉 Photoshop CS6 的新增功能，特别是要熟练使用【Adobe Bridge】对图像文件进行管理，这对于日后管理自己的素材和作品非常有用。

1.7　练习题

一、填空

1. 按（　　）键可以同时对工具箱、选项栏和调板窗进行显示和隐藏。
2. 选择菜单栏中的（　　）/（　　）/（　　）命令，可以使界面恢复到默认状态。
3. 如果图像窗口的标题栏中显示“图片.PSD@100%（鲜花，RGB/8#）”，其中文件名是（　　），扩展名是（　　），图像的显示比例是（　　）。

二、简答

1. Photoshop CS6 的界面主要分为几部分？各部分的功能是什么？
2. 调板井位于 Photoshop CS6 界面的什么位置？它的具体功能是什么？
3. 点阵图和矢量图的概念是什么？它们的区别是什么？
4. Photoshop CS6 的新增功能有哪些？

第2章 Photoshop CS6 基本操作

本章将介绍 Photoshop CS6 的基本操作方法，包括软件界面、图像文件及图像浏览的基本操作；同时介绍图像文件的颜色、标尺、网格和参考线的设置等。这些知识是学习 Photoshop CS6 最基本且非常重要的，希望读者能够认真学习。本章的目标是使读者能够利用在本章中学习的内容，按照作者提供的操作步骤创作出自己的第一幅作品。

2.1 软件界面的基本操作

第 1 章简单介绍了 Photoshop CS6 界面的组成和基本功能，下面就来介绍软件窗口大小的调整方法、控制面板的显示与隐藏、调板的拆分与组合等操作。

2.1.1 软件窗口的大小调整

调整 Photoshop CS6 窗口大小的基本操作方法如下。

调整 Photoshop CS6 窗口的大小

1. 单击系统桌面左下角的 开始 按钮，在弹出的【开始】菜单中选择【所有程序】/【Adobe Photoshop CS6】命令，即可启动该软件。
2. 在 Photoshop CS6 菜单栏的右上角单击 ▬ 按钮，可以使界面窗口最小化，其最小化图标显示在 Windows 系统的任务栏中，图标形态如图 2-1 所示。
3. 在 Windows 系统的任务栏中单击最小化后的图标，界面窗口将还原为最大化显示。
4. 在菜单栏的右上角单击 🗗 按钮，可以使窗口变为还原状态。还原后，窗口右上角的 3 个按钮即变为如图 2-2 所示的形态。

图2-1 最小化图标形态

图2-2 还原后的按钮形态

5. 当窗口显示为还原状态时，单击 □ 按钮，可以将还原后的窗口最大化显示。
6. 单击 × 按钮，可以将当前窗口关闭，退出 Photoshop CS6。

Photoshop CS6 窗口无论最大化还是还原显示，只要将鼠标光标放置在标题栏的灰色区域上双击，即可将窗口在最大化和还原状态之间切换。

当窗口为还原状态时，将鼠标光标放置在窗口的任意边缘处，鼠标光标将变为双向箭头形状，按住鼠标左键拖曳，可以将窗口调整至任意大小。

将鼠标光标放在标题栏的灰色区域内，按住鼠标左键拖曳，可以将窗口放置在 Windows 窗口中的任意位置。

2.1.2　调板的基本操作

在 Photoshop CS6 界面右侧有很多浮动的调板，为方便读者进行图像的编辑和操作，这些调板均列在【窗口】菜单下。在【窗口】菜单下可以看到由横线将调板分为几组，默认状态下每组的调板都是在一个调板组中组合出现，如图 2-3 所示的就是【导航器】、【信息】、【直方图】的组合调板。下面主要介绍调板的基本操作。

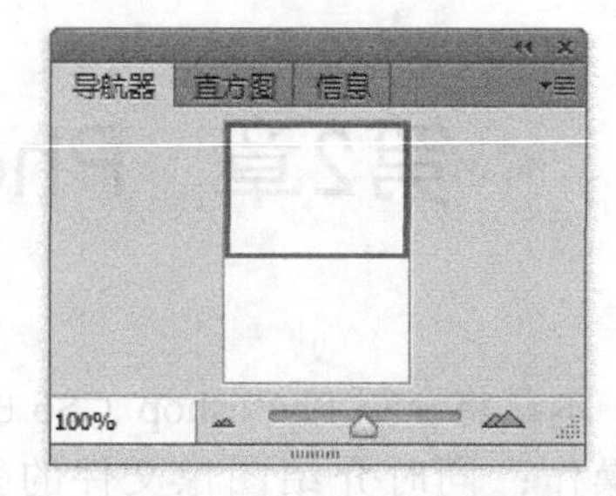

图2-3　【导航器】、【信息】、【直方图】组合调板

一、　调板的显示与隐藏

在【窗口】菜单中，有一部分命令选项的左侧显示有对勾符号，说明此调板目前在工作区中是显示状态；没有显示对勾符号的命令，说明此调板已被关闭而处于隐藏状态。当隐藏了某个调板后，再在【窗口】菜单下面选取相对应的命令选项，即可将隐藏的调板显示在 Photoshop CS6 工作区或界面窗口中。

调板的显示与隐藏操作

1. 启动 Photoshop CS6。
2. 选择菜单栏中的【窗口】/【图层】命令，如图 2-4 所示。
3. 取消【图层】左侧的勾选状态，【图层】调板在 Photoshop CS6 默认的工作区中隐藏，如图 2-5 所示。

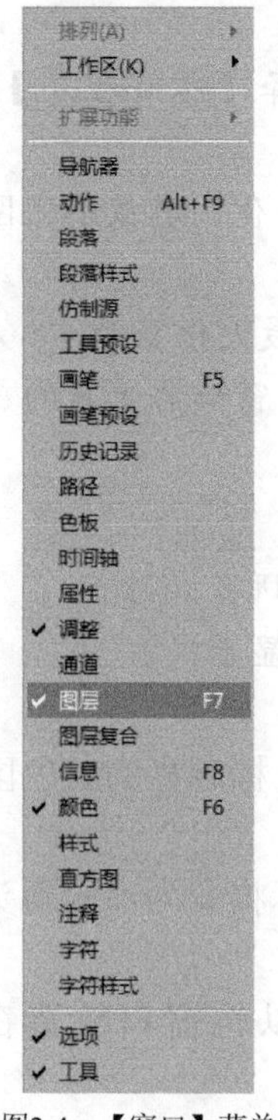

图2-4　【窗口】菜单

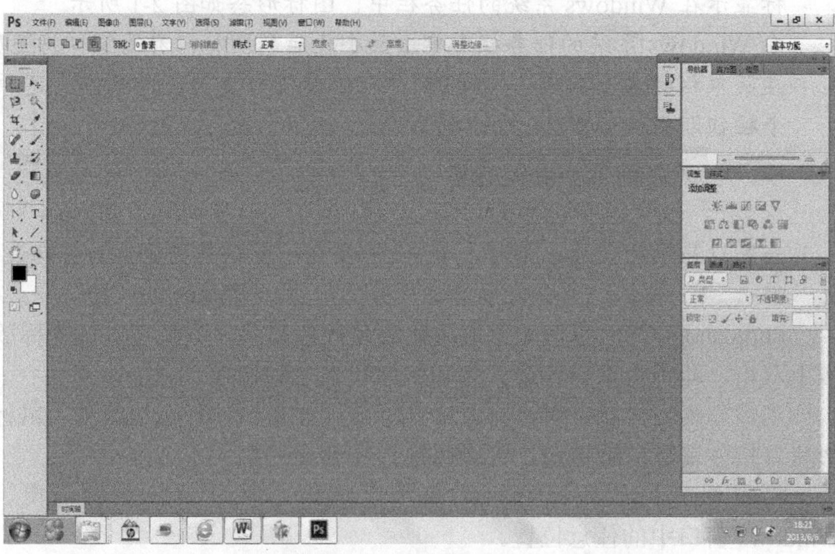

图2-5　隐藏【图层】调板后的 Photoshop CS6 工作区

二、 调板的拆分与组合

每组调板都有两个或两个以上的选项卡组合在一起，用户可以根据需要自由地拆分组合及调整大小，也可以通过单击面板上方的双箭头将各种面板以图标或调板的方式切换显示。图 2-6 所示为单击双箭头后各种调板扩展后的状态。要调出某个调板，可以单击调板区相应的名称图标，相应的调板就会展开，如图 2-7 所示。

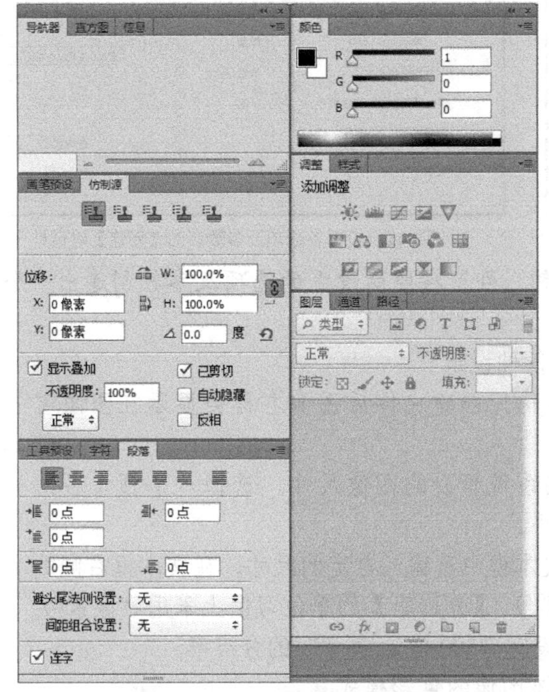

图2-6 单击双箭头扩展调板后的状态

图2-7 单击图标后调板展开的状态

在 Photoshop CS6 中，可以对所有调板任意拆分及组合，还可以将常用的调板放置在选项栏右边的位置，如图 2-8 所示。

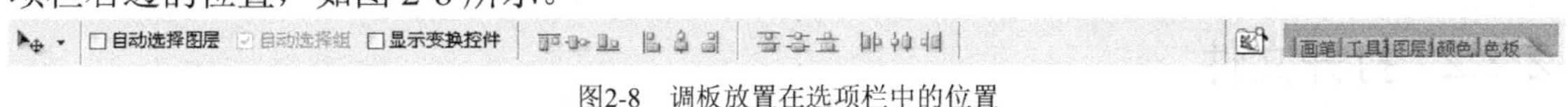

图2-8 调板放置在选项栏中的位置

2.2 图像文件的基本操作

下面来介绍图像文件的基本操作，包括新建、打开、存储和关闭等。

2.2.1 新建文件

选择菜单栏中的【文件】/【新建】命令，可以创建一个新的图像文件。

利用【文件】/【新建】命令创建一个新文件

1. 选择菜单栏中的【文件】/【新建】命令，弹出如图 2-9 所示的【新建】对话框。

要点提示 弹出【新建】对话框的方法有 3 种。（1）选择菜单栏中的【文件】/【新建】命令；（2）按 Ctrl+N 组合键；（3）按住 Ctrl 键的同时，在工作区中双击鼠标左键。

2. 在弹出的【新建】对话框中将【名称】设置为"练习 01"，其他各选项及参数的设置如图 2-10 所示。

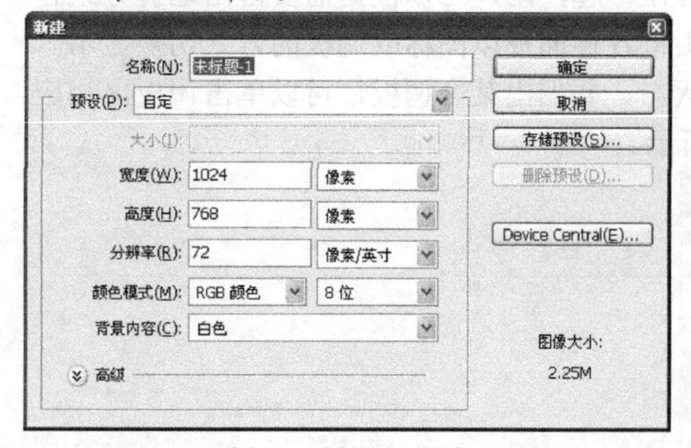

图2-9　【新建】对话框

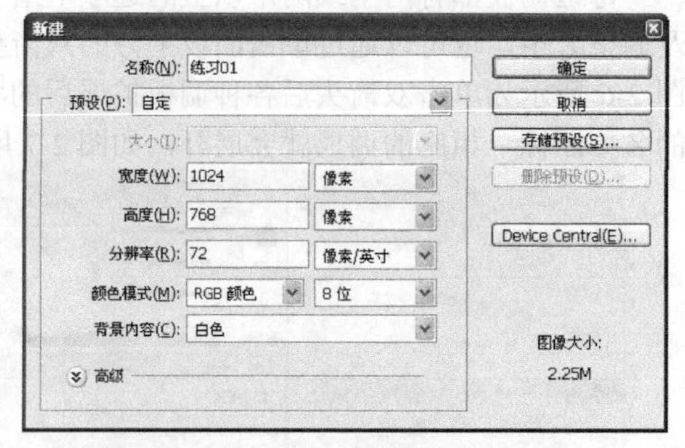

图2-10　设置各选项及参数后的【新建】对话框

3. 参数设置完成后，单击 确定 按钮，即可按照所设置的选项及参数创建出一个新文件。

在【新建】对话框中可对所建文件进行各种设定。

- 在【名称】文本框中可输入图像名称。创建文件后图像名称会显示在图像窗口的标题栏中。
- 在【预设】下拉列表中可选择一些系统预设的图像尺寸。选择一个预设后，可在【大小】列表中选择图像的大小。
- 在【宽度】、【高度】和【分辨率】文本框中可输入自定的尺寸，在文本框右侧的下拉列表中还可以选择不同的度量单位。【分辨率】的单位习惯上采用"像素/英寸"，如果制作的图像用于印刷，需设定"300 像素/英寸"的分辨率。
- 在【颜色模式】下拉列表中可设定该图像的色彩模式。
- 在【背景内容】下拉列表中可选择新建图像的背景颜色，包括"白色"、"背景色"和"透明"。

2.2.2 打开文件

选择菜单栏中的【文件】/【打开】命令，可以打开不同文件格式的图像，而且可以同时打开多个图像文件。

利用【文件】/【打开】命令打开一个图像文件

1. 选择菜单栏中的【文件】/【打开】命令，弹出如图 2-11 所示的【打开】对话框。在此选中要打开的文件，单击对话框右下角的 打开(O) 按钮，即可将此文件打开。

要点提示　弹出【打开】对话框的方法有 3 种。(1) 选择菜单栏中的【文件】/【打开】命令；(2) 按 Ctrl+O 组合键；(3) 在工作区中双击鼠标左键。

2. 在【打开】对话框中的【查找范围】选项栏右侧单击 按钮，弹出如图 2-12 所示的下拉列表选项。
3. 在【查找范围】下拉列表选项中选择"本地磁盘 (D:)"，将显示该盘所包括的文件夹与文件，如图 2-13 所示。

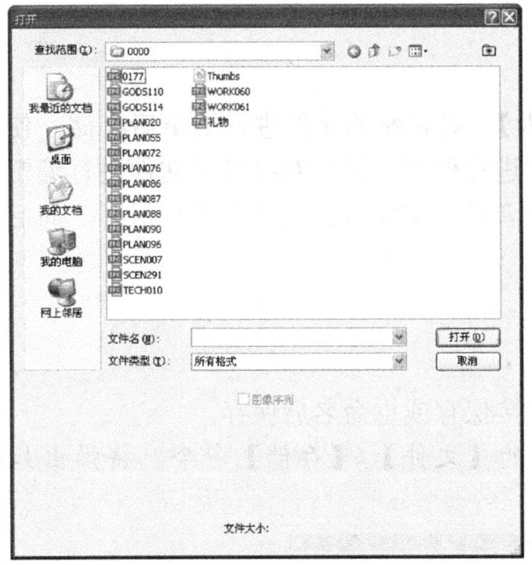

图2-11 【打开】对话框

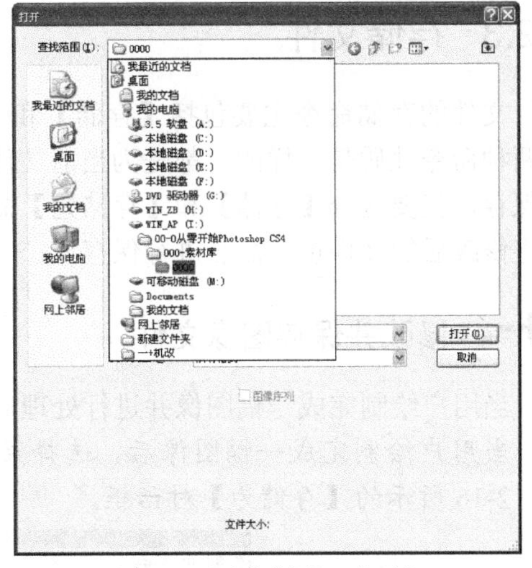

图2-12 【查找范围】下拉列表

4. 打开“D:\Program Files\Adobe\Adobe Photoshop CS6\示例”文件夹，在对话框中可显示“样本”文件夹中的所有内容，如图 2-14 所示。

要点提示 在【文件类型】中选择“所有格式”，在对话框中会出现当前文件夹中的所有文件；当选择具体格式时，在对话框中会列出该文件格式的所有文件。

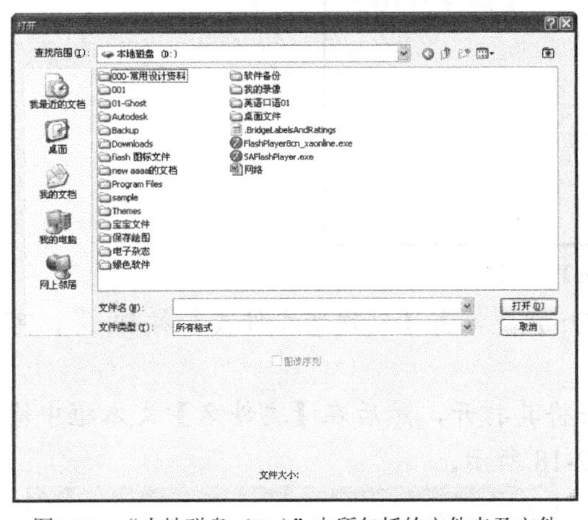

图2-13 “本地磁盘（D:）”中所包括的文件夹及文件

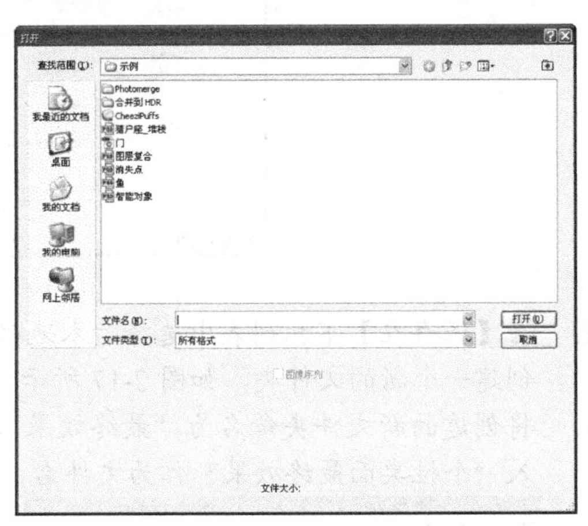

图2-14 “样本”文件夹中所包含的内容

5. 选择名为“消失点练习.psd”的图像文件，然后单击 打开(O) 按钮，此时 Photoshop CS6 工作区中即显示打开的图像文件，如图 2-15 所示。

图2-15 打开的图像文件

2.2.3 存储文件

文件的存储命令主要包括【存储】和【存储为】。对新建的文件进行编辑后存储，使用这两种命令性质是一样的，都是为当前文件命名并进行保存。但若对打开的文件进行编辑后再保存，就要区分【存储】和【存储为】命令，前者是将文件以原文件名进行保存，而后者是将修改后的文件重新命名进行保存。

修改并保存图像文件

当用户绘制完成一幅图像并进行处理后就可直接保存或重命名后保存。

1. 当用户绘制完成一幅图像后，选择菜单栏中的【文件】/【存储】命令，将弹出如图 2-16 所示的【存储为】对话框。

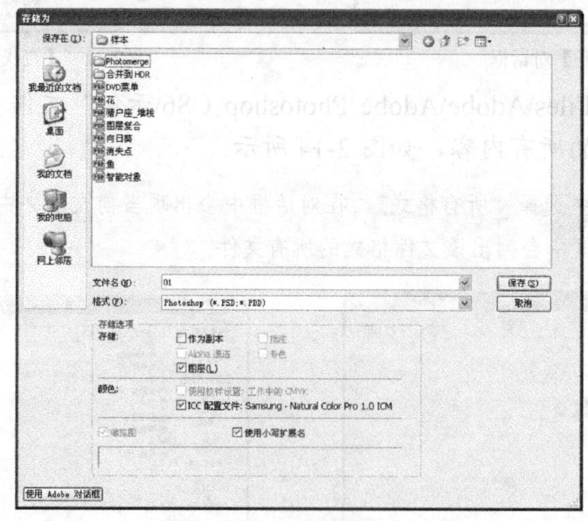

图2-16　【存储为】对话框

2. 在【保存在】下拉列表中选择“本地磁盘（D:)”，单击【创建新文件夹】按钮，可创建一个新的文件夹，如图 2-17 所示。
3. 将创建的新文件夹命名为“最终效果”，双击将其打开，然后在【文件名】文本框中输入“个性桌面最终效果”作为文件名，如图 2-18 所示。

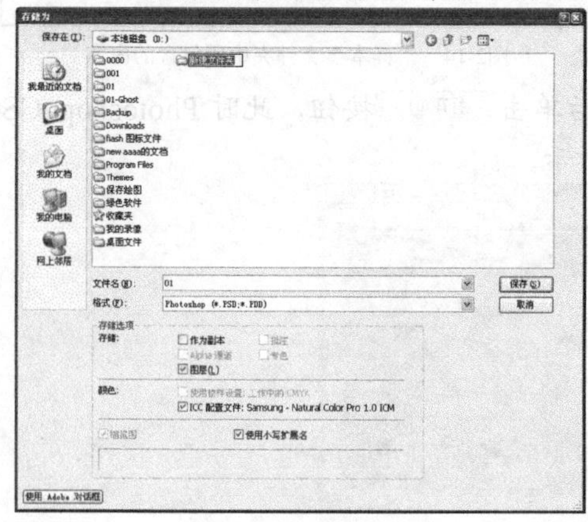

图2-17　创建新文件夹

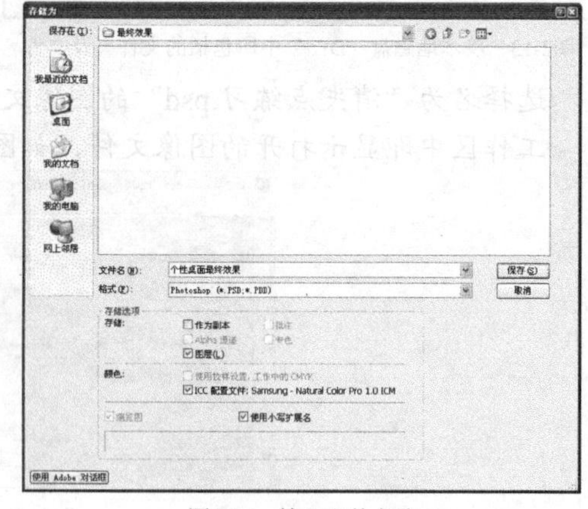

图2-18　输入文件名称

4. 单击 保存(S) 按钮，即可保存处理完成的图像文件。若有需要，按照保存的文件名称及路径就可以打开此文件。

另外一种存储图像文件的方法。

1. 选择菜单栏中的【文件】/【打开】命令，在弹出的【打开】本书配套光盘“Map”目录下的“狗狗.psd”图像文件，打开后的图像与打开图像后的【图层】调板形态如图2-19所示。
2. 将鼠标光标放置在【图层】调板中如图2-20所示的“气泡”图层上，按下鼠标左键拖曳该图层到如图2-21所示的删除图层按钮上。

图2-19 打开的图像与【图层】调板

图2-20 鼠标光标放置的位置

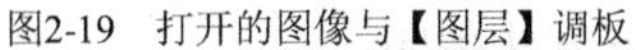

3. 释放鼠标左键后，即可删除该图层。删除图层后的图像效果如图2-22所示。
4. 使用同样的方法，将【图层】调板中的“气泡”图层删除。

图2-21 删除图层状态

图2-22 删除图层后的图像效果

5. 在【图层】调板中双击“狗狗”图层，弹出【图层样式】对话框，设置【斜面和浮雕】(参数设置为深度32，方向为上，大小为62，软化值为1)、【外发光】(参数设置为大小120)及【投影】(距离参数设置为10，大小为4)，为该图层添加效果。最终效果如图2-23所示。
6. 选择菜单栏中的【文件】/【存储为】命令，弹出【存储为】对话框，在【文件名】文本框中输入“狗狗—修改”作为文件名，如图2-24所示。
7. 单击 保存(S) 按钮，即可保存修改后的图像文件。

图2-23　图像最终效果

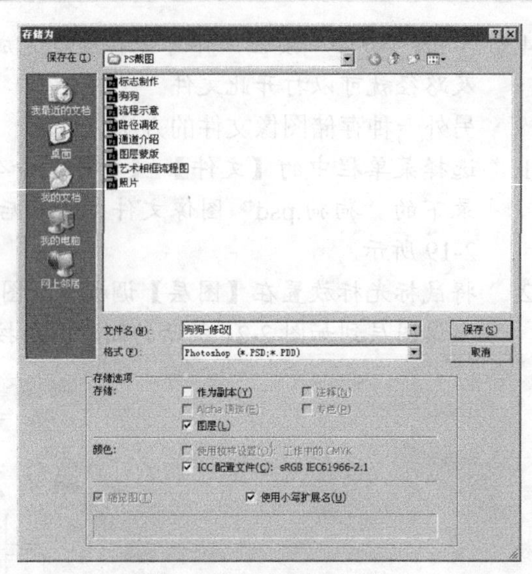

图2-24　【存储为】对话框

2.2.4　关闭文件

完成图像文件的编辑操作之后，可以采用以下方法关闭。

- 选择菜单栏中的【文件】/【关闭】命令，或按 Ctrl+W 组合键，或单击图像窗口左上角的 × 按钮，即可关闭当前的图像文件。
- 如果在 Photoshop CS6 中打开了多个图像文件，可以选择菜单栏中的【文件】/【关闭全部】命令，或按 Alt+Ctrl+W 组合键，关闭所有的文件。
- 选择菜单栏中的【文件】/【关闭并转到 Bridge】命令，或按 Shift+Ctrl+W 组合键，即可关闭当前文件，然后打开 Bridge。
- 选择菜单栏中的【文件】/【退出】命令，或按 Ctrl+Q 组合键，可以关闭文件并退出 Photoshop。如果有文件没有保存，将弹出一个对话框，询问用户是否保存该文件。

2.3　图像浏览的基本操作

在 Photoshop CS6 的【视图】菜单下，有很多命令用来控制图像不同的显示比例。一个图像最大的显示比例是 3200%，最小是显示一个像素。注意，使用这些命令只是放大或缩小了图像的显示比例，并没有真正改变图像的尺寸。另外，用户也可使用相应的快捷键来完成图像的缩放。

在 Photoshop CS6 的工具栏最下方有个【更改屏幕模式】按钮，共有 3 种屏幕显示模式，如图 2-25 所示。单击相应的按钮可以切换不同的显示状态，按 F 键也可达到切换的目的。最下边的全屏显示模式显示时只有黑色背景，用户可在这种状态下无干扰地浏览图像效果。按 Tab 键可将所有的调板隐藏，然后再按 F 键切换到全屏状态来观看图像的整体效果。

一、　在多个窗口中查看图像

如果在 Photoshop 中打开了多个图像文件，可以通过选择菜单栏中的【窗口】/【排列】

命令，来控制各个图像窗口的排列方式。这是 Photoshop CS6 的新增功能，如图 2-26 所示。

标准屏幕模式 F
带有菜单栏的全屏模式 F
全屏模式 F

图2-25 屏幕显示模式

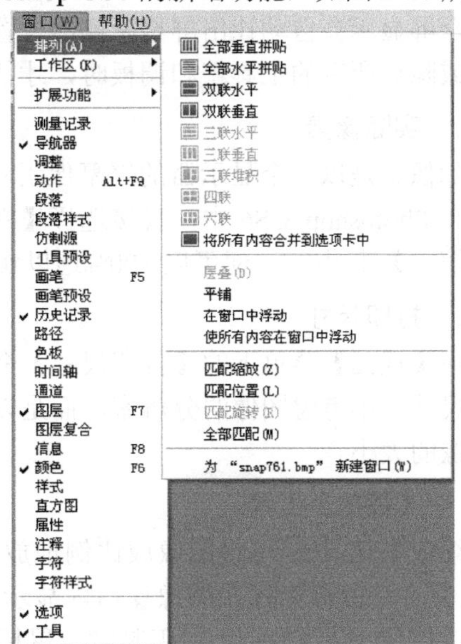

图2-26 【窗口】/【排列】命令

- 【层叠】命令：从屏幕的左上角至右下角以堆叠和层叠的方式显示图像窗口。
- 【平铺】命令：以靠边的方式显示图像窗口，当关闭图像时，打开的窗口会自动调整大小以填充可用的空间。
- 【在窗口中浮动】命令：允许图像窗口自由浮动，可以拖曳标题栏任意移动窗口的位置。
- 【使所有内容在窗口中浮动】：可以使所有图像窗口都自由浮动。
- 【将所有内容合并到选项卡中】：全屏显示一个图像窗口，把其他图像都最小化到选项卡中。
- 【匹配缩放】：将所有图像窗口都匹配到与当前窗口相同的缩放比例。
- 【匹配位置】：将所有图像窗口的显示位置都匹配到与当前窗口相同。
- 【匹配旋转】：将所有图像窗口中画布的旋转角度都匹配到与当前窗口相同
- 【全部匹配】：将所有图像窗口的缩放比例、图像显示位置、画布旋转角度都匹配到与当前窗口相同。
- 【为文件新建窗口】：为当前文件新建一个窗口，新建窗口的名称会显示在【窗口】菜单栏的底部。

二、 【放大】与【缩小】命令

选择【视图】菜单下的【放大】或【缩小】命令，可以改变当前图像的显示比例。每使用一次该命令，图像的显示尺寸就放大一倍或缩小一半，如从 200%缩小到 100%。该命令无法产生非整数倍的显示比例。

三、 按屏幕大小缩放

选择【视图】菜单下的【按屏幕大小缩放】命令，或双击工具箱中的【抓手】工具 ，可显示当前图像的最大比例。

全屏显示的比例会受到工具箱和调板的限制，当工具箱和调板以默认位置分布在屏幕两侧时，全屏显示会自动让出屏幕两侧的位置，而以一个较小的图像窗口来显示整幅图像。只有关闭或隐藏所有的工具箱和调板时，才能真正在屏幕上实现全屏显示。

四、 实际像素

实际像素是以一个显示器的屏幕像素对应一个图像像素时的显示比例，即 100%的显示比例。在 Photoshop CS6 中，直接选择【视图】菜单下的【实际像素】命令，或双击工具箱中的【缩放】工具，便可以 100%地以实际像素显示比例。

五、 打印尺寸

选择【视图】菜单下的【打印尺寸】命令，可以在屏幕上显示图像的实际打印大小。实际打印尺寸，不考虑图像的分辨率，而是以图像本身的宽度和高度（打印时的尺寸）来表示一幅图像的大小。

六、 【缩放】工具

【缩放】工具可将图像成比例地放大或缩小，以便用户对图像进行观察和修改。选择工具时，鼠标光标在图像窗口内显示为一个带加号的放大镜，单击即可实现图像的成倍放大；按住 Alt 键使用工具时，鼠标光标变为一个带减号的缩小镜，单击可实现图像的成倍缩小；也可使用工具在图像内拖曳出指定区域，实现放大或缩小的操作。

按 Z 键便可选中工具；按 Ctrl+ + 组合键，可以放大显示图像；按 Ctrl+ - 组合键，可以缩小显示图像；按 Ctrl+0 组合键，可以使图像自动适配至屏幕大小显示。按住 Ctrl 键，可以将当前的【缩放】工具切换为【移动】工具，释放 Ctrl 键即恢复到工具。

选择工具，在图像中单击鼠标右键，弹出的右键菜单如图 2-27 所示。其中的命令功能比较明确，这里不做详细解释。

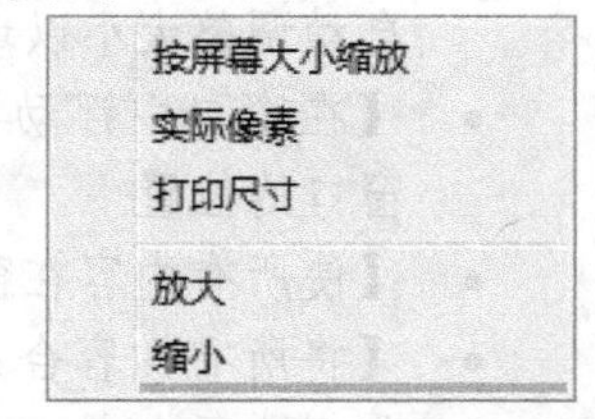

图2-27　【缩放】工具的右键菜单

七、 【抓手】工具

Photoshop 工作区的范围是有限的，当需要对图像的局部进行精细处理时，就要将图像放大显示到超出图像窗口的范围，此时图像在窗口内将无法完全显示。利用工具箱中的【抓手】工具可以在窗口中移动图像，对其进行局部观察和修改。

按 H 键便可选中工具，按住 Ctrl 键在图像上单击，可以对图像进行放大显示；按住 Alt 键在图像上单击，可以对图像进行缩小显示；当使用工具箱中的其他工具时，按住空格键不放，将鼠标光标移动至图像上，可以暂时将当前工具切换为工具。

查看打开的图像文件

为了方便用户查看图像的局部细节或整体效果，可对图像进行更改屏幕模式、缩放或平移等操作。本小节将利用【缩放】工具和【抓手】工具来查看图像文件。

1. 选择菜单栏中的【文件】/【打开】命令，在弹出的【打开】对话框中打开本书配套光盘“Map”目录下的“花朵.psd”图像文件，如图 2-28 所示。
2. 选择工具箱中的【缩放】工具，在打开的图像中单击，将图像放大显示到 100%，放大后的画面如图 2-29 所示。

图2-28 打开的图像文件

图2-29 放大后的画面

3. 选择工具箱中的【抓手】工具，将鼠标光标移动到画面中，按住鼠标左键拖曳，可以平移观察画面中其他部分的图像。其平移图像窗口的状态如图 2-30 所示。

要点提示 利用工具将图像放大后，图像在窗口中将无法完全显示，此时可以利用工具平移图像，对其进行局部观察。【缩放】工具和【抓手】工具经常配合使用。

4. 选择工具箱中的工具，在要放大的图像中按住鼠标左键向右下角拖曳，将出现一个虚线形状的矩形框，如图 2-31 所示。

图2-30 平移图像窗口的状态

图2-31 拖曳鼠标光标时的状态

5. 释放鼠标左键，放大后的画面形态如图 2-32 所示。
6. 选择工具箱中的工具，将鼠标光标移动到画面中，按住 Alt 键，在放大的图像中单击，可以将画面缩小显示，缩小后的画面形态如图 2-33 所示。

图2-32 放大后的画面形态

图2-33 缩小后的画面形态

八、【导航器】调板

【导航器】调板是用来观察图像的，可方便用户对图像进行缩放，如图 2-34 所示。在调板的左下角显示百分比数字，用户可直接输入数值，按 Enter 键确认后，即会显示相应的百分比，在导航器中也会有相应的预览图；也可以拖曳导航器下方的三角滑块来改变缩放比例。单击左侧较小的图标可使图像缩小显示，单击右侧较大的图标可使图像放大显示。

单击【导航器】右边的三角形按钮，在弹出的菜单中选择【面板选项】命令，弹出【面板选项】对话框，如图 2-35 所示。在该对话框中可定义【显示框】的颜色，在【导航器】的预览图中可以看到用色框表示图像的观察范围。默认色框的颜色是红色。单击色块会弹出【拾色器】对话框，用户可在其中选择相应的颜色，在色块中会显示所选的颜色。另外，也可从【颜色】下拉列表中选择系统自带的其他颜色。

图2-34　【导航器】调板

图2-35　【面板选项】对话框

2.4　图像文件的颜色设置

在 Photoshop CS6 的工具箱中有两个大的颜色色块，分别是【设置前景色】色块和【设置背景色】色块，它们的位置如图 2-36 所示，分别用其来设置图像的前景色和背景色。前景色就相当于绘画时使用的颜料或笔的颜色，当使用工具箱中的【画笔】或【铅笔】等绘图工具时，都是使用前景色；背景色就相当于绘画时使用的画布或纸的颜色。

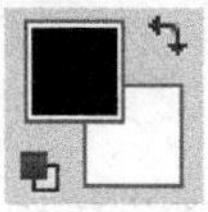

图2-36　颜色色块

默认情况下，前景色和背景色分别为黑色和白色，单击如图 2-36 所示右上角的箭头，可切换前景色和背景色的位置。单击如图 2-36 所示左下角的小黑白图标，无论当前显示的是何种颜色，都可将前景色和背景色切换到默认的黑色和白色。

Photoshop CS6 提供了多种颜色选取和设置的方式，下面分别介绍设置前景色和背景色的方法。

一、拾色器

单击工具箱中的前景色或背景色图标，弹出的【拾色器】对话框如图 2-37 所示。对话框左侧的正方形色块被称为色域，在色域的任意位置单击，对话框右上角都会显示出当前选中的颜色，并且在右下角出现相对应的各种颜色模式定义的数据，包括【HSB】、【Lab】、【RGB】和【CMYK】颜色模式。用户也可直接输入所需的颜色数值。

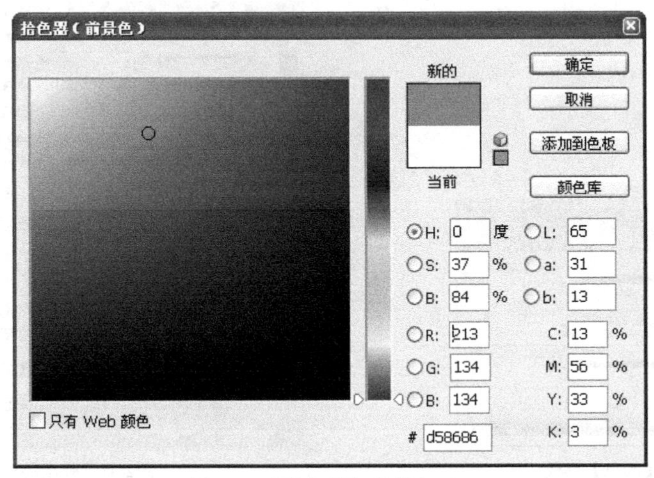

图2-37　【拾色器】对话框（1）

该对话框中间的彩色色带被称为颜色滑块，拖曳其两侧的三角形按钮，或在颜色滑块适当的颜色上单击，可以确定颜色的范围。【颜色滑块】与颜色选择区域中显示的内容会因不同的颜色描述方式（【HSB】、【RGB】或【Lab】模式）而有所不同。

如选择【R】选项时，【颜色滑块】即为调整红色的变化，【色域】内即为调整绿色和蓝色的变化。颜色选择区域内的纵向即会表示出绿色信息的强弱变化，横向则会表示出蓝色信息的强弱变化，如图 2-38 所示。

单击【拾色器】对话框中的 颜色库 按钮，弹出【颜色库】对话框，如图 2-39 所示。它允许按照标准的颜色标本来精确地选择颜色，但这需要读者对颜色和颜色模式有较深入的了解。单击 拾色器(P) 按钮，又可以重新回到标准的【拾色器】对话框中。

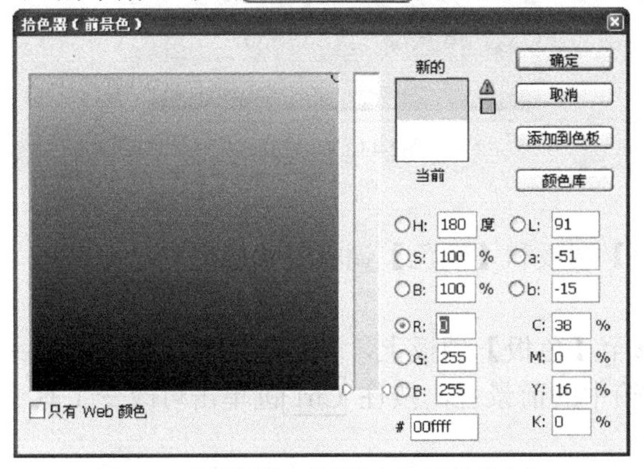

图2-38　【拾色器】对话框（2）（参见光盘）

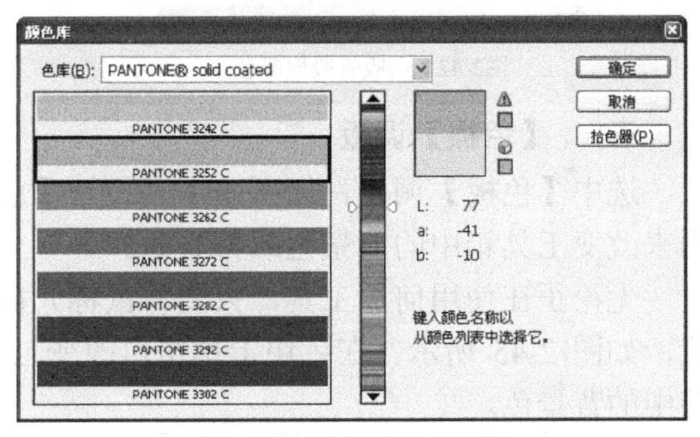

图2-39　【颜色库】对话框

二、　【颜色】调板

选择菜单栏中的【窗口】/【颜色】命令，将【颜色】调板显示在工作区中，如图 2-40 所示。在【颜色】调板中的左上角有两个色块，用于表示前景色和背景色。色块上有黑框的表示被选中，所有的调节只对选中的色块有效。单击调板右上角的三角形按钮，弹出菜单中的不同选项是用来选择不同色彩模式的，如图 2-41 所示。不同的色彩模式，调板中滑动栏的内容也不同，通过拖曳三角形滑块或输入数值可改变颜色的设置。直接单击调板中的前景色或背景色图标也可调出【拾色器】对话框。

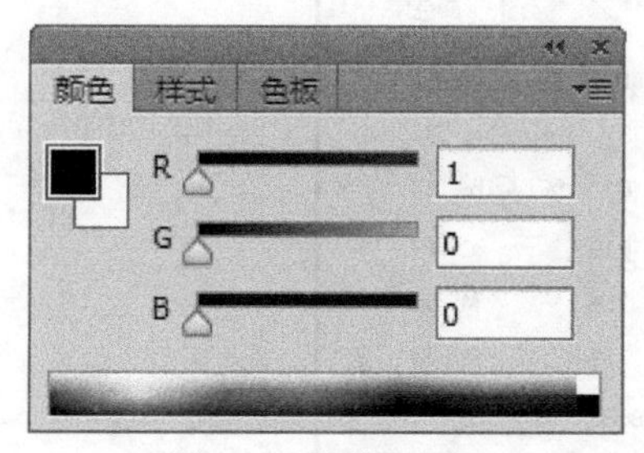

图2-40 【颜色】调板

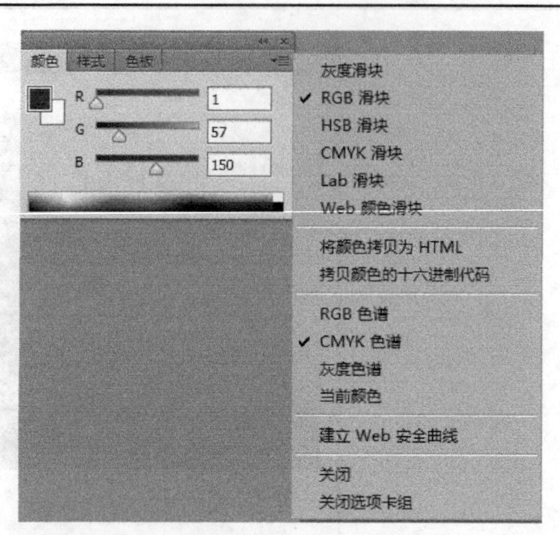

图2-41 弹出的菜单

用户可以通过弹出的菜单，改变【颜色】调板下方的颜色条所显示的内容，根据不同的需要来选择不同的颜色条形式。在【颜色】调板中，当鼠标光标移至下方的颜色条上时，会自动变成一个吸管，用户可直接在颜色条中吸取前景色或背景色，如图 2-42 所示。如果想选择黑色或白色，可在颜色条的最右端单击黑色或白色的小方块。

当选取的颜色无法在印刷中实现时，在【颜色】调板中会出现一个带叹号的三角图标，如图 2-43 所示。在其右边会有一个可以替换的色块，替换的颜色一般都较暗。

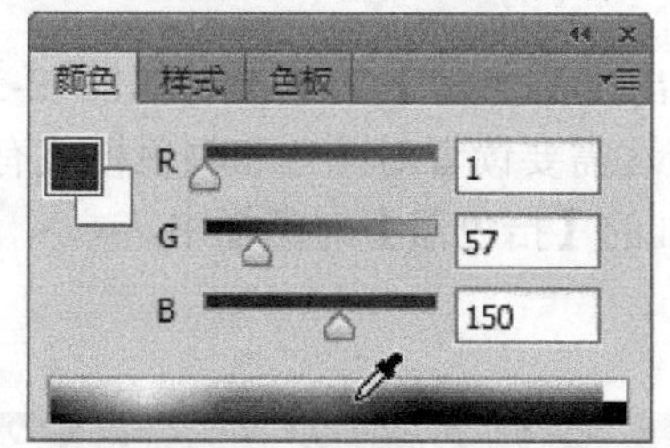

图2-42 用吸管吸取颜色

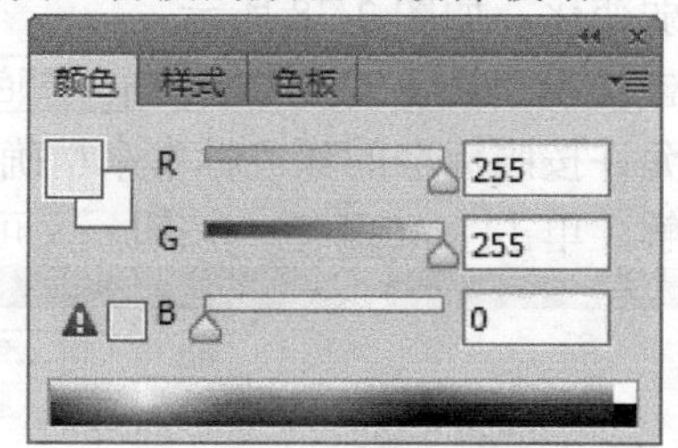

图2-43 叹号图标

三、 【色板】调板

选中【色板】调板，如图 2-44 所示。【色板】调板和【颜色】调板有共同之处，即都可用来改变工具箱中的前景色或背景色。

无论正在使用何种工具，只要将鼠标光标移至【色板】调板上，光标都会变成吸管的形状，如图 2-45 所示。在色块上单击可改变工具箱中的前景色，按住 Ctrl 键单击可改变工具箱中的背景色。

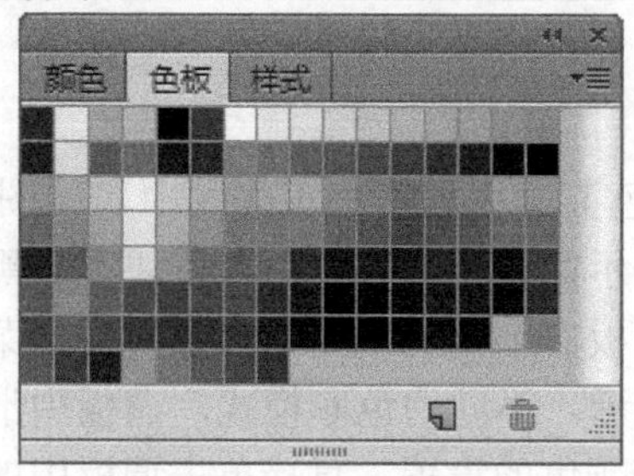

图2-44 【色板】调板

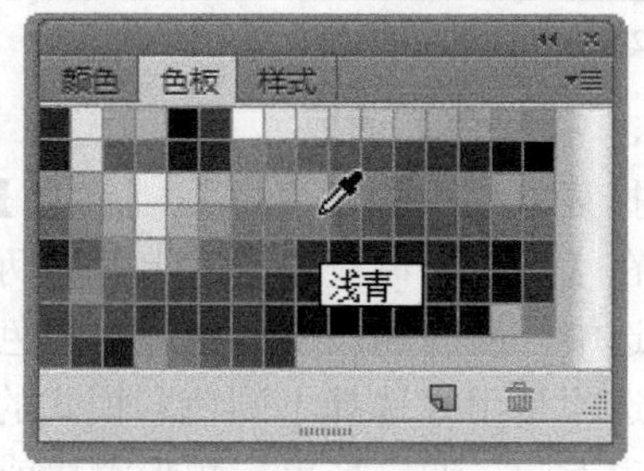

图2-45 吸管形状

若要在【色板】调板上添加颜色，可用吸管工具在图像上选取颜色，当鼠标光标移至【色板】调板的空白处时，光标就会变成油漆桶的形状，如图 2-46 所示，单击可将当前工具箱中的前景色添加到色板中。若要删除【色板】中的颜色，只要按住 Alt 键就可以使图标变成剪刀的形状，如图 2-47 所示，在任意色块上单击即可将此色块删除。

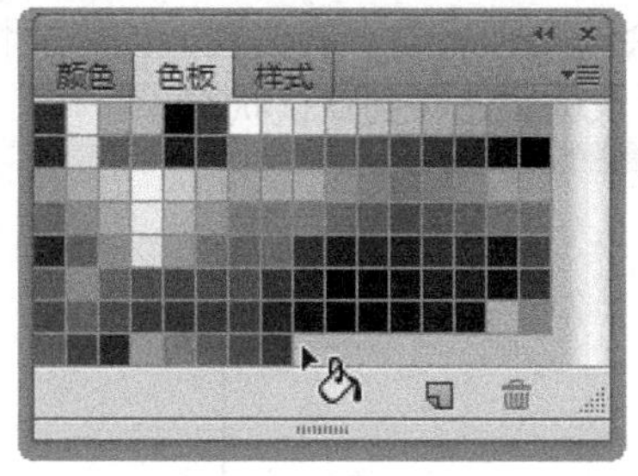

图2-46　油漆桶的形状

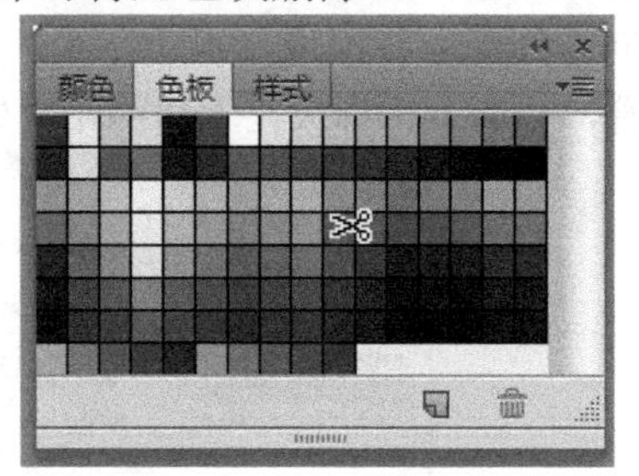

图2-47　剪刀的形状

如果要恢复软件默认的设置，可单击【色板】调板右边的黑三角形按钮，在弹出的菜单中选择【复位色板】命令，如图 2-48 所示，将弹出【Adobe Photoshop CS6 Extended】对话框。在弹出的对话框中有 3 个按钮，单击 确定 按钮可恢复到软件预设的状态；单击 追加(A) 按钮可使软件保留现有颜色并添加预设的颜色；单击 取消 按钮可取消此命令。

另外，如果要将当前的颜色信息存储起来，可在弹出的菜单中选择【存储色板】命令。如果要调用这些文件，可选择【载入色板】命令。用户也可选择【替换色板】命令，用新的颜色替换当前色板中的颜色。

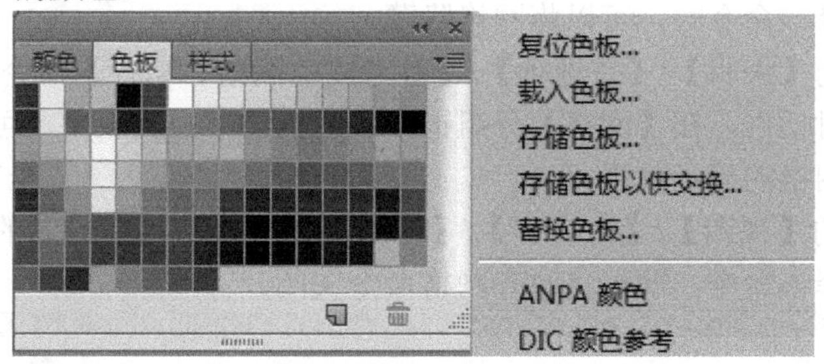

图2-48　【复位色板】命令

2.5　标尺、网格和参考线设置

标尺、网格和参考线是 Photoshop CS6 中的帮助工具，使用频率非常高。使用这 3 种工具，可以给用户进行图像处理和图形绘制带来极大的方便；在绘制和移动图形的过程中，可以帮助用户精确地进行定位和对齐。本节将详细介绍标尺、网格和参考线的设置与使用方法。

一、　标尺的使用方法

选择菜单栏中的【视图】/【标尺】命令，在图像窗口的左边和上边就会弹出标尺；当再选择此命令时，可将标尺隐藏。选择菜单栏中的【编辑】/【首选项】/【单位与标尺】命令，可弹出如图 2-49 所示的【首选项】对话框。在【单位】分组框的【标尺】下拉列表中可选择不同的参数设置，以改变标尺的单位。

在图像窗口中，将鼠标光标移动至标尺的位置，按住鼠标左键向外拖曳，可拖曳出参考

线。如果想改变参考线的位置，使用工具箱中的移动工具，将鼠标光标移动至参考线上，按住鼠标左键拖曳即可移动参考线；如果要使参考线和标尺上的刻度相对应，在按住 Shift 键的同时拖曳鼠标即可；如果想改变参考线的方向，在按住 Alt 键的同时单击或拖曳参考线，参考线的方向就会发生变化。将鼠标光标放在标尺左上角的水平与垂直坐标相交处，按住鼠标左键并沿对角线向外拖曳，将出现一组十字线，释放鼠标左键后会改变标尺原点的位置。如果要恢复原点的位置，只需双击标尺左上角的相交处，即可将标尺原点位置还原到默认状态。

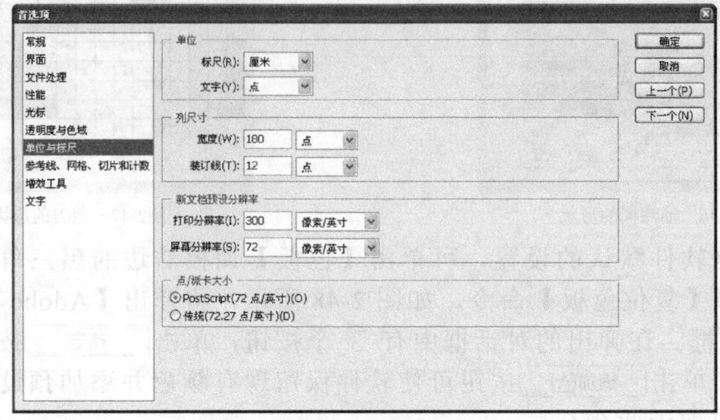

图2-49 【首选项】对话框

二、 网格的使用方法

选择菜单栏中的【视图】/【显示】/【网格】命令，在当前文件的图像窗口中就会显示出网格，当再次选择该命令时，可以将网格隐藏。

选择菜单栏中的【编辑】/【首选项】/【参考线、网格、切片】命令，可弹出如图 2-50 所示的【首选项】对话框。在【网格】分组框中各选项的下拉列表中，可进行不同选项及参数的设置，以改变网格的显示效果。

选择菜单栏中的【视图】/【对齐到】/【网格】命令，可以使绘制的选区或图形自动对齐到网格。再次选择该命令，即可将对齐网格命令关闭。

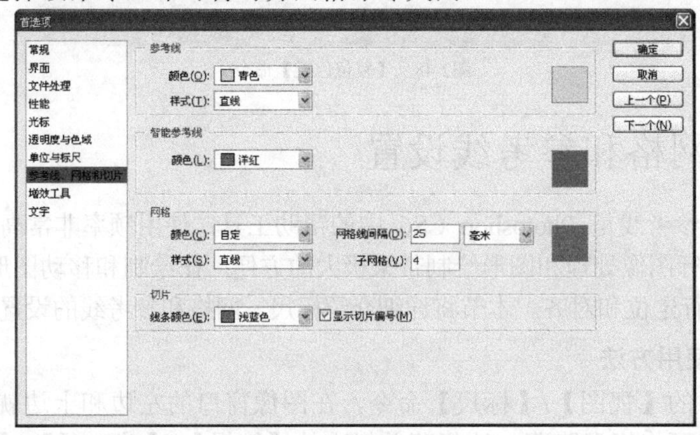

图2-50 【首选项】对话框

三、 参考线的使用方法

如前所示，选择菜单栏中的【视图】/【标尺】命令，将标尺显示在视图窗口中。将鼠标光标放在标尺的位置，按住鼠标左键向外拖曳，添加的参考线形态如图 2-51 所示。

选择菜单栏中的【视图】/【新建参考线】命令，可弹出【新建参考线】对话框，如图 2-52 所示。在此对话框中可选择参考线的取向，并直接以输入数值的方式确定参考线的位置，从而省去了拖曳鼠标光标的过程。

选择菜单栏中的【视图】/【锁定参考线】命令，可将所有的参考线锁定。选择【移动】工具，将鼠标光标移至参考线上，按住鼠标左键拖曳，即可移动参考线。当拖曳参考线到图像窗口之外时，释放鼠标左键即可将其删除。选择菜单栏中的【视图】/【清除参考线】命令，可将图像窗口中的所有参考线全部删除。

图2-51　添加的参考线形态

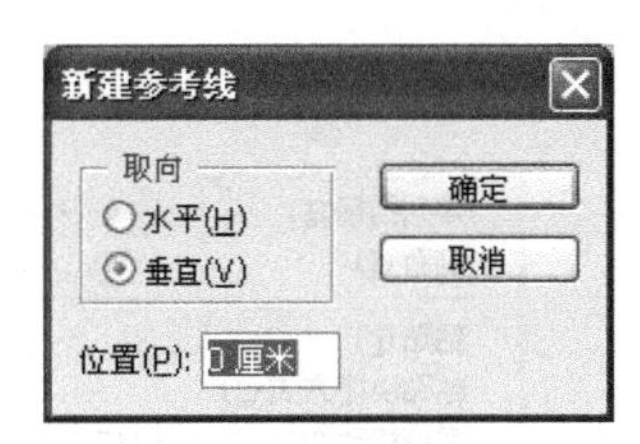

图2-52　【新建参考线】对话框

2.6　创作第一幅作品——DIY 个性桌面

出于美观和个性的需要，多数用户会将 Windows 自带的图片或从网络上下载的图片设定为自己的桌面背景。通过前两章对 Photoshop CS6 基本知识和基本操作的学习之后，本节将引导读者在原有图像的基础上创建第一幅作品——DIY 一幅符合自己个性的桌面。个性桌面的最终应用效果如图 2-53 所示。

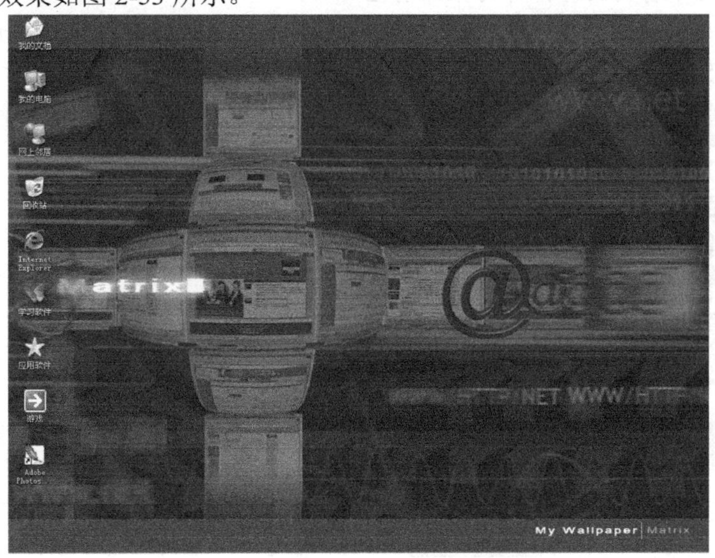

图2-53　DIY 个性桌面的最终应用效果

创建 DIY 个性桌面

在开始制作个性桌面之前，首先要了解一下读者的计算机目前所使用的分辨率设置。这一步很关键，直接决定了读者所选图片素材的大小与质量。

1. 在桌面空白处单击鼠标右键，在弹出的快捷菜单中选择【属性】选项，如图 2-54 所示。
2. 在【显示属性】对话框中单击【设置】选项卡，如图 2-55 所示，以便了解当前显示器的屏幕分辨率。图上所示的屏幕分辨率为 1024 像素 × 768 像素。

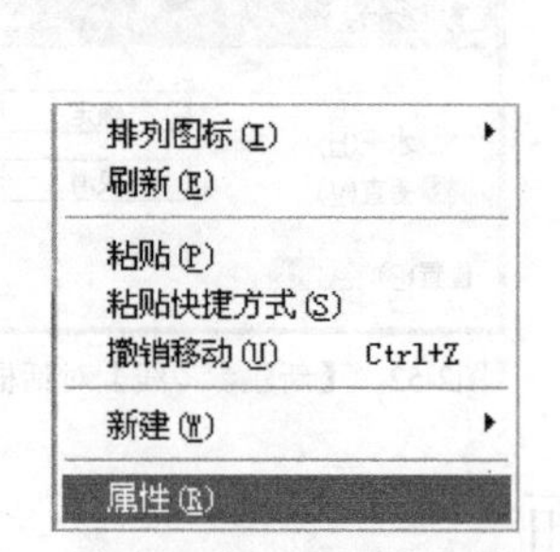

图2-54 选择【属性】选项

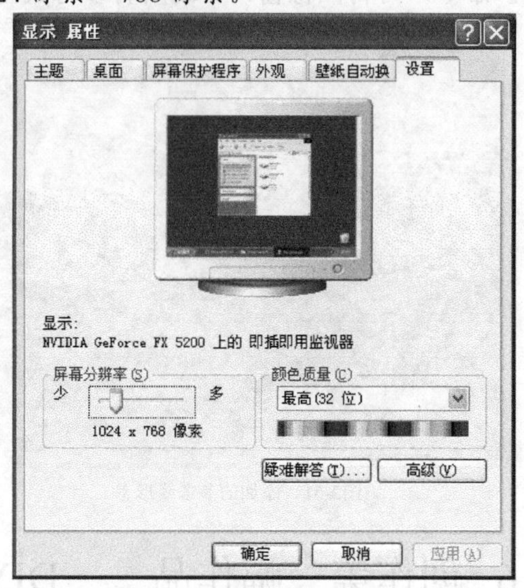

图2-55 【显示 属性】对话框

接着，寻找一幅中意的图像作为素材，并加入一定的艺术效果，使之与众不同。考虑到最终效果，建议读者选择分辨率较高的图像，至少不能低于显示器目前的分辨率。

3. 打开本书配套光盘“Map”目录下的“个性桌面素材.jpg”文件，如图 2-56 所示。这是一幅颜色较为丰富的图片，作为桌面有些眩目。
4. 选择菜单栏中的【文件】/【新建】命令，在弹出的【新建】对话框中设置各选项及参数，如图 2-57 所示。

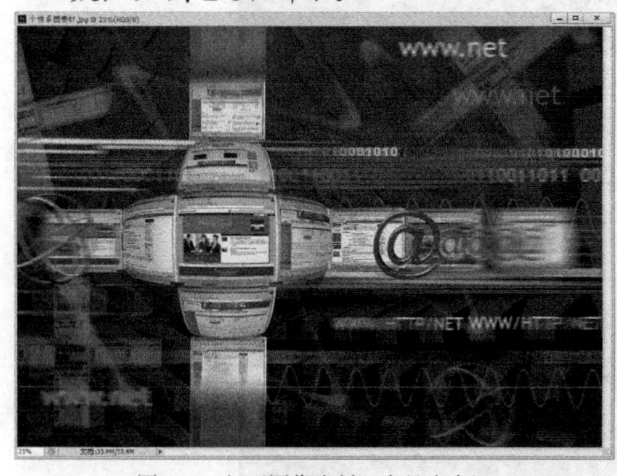

图2-56 打开图像素材（参见光盘）

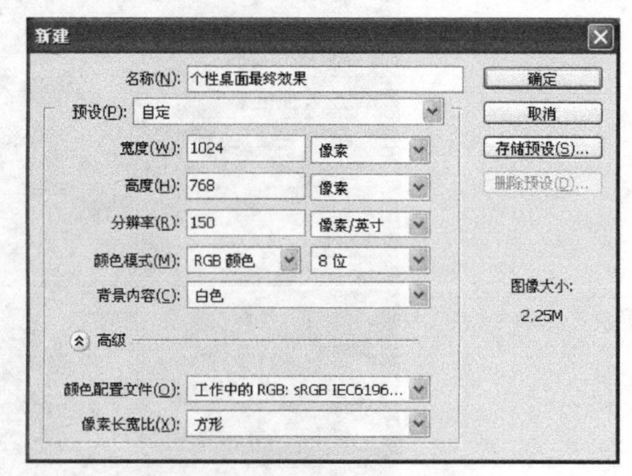

图2-57 【新建】对话框及参数设定

5. 单击【新建】对话框中的 确定 按钮，新建一个名为“个性桌面最终效果”的图像文件。

6. 选择“个性桌面素材.jpg”图像窗口，然后选择菜单栏中的【图像】/【图像大小】命令，在弹出的对话框中可以看出这幅图像的分辨率为 350，已经大大超出需要，如图 2-58 所示。
7. 将【分辨率】值由“350”改为“100”，此时图像的大小尺寸也发生了变化，如图 2-59 所示。

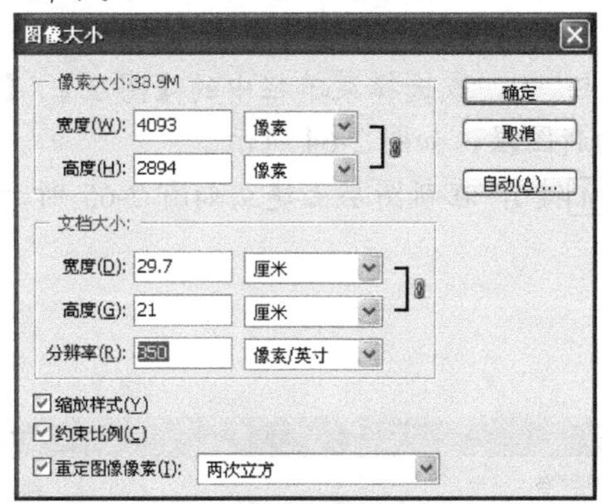

图2-58 图像分辨率过高

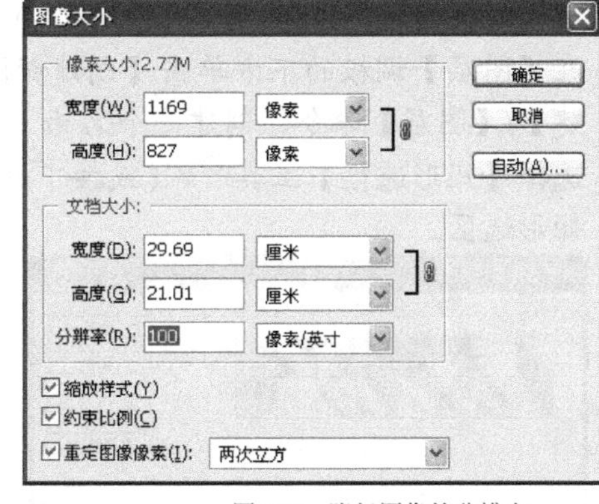

图2-59 降低图像的分辨率

8. 单击 确定 按钮，确认当前的设置并关闭对话框。

要点提示 如果所选图像素材的分辨率过高，可以通过【图像大小】对话框，并调整图像的分辨率大小。具体大小值参考读者桌面的当前分辨率数值来确定。

将修改好的素材图像复制至空白画布上。

9. 选择工具箱中的【移动】工具 （或按 V 键），在素材图像上按住鼠标左键并将其拖曳至新建的空白画布上，如图 2-60 所示。
10. 由于素材图像的尺寸略大于空白画布，可以根据读者的喜好，通过 工具安排图像主体的位置，但注意不要露出画布的白底色。

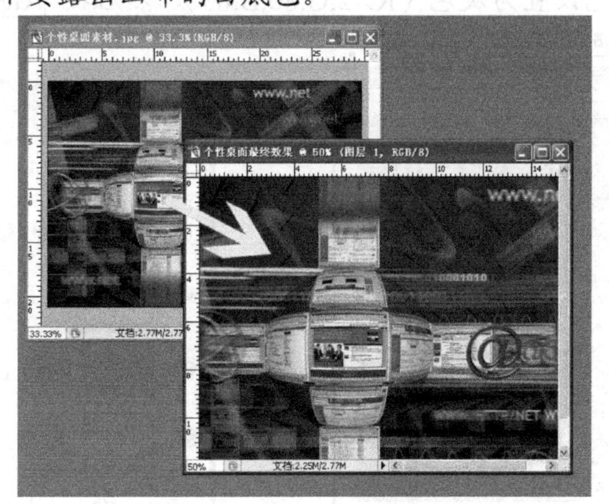

图2-60 复制并移动素材图像

由于这幅图像色彩丰富，显得过于“活跃”，因此需要对素材图像进行艺术加工，使之更为个性与稳重。

11. 选择菜单栏中的【图像】/【调整】/【去色】命令，得到一幅去除色彩之后的灰度图像。
12. 接下来为这幅灰度图像添加单一的色彩明度变化，使整个图像更为统一稳重。选择菜

单栏中的【图像】/【调整】/【渐变映射】命令，在弹出【渐变映射】对话框中的渐变色条上单击鼠标右键，弹出【渐变编辑器】窗口，如图 2-61 所示。

13. 双击渐变色条下方任意一端的色标滑块，或单击色标滑块之后，再单击【色标】属性下【颜色】选项中的右方色块，弹出【拾色器】对话框，如图 2-62 所示。
14. 在【拾色器】对话框中，将渐变条左端的颜色设置为深蓝色(R:16,G:53,B:72)、右端的颜色设置为浅蓝色(R:19,G:172,B:249)，得到如图 2-63 所示效果。
15. 在【图层】调板的下方单击【创建新图层】按钮，或选择菜单栏中的【图层】/【新建】/【图层】命令，创建一个名为“边框”的新图层，如图 2-64 所示。
16. 选择【矩形选框】工具（或按下键盘上的 M 键），在新图层上建立如图 2-65 所示的矩形选区。

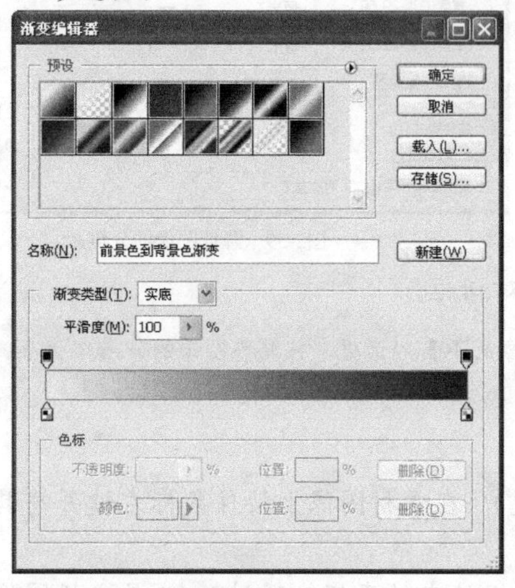

图2-61　【渐变编辑器】窗口

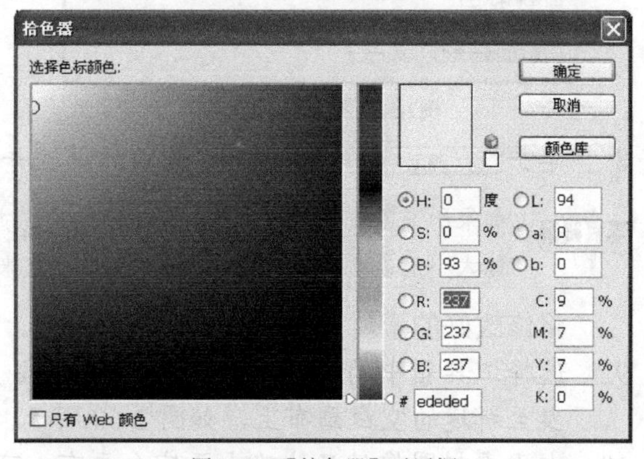

图2-62　【拾色器】对话框

17. 在工具箱中将前景色设置为灰色（R:72,G:80,B:83），然后按 Alt + Delete 组合键，将矩形选区填充为前景色，如图 2-66 所示。

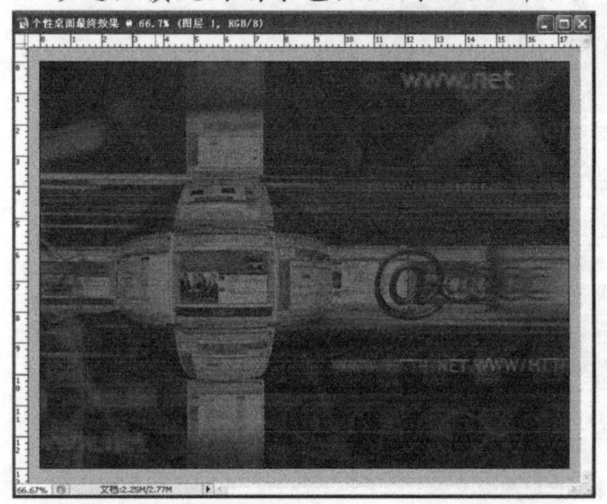

图2-63　执行【渐变映射】命令之后的效果（参见光盘）

图2-64　在【图层】调板中新建“边框”图层

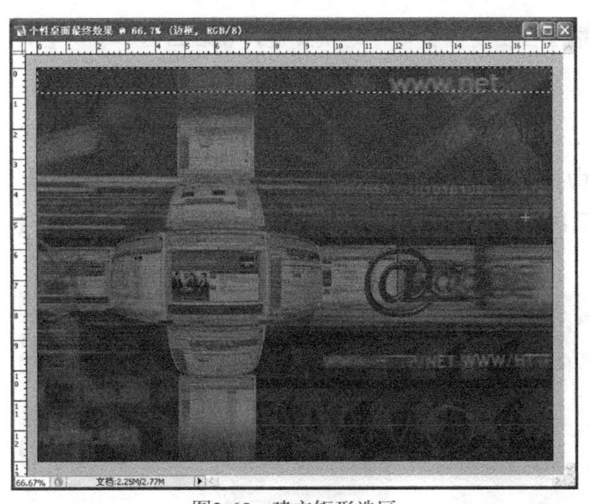

图2-65 建立矩形选区

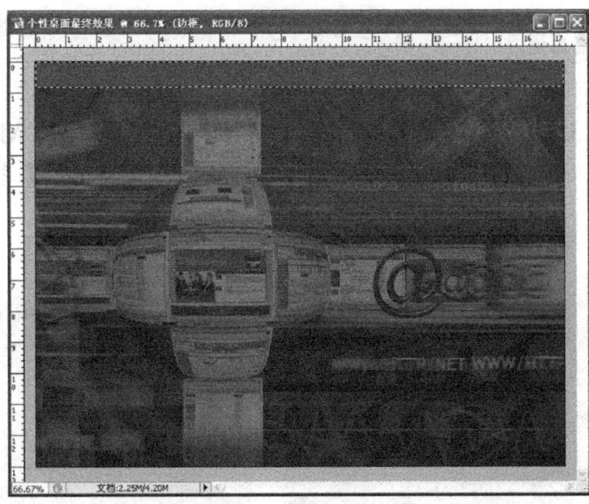

图2-66 填充选区

18. 按 Ctrl+D 组合键取消选区。然后在按住 Ctrl+Alt 组合键的同时，在选区上按住鼠标左键并向下方拖曳，将其移动复制到如图 2-67 所示位置上。在移动的过程中，按下 Shift 键可以对移动方向进行约束。
19. 在【图层】调板中亦产生了一个名为“边框副本”的图层，选中该图层，再按 Ctrl+E 组合键，可以将其与“边框”图层合并为一个图层。

要点提示 在编辑图层的过程中，若需将两个相邻但不同的图层合并到一起，只需按 Ctrl + E 组合键，即可实现所需操作。

20. 保证“边框”图层处于被选择状态，在【图层】调板中将 不透明度：100% 值改为 84%，此时该图层产生了一定的透明度，显得富有层次感，如图 2-68 所示。

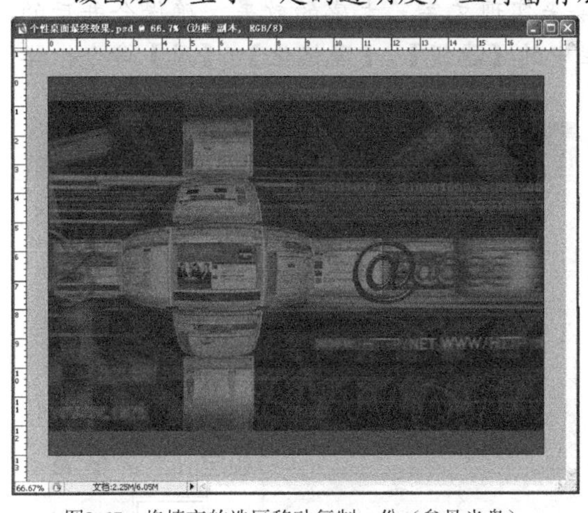

图2-67 将填充的选区移动复制一份（参见光盘）

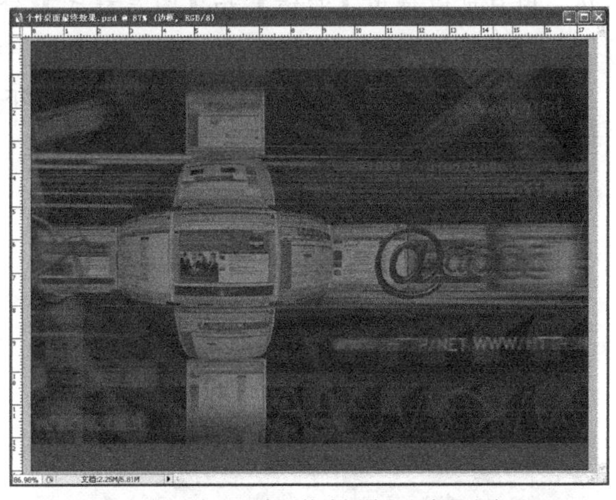

图2-68 改变透明度后的边框效果（参见光盘）

下面将为其添加文字效果，使桌面内容更丰富。

21. 先将前景色设置为白色，再使用工具箱中的【文字】工具 T 输入用户喜欢的字符。这里作者输入了“Matrix”这个单词，如图 2-69 所示。在【图层】调板中将生成一个名为“Matrix”的文字图层。
22. 确保“Matrix”的文字图层处于被选择状态，按下 Ctrl+T 组合键，此时在文字周围出现了 8 个控点，通过调整控点的位置使文字变形的形态如图 2-70 所示。

Ctrl + T 组合键使用频率很高，是图像编辑中【自由变换】命令的快捷键，在后面的章节中会详细讲解。

23. 利用工具箱中的 T. 工具选取首字母 "M"，再按下 Ctrl+T 组合键，此时会弹出【字符】调板（有别于上一步骤中提及的【自由变换】命令）。在【字符】调板的【颜色】属性中将字符颜色改为橙黄色(R:255,G:177,B:65)，并将 "Arial" 字体加粗，如图 2-71 所示。

图2-69 输入字符

图2-70 调整字符形状与位置

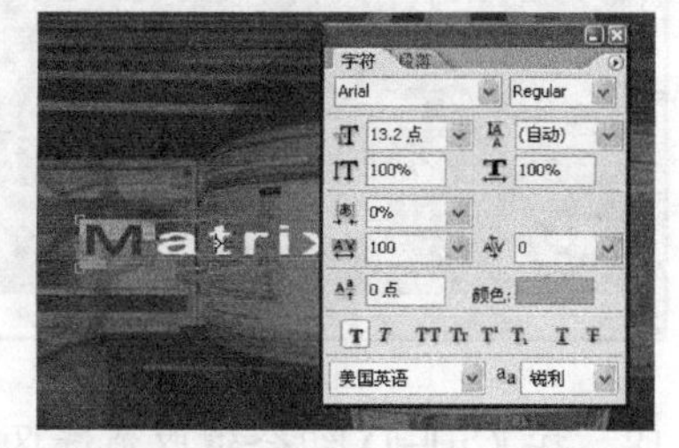

图2-71 使用【字符】调板编辑字符

24. 为了模拟计算机的光标效果，先新建一个名为 "光标" 的图层，再参考前面制作边框的方法创建一个如图 2-72 所示的正方形选区，并填充为白色。

25. 利用工具箱中的 ▸+ 工具和【自由变换】的快捷键，调整光标的大小和位置，在【图层】调板中将文字图层拖曳至 "光标" 图层上方，最后按 Ctrl+E 组合键将 "Matrix" 与 "光标" 两个图层合并，最终效果如图 2-73 所示。

在创建正方形选区的过程中，在拖曳鼠标光标的同时按下 Shift 键便可以绘制出标准的正方形选区。

26. 用户可以使用【滤镜】和【图层样式】命令来实现文字艺术感的效果。确保合并后的 "字符" 图层处于被选择状态，选择菜单栏中的【滤镜】/【风格化】/【风】命令，弹出【风】对话框，参数设置如图 2-74 所示。

图2-72 创建正方形选区

图2-73 填充选区并合并图层

27. 单击 确定 按钮，可以实现如图 2-75 所示的滤镜效果。

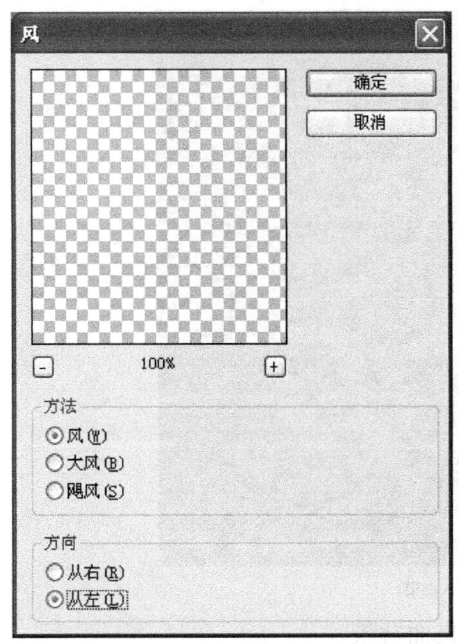

图2-74　滤镜效果【风】对话框

图2-75　执行【风】之后的效果

下面为字符添加光芒效果，并进一步完善细节。

28. 在【图层】调板中双击“光标”图层，弹出【图层样式】对话框，勾选【外发光】复选框为该图层添加效果，参数设置如图 2-76 所示，发光颜色采用默认设置。执行【外发光】后的效果如图 2-77 所示。

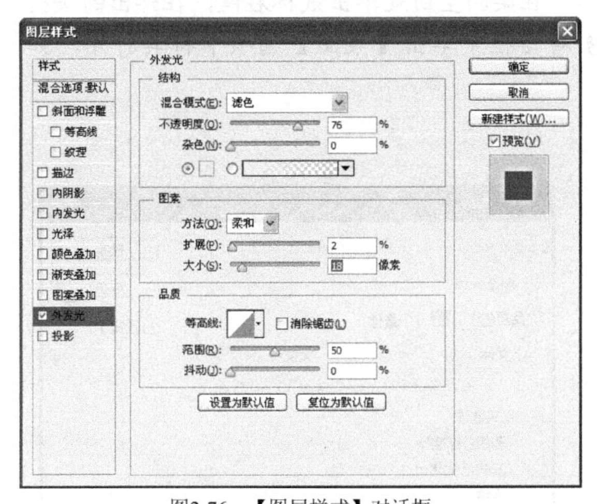

图2-76　【图层样式】对话框

图2-77　执行【外发光】后的效果

29. 采用与前边步骤相同的方法，在图像的右下角再创建一些文字和符号，可以阐明作者的主题等（用户可根据喜好自行决定）。

本例中先采用与建立光标相同的方法创建了一个分隔符，左边输入“My Wallpaper”，颜色为白色；右边输入“Matrix”，颜色为与“M”相同的橙黄色。最终效果如图 2-78 所示。也可以参考本书配套光盘下的“最终效果”目录下的“个性桌面最终效果.psd”文件。

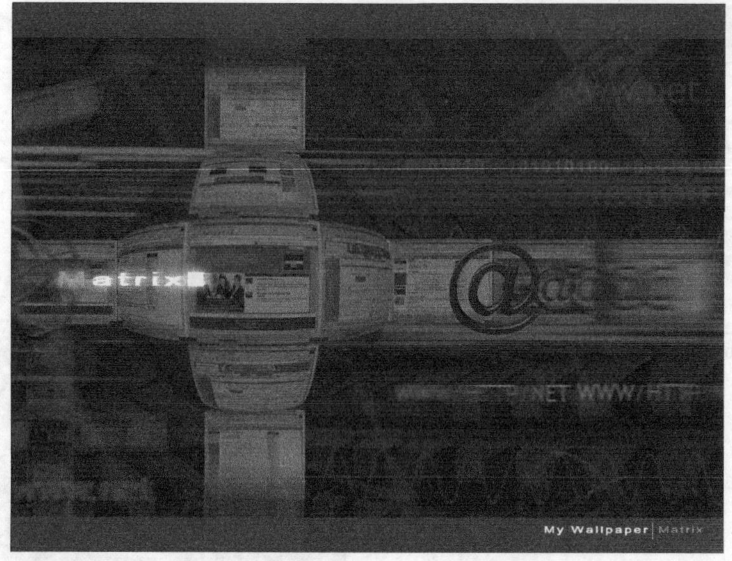

图2-78　个性桌面最终效果

下面就介绍将个性桌面设置为当前的 Windows 桌面背景。

30. 选择菜单栏中的【文件】/【存储为】命令，弹出【存储为】对话框。在【格式】下拉列表中选择 JPEG 格式，文件名为“个性桌面最终效果”，如图 2-79 所示。
31. 单击 保存(S) 按钮将其保存到用户希望保存的目录下，此时又会弹出【JPEG 选项】对话框，具体参数设置如图 2-80 所示。
32. 退出 Photoshop CS6，回到 Windows 桌面，在桌面空白处单击鼠标右键，在弹出的快捷菜单中选择【属性】选项，在【显示属性】对话框中单击【桌面】选项卡将其打开，如图 2-81 所示。

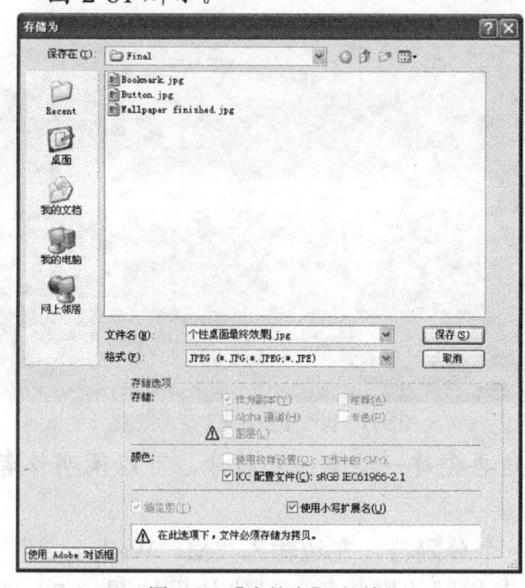

图2-79　【存储为】对话框

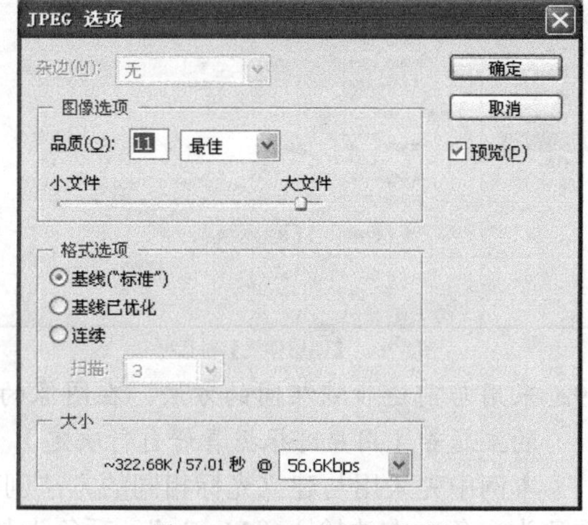

图2-80　【JPEG 选项】对话框

33. 单击 浏览(B)... 按钮，弹出【浏览】对话框，找到先前保存的“个性桌面最终效果.jpg”文件，如图 2-82 所示。

图2-81 【桌面】选项卡

图2-82 找到保存的文件

34. 单击[打开(O)]按钮回到【桌面】选项卡，然后单击[确定]按钮回到Windows桌面，此时个性桌面已替换原先的蓝天白云桌面背景，如图2-83所示。

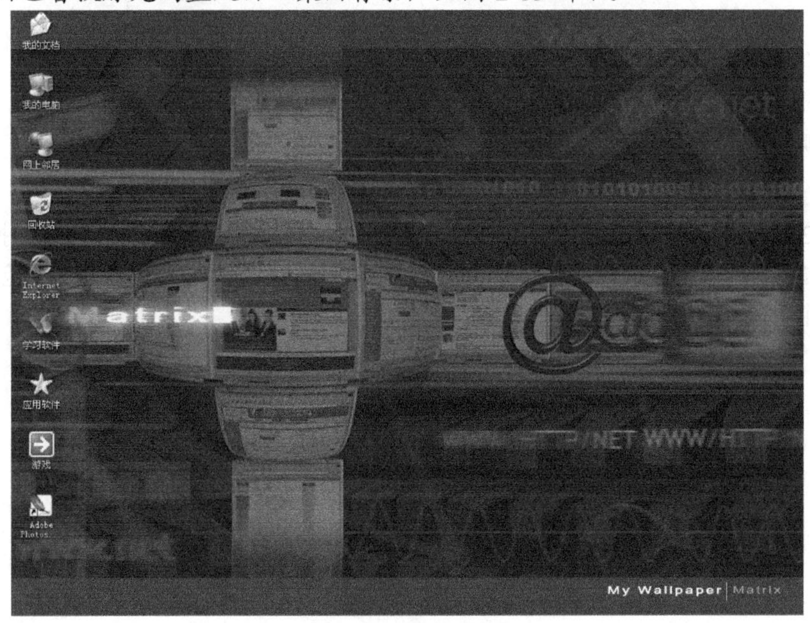

图2-83 桌面背景被个性桌面背景替换（参见光盘）

2.7 小结

本章主要介绍了Photoshop CS6界面、图像文件和图像浏览的基本操作，以及图像文件的颜色、标尺、网格和参考线的设置等，并利用前两章学习的基本知识，按照作者的操作步骤创作出自己的第一幅作品。本章的主要目的是让读者感受一下使用计算机作图和使用传统方式作图的不同。

对于初学者来说，有几个方面要特别注意：一是为了避免因意外而丢失，在制作的过程

中要养成随时存盘的习惯；二是要在本章的学习中注意练习对快捷键的熟悉和操作。本章最终案例涉及的知识和工具比较多，初学者可能一下子难以全部“消化”。在今后的学习中还会细细介绍到，读者可以慢慢理解并掌握。

2.8　练习题

一、填空

1. 在软件窗口的标题栏右上角有 3 个按钮，▬ 表示（　），🗗 表示（　），✕ 表示（　）。
2. 新建文件的方法有 3 种，分别是（　　　）、（　　　）、（　　　）。
3. 放大图像的快捷键为（　　）+（　　）组合键。缩小图像的快捷键为（　　）+（　　）组合键。按住（　　）+（　　）组合键，图像窗口内的图像会自动满画布显示。
4. 在【颜色】调板中有时会出现一个带叹号的三角图标⚠，表示当前选取的颜色（　　　　　　），在其右边会有一个替换的色块。
5. 想要使参考线和标尺上的刻度相对应，可在按住（　　）键的同时拖曳参考线；想要改变参考线的方向，可在按住（　　）键的同时单击或拖曳参考线。

二、简答

1. 简述【存储】与【存储为】命令的区别。
2. 应使用什么工具放大和缩小图像的显示比例？简单说明其操作方法。
3. 简单说明标尺、网格和参考线的设置与使用方法。

三、操作

1. 结合第 2.1.2 小节所学的知识内容，练习调板的显示与隐藏、拆分与组合的操作方法。
2. 参照第 2.6 节所学的知识内容，选择一幅较好的图像文件作为基本素材，创作一幅属于自己的个性桌面。

第3章 选择工具与图层基础知识

在 Photoshop 中，对图像进行处理最基本、最常用的选择工具是选框工具与移动工具。本章将具体介绍这两种工具的使用方法。

在进行图像处理时，经常会遇到只需对图像的局部进行处理，而无须修改图像其他区域的情况。此时，可以运用选框工具来指定要编辑的图像区域。Photoshop CS6 提供了多种选框工具，包括简单的【矩形选框】与【椭圆选框】工具、【套索】、【多边形套索】和【磁性套索】工具，以及根据颜色的差别来定义选区的【魔棒】工具。在创建选区后，可以利用【选择】菜单中的命令对图像中的选区进行编辑、调整及设置等操作。

在使用 Photoshop 处理图像时几乎都要用到图层，所以本章还将介绍图层的基本概念与基本操作，让读者对图层进行具体了解。

3.1 选框工具

在工具箱中按住工具不放，将弹出如图 3-1 所示的工具列表。

要点提示：若工具箱中的工具按钮带有黑色的小三角形，表示该工具下还有隐藏工具。弹出隐藏工具的方法有两种：一是在该按钮上按住鼠标左键不放，二是右键单击该按钮。其中工具左侧有一个小白点，表示该工具为当前工具箱中显示的工具。

在如图 3-1 所示的列表中选择要使用的工具，如工具，工具箱中原工具的位置上显示为工具。用相同的方法，可以在工具箱中切换列表中的 4 种工具。

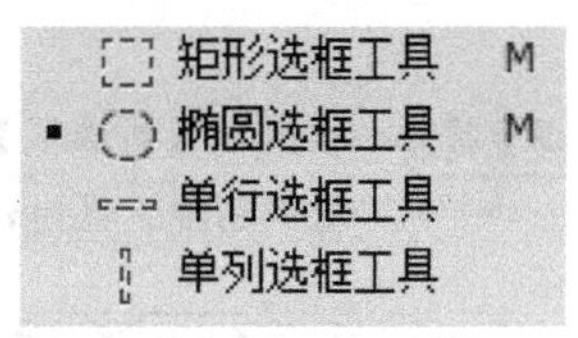

图3-1 工具列表

在图像中创建选区后会出现一个虚线框，称为选框。选框内的部分就是选区，后面进行的所有操作只对选区内的图像起作用。

要点提示：同一组工具通常使用同一个快捷键，但选框工具特殊。工具与工具的快捷键都是 M 键，反复按 Shift+M 组合键，能在工具与工具间切换，但不能在工具和工具间切换。

一、选框工具的选项栏

使用选框工具时，其选项栏状态如图 3-2 所示。

图3-2 选框工具的选项栏

- 单击【新选区】按钮，在图像中创建选区，新的选区将代替原来的选区。
- 单击【添加到选区】按钮，在图像中创建选区，新创建的选区与原来的选区合并为新的选区。其操作过程如图 3-3 所示。

在激活【新选区】按钮时，若按住 Shift 键不放，鼠标光标将变成形状，再在图像中创建选区时，新建立的选区将添加至原选区。这相当于【添加到选区】的功能。

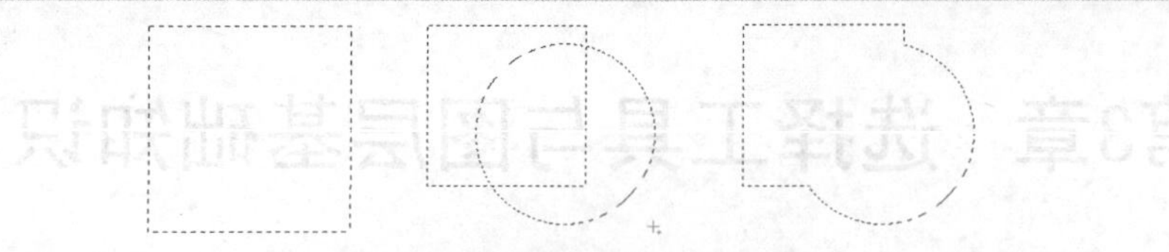

图3-3　添加到选区的过程示意图

- 单击【从选区减去】按钮，如果新创建的选区与原选区有相交部分，则从原选区中减去相交部分，其操作过程示意图如图 3-4 所示。

在激活【新选区】按钮时，若按住 Alt 键不放，鼠标光标将变成形状，再在图像中创建选区时，原选区中减去与新选区相交的部分。这相当于【从选区减去】功能。

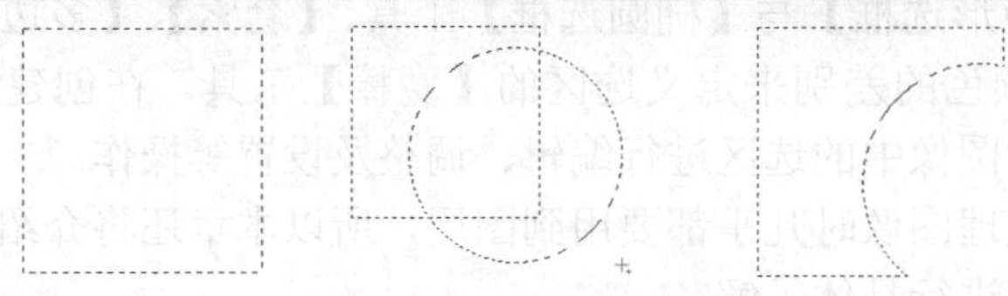

图3-4　从选区减去的过程示意图

- 单击【与选区交叉】按钮，如果新创建的选区与原选区有相交部分，则保留相交选区。其操作过程如图 3-5 所示。

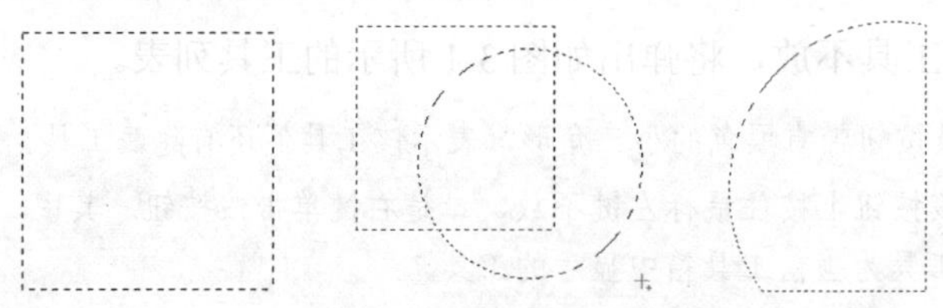

图3-5　相交选区的过程示意图

在激活【新选区】按钮时，若按住 Shift+Alt 组合键不放，鼠标光标将变成形状，再在图像中创建选区时，则保留相交区域。这相当于【与选区交叉】功能。

利用 Shift 键增加选区，用 Alt 键减去多余选区，用 Shift+Alt 组合键获取相交部分的新选区，这种方法适用于 Photoshop 中所有的区域选择工具。

- 羽化: 0 像素 : 决定选区边缘的柔化程度，可以在数值框内输入羽化的数值，其取值范围为 0～255。如图 3-6 所示为建立了 3 个大小相同但【羽化】值不同的矩形选区，其边缘效果的变化各不相同。当给选择工具设置非“0”的【羽化】值后，新建立的选区范围必须足够大，选区的最小直径至少为【羽化】值的两倍以上，否则会弹出如图 3-7 所示的提示框。

【羽化】值为 0　【羽化】值为 5　【羽化】值为 10

图3-6　【羽化】值对选区的影响

图3-7　警告提示框

- 消除锯齿：勾选此复选框，可以使边缘看起来柔和，达到抗锯齿的目的。但只在选择工具时此项才可用。如图 3-8 所示为勾选【消除锯齿】复选框与取消勾选时的效果比较。

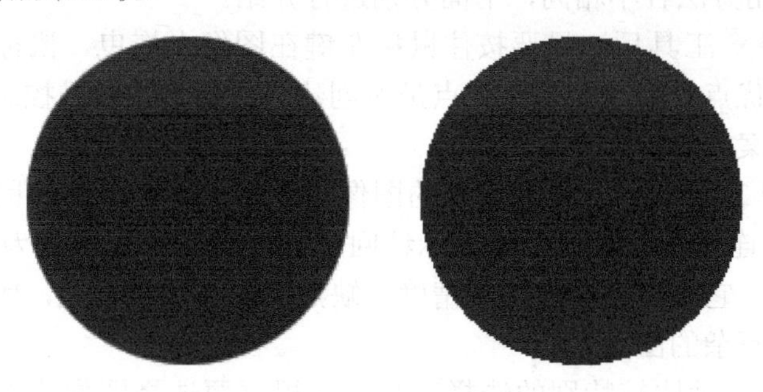

图3-8　勾选【消除锯齿】复选框与取消勾选时的效果比较

- 样式：正常：此下拉列表中有 3 个选项。选择【正常】选项，可以在图像中创建任意大小与比例的选区；选择【固定比例】选项，可以设置将要创建选区的宽度与高度的比例；选择【固定大小】选项，可以设置将要创建选区的宽度和高度值。
- 调整边缘...按钮：单击此按钮，弹出【调整边缘】对话框，可以重新设置选区的边缘效果。

二、 选区的基本操作

如果当前图像中没有选区，选择工具箱中的工具或工具，配合下列快捷键可以建立特殊选区。

- 按住 Shift 键不放，在图像中拖曳鼠标光标，可以在图像中创建正方形或圆形选区。
- 按住 Alt 键不放，在图像中拖曳鼠标光标，可以生成一个以鼠标光标落点为中心的选区。

在图像窗口中建立选区后，在工具箱中再选择任意一个选区工具，然后将鼠标光标移动至图像窗口的选区内部，当鼠标光标显示为形状时，拖曳鼠标光标可以移动选区的位置。

取消选区的常用方法有两种：一种是选择菜单栏中的【选择】/【取消选择】命令，另一种是按 Ctrl+D 组合键取消。

3.2 套索工具

套索工具及其隐藏工具如图 3-9 所示。

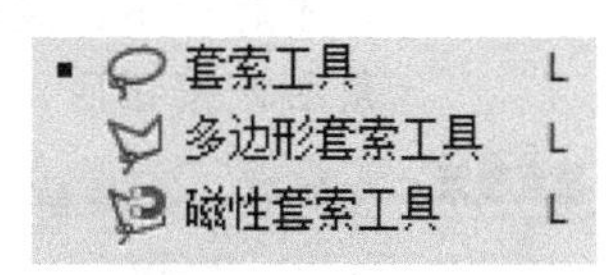

图3-9　套索工具列表

利用【套索】工具、【多边形套索】工具和【磁性套索】工具，可以在图像中进行不规则多边形以及其他任意形状区域的选择。

要点提示：工具、工具和工具的快捷键为 L 键，反复按 Shift+L 组合键可以在这 3 种套索工具间切换。

3.2.1　套索工具的使用方法和主要功能

3 种套索工具的使用方法各不相同，下面分别进行介绍。

(1) 工具：选择工具后，只要按住鼠标左键在图像上拖曳，鼠标光标移动的轨迹就是选区的边界。它的优点是操作简便，缺点是所创建选区的形态较难控制，所以一般用于对精确度要求不高的图案。

(2) 工具：选择工具后，沿要选择的图像边界多次单击，新的鼠标光标落点与前一个落点间会出现一条连线，然后将鼠标光标移回起点，当鼠标光标变为形状时单击，可闭合连线，构成选区。它的优点是选择较精确，缺点是操作比较烦琐，所以比较适用于边界多为直线或边界曲折复杂的图案。

(3) 工具：它是一种比较特别的选择工具，它根据要选择图像边界的像素点颜色来决定进行选择时的工作方式。在要选择图像边界与背景颜色差别较大的部分，可以直接沿边界拖曳鼠标光标，工具会根据颜色的差别自动勾画出选框。在颜色差别不大的部分，可以用多次单击的方法勾选边界。该工具主要适用于选择边界分明的图案。

3.2.2　套索工具选项栏

在工具箱中选择工具或工具后，选项栏状态如图 3-10 所示。这些选项在前面都已经讲过，此处不再重复。

图3-10　工具和工具的选项栏

在工具箱中选择工具，选项栏中多了一些特别的参数，如图 3-11 所示。

图3-11　工具的选项栏

- 宽度: 10 像素：该值决定工具在探测图像边界的范围。【磁性】套索工具只探测从鼠标光标开始指定距离以内的边缘。
- 对比度: 10%：该值指定套索对图像中边缘的灵敏度。较高的值将探测与周围对比强烈的边缘，较低的值将探测与周围对比度低的边缘。
- 频率: 57：该值决定套索以什么速率设置紧固点。使用较高的数值，则捕捉紧固点的速度更快，并且紧固点的数量更多。
- 【使用绘图板压力以更改钢笔宽度】按钮：该选项只有在用户使用绘图板时才起作用。绘图板是一种外部设备，可用手绘的方式向计算机中输入图像。激活该按钮后，可以在使用绘图板时，以落笔的力度来影响笔画的粗细。

要点提示　在使用工具和工具时，可以多次按 Delete 键，依次取消最后一个点的定位。

在边缘较明显的图像上，可以使用较大的【宽度】值和较高的【对比度】值。在边缘较柔和的图像上，可以使用较小的【宽度】值和较低的【对比度】值。

使用较小的【宽度】值和较高的【对比度】值可以进行较精确的选择。使用较大的【宽度】值和较小的【对比度】值可以进行粗略的选择。

3.3 【魔棒】工具

Photoshop 提供了【魔棒】和【快速选择】两种魔棒工具。在工具箱中按住工具不放，会弹出如图 3-12 所示的工具列表。

利用【魔棒】工具和【快速选择】工具，可以在图像中快速选择与鼠标光标落点颜色相近的区域。该工具主要适用于有大块单色区域图像的选择。

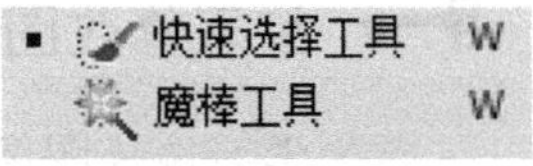

图3-12　魔棒工具列表

要点提示　选择工具和工具的快捷键为 W，反复按 Shift+W 组合键可以在这两种魔棒工具间切换。与其他选择工具相同，也可以利用 Shift 键或 Alt 键来增加或减少选区的范围。

3.3.1 【魔棒】工具选项栏

在工具箱中选择工具，选项栏如图 3-13 所示。在这里只介绍前面未讲解过的选项。

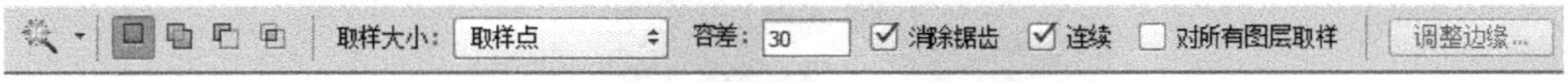

图3-13　工具的选项栏

- ：容差取值范围为 0～255。这个参数的值决定了选择的精度，此值越大，选择的精度越小；此值越小，选择的精度越大。
- ：勾选【连续】复选框，则只能选择与鼠标光标落点处像素颜色相近且相连的部分。取消勾选该复选框，则可以在图像中选择所有与鼠标光标落点处像素颜色相近的部分。
- ：对于多图层的文件来讲，一般所做的操作只对当前图层起作用。使用工具时，若不勾选【对所有图层取样】复选框，则只选择当前图层中颜色相近的部分；若勾选该复选框，则可以选择所有图层中可见部分颜色相近的部分。

要点提示　有关图层的概念及具体内容参见本章第 3.5 节和第 3.6 节内容。

3.3.2 【快速选择】工具选项栏

在工具箱中选择工具，选项栏如图 3-14 所示。在这里只介绍前面未讲解过的选项。

图3-14　工具的选项栏

- 选区运算按钮：单击新选区按钮，可以创建一个新的选区；单击添加到选区按钮，可以在原选区的基础上添加新绘制的选区；单击从选区减去按钮，可以在原选区的基础上减去当前绘制的选区。
- ：勾选【自动增强】复选框，可以减少选区边界的粗糙度和块效应，自动将选区向图像边缘进一步流动并应用一些边缘调整。
- ：更改画笔的大小，可以在绘制选区的过程中按下【]】键增加画笔的大小，或按下【[】键减小画笔的大小。

3.3.3　练习修改图像背景

下面以工具的使用为例，简单练习使用选区工具对图像进行编辑修改的方法。

练习修改图像背景

首先学习选择图像中的白色背景。

1. 选择菜单栏中的【文件】/【打开】命令，打开本书配套光盘“Map”目录下的“兰花.jpg”文件。这是一幅白色背景的兰花图像。
2. 选择工具箱中的工具，选项栏中的参数使用默认设置。
3. 在图像边缘的白色上单击，选择外围的白色背景部分，选区效果如图 3-15 所示。

图3-15　外围背景的选区效果

4. 在选项栏中单击【添加到选区】按钮，然后在图像中兰花内较小的白色背景部分上单击，直到将所有的白色背景都选择。
5. 在工具箱中将背景色设置为黑色。按 Delete 键，弹出【填充】对话框，在【内容】选项中选择【背景色】，删除选区内的图像，露出黑的背景色，效果如图 3-16 所示。

图3-16　黑色背景效果

下面学习在背景上添加星光效果，以对图像进行装饰。

6. 选择工具箱中的工具，然后在【调板区】中调出【工具预设】调板，如图 3-17 所示。
7. 单击【工具预设】调板右侧的按钮，在弹出的菜单中选择【载入工具预设】命令，载入本书配套光盘“Map”目录下的“工具预设 04.tpl”文件。
8. 在【工具预设】调板中选择【白色星光】工具预设，在图像中黑色背景部分拖曳，在背景上添加如图 3-18 所示的星光效果。
9. 按 Ctrl+D 组合键，取消选区。
10. 选择菜单栏中的【文件】/【存储为】命令，将当前图像存储为“星光背景.jpg”文件。

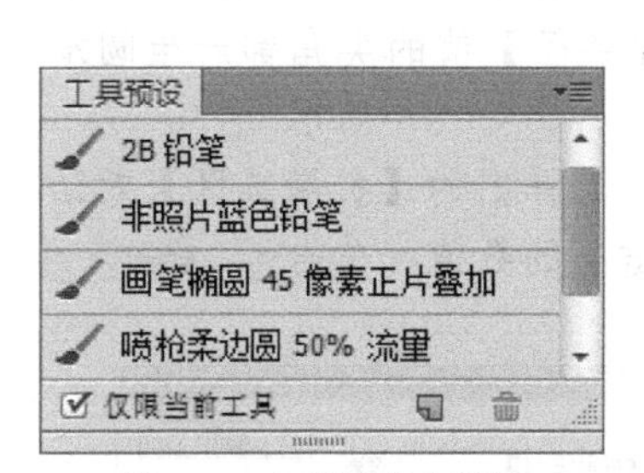

图3-17 【工具预设】调板

图3-18 背景的星光效果

3.4 【选择】菜单

在创建选区后，还可以利用【选择】菜单中的命令对选区的形态进行适当的编辑或修改。【选择】菜单命令主要用来对图像中的选区进行编辑、调整及设置等操作。选择菜单栏中的【选择】命令，弹出的菜单如图 3-19 所示。

在图像中存在选区时，具体操作介绍如下。

- 选择菜单栏中的【选择】/【调整边缘】命令，弹出的【调整边缘】对话框如图 3-20 所示。

要点提示 通过设置【调整边缘】对话框中的各选项，可以对选区进行微调，从改变大小到羽化效果，从而精确控制各种方式选择出的区域边缘，使其符合设计者的各种要求。所有的效果都有一个实时的预览，可分别在标准视图、快速蒙版视图、黑色背景视图、白色背景视图和蒙版视图模式下查看选区的边缘效果。

- 选择菜单栏中的【选择】/【修改】/【边界】命令，弹出的【边界选区】对话框如图 3-21 所示。在【宽度】文本框内输入适当的数值，单击 确定 按钮，可以沿选区的边缘创建相应宽度的边框选区。

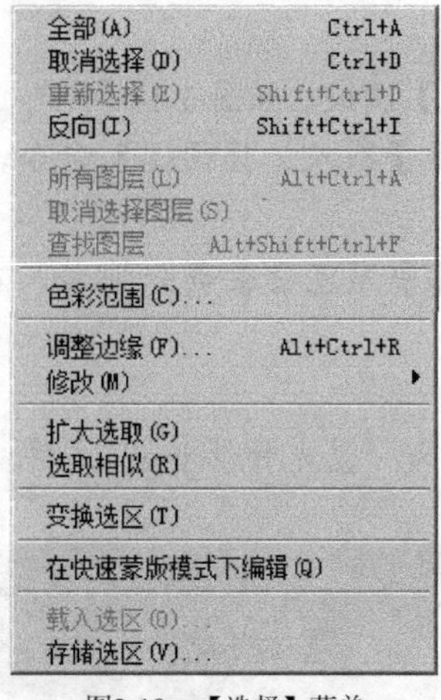

图3-19　【选择】菜单

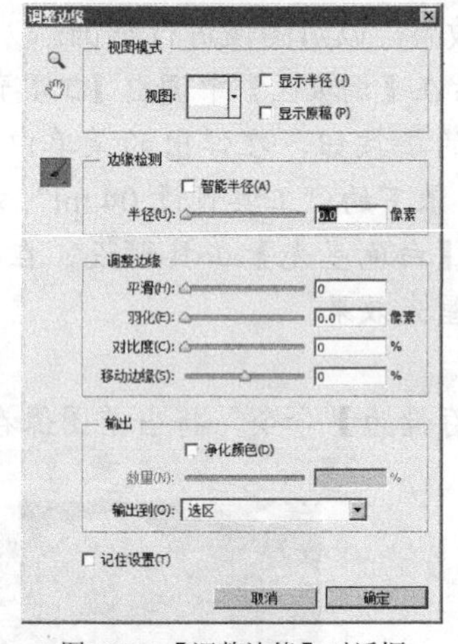

图3-20　【调整边缘】对话框

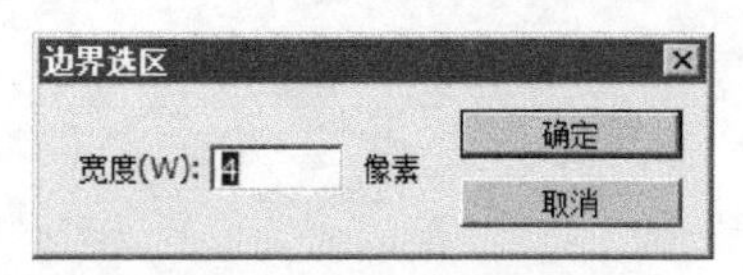

图3-21　【边界选区】对话框

- 选择菜单栏中的【选择】/【修改】/【平滑】命令，弹出的【平滑选区】对话框如图 3-22 所示。在【取样半径】文本框内设置适当的参数，单击 确定 按钮，可以使当前选区中小于【取样半径】值的尖角都产生圆滑的效果。
- 选择菜单栏中的【选择】/【修改】/【扩展】命令，弹出的【扩展选区】对话框如图 3-23 所示。在【扩展量】文本框内输入适当的数值，单击 确定 按钮，可以将选区向外扩展相应的像素数。

图3-22　【平滑选区】对话框

图3-23　【扩展选区】对话框

- 选择菜单栏中的【选择】/【修改】/【收缩】命令，弹出的【收缩选区】对话框如图 3-24 所示。在【收缩量】文本框内输入适当的数值，单击 确定 按钮，可以将选区向内收缩相应的像素数。

图3-24　【收缩选区】对话框

其中的【羽化】命令和前面介绍【矩形】选框时的【羽化】选项功能相同，这里不再赘述。

- 选择菜单栏中的【选择】/【扩大选取】命令，可以使选区在图像上延伸，将与当前选区内像素相连且颜色相近的像素点一起扩充到选区中。
- 选择菜单栏中的【选择】/【选取相似】命令，可以使选区在图像上延伸，将图像中所有与选区内像素颜色相近的像素都扩充到选区内，包括相连和不相连的。
- 选择菜单栏中的【选择】/【变换选区】命令，选区四周会出现一个带有调节手柄的矩形。通过拖动调节手柄，可以对选区的大小进行缩小和拉伸以及对选区进行旋转等变形操作。

要点提示 如果对选区直接使用【编辑】/【自由变换】命令或【编辑】/【变换】命令，缩小、拉伸或旋转变形的就不仅仅是选区，还包括选区范围内的图像。

- 选择菜单栏中的【选择】/【载入选区】命令，可以调用存放在通道中的选区。
- 选择菜单栏中的【选择】/【存储选区】命令，可以将图像的选区存放到通道中。

在【选择】菜单中，【色彩范围】命令、【载入选区】命令和【存储选区】命令涉及一些在后面的章节中才会讲到的内容。本章只大概介绍了它们的功能，没有具体介绍的应用方法将在后面的章节中详细介绍。

3.5 图层的基本概念

在使用 Photoshop 处理大多数图像时都要用到图层，所以本节主要来介绍图层的相关知识。什么是图层？为了方便读者理解，可以打一个简单的比方进行说明。

比如要在一张纸上作画，当需要在画上添加一些新的图案时，可以先在纸上铺一张透明纸，在这张透明纸上再绘制要添加的图案，并可以通过移动纸或透明纸的位置来改变两层图案的相对位置；也可以添加或拿开部分透明纸，来观察在图像中添加或减去部分内容后的效果。用户可以根据需要添加很多层透明纸，以便对图像的效果进行灵活调整。实际上，这种方法常用于动画片的制作。

Photoshop 就是利用了这种原理，而绘制图像的纸和这些透明纸就相当于 Photoshop 中的图层。这种层层堆放的图层关系，称为堆叠。一个文件中的所有图层都具有相同的分辨率、相同的通道数以及相同的图像模式（RGB、CMYK 或灰度模式等）。图层概念的示意图如图 3-25 所示。

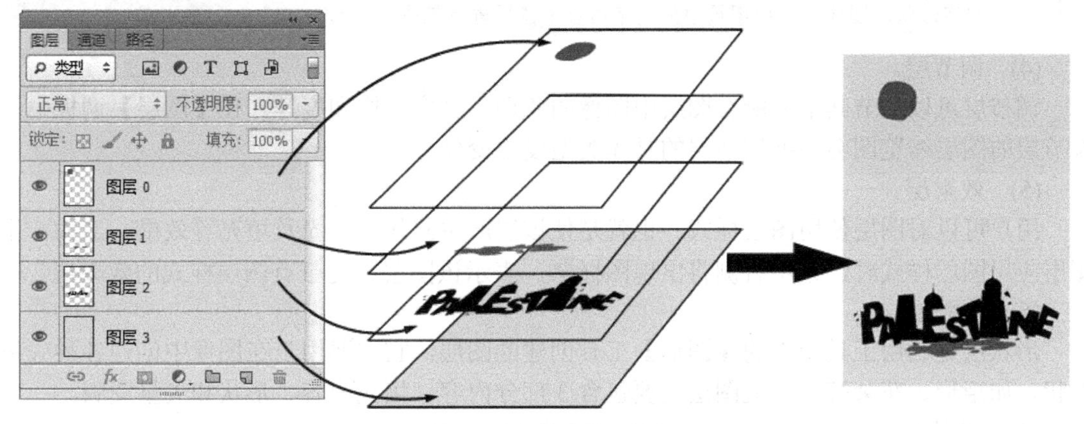

图3-25　图层概念的示意图

3.5.1 常用的图层类型

Photoshop CS6 中的图层类型很多，下面首先介绍这些最常用到的图层类型。其他类型在后面的学习中会陆续介绍。

为了便于读者理解，首先打开一幅含有多个图层的图像进行讲解。打开本书配套光盘“Map”目录下的“海报 001.psd”文件，其【图层】调板如图 3-26 所示，显示“海报 001.psd”文件中包含的所有图层。

(1) 普通层。

普通层是最基本的图层类型，它在图像中的作用就相当于前面所说的一张透明纸。

(2) 背景层。

在 Photoshop CS6 中，背景层相当于作画时最下层不透明的纸。一幅图像可以没有背景层，但如果有就只能有一个背景层。背景层无法与其他层交换堆叠次序，但可以与普通层相互转换。

> 要点提示 选择菜单栏中的【图层】/【新建】/【背景图层】命令，或者在【图层】调板的背景层双击，在弹出的【新建图层】中单击 确定 按钮，即可将背景层转换为普通层。

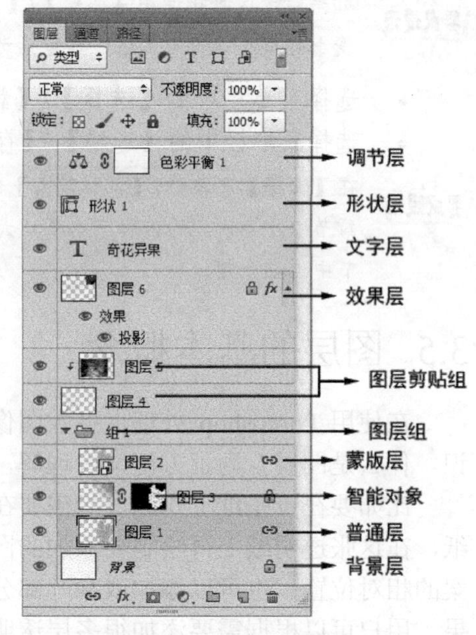

图3-26 【图层】调板（1）

(3) 文字层。

使用工具箱中的【文字】工具在图像中创建文字后，系统将自动新建一个图层。在【图层】调板中，如果某层的缩览图为 T 图标，则该层为文字层。文字层主要用于编辑文字的内容、属性和方向。文字层可以进行移动、调整堆叠顺序、复制等操作，但大多数编辑工具和命令不能在文字层中使用。如要使用，首先要将文字层转换为普通层。

> 要点提示 只有缩览图显示为 T 图标的图层才是文字层，有些图层虽然内容看上去是文字，但它只是一个文字形状的图像，这些图层中的文字内容不能再进行编辑。

(4) 调节层。

调节层可以调节其下方所有图层中图像的色调、亮度、饱和度等。在【图层】调板中，调节层的图层缩览图会根据调节层的具体类型发生变化。

(5) 效果层。

用户可以对图层使用图层样式，也就是使该层产生立体、发光及填充等效果。当为一个图层应用图层样式时，该层右侧将出现图标 fx，表示该图层就是带有图层样式的效果层。

(6) 形状层。

形状层是利用工具箱中的【图形】工具创建的图层，它主要用于在图像中创建各种矢量形状，如矩形、花朵等。该类图层主要包含 3 部分内容，填充内容、形状和矢量蒙版。

(7) 图层组。

图层组是图层的组合，它的作用相当于 Windows 系统资源管理器中的文件夹，主要用于组织和管理连续图层。

(8) 蒙版层。

图层蒙版的作用，是根据蒙版中颜色的变化使其所在层图像的相应位置产生透明效果。蒙版层的内容比较复杂，而且一般需要与其他命令和工具结合起来使用。在这里只是简单介绍一下，其具体应用将在后面的学习中详细介绍。

(9) 图层剪贴组。

在图层剪贴组中，用基底层（基底层是指图层剪贴组中最下方的图层）充当整个组的蒙版。也就是说，一个图层剪贴组的不透明度是由基底层的不透明度来决定的。

(10) 智能对象。

在 Photoshop CS6 中可以通过转换一个或多个图层来创建智能对象。在【图层】调板中双击“智能对象”符号的图层缩略图，就能创建一个新的文件图像。对新图像编辑后进行保存，原文件中的“智能对象”也会自动更新。

3.5.2 【图层】调板

【图层】调板是用来管理和操作图层的，对图层进行的大多数设置和修改等操作都是在【图层】调板中完成的。打开文件后的【图层】调板如图 3-27 所示，标示了该调板中各图标的含义。下面详细介绍【图层】调板中的默认选项及按钮。

- 【图层标签】图层：位于调板的左上角，单击可将其设置为当前工作状态。
- 【调板菜单】按钮：位于调板的右上角，单击可以弹出控制调板的下拉菜单。

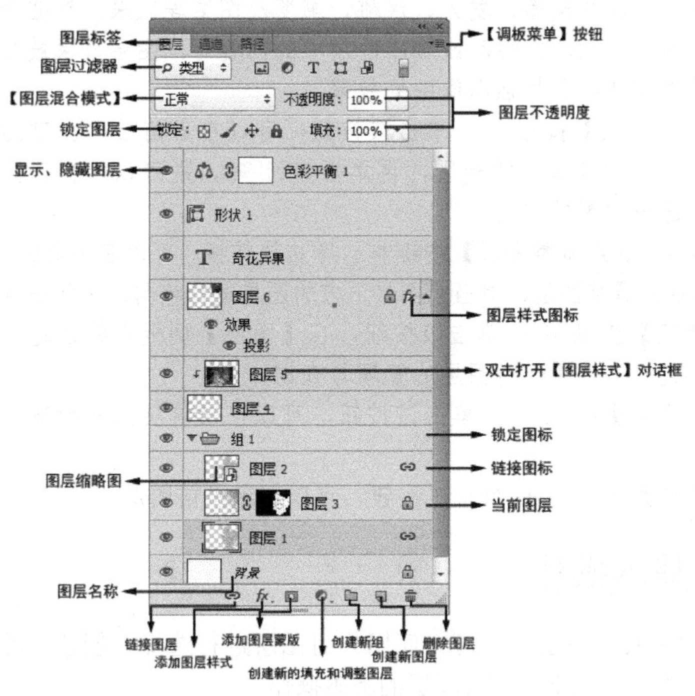

图3-27 【图层】调板（2）

- 【图层混合模式】下拉列表正常：在该下拉列表中选择当前图层与其下面图层混合的模式，其具体应用将在后面的学习中详细介绍。
- 【锁定图层】选项组：激活【锁定透明像素】按钮，则当前层的透明区域一直保持透明效果；激活【锁定图像像素】按钮，则不能对当前层进行绘图编辑；激活【锁定位置】按钮，则不能移动当前层的位置；激活【锁定全部】按钮，则当前层效果固定，不能进行任何修改。

- 不透明度: 100%: 决定当前层的透明程度。
- 填充: 100%: 【填充】值主要适用于带样式的图层。在一个带样式的图层中，【不透明度】文本框中的值会同时影响当前图层中图像和样式的透明度，【填充】框中的值只影响当前图层中的图像透明度，而不影响样式透明度。
- 【图层缩略图】: 显示本层图像的缩略图，随着图层图像的变化而随时更新，便于用户在处理图像时做参考。
- 【图层名称】: 显示该图层的名称，新创建或复制后的新图层会默认指定一个图层名称，为了方便个人编辑与查询，可以双击图层名称，在文本框中输入自定的新名称。
- 【显示/隐藏图层】图标：表示该图层处于显示状态，表示该图层处于不可见状态。反复单击该图标，则可切换图层的显示和隐藏状态。
- 【链接图层】按钮: 当选择两个以上的图层时，该按钮才可用。单击该按钮，可以链接两个或多个图层。链接后的图层可以被一起移动，也可以在链接图层间执行对齐、分布与合并等操作命令。
- 【添加图层样式】按钮 fx: 单击该按钮，在弹出的菜单中选择相应的命令，可以在图像中添加投影、发光、浮雕、渐变及图案等效果。这些效果被链接到当前图层的内容上，在移动或编辑图层中的内容时，图层效果被相应更改。这些图层效果常被用于加强图像中的效果。
- 【添加图层蒙版】按钮: 单击该按钮，可以在当前层上创建图层蒙版。如果先在图像中创建适当的选区，再单击按钮，则可以根据选区范围在当前层上建立适当的图层蒙版。
- 【创建新的填充或调整图层】按钮: 单击该按钮，可以在当前层上方创建一个新填充图层或调整图层，对当前图层下方的图层进行色调、明度等颜色调整。
- 【创建新组】按钮: 单击该按钮，在【图层】调板中将创建一个新的组，类似一个文件夹，便于对图层的管理与查询。
- 【创建新图层】按钮: 单击该按钮，可以在当前层上方创建一个新的透明图层。
- 【删除图层】按钮: 单击该按钮，可以删除当前图层。

3.6 图层的基本操作

图层的灵活性是其优势之一，可方便用户对图层进行选择、创建、移动堆叠位置、复制、删除等操作。下面就来学习有关图层的基本操作。

3.6.1 选择图层

选择图层有以下两种方法。

- 选择单个图层：在需要操作的图层上单击，当图层显示为蓝色时，表示为该图层是当前编辑图层。
- 选择多个图层：按住 Ctrl 键或 Shift 键的同时，依次单击要选择的图层，可选择多个图层。按住 Ctrl 键，可以间隔选择多个图层；按住 Shift 键，则可以选择两个图层之间所有的图层。

要点提示 当按住 Ctrl 键单击图层的缩略图时，鼠标光标变为形状，表示将图层作为选区载入。只有按住 Ctrl 键或 Shift 键单击图层的名称或右侧空白区域，鼠标光标变为形状时才表示选择图层。

3.6.2 修改图层名称

修改图层的名称有以下两种方法。

- 在图层的名称上双击，即可直接修改图层的名称。
- 在图层上单击鼠标右键，在弹出的快捷菜单中选择【图层属性】命令，即可在弹出的【图层属性】对话框中修改图层的名称。

3.6.3 新建图层

新建图层有以下两种方法。

(1) 利用【图层】调板的工具按钮创建新图层。

单击【创建新图层】按钮，可以在当前层的上方添加一个新图层，新添加的图层为普通层。如果要在当前图层的下方新建图层，可以按住 Ctrl 键单击按钮，但背景图层下面不能创建新图层。

(2) 利用菜单命令创建新图层。

选择菜单栏中的【图层】/【新建】命令，弹出如图 3-28 所示的【新建】子菜单。当选择【图层】命令时，将弹出如图 3-29 所示的【新建图层】对话框。在此对话框中，可以对新建图层的名称、颜色、模式和不透明度进行设置。

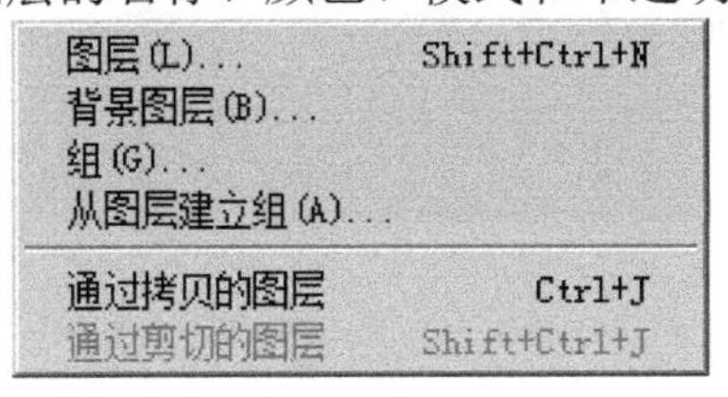

图3-28 【新建】子菜单

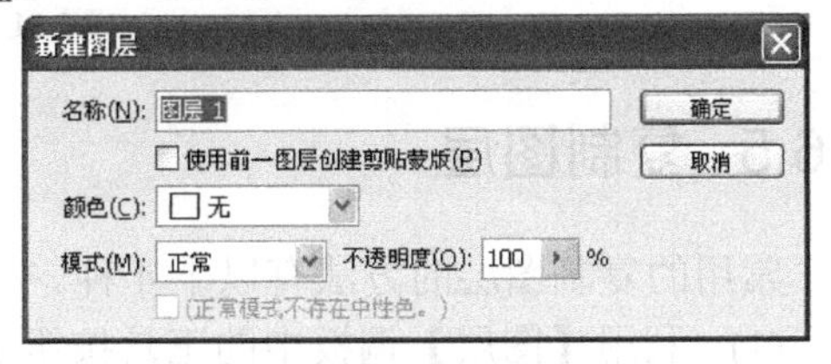

图3-29 【新建图层】对话框

要点提示 如果在【新建图层】对话框中勾选了【使用前一图层创建剪贴蒙版】复选框，则会将新创建的图层与其下图层组成一个图层剪贴组。

3.6.4 调整图层堆叠位置

常用的调整图层堆叠位置的方法有以下两种。

(1) 利用鼠标在【图层】调板中直接拖曳调整图层堆叠位置。

在【图层】调板中，在要移动的图层上按住鼠标左键不放，当鼠标光标显示为时，拖曳至目的位置，释放鼠标左键后即可。如图 3-30 所示，将【图层 2】层移动至【图层 1】层和【背景】层之间。

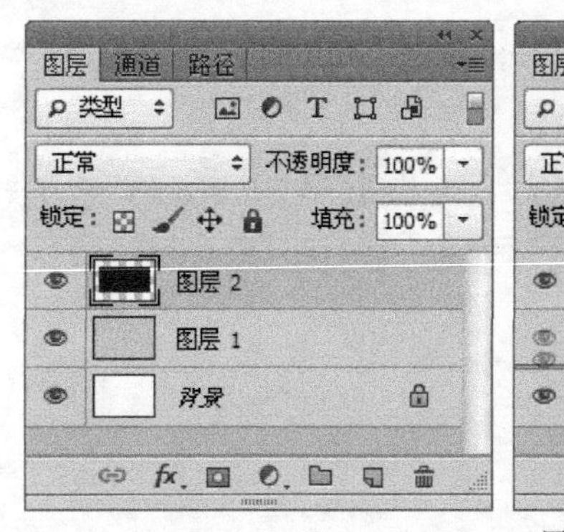

图3-30　调整图层堆叠位置演示图

要点提示 拖曳图层时，要将被调整的图层拖曳至图层的边线上，而不要与其他图层重叠，否则不能成功调整。另外，背景层是不可移动的，所以无法将其他图层调整至背景层之下。

(2)　利用菜单命令调整图层堆叠位置。

选中要移动的图层后，选择菜单栏中的【图层】/【排列】命令，再在弹出的子菜单中选择适当的命令，即可将被选择的图层移动至相应的位置。子菜单中的命令分别为【置为顶层】、【前移一层】、【后移一层】、【置为底层】和【反向】，如图 3-31 所示。如果当前图像中包含背景层，那么选择【置为底层】命令实际上是将当前图层移动至背景层的上一层，而不是真正的最底层。当选择多个图层后【反向】命令才可用，该命令将所选图层次序反向。

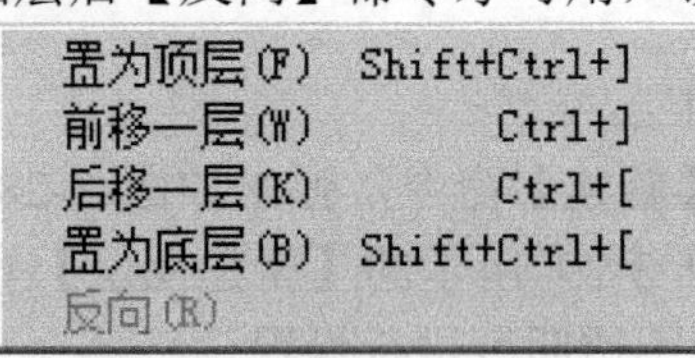

图3-31　【排列】子菜单

3.6.5 复制图层

常用的复制图层的方法有以下 4 种。

(1)　利用【图层】调板中的工具按钮复制图层。

拖曳要复制的图层至【创建新图层】按钮 上，然后释放鼠标左键，即可在被复制的图层上方复制一个新图层。

(2)　利用【图层】调板中的右键命令复制图层。

在要复制的图层上单击鼠标右键（不要在缩览图上单击鼠标右键，否则弹出的快捷菜单不相同），然后在弹出的快捷菜单中选择【复制图层】命令，弹出如图 3-32 所示的【复制图层】对话框。

图3-32　【复制图层】对话框

(3) 利用菜单命令复制图层。

选中要复制的图层后，选择【图层】/【复制图层】命令，弹出的【复制图层】对话框与图 3-32 所示的对话框相同，功能也完全相同。

(4) 在两个图像文件间复制图层。

图层可以在当前文件中复制，也可以将当前文件的图层复制到其他打开的文件或新建文件中。将鼠标光标放置在要复制的图层上，按住鼠标左键向要复制的文件中拖曳，释放鼠标左键后，选择图层中的图像即被复制到另一个文件中。

3.6.6 删除图层

常用的删除图层的方法有以下 3 种。

(1) 利用【图层】调板中的工具按钮删除图层。

选择要删除的图层后，单击【图层】调板下方的【删除图层】按钮，在弹出的提示对话框内单击 是(Y) 按钮，即可将该图层删除。

(2) 直接拖曳删除图层。

直接拖曳要删除的图层至【删除图层】按钮上，可以直接删除该图层而不弹出提示框。

(3) 利用菜单命令删除图层。

选中要删除的图层后，选择菜单栏中的【图层】/【删除】命令，在弹出的子菜单中有以下两个命令。

- 【图层】命令：将当前选择的图层删除。
- 【隐藏图层】命令：将当前图像文件中的所有隐藏图层全部删除。这一命令一般用于当图像制作完毕后，将一些不需要的图层进行删除。

3.6.7 合并图层

在制作复杂的实例时，可以将不需要再进行调整的多个图层合并，以便后面的操作，更可以让文件结构清晰。常用的合并图层的方法有以下两种。

(1) 利用菜单命令合并图层。

合并图层的菜单命令包括【合并图层】、【合并可见图层】和【拼合图像】。在【图层】菜单中选择相应的命令，即可在不同情况下合并图层。

(2) 利用【图层】调板中的右键命令合并图层。

在【图层】调板中要合并的图层上单击鼠标右键，在弹出的快捷菜单中也有合并图层的命令，用法和菜单命令相同，这里不再赘述。

3.6.8 对齐图层

在制作图像的过程中，经常需要将几个图层向左、向右、向上、向下或居中对齐。Photoshop CS6 提供了方便的对齐图层的功能。

一、 对齐多个图层

同时选中多个图层后，选择菜单栏中的【图层】/【对齐】命令，弹出如图 3-33 所示的

子菜单。选择相应的命令，即可快速对齐所选图层。这些对齐方式十分明确，且每个命令左侧都有小图标注明，这里就不再详细介绍。

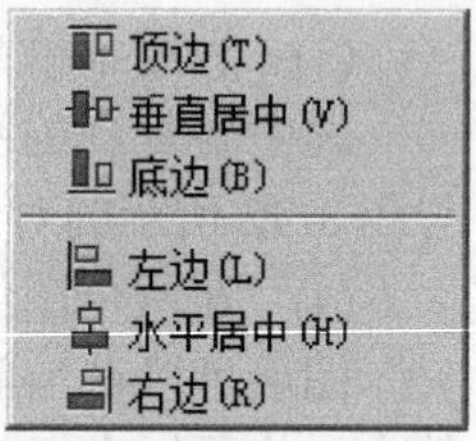

顶边(T)
垂直居中(V)
底边(B)
左边(L)
水平居中(H)
右边(R)

图3-33　【对齐】子菜单

二、 对齐链接图层

当【图层】调板中有链接图层时，选中链接图层中的某个图层后，利用菜单栏中的【图层】/【对齐】命令，也可以对齐图层。

要点提示　对齐链接图层时，当前选择的图层会作为基准，即该图层中的图像不动，其他图层与该图层对齐。

三、 将图层与选区对齐

当图像中存在选区时，可以将当前图层与选区对齐。在【图层】调板中选择要向选区对齐的图层后，选择菜单栏中的【图层】/【将图层与选区对齐】命令，再在弹出的子菜单中选择所需命令，即可按要求将当前图层与选区对齐。

3.6.9 分布图层

在制作图像的过程中，经常需要将几个图层进行平均分布，如制作一排间距相等的栅栏等。Photoshop CS6 提供了平均分布图层的命令。

要使用平均分布图层的命令，有两个必要条件，一是必须有两个以上的图层；二是这些图层必须全部是链接图层。在进行分布前，先选择两个图层，将它们移动到分布的起点和终点位置，然后将所有要平均分布的图层链接，最后选择【图层】/【分布】命令，将各层平均分布。

3.7 【移动】工具

要想调整各图层图像间的相对位置，必须要用到工具箱中的【移动】工具。它主要用来将某些特定的图像进行移动、复制，这一操作可以在同一幅图像中进行，也可以在不同的图像间进行。利用工具还可以方便地对链接图层进行对齐、平均分布以及对图像进行变形操作。

在工具箱中选中工具（快捷键为V键）后，选项栏如图 3-34 所示。

自动选择：组　显示变换控件

图3-34　工具的选项栏

工具选项栏中选项的功能大致可以分为 3 部分，即自动选择要移动的图层或组、自由变形、对齐和分布图层。本节将分别对其进行介绍。

3.7.1 自动选择图层

自动选择：组 下拉列表中有两个选项。

勾选该复选框，并在下拉列表中选择【图层】选项，则可以利用工具在图像中通过单击，自动选择鼠标光标所在位置上第一个有可见像素的图层，并进行变换。

勾选该复选框，并在下拉列表中选择【组】选项，可以通过单击选择成组图层中某一个图层中的像素来选择成组图层。在变换时，会对该成组图层中的所有图层产生作用。

3.7.2 利用【移动】工具对图像进行变形修改

在使用 Photoshop CS6 时，经常需要对一些图像的大小和角度进行调整，即对图像进行变形修改。利用工具就可以对图像进行变形修改。

要点提示：Ctrl+T 组合键是自由变换命令的快捷键。选择【编辑】/【自由变换】命令，也可以对图像进行自由变换。选择【编辑】/【变换】/【再次】命令，可以重复上一次的变形操作。这里指的上一次变形，可以利用工具进行，也可以利用菜单命令进行。

一、利用工具对图像进行自由变形

在图像窗口中选中要进行变形的图像，或者当前图层不是背景层时，选择工具箱中的工具，在选项栏中勾选 显示变换控件 复选框，图像中会出现一个如图 3-35 所示的【变换控件】框。【变换控件】框内的范围就是当前可以利用工具进行操作的部分。

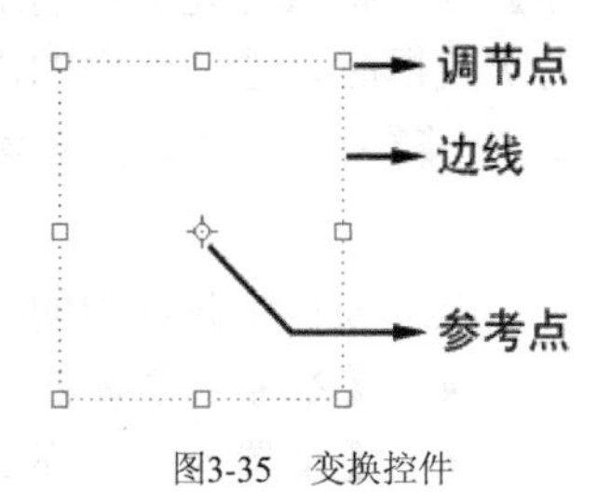

图3-35 变换控件

【变换控件】框 4 条边上的小矩形称为调节点，虚连线称为边线，中间的图标为参考点。将鼠标光标移动到【变换控件】框的调节点或边线上单击，当【变换控件】框显示为实线框时，可对【变换控件】框内的图像进行变形修改。

(1) 设置参考点的位置。

- 参考点是变形的基准，在图像窗口中直接拖曳【变换控件】框内的图标，可以调整参考点至需要的位置。
- 按住 Shift 键的同时拖曳鼠标光标，可以在水平或垂直方向上移动参考点。

(2) 缩放。

- 将鼠标光标移动至【变换控件】框的调节点上，当鼠标光标变为或状态时，可以通过拖曳鼠标光标对图像进行任意缩放变形。
- 将鼠标光标移动至【变换控件】框的边线上，当鼠标光标变为或状态时，可以通过拖曳鼠标光标对图像进行水平或垂直缩放变形。
- 按住 Alt 键，将鼠标光标移动至【变换控件】框的调节点上拖曳，图像以参考点为基准对称缩放。
- 按住 Shift 键，将鼠标光标移动至【变换控件】框 4 个角的调节点上拖曳，可以对图像进行等比例缩放。

(3) 旋转。

- 将鼠标光标移动至【变换控件】框的调节点或边线上，当鼠标光标显示为或状态时拖曳，图像以参考点为中心进行旋转。
- 按住 Shift 键，将鼠标光标移动至【变换控件】框的边线上，当鼠标光标显示为或状态时拖曳。此时图像以参考点为中心，按 15° 的增量进行旋转。

(4) 斜切（调节点只能在水平或垂直方向上移动）。

- 按住 Ctrl+Shift 组合键，将鼠标光标移动至【变换控件】框中的调节点上，当鼠标光标显示为状态时，可以对图像进行拉伸。将鼠标光标移动至【变换控

件】框中的边线上，当鼠标光标显示为或状态时，可以对图像进行倾斜变形。

(5) 扭曲（调节点可以任意移动位置）。

- 按住 Ctrl 键，调整【变换控件】框中的调节点，可以对图像进行扭曲变形。

(6) 透视（调节点的位置对称变化）。

- 按住 Ctrl+Alt+Shift 组合键，调整【变换控件】框中的调节点，可以使图像产生透视效果。

二、 利用工具对图像进行精确变形

选择工具箱中的工具，并勾选属性栏中的显示变换控件复选框，在图像中显示【变换控件】框。将鼠标光标移动至【变换控件】框的调节点或边线上单击，当【变换控件】框显示为实线框时，选项栏中的内容如图 3-36 所示。

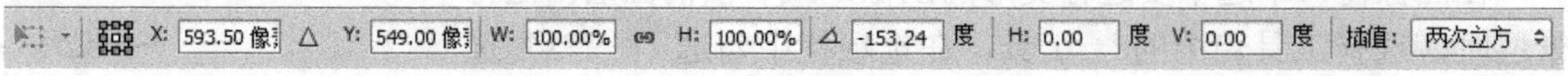

X: 593.50 像素 △ Y: 549.00 像素 W: 100.00% H: 100.00% △ -153.24 度 H: 0.00 度 V: 0.00 度 插值: 两次立方

图3-36　变形选项栏

该选项栏中各选项的功能如下。

- 【参考点位置】：此图标中的黑点表示当前图像中参考点的位置。
- 【设置参考点的水平和垂直位置】X: 498.05 像素 △ Y: 738.30 像素：修改其【X】、【Y】的数值，可以精确定位调节中心的坐标，其单位是像素。
- 【设置水平和垂直缩放比例】W: 100.00% H: 100.00%：修改【W】、【H】的数值，可以精确地对图像在水平和垂直方向上进行缩放。
- 【保持长宽比】按钮：激活该按钮，锁定水平缩放和垂直缩放使用相同的缩放比例，即使图像为等比缩放。
- 【旋转】△ -153.24 度：在此文本框中输入数值，控制图像旋转的角度。
- 【设置水平和垂直斜切】H: 0.00 度 V: 0.00 度：修改【H】、【V】的数值，可以控制图像在水平和垂直方向上倾斜的角度。
- 【在自由变换和变形模式之间切换】按钮：激活此按钮，工具选项栏将变成如图 3-37 所示的状态。

变形: 自定 弯曲: 0.0 % H: 0.0 % V: 0.0 %

图3-37　工具选项栏状态

- 变形: 自定：默认为【自定】选项，此时变换控件将切换显示为自由变换控件，如图 3-38 左图所示。拖曳自由变换控件的节点、手柄或连线，可以对图像进行自由变换。在变形: 自定下拉列表中，各选项及其相应的效果如图 3-39 所示。

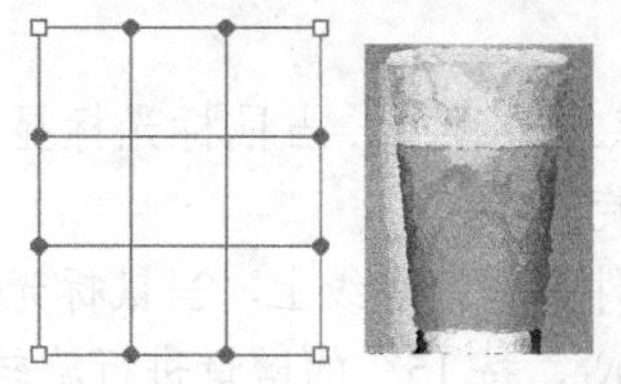
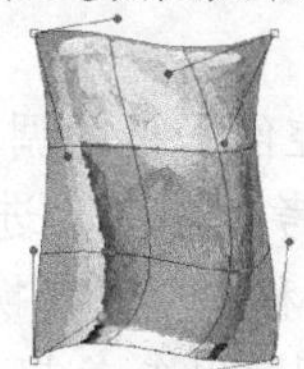
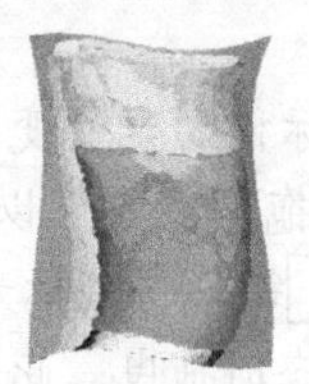

图3-38　自由变换控件

图3-39　各种变形效果

- 【取消变换】按钮⊘：单击该按钮，取消对图像的变形操作。也可以按 Esc 键取消。
- 【进行变换】按钮✓：单击该按钮，确认对图像进行变换操作。

确认变换操作的方式还有两种，一种是在【变换控件】中双击；另一种是按 Enter 键。

3.7.3 利用【移动】工具对图层进行对齐或分布

除了前面介绍的利用菜单命令对图层进行对齐和分布外，在工具的工具选项栏中利用按钮组也可以对齐和分布图层。

一、 对齐图层

选择多个图层，或者选择链接图层中的某个图层后，可以利用按钮组对齐图层。这 6 个对齐图层的按钮功能与菜单栏中的【图层】/【对齐】命令中的子菜单命令功能相同，分别为【顶对齐】、【垂直居中对齐】、【底对齐】、【左对齐】、【水平居中对齐】和【右对齐】。

二、 分布图层

选择两个以上的图层或者选择链接图层中的某个图层后，可以利用按钮组分布图层。这 6 个平均分布图层的按钮功能与菜单栏中的【图层】/【分布】命令中的子菜单命令功能相同，分别为【按顶分布】、【垂直居中分布】、【按底分布】、【按左分布】、【水平居中分布】和【按右分布】。

练习——利用选区工具与【图层】调板制作图案

下面学习利用选区工具与【图层】调板绘制如图 3-40 所示的图案。

1. 选择菜单栏中的【文件】/【新建】命令，在弹出的【新建】对话框中设置参数如图 3-41 所示。

图3-40　绘制完成的图案

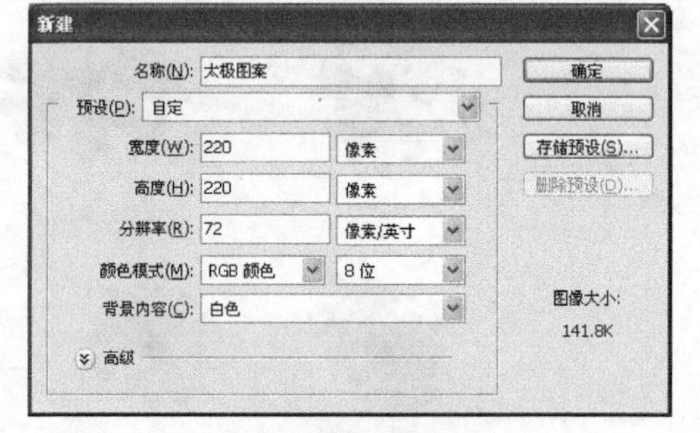

图3-41　【新建】对话框

2. 单击 确定 按钮，新建一个名为“太极图案”的图像文件。
3. 单击【图层】调板底部的 按钮，新建一个图层，并保留默认名称“图层 1”　（在以后的描述中将这一操作简化为“新建图层 xx”），然后设置工具箱中的前景色为黑色。
4. 单击工具箱中的 按钮，在选项栏中的 样式: 正常 下拉列表中选择“固定大小”选项，修改右侧的【宽度】和【高度】数值均为“200pix”。
5. 在画面中按住鼠标左键拖曳，绘制一个大小为“200 × 200”的圆形选区，效果如图 3-42 所示。
6. 按下 Alt+Delete 组合键，将圆形选区填充为黑色，再按 Ctrl+D 组合键取消选区，效果如图 3-43 所示。

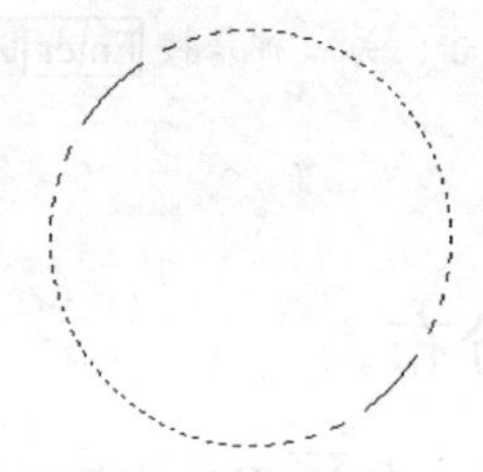

图3-42　绘制选区

图3-43　填充选区

7. 再单击【图层】调板底部的 按钮，新建“图层 2”，然后设置工具箱中的前景色为灰色(R:130,G:130,B:130)。
8. 单击工具箱中的 按钮，在工具选项栏中的 样式: 正常 下拉列表中选择“固定大小”选项，修改右侧的【宽度】和【高度】数值均为“100pix”。
9. 在画面中按住鼠标左键拖曳，绘制一个大小为“100 × 100”的圆形选区。
10. 按下 Alt+Delete 组合键，将圆形选区填充为灰色，再按下 Ctrl+D 组合键取消选区，效果如图 3-44 所示。
11. 按住 Ctrl 键，依次单击“图层 1”和“图层 2”，将二者选中。
12. 单击工具箱中的 按钮，在工具选项栏中单击 和 按钮，将两个图层顶端并居中对齐，效果如图 3-45 所示。

图3-44 绘制另一个选区

图3-45 对齐图层

13. 将“图层 2”拖曳至【创建新图层】按钮 上，复制一个图层，修改复制后的图层名称为“图层 3”。(在以后的叙述中，将这一操作简化为“复制‘图层 X’为‘图层 X’”)。
14. 选择“图层 1”和“图层 3”，然后单击工具选项栏中的 按钮，效果如图 3-46 所示。
15. 新建“图层 4”，然后设置工具箱中的前景色为深灰色(R:75,G:75,B:75)。
16. 单击工具箱中的 按钮，在工具选项栏中的 样式：正常 下拉列表中选择“固定大小”选项，修改右侧【宽度】和【高度】的数值分别为“100pix”、“200pix”。
17. 在画面中按住鼠标左键拖曳，绘制一个大小为“100 × 200”的矩形选区。
18. 按下 Alt+Delete 组合键，将矩形选区填充为灰色，再按下 Ctrl+D 组合键取消选区，效果如图 3-47 所示。

图3-46 对齐图层

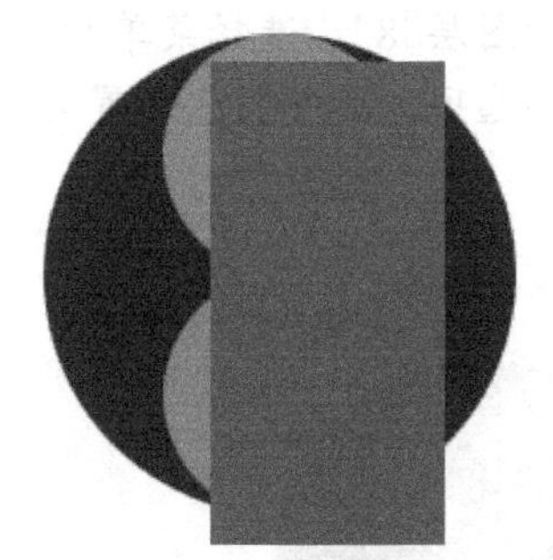

图3-47 绘制矩形

19. 单击工具箱中的 按钮，选择“图层 1”和“图层 4”，单击【图层】调板底部的 按钮，将二者链接。
20. 单击工具选项栏中的 和 按钮，可将两图层对齐，效果如图 3-48 所示。

要点提示 将两图层链接，目的是要保证以“图层 1”为基准，将“图层 4”与“图层 1”对齐。若不链接图层直接对齐，两个图层均会移动调整到整个图像的中心与最右点处。

21. 复制“图层 1”为“图层 5”。
22. 按住 Ctrl 键，单击“图层 4”的缩略图，将“图层 4”作为选区载入。(在以后的描述中将这一操作简化为“载入‘图层 XX’”)。
23. 选择“图层 1”为当前图层，按下 Delete 键，删除选区内的图像。
24. 按下 Shift+Ctrl+I 组合键，将选区反向。
25. 选择“图层 5”为当前图层，按下 Delete 键，删除选区内的图像。
26. 按下 Ctrl+D 组合键取消选区，此时【图层】调板状态如图 3-49 所示。
27. 删除“图层 4”。载入“图层 1”，再按住 Shift+Ctrl 组合键，单击“图层 2”的缩略

图，为其添加选区，效果如图 3-50 所示。

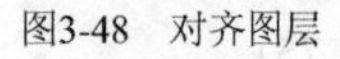

图3-48　对齐图层

图3-49　【图层】调板状态

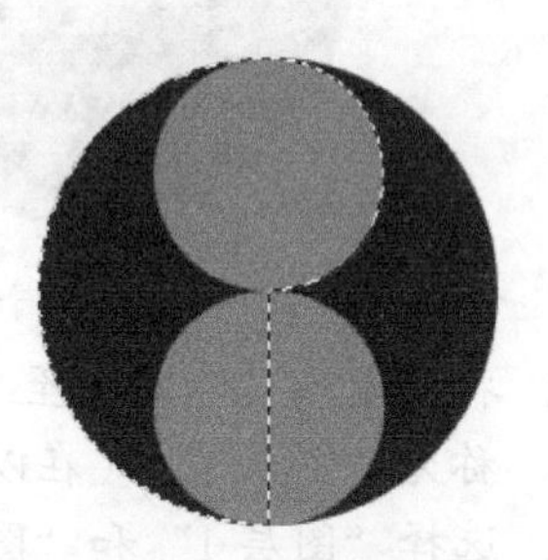

图3-50　添加选区

28. 按下 Ctrl+Alt 组合键，单击“图层 3”的缩略图，将减去选区，效果如图 3-51 所示。
29. 新建“图层 6”，填充选区颜色为白色。
30. 参照前面的方法，求取如图 3-52 所示选区。
31. 新建“图层 7”，填充选区为黑色，按下 Ctrl+D 组合键取消选区。
32. 载入“图层 1”后，再按住 Shift+Ctrl 组合键，单击“图层 5”的缩略图，添加选区。
33. 新建“图层 8”，选择菜单栏中的【编辑】/【描边】命令，在弹出的【描边】对话框中设置各选项，其中颜色设置为黑色，如图 3-53 所示。

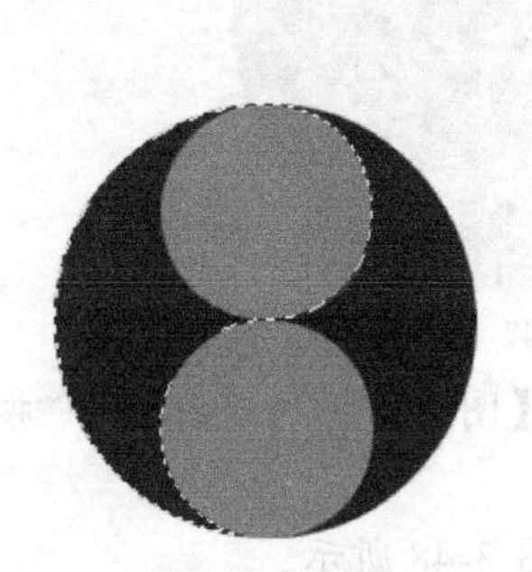

图3-51　减小选区

图3-52　求取选区

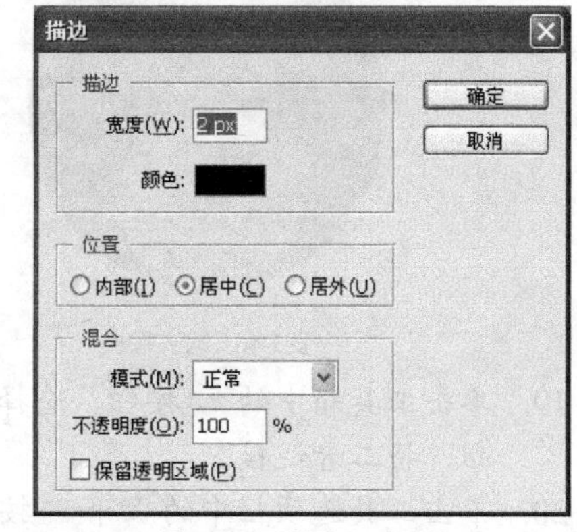

图3-53　【描边】对话框

34. 删除“图层 1”和“图层 5”，调整图层的次序，如图 3-54 所示。
35. 选择工具箱中的 ▸+ 按钮，选择“图层 2”，按下 Ctrl+T 组合键，将工具选项栏中【W】和【H】的数值均设为“30”。然后按两次 Enter 键确认变形操作。
36. 以相同的方式对“图层 3”进行变形，效果如图 3-55 所示。
37. 选择“图层 2”，激活【锁定透明】按钮⊠，设置前景色为黑色，按下 Alt+Delete 组合键，将“图层 2”填充为黑色。
38. 用相同的方法将“图层 3”填充为白色，最终效果如图 3-56 所示。

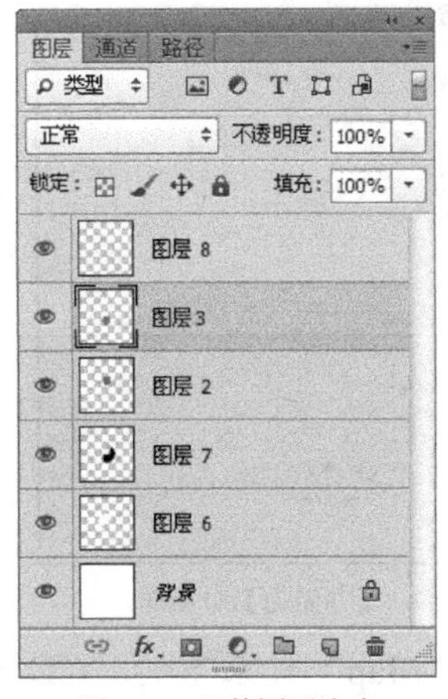

图3-54 调整图层次序

图3-55 变形图层

图3-56 填充图层

39. 选择菜单栏中的【文件】/【存储】命令，保存文件。

3.8 综合应用实例

下面通过综合应用实例练习来巩固一下本章所学的知识，加强练习如何利用选区创建工具和图层的基本操作绘制及处理图像，以创作出更多具有创意的图案效果。

3.8.1 CD 封面制作

在本节的案例中，将学习用 Photoshop CS6 来制作一个自己喜欢的 CD 封面。在制作封面的过程中，不仅会用到选区的选取与编辑、图层的基本操作等命令，还会涉及一些调整图像尺寸等方面的知识。CD 封面的最终应用效果如图 3-57 所示。

图3-57 CD 封面的最终应用效果

1. 选择菜单栏中的【文件】/【新建】命令，在弹出的【新建】对话框中设置图像高度和宽度均为“20 厘米”、分辨率为“200 像素/英寸”，如图 3-58 所示。
2. 选择菜单中的【文件】/【存储为】命令，在弹出的【存储为】对话框中将该文件命名为“CD 封面”，并以“.psd”格式保存，如图 3-59 所示。

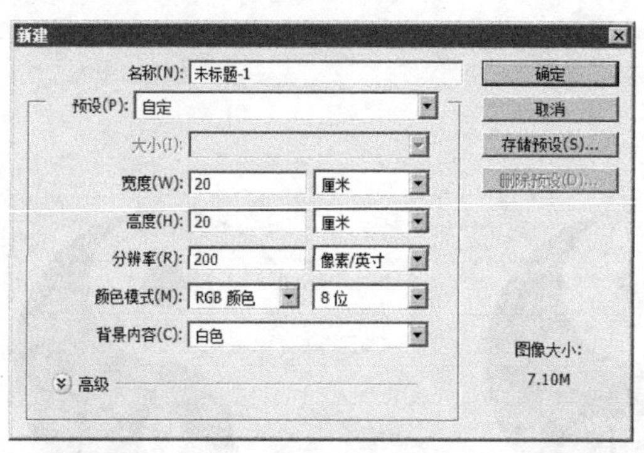

图3-58　【新建】对话框

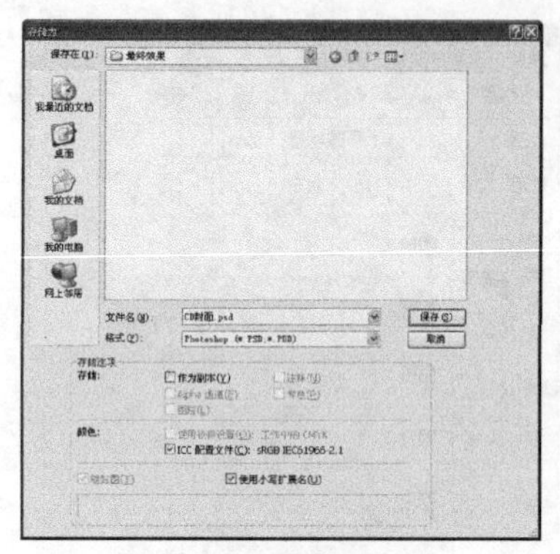

图3-59　【存储为】对话框

3. 选择菜单栏中的【文件】/【打开】命令，打开本书配套光盘“Map”目录下的“CD 封面素材 1.jpg”文件，选择工具箱中的工具（或按 V 键），然后将素材图像拖曳至之前新建的 CD 封面文件中，并关闭素材文件，如图 3-60 所示。
4. 将“图层 1”重命名为“CD 封面底图”，选择菜单栏中的【编辑】/【自由变换】命令（或按下 Ctrl+T 组合键），然后按下 Alt+Shift 组合键，将图像变换至合适大小，如图 3-61 所示。

图3-60　拖曳素材图片至文件中

图3-61　变换图像至合适大小

5. 按 Ctrl+R 组合键打开标尺，并设置合适的参考线，以便于定位圆心，如图 3-62 所示。
6. 选择工具，按住 Alt+Shift 组合键，以参考线交点为圆心，绘制如图 3-63 所示圆形选区。

图3-62　设置参考线

图3-63　绘制圆形选区

7. 选择菜单栏中的【选择】/【反向】命令（或按下 Ctrl+Shift+I 组合键），反选选区，按 Delete 键删除图像中的多余部分，如图 3-64 所示。
8. 再次执行【选择】/【反向】命令，将选区反选，单击图层调板下方的【新建图层】按钮，新建一个图层并命名为“基板”，将其拖曳至“CD 封面底图”图层下方，如图 3-65 所示。

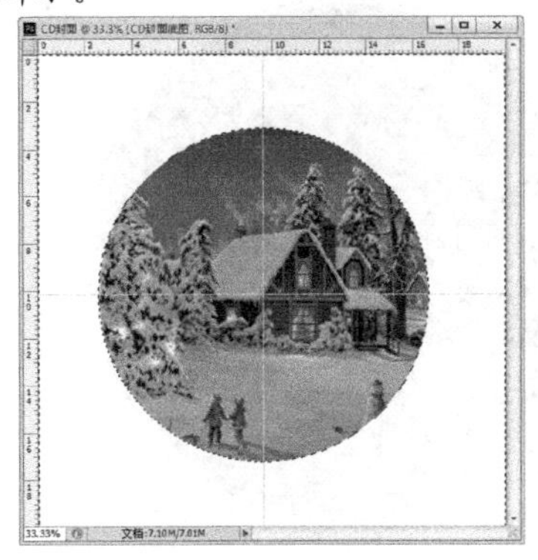

图3-64 反选选区并删除图像

图3-65 新建并调整图层

9. 选择菜单栏中的【选择】/【修改】/【扩展】命令，在弹出的【扩展选区】对话框中输入扩展量为“12”，如图 3-66 所示。

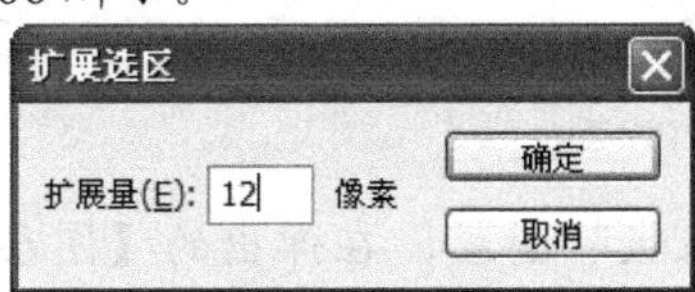

图3-66 扩展选区

10. 选择工具，在选项栏中单击按钮的颜色条部分，弹出【渐变编辑器】窗口，单击按钮，如图 3-67 所示。在弹出的菜单中选择【色谱】命令，再在弹出的【渐变编辑器】窗口中单击 追加(A) 按钮，如图 3-68 所示。

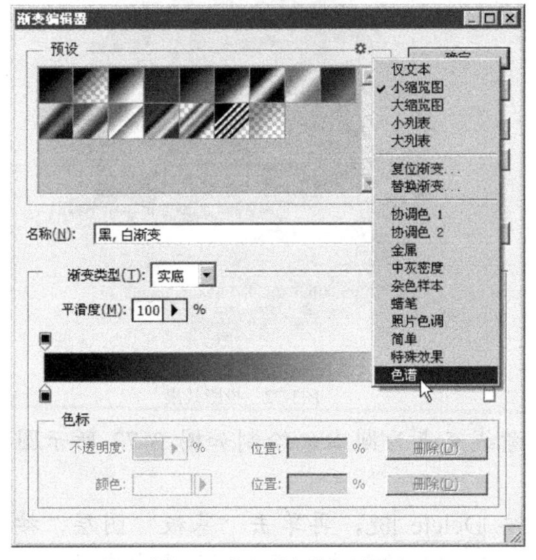

图3-67 载入【色谱】预设

图3-68 单击 追加(A) 按钮

11. 在【预设】栏中选择【浅色谱】选项，如图 3-69 所示，单击 确定 按钮。在

选区中，从左至右拖曳鼠标光标，使用【浅色谱】渐变制作出光盘的反光效果，如图 3-70 所示。

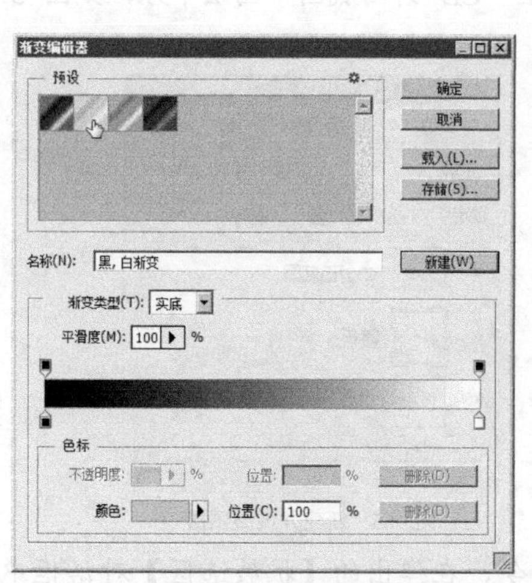

图3-69　选择【浅色谱】选项

图3-70　制作反光效果

Photoshop CS6 内置了许多渐变预设，用户可以直接载入预设进行使用，也可以对预设进行适当修改，以表现出自己想要的效果。

12. 在【图层】调板中双击"基板"图层，在弹出的【图层样式】对话框中设置【投影】参数，如图 3-71 所示，投影效果如图 3-72 所示。

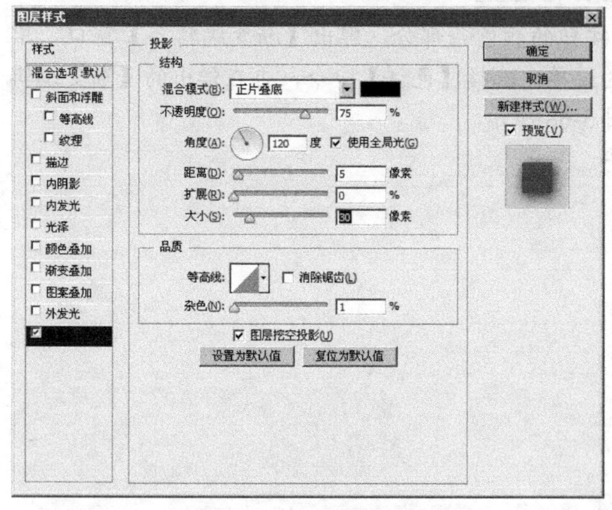

图3-71　【投影】参数设置

图3-72　投影效果

13. 选择工具，按住 Alt+Shift 组合键，以参考线交点为圆心，绘制如图 3-73 所示圆形选区。
14. 单击图层调板中的"CD 封面底图"图层，按 Delete 键，再单击"基板"图层，按 Delete 键，删除选中的图像部分，然后按 Ctrl+D 组合键取消选区，制作出中空效果，如图 3-74 所示。

图3-73 绘制圆形选区

图3-74 删除选中部分

15. 选择工具，按住 Alt+Shift 组合键，以参考线交点为圆心，再次绘制如图 3-75 所示圆形选区。
16. 选择菜单栏中的【选择】/【修改】/【边界】命令，在弹出的【边界选区】对话框中输入边界为“12 px”，得到如图 3-76 所示选区。

图3-75 绘制圆形选区

图3-76 选择边界

17. 单击图层调板中的“CD 封面底图”图层，按 Delete 键，再按 Ctrl+D 组合键取消选区，制作出 CD 镂空效果，如图 3-77 所示。
18. 选择菜单栏中的【文件】/【打开】命令，打开本书配套光盘“Map”目录下的“CD 封面素材 2.jpg”文件。选择工具，然后将素材图像拖曳至“CD 封面”文件中的合适位置，如图 3-78 所示，并将素材文件所在的图层命名为“人物”。

图3-77　制作镂空效果

图3-78　导入素材图像

19. 选择工具箱中的[魔棒]工具，并在选项栏中取消勾选【连续】复选框，使用[魔棒]工具单击“人物”图层中的空白区域，按 Delete 键将素材图片的背景删除，再按 Ctrl+D 组合键取消选区，效果如图 3-79 所示。
20. 选择【编辑】/【自由变换】命令，然后按住 Shift 键，将图像变换至合适大小，并移动至如图 3-80 所示位置。

图3-79　删除图像背景

图3-80　缩放变换并移动图像

21. 按住 Ctrl 键，单击“CD 封面底图”图层的缩略图，将其载入选区。确保当前图层为“人物”图层，按 Ctrl+Shift+I 组合键，将选区反选，按 Delete 键删除选择部分，并按 Ctrl+D 组合键取消选区，如图 3-81 所示。

整个 CD 封面的效果差不多就做完了，下一步将使用【文字】工具[T]为封面添加一些文字说明。

22. 选择工具箱中的[T]工具，在文件的任意位置单击，输入文字“圣诞歌曲合辑”。选中文字，将字体设置为“方正综艺简体”、字号为“36 点”、颜色为“白色”，按 Ctrl+Enter 组合键确认输入。
23. 选择工具箱中的[移动]工具，将文字图层移动至合适位置。

至此，一个精美的 CD 封面便制作完成了，最终效果如图 3-82 所示。另外，用户还可以再把每首歌的名字用【文字】工具制作在封面的合适位置。

图3-81　修减图层

图3-82　最终效果

3.8.2　主题书签制作

美国皮克斯工作室的暑期巨作《汽车总动员》登陆各大影院，再次掀起了一股“总动员”的热潮，相信不少朋友都为影片中生动、幽默的动画角色所吸引。在本节的案例中就要学习制作一个独特的《汽车总动员》主题书签，使自己喜爱的角色天天陪伴左右。在制作书签的过程中，不仅会学到 Photoshop CS6 中选区的选取与编辑、图层的基本操作等命令，还会涉及一些基本图像尺寸的调整知识以及简单的手工操作。

《汽车总动员》主题书签的最终应用效果如图 3-83 所示。

图3-83　《汽车总动员》主题书签最终应用效果

制作《汽车总动员》主题书签

首先从网络或其他途径获取素材。

1. 打开本书配套光盘“Map”目录下的“主题书签制作素材 1.jpg”文件，这是一幅从网络上获得的《汽车总动员》主题壁纸，图片大小为 1600 像素 × 1200 像素。
2. 选择菜单栏中的【文件】/【存储为】命令，在弹出的【存储为】对话框中将该文件命名为“主题书签”、格式为“psd”，如图 3-84 所示。

要点提示：在本书的配套光盘中，为读者准备了多幅《汽车总动员》主题壁纸，大家可以根据需要选择素材，或通过网络获取自己感兴趣的主题作为素材。

下面借助【选区】工具构建书签的外轮廓。

3. 单击工具箱中的 工具（或按下 M 键），绘制如图 3-85 所示圆形选区。选择菜单栏中的【选择】/【变换选区】命令可以改变其大小与位置。

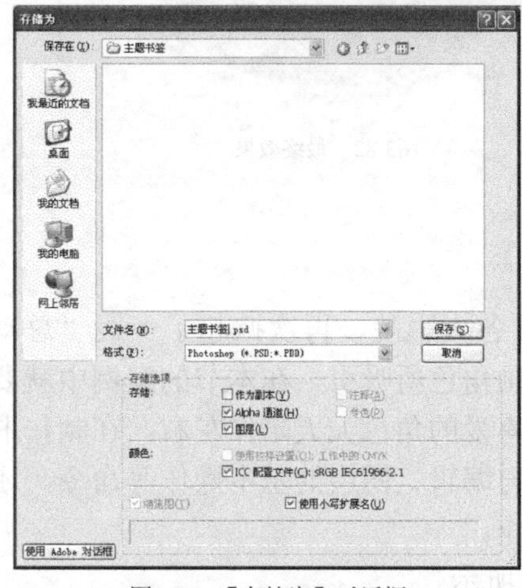

图3-84　【存储为】对话框

图3-85　绘制圆形选区

4. 单击工具箱中的 工具（或按 M 键），然后按下 Shift 键，此时“十”字光标右下角出现一个 图标，这表示此时创建的矩形选区将与圆形选区合并，完成的选区效果如图 3-86 所示。如果创建有误，可按 Ctrl+Z 组合键，多重复几次直至满意为止。
5. 右击选区，选择【通过拷贝的图层】命令，图层调板里出现一个新图层，可以将该图层命名为“书签轮廓”以示区别。单击图层左边的 图标，通过取消背景图层的可见性，可以得到该图层如图 3-87 所示的效果。

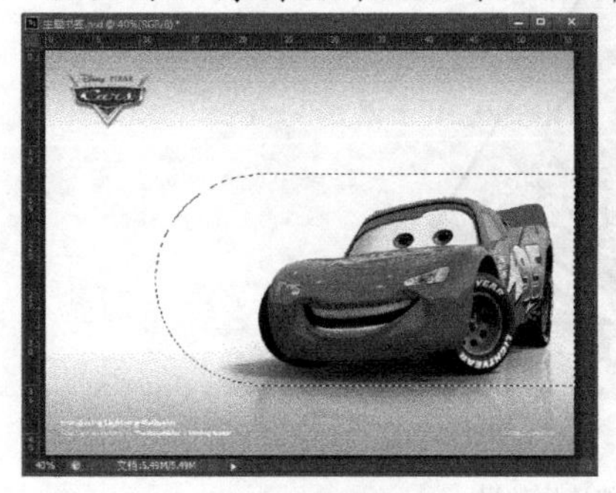

图3-86　合并选区

图3-87　通过复制的图层效果

6. 确保“书签轮廓”图层处于被选择状态，使用 [ ] 工具绘制如图 3-88 所示矩形选区。选择菜单栏中的【编辑】/【自由变换】命令（或按下 Ctrl+T 组合键），通过调节长度方向上的控制点将书签的后部适当拉长一些，如图 3-89 所示。

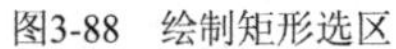
图3-88　绘制矩形选区

图3-89　应用【自由变换】命令变换选区

7. 完成变换后，在变换区域内双击确认。先不要按下 Ctrl+D 组合键取消选区，再在【图层】调板中新建一个名为“标签”的图层，并使该图层位于“书签轮廓”图层之上。
8. 单击工具箱中的【设置前景色】色块，在弹出的【拾色器】对话框中设置颜色为深灰色(R:39,G:39,B:39)，再按下 Alt+Delete 组合键用前景色填充所选择的区域，如图 3-90 所示。

图3-90　使用前景色填充选区

9. 在【图层】调板中双击“标签轮廓”图层，在弹出的【图层样式】对话框中勾选【描边】复选框，设置【描边】参数如图 3-91 所示，其中颜色采用与“标签”图层相同的深灰色。描边效果如图 3-92 所示。

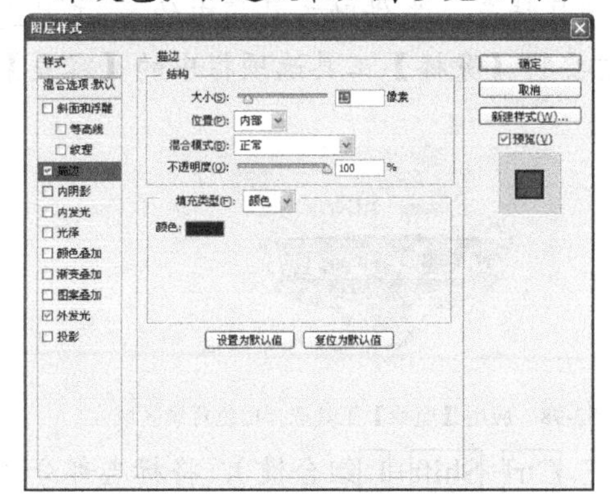

图3-91　【描边】参数设置

图3-92　描边效果

至此，主题书签的雏形已经展现出来，下面再来为其添加一些细节。

10. 单击 T 工具（或按 T 键），输入如图 3-93 所示的“My BOOKMARK”。选中所输入的

文本，再按 Ctrl+T 组合键调出【字符】调板，将字号设置为 53.4 点、字体为 Stencil Std，并为字体加粗。

11. 借助【自由变换】命令或选择菜单栏中的【编辑】/【变换】/【旋转 90 度（逆时针）】命令，将文本内容变换到如图 3-94 所示位置。

图3-93　添加文本内容

图3-94　改变文本的方向与位置

12. 为了方便在主题书签上穿绳，新建一个名为“孔”的图层，并确保该图层位于所有图层的最上端。单击 工具，绘制如图 3-95 所示圆形选区，并将其填充为白色。

13. 按下 Shift 键，在图层调板中选择“孔”图层和“My BOOKMARK”文本图层，如图 3-96 所示。

图3-95　绘制“孔”图层选区

图3-96　选择所需图层

14. 单击工具箱中的 工具（或按 V 键），选择【移动】工具选项工具栏中如图 3-97 所示的【对齐】选项，使两图层的内容在竖直方向上居中对齐。

15. 在素材图像上还有一个《汽车总动员》的标志颇具特色，先借助工具箱中的 工具选择标志周围的白色背景，如图 3-98 所示。注意要将【魔棒】工具选项栏中的【容差】值设为“32”。

图3-97　【对齐】选项

图3-98　应用【魔棒】工具选择白色背景区域

16. 选择菜单栏中的【选择】/【反选】命令（或按下 Ctrl+Shift+I 组合键），将标志部分图像轮廓转化为选区。用与前面相同的方法，选择菜单栏中的【图层】/【新建】/【通过拷贝的图层】命令（或按下 Ctrl+J 组合键），将所选择的图像作为图层单独列出来，然后将其命名为“标志”，如图 3-99 所示。

17. 通过【自由变换】命令和 工具及其中的【对齐】选项，将标志调整至如图 3-100 所示状态，至此便完成了主题书签的图像编辑工作。

图3-99　通过复制得到的“标志”图层

图3-100　调整“标志”的姿态与位置

下面是根据输出幅面的大小来确定主题书签的大小尺寸，以避免因尺寸不明而引起麻烦。

18. 利用【图层】调板上的 按钮，将与主体标签不相关的图层删除。然后在所有图层的最下面新建一个名为“背景”的新图层，选择菜单栏中的【编辑】/【填充】命令，弹出【填充】对话框，设置参数如图 3-101 所示，最终效果如图 3-102 所示。

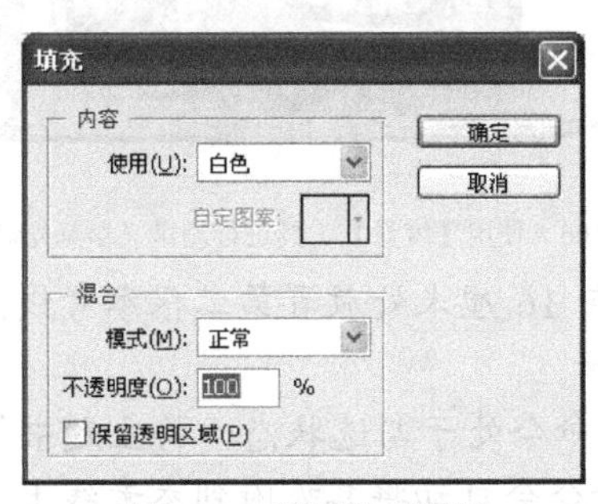

图3-101　【填充】对话框

图3-102　最终效果

19. 将完成的“主题书签”文件存储，再选择菜单栏中的【文件】/【存储为】命令，将其以“主题书签初稿”的名称另存为 JPEG 格式，参数采用默认值。

20. 在菜单栏中选择【文件】/【新建】命令，新建一个名为“主题书签输出稿”的文件，其他参数设置如图 3-103 所示。

21. 利用工具箱中的 工具、 工具和菜单栏中的【选择】/【反选】命令，将主题书签复制至新建的图像文件当中，如图 3-104 所示。

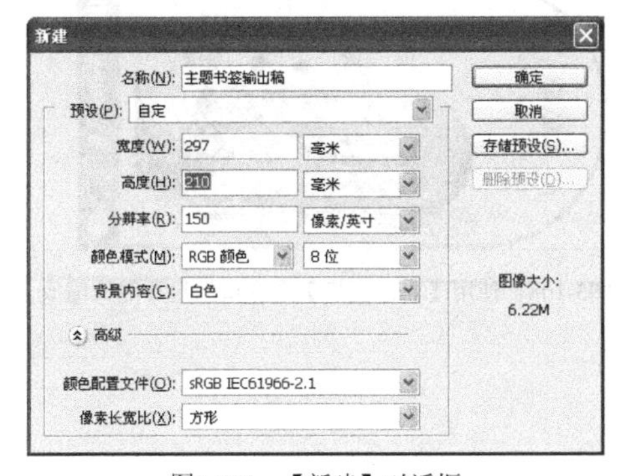

图3-103　【新建】对话框

图3-104　复制“主题书签”部分的图像

本例要求在 A4 纸上输出的主题书签长度为 14 厘米，因此有必要提前调整好尺寸。

22. 选择菜单栏中的【视图】/【标尺】命令打开标尺，同时确保【视图】/【锁定参考线】命令没有被勾选，再选择【视图】/【打印尺寸】命令。
23. 此时工作区域所显示的视图大小便是实际输出的图像大小，在下面的步骤中不要再进行任何改变视图大小的操作。
24. 读者从视图左上方的标尺中可以拖曳出参考线，以进行度量，如图 3-105 所示。
25. 用户也可以单击工具箱中的【度量】工具，通过选择定点和拖曳鼠标光标进行度量工作，如图 3-106 所示。

要点提示 【度量】工具的使用方法非常简单，它就像一把无形的尺子，可以测量图像上任意两点间的距离、角度、坐标等参数，这在后面的章节中将详细讲解。

图3-105 使用参考线配合标尺进行度量（参见光盘）

图3-106 使用【度量】工具进行测量（参见光盘）

26. 在横向标尺上 2 厘米处放置第一根参考线，然后在 16 厘米处放置第二根参考线，这样便确定好了宽度为 14 厘米的区域，如图 3-107 所示。
27. 确保菜单栏中的【视图】/【对齐到】/【参考线】命令处于勾选状态，将主题书签的一端与 2 厘米处的标尺对齐，【视图】/【对齐到】命令会自动将其吸附到参考线上。然后借助【自由变换】命令将主题书签以 14 厘米长度为基准等比缩放，如图 3-108 所示。这样便得到了需要的结果。

上文所介绍的图像尺寸界定方法看似烦琐，但比较简单，读者要熟练掌握其操作方法，这一命令在以后的实际工作中使用频率非常高。

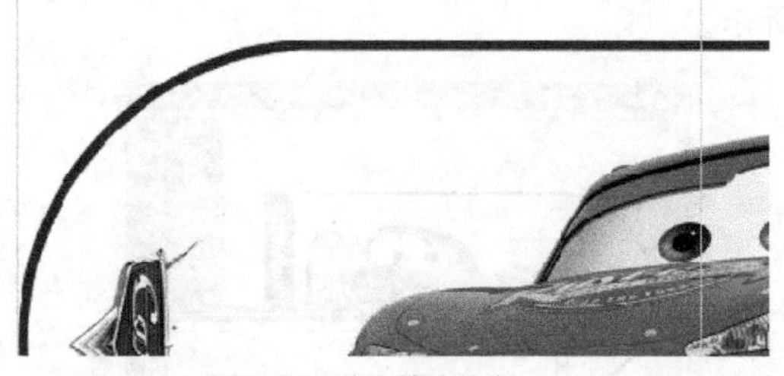

图3-107 确定输出长度

图3-108 使用【自由变换】命令依据尺寸等比缩放

28. 用于输出的主题书签图像效果如图 3-109 所示。将该图像存储为 JPEG 格式就可以输出了。

图3-109 用于输出的“主题书签”图像效果

下面进行裁剪主题书签的操作。

29. 输出后的稿件如图 3-110 所示。将主题书签沿着轮廓线裁剪下来，如图 3-111 所示。

图3-110 喷墨打印后的稿件

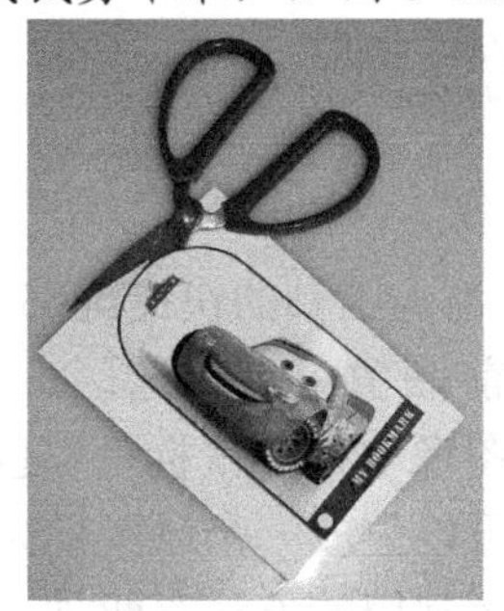

图3-111 裁剪图稿

30. 倘若纸张厚度不足，可以将其粘贴至同样形状的厚卡纸上。然后穿上绳子，如图 3-112 所示。

31. 至此，一个精美的《汽车总动员》主题书签便制作完成了，最终应用效果如图 3-113 所示。

图3-112 穿上绳子

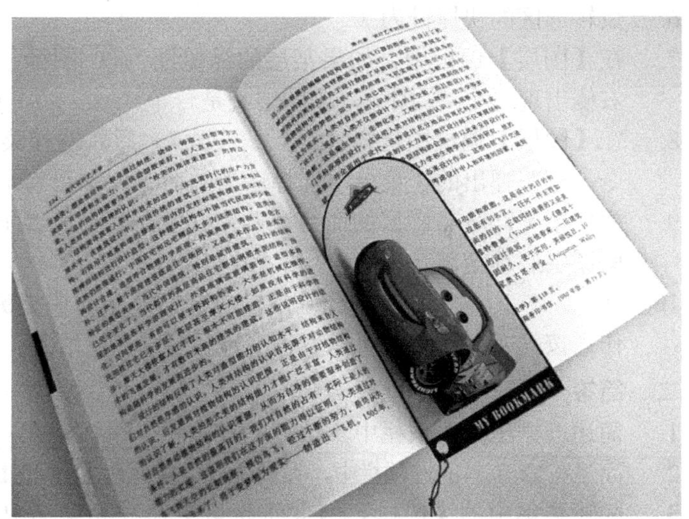

图3-113 《汽车总动员》主题书签最终应用效果

由本节的案例可以看出，Photoshop CS6 能够完成的工作不仅仅局限于电脑屏幕之上，用户只要充分发挥自己的聪明才智和想象力，便可扩展其应用领域。

3.9　小结

本章主要介绍了工具箱中的区域选择工具、【选择】菜单中的命令以及图层的基本功能等。前两部分内容都是在图像中建立选区，建立选区是绘图中经常用到的功能，恰当地使用选区可以使作品更加精细、规范和整齐。后一部分内容主要是讲解图层的基本概念与基本操作，读者在学习时一定要努力理解图层的原理，并熟练使用【图层】调板对图层进行选择、新建、移动堆叠位置、复制、删除等操作。

在学习本章内容时，读者要注意掌握【自由变换】命令的操作，了解自由变换的功能和操作方法，区分自由变换选区和自由变换图像的不同，并注意区别它们的操作对象。另外，还要尽量熟练掌握快捷键的使用，熟记快捷键可以大大提高工作效率。

3.10　练习题

一、填空

1. 工具与工具的快捷键都是（　　）。
2. 如果当前图像中没有选区，选择工具箱中的工具或工具后，按住（　　）键不放，在图像中拖曳鼠标可以创建正方形或圆形选区；按住（　　）键不放，在图像中拖曳鼠标可以生成一个以鼠标光标落点为中心的选区。
3. 取消选区常用的方法有两种，按（　　）键，或选择菜单栏中的（　）/（　）命令。
4. （　　　）工具一般用于对精确度要求不高的选择。（　　　）工具比较适用于边界多为直线或边界曲折复杂的图案。（　　　）工具会根据图像中颜色的差别自动勾画出选框。
5. 选择整幅图像的快捷键为（　　　　　　）。
6. 反转选区的快捷键为（　　　　　　）。
7. 在【图层】调板中，如果某层的缩览图为 T 图标，则该层为（　　　）层。如果某层右侧出现一个 fx 图标，该图层就是一个（　　　）层。
8. 在【图层】调板中选择（　　　　）后，选择菜单栏中的（　　　）/（　　　）命令，再在弹出的子菜单中选择适当的命令，即可将被选择的图层移动至相应的位置。
9. 要使用平均分布图层的命令有两个必要条件，一是必须有（　）个以上的图层；二是这些图层必须全部是（　　　）图层。
10. （　　　）+（　）组合键是自由变换命令的快捷键；按（　　　）键可以确认变形操作；按（　　　）键可以取消变形操作。

二、简答

1. 简述选框工具选项栏中按钮、按钮、按钮和按钮的作用。
2. 简述在工具的选项栏中，设置不同的【宽度】值和【边对比度】值对建立选区的影响。
3. 简述菜单中的【选择】/【扩大选取】命令和菜单中的【选择】/【选取相似】命令的功能有什么区别。
4. 简述什么是图层。
5. 简述对齐图层和平均分布图层的方法。

三、操作

1. 打开本书配套光盘“Map”目录下的“浪漫.jpg”文件，将其修改为如图 3-114 所示效果。其操作步骤简述如下。

(1) 选择工具箱中的工具，将其【羽化】值设置为 20。

(2) 在图像中创建一个大椭圆选区选择人物图像。

(3) 在选区右下角减去一个小椭圆选区。

(4) 将背景色设置为白色，然后按 Delete 键删除。

(5) 按下 Ctrl+D 组合键取消选区。

(6) 选择工具箱中的工具，在【工具预设】调板中选择【红黄 缤纷玫瑰】工具预设，在图像下方添加玫瑰效果。

图3-114 修改“浪漫.jpg”文件的效果

2. 创建一幅效果如图 3-115 所示的新图像作为 ppt 的模板。操作时，请读者参照本书配套光盘“练习题”目录下的“ppt 模板制作.psd”文件。

图3-115 绘制完成的 ppt 模板

该练习的制作流程示意图如图 3-116 所示。

【操作步骤提示】

(1) 利用选框工具绘制选区，填充同一色系不同明暗的颜色。

(2) 使用【画笔】工具绘制背景云彩效果。

(3) 注意调整不同图形的不透明度，使图形和背景得到融合。

(4) 选择菜单栏中的【滤镜】/【渲染】/【光照效果】命令或者【渐变】工具，给图形添加明暗效果。

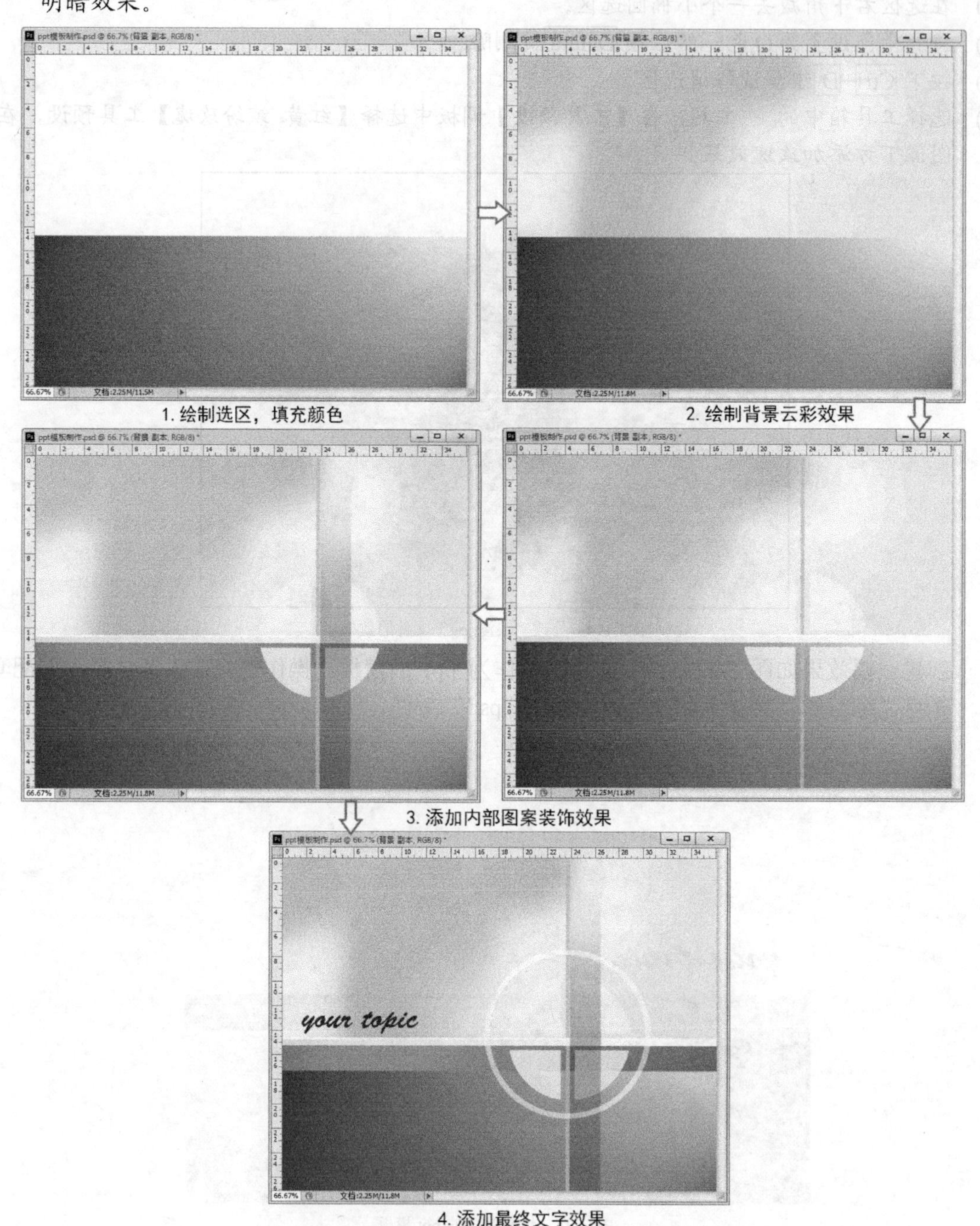

图3-116　制作流程示意图

3. 使用本书配套光盘中提供的素材，创建一幅效果如图 3-117 所示的拼贴图像，操作时请参照本书配套光盘“练习题”目录下的“创意拼图.psd”文件。

图3-117　拼贴图像最终效果

该练习制作流程如图 3-118 所示。

【操作步骤提示】

(1) 新建一个名为“创意拼图.psd”的图像文件，设置的参数如图 3-118 左上角所示。

(2) 绘制一个正方形选区，并填充颜色。

(3) 配合使用选区工具裁剪出拼图块图形。将图形复制并变换到左上角位置，合并图层。

(4) 打开智能辅助线，将图层复制、移动铺满画布，合并图层。

(5) 打开本书配套光盘“Map”目录下的“创意拼图素材.jpg”文件，导入素材图像并调整图层顺序。

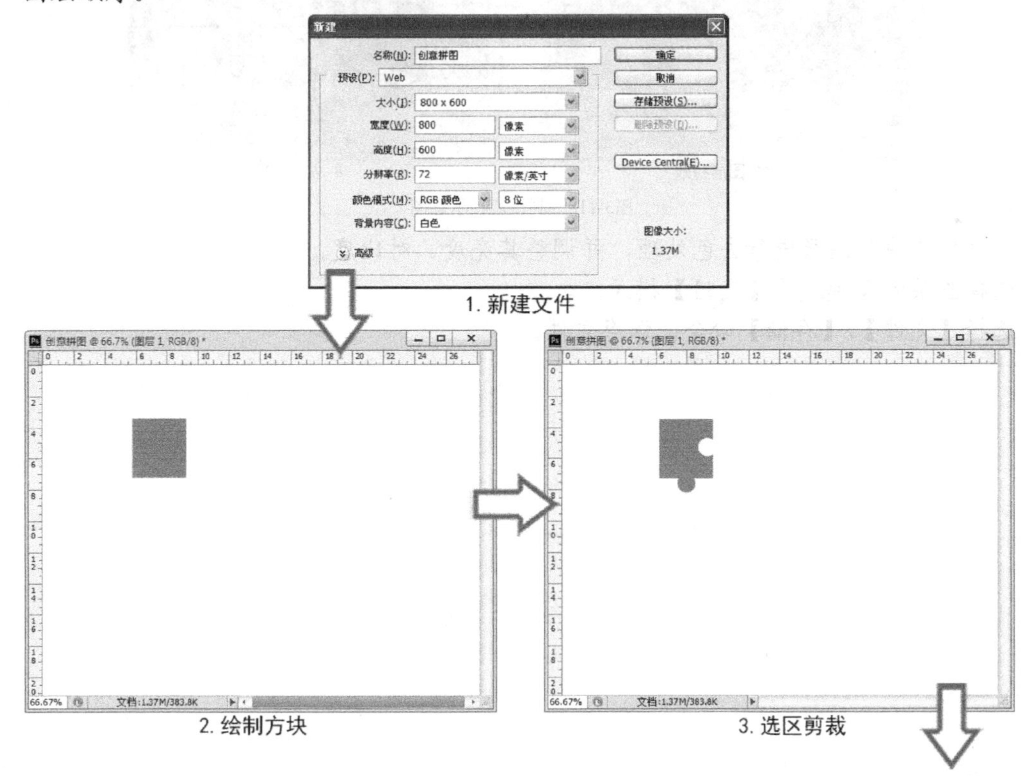

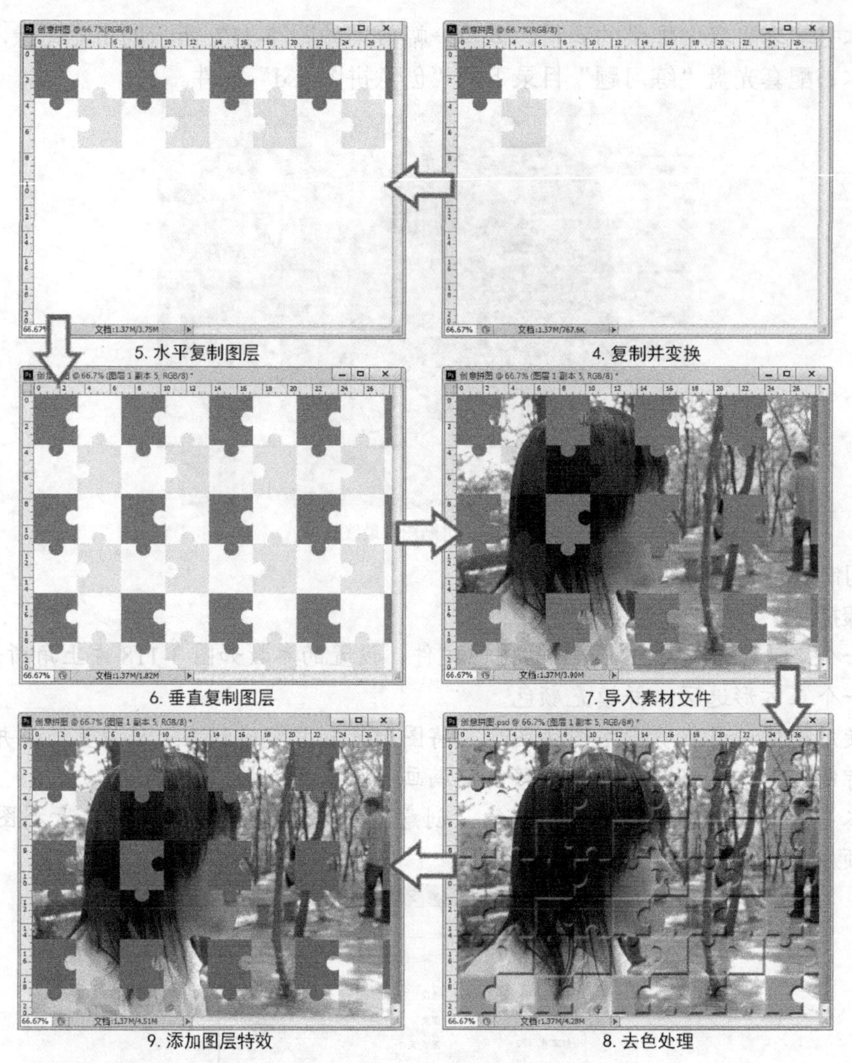

图3-118　制作流程示意图

(6) 对“拼图块”图层进行去色处理，并调整其亮度、对比度。

(7) 选择图层混合模式为【变暗】模式。

(8) 选择【文件】/【存储】命令，保存文件。

第4章 绘画和修饰工具的应用

工具箱中的绘画和修饰工具是利用 Photoshop CS6 进行绘制图像的主要工具。其中，绘画工具主要包括画笔调板、画笔工具、铅笔工具、渐变工具和油漆桶工具；修饰工具主要包括修补工具组、图章工具组、历史记录画笔工具组、橡皮擦工具组、颜色替换工具及模糊、锐化、涂抹、减淡、加深和海绵工具。这些工具都是在绘画及修饰过程中经常用到的，下面就来介绍一下各种绘画工具与修饰工具的主要功能及使用方法。由于本章要学习的工具较多，请读者在学习时集中注意力，注意分清各绘画工具和修饰工具的功能，并能熟练运用各工具绘制相应的图案。

4.1 【画笔】调板

对于绘图编辑工具而言，选择和使用画笔是非常重要的一部分。Photoshop CS6 专门提供了一个设置画笔笔尖形状的工具——【画笔】调板。【画笔】调板默认位于调板区内，它提供了大量预置的画笔笔尖形状，并且可以通过设置不同的参数以及选项衍生出更多的笔尖形状，从而大大增强了 Photoshop CS6 的绘画功能。选择【窗口】/【画笔】命令，或单击调板区左侧的按钮，弹出的【画笔】调板如图 4-1 所示。

在【画笔】调板左侧勾选相应的选项，可以使该类参数对当前选择的笔尖形状有效。【画笔预设】中相应的选项右侧会显示该类参数，图 4-2 所示为勾选【形状动态】复选框后显示出来的参数。【画笔】调板最下方显示的是使用当前笔尖形状在图像中画线的预览效果。

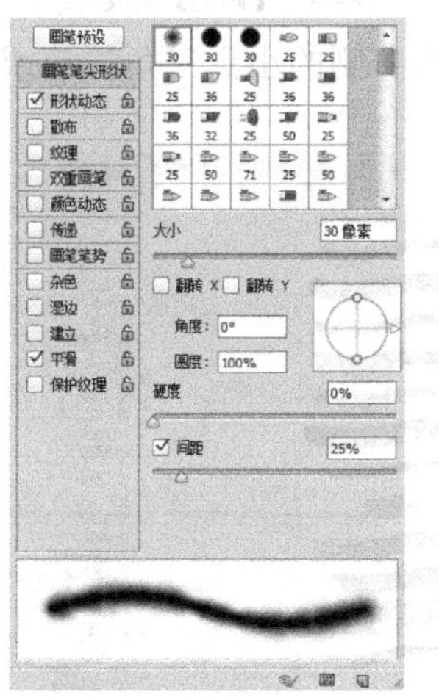

图4-1 【画笔】调板（1）

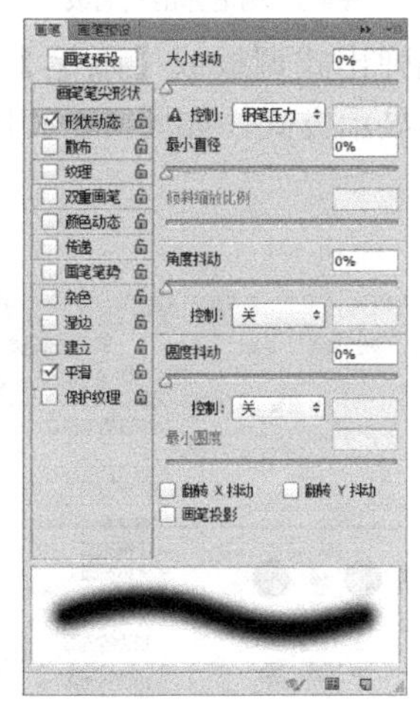

图4-2 【形状动态】参数

绘图和编辑工具包括【画笔】工具、【铅笔】工具、【仿制图章】工具、【图案

图章】工具、【历史记录画笔】工具、【历史记录艺术画笔】工具、【模糊】工具、【锐化】工具、【涂抹】工具、【减淡】工具、【加深】工具和【海绵】工具等。当用户在工具箱中选择这些工具时，在工具选项栏右侧会出现一个【切换画笔调板】按钮，单击它即可调出【画笔】调板。

4.1.1　选择预设画笔

可以通过两种途径选择当前所使用的画笔预设，一种是通过选项栏左侧的画笔弹出式调板进行选择；另一种是通过【画笔】调板进行选择。

选择任意一个绘图或编辑工具，在其工具选项栏中单击画笔形状预览图右侧向下的小三角形，都会出现画笔弹出式调板，如图 4-3 所示。用户可以选择不同的预设画笔，也可以通过拖曳【主直径】上的滑块改变画笔的直径。若拖曳【主直径】上的滑块，则【使用取样大小】按钮处于可用状态，通过单击此按钮可以使直径恢复到最初的大小。

【画笔】调板的外观和工具选项栏中的画笔弹出式调板类似，但在【画笔】调板的下方有一个可供预览画笔效果的区域。移动鼠标光标到不同的画笔预览图上单击，【画笔】调板下方会动态显示不同画笔所绘制的效果，如图 4-4 所示。

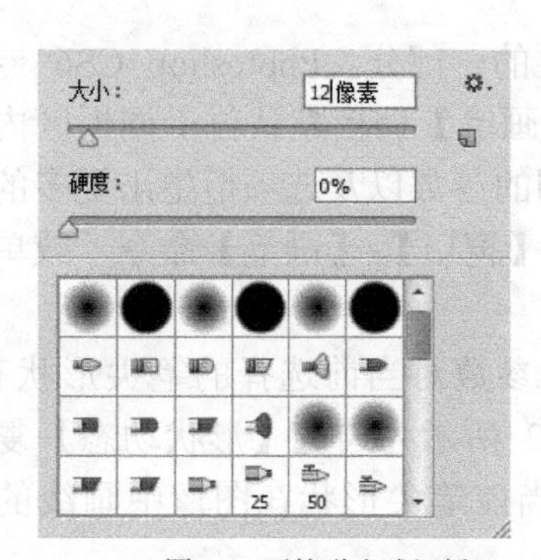

图4-3　画笔弹出式调板

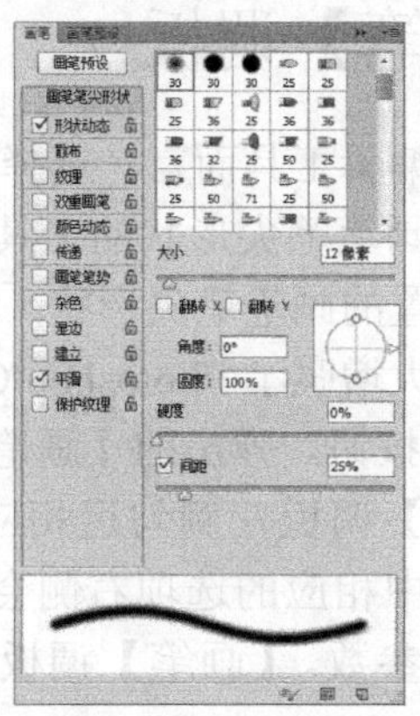

图4-4　【画笔】调板（2）

在画笔弹出式调板或【画笔】调板的弹出菜单中单击右侧的小黑三角按钮或按钮，可选择画笔显示方式，如图 4-5 和图 4-6 所示。

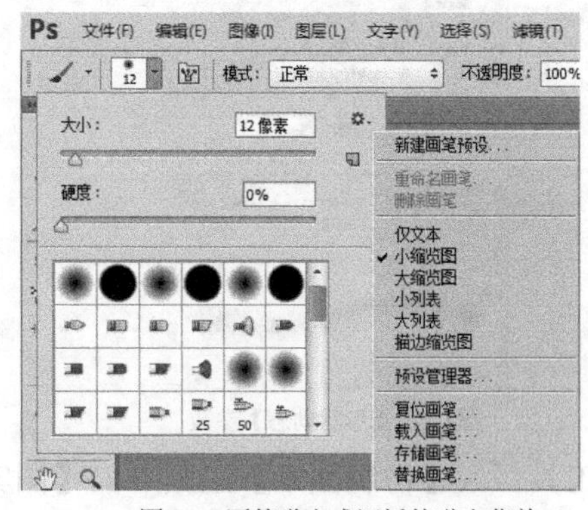

图4-5　画笔弹出式调板的弹出菜单

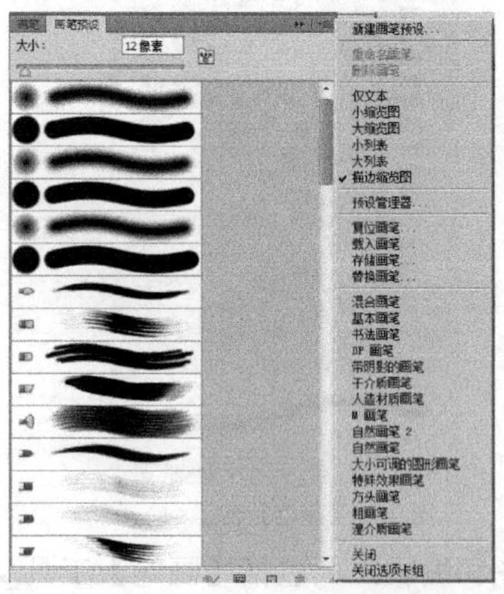

图4-6　【画笔预设】调板的弹出菜单

在画笔弹出式调板或【画笔】调板的弹出菜单中还可以进行如下操作。

- 选择【复位画笔】命令，可恢复到软件初始的设置状态。
- 选择【载入画笔】命令，可在弹出的对话框中选择要加入的画笔。
- 选择【存储画笔】命令，可将当前调板中的画笔进行存储。
- 选择【替换画笔】命令，可用其他画笔替换当前所显示的画笔。

4.1.2 自定义画笔

在打开的【画笔】调板中，单击左侧的【画笔笔尖形状】选项，可弹出如图 4-7 所示的笔尖形状图案。单击【画笔】调板左侧不同的选项名称，在右侧就会显示相应的参数面板。通过设置各个不同的选项及参数，可以创建自定义的画笔笔尖形状。

在【画笔】调板左侧选择某个选项时，若单击在选项名称处，则选择并勾选该复选框，在右侧会显示相应的参数面板；若单击在选项名称左侧的小方框处，则仅勾选该复选框，但右侧不显示其参数面板。

已经预存在【画笔】调板中的各个画笔，可以对其选项进行重新调整，并将调整后的结果利用【新建画笔预设】命令将其存储为新的画笔。

创建任意规则或不规则的选区，若选区的【羽化】值为“0 px”，得到的是硬边画笔。若用户在定义选区的时候设置其他不同的【羽化】值，则得到的是软边画笔。

自定义画笔形状大小可高达 2500 像素×2500 像素。为了使画笔效果更好，最好为画笔设定一个纯白色的背景，这样用该画笔绘制图形的时候，白色的部分是透明的。自制画笔时最好使用灰度色彩，画笔颜色是由当前使用的前景色来确定的，这里只定义了画笔的笔尖形状。

4.1.3 画笔选项设定

一、 【画笔笔尖形状】类参数

在【画笔】调板左侧单击选择【画笔笔尖形状】选项，右侧显示的【画笔笔尖形状】类选项和参数如图 4-8 所示，同时在下方还可以预览设置后的效果，各部分功能介绍如下。

- 在右侧上方的笔尖形状列表中，单击相应的笔尖形状即可将其选择。
- 【直径】值用来控制画笔的大小。用户可以直接修改文本框中的数值，也可以拖动其下方的滑块来改变数值。
- 修改【直径】参数后，单击按钮，可以将其恢复为默认值（使用圆形笔尖时，不显示该按钮）。
- 勾选【翻转 X】和【翻转 Y】复选框，可以分别将笔尖形状进行水平和垂直翻转。
- 设置【角度】值，则将笔尖以相应的角度逆时针旋转。设置【圆度】值，则将笔尖以相应的比例在竖轴放缩。
- 【硬度】值只对那些边缘有虚化效果的笔尖有效。【硬度】值越大，画笔边缘越清晰；【硬度】值越小，画笔边缘越模糊柔和。
- 当勾选【间距】复选框时，其右侧文本框中的值表示画笔每两笔之间跨越画

笔直径的百分数。取消勾选时，在图像中画线的形态与拖曳鼠标光标的速度有关，拖曳越快，画笔每两笔之间的跨度就越大；拖曳越慢，画笔每两笔之间的跨度就越小。

二、【形状动态】类参数

在【画笔预设】类参数中，选择如图 4-7 所示枫叶形状的画笔。在【画笔】调板左侧单击【形状动态】选项，如图 4-8 所示。通过对笔尖【形状动态】类参数的调整，可以设置画线时笔尖的大小、角度和圆度的变化。

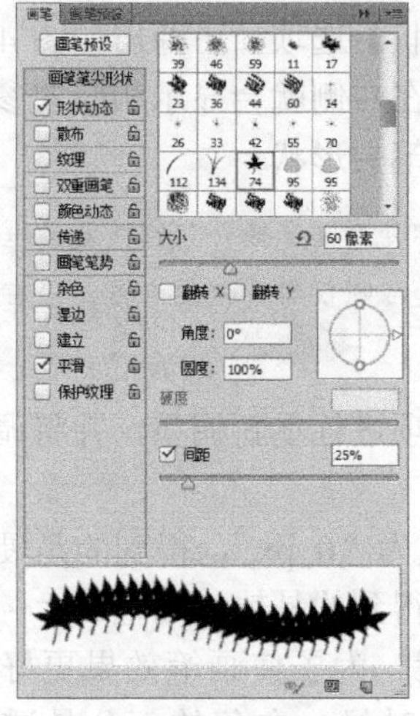

图4-7　【画笔笔尖形状】类参数

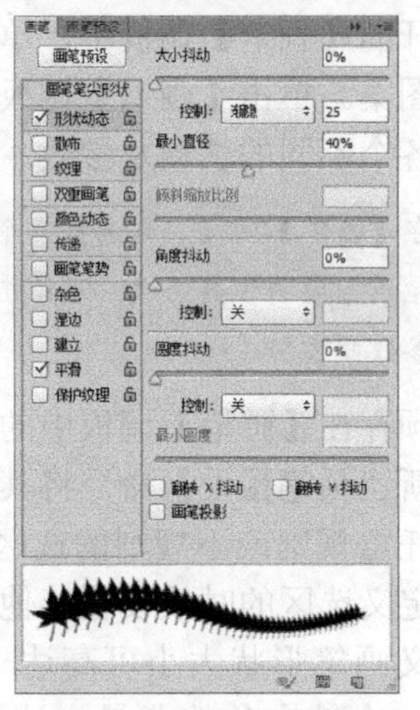

图4-8　【形状动态】类参数

在【形状动态】选项下的几个参数中，可以在上一步定制画笔的基础上更加详细地设置画笔的外观。例如【大小抖动】、【控制】、【最小直径】、【角度抖动】、【圆度抖动】等，通过对这些参数的设置可以产生不同的画笔效果。

- 【大小抖动】值用来控制画线时笔尖的直径大小在百分之几的范围内进行随机变化。为了观察【大小抖动】值的效果，分别将【大小抖动】值设为“50%”和“100%”，画笔大小抖动的效果如图 4-9 所示。下方笔尖的大小变化明显较大。

  单击【大小抖动】值下方的【控制】框，在弹出的选项列表中选择不同的选项，可以设置当笔尖移动时【大小抖动】值对笔尖大小产生不同的影响。选择【关】选项，表示关掉控制；选择【渐隐】选项，则可指定控制的范围在多少【步】值以内；如果安装了外接绘图板等设备，还可以选择【钢笔压力】、【钢笔斜度】和【光笔轮】等控制选项。

图4-9　【大小抖动】值效果

在图像上画线，实际上就是绘制了一系列笔尖，这里称每一个笔尖为一步。【步】值为几就是指几个笔尖的长度。

当在【大小抖动】值下方的【控制】框中选择【钢笔斜度】选项时，【倾斜缩放比例】选项才可用，修改该值可以调整画笔动态倾斜的角度。

- 【角度抖动】值可以调整笔尖的角度在多大的范围内进行随机变化。

  【角度抖动】值下的【控制】框决定角度改变量的渐变方式。

- 【圆度抖动】值可以调整画笔的圆度在多大的范围内进行随机变化。【圆度抖动】值可以调整绘制出的线条圆形程度，数值小，则线条圆滑；数值大，则绘制出的线条之间出现粗糙效果。例如在【画笔】调板中选择一个圆形笔尖，如图 4-10 所示分别为【圆度抖动】值为 0％和 100％时的效果。

图4-10　【圆度抖动】值的效果

  【圆度抖动】值下的【控制】框决定圆度改变量的渐变方式。
- 【最小圆度】值设置【圆度抖动】和【控制】项使用的最小圆度。此值可以调整画笔绘制出的线条圆形程度，数值小，则线条之间出现粗糙效果；数值大，则绘制出的线条较圆滑。
- 勾选【翻转 X 抖动】和【翻转 Y 抖动】复选框，可以使画笔随机进行垂直翻转和水平翻转。

三、【散布】类参数

通过调整【散布】类参数，可以设置笔尖沿鼠标光标拖曳的路线向外扩散的范围，从而使绘画工具产生一种笔触散射效果。在【画笔】调板左侧单击【散布】选项，并将其他选项的勾选取消，设置【散布】类参数和选项如图 4-11 所示。通过调节相应参数值的大小，可以得到不同的画笔效果。这个选项只适合绘制如星星散状之类效果的特殊图形。

- 修改【散布】值可以指定笔尖在绘制时向外扩散的范围。数值越大，则扩散效果越明显。

  勾选【两轴】复选框，画笔笔尖同时在水平和垂直方向上分散。如不勾选，画笔笔尖只在垂直于绘制的方向上分散。

  【控制】框中的内容与【形状动态】类参数中的【控制】框相同，这里不再重复。
- 【数量】值决定每间距内应有画笔笔尖的数量。此值越大，单位间距内画笔笔尖的数量就越多。
- 【数量抖动】值决定在每间距内画笔数量值的变化效果。此值越大，则画笔笔尖效果越密。其下的【控制】框决定变化的类型。

四、【纹理】类参数

通过【纹理】类参数设置，可以在画笔中产生图案纹理效果。在【画笔】调板左侧单击【纹理】选项，并将其他选项的勾选取消，设置参数和选项如图 4-12 所示。

- 单击【反相】选项左侧的图案框，可以在弹出的列表中选择要用作纹理的图案。勾选【反相】复选框，反转使用图案的明暗。
- 修改【缩放】值，可以调整在画笔中应用图案的缩放比例。
- 勾选【为每个笔尖设置纹理】复选框，则以每个画笔笔尖为单位适用纹理。否则以绘制出的整个线条为单位适用纹理。
- 设置【模式】选项，可以设置画笔与纹理的混合模式。
- 【深度】值决定画笔绘制出的图案纹理颜色与前景色混合效果的明显程度。
- 【最小深度】值和【深度抖动】值只有在勾选了【为每个笔尖设置纹理】复选框后才有效。其中，【最小深度】值决定画笔绘制出的图案纹理颜色与前景

色的最小混合程度；【深度抖动】值决定画笔绘制出的图案纹理与前景色混合效果的变化程度。【控制】框中的选项控制画笔与图案纹理混合的变化方式。

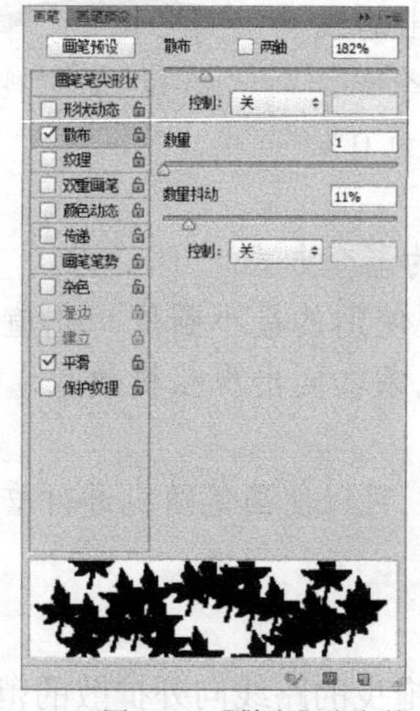

图4-11　【散布】类参数

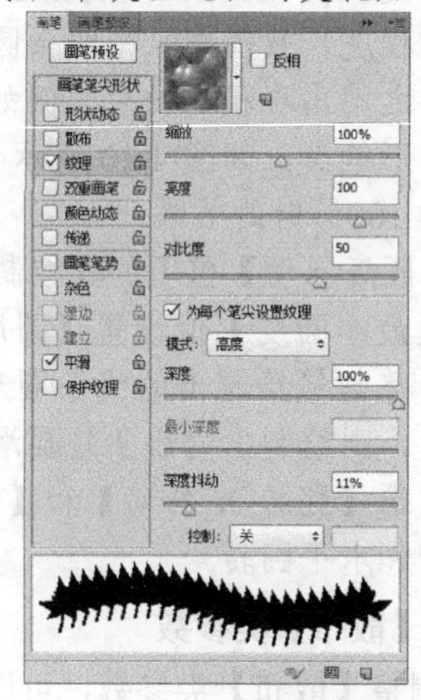

图4-12　【纹理】类参数

五、【双重画笔】类参数

设置【双重画笔】类参数和选项，是在已经选好的画笔上再增加一个不同样式的画笔，可以产生两种不同纹理相交的笔尖效果。在【画笔】调板左侧单击【双重画笔】选项，并将其他选项的勾选取消，设置的参数和选项如图 4-13 所示。

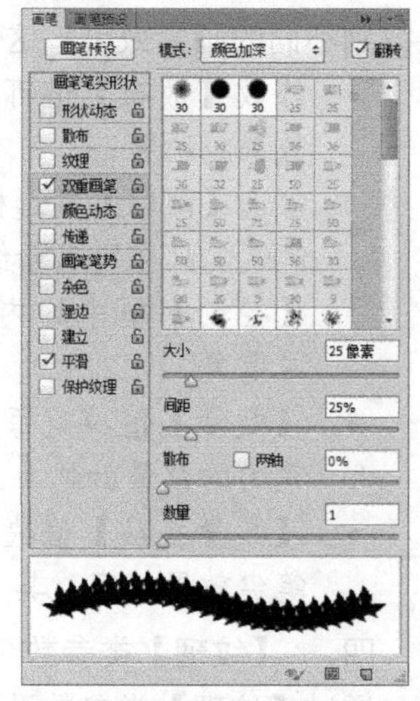

图4-13　【双重画笔】类参数

- 【模式】选项决定两种笔尖的混合模式。勾选【翻转】复选框，第 2 种笔尖随机翻转。在其笔尖列表中可选择与当前笔尖混合的第 2 种笔尖。
- 【直径】值决定第 2 种笔尖的直径大小。
- 【间距】值决定第 2 种笔尖绘制时的间隔距离。
- 【散布】值决定第 2 种笔尖的分散程度。是否勾选【两轴】复选框，将决定第 2 种画笔是同时在笔画的水平和垂直方向上分散，还是只在笔画的垂直方向上分散。
- 【数量】值决定第 2 种笔尖数量的多少。

4.1.4　【颜色动态】类参数

设置【颜色动态】选项，可以使笔尖产生两种颜色或图案进行不同程度混合的效果，并且可以调整其混合颜色的色调、饱和度及明亮度等。在【画笔】调板左侧单击【颜色动态】选项，并将其他选项的勾选取消，设置参数和选项如图 4-14 所示。这类参数的设置在【画笔】调板中看不出笔尖的变化，只有在绘制图像时才能看出效果。

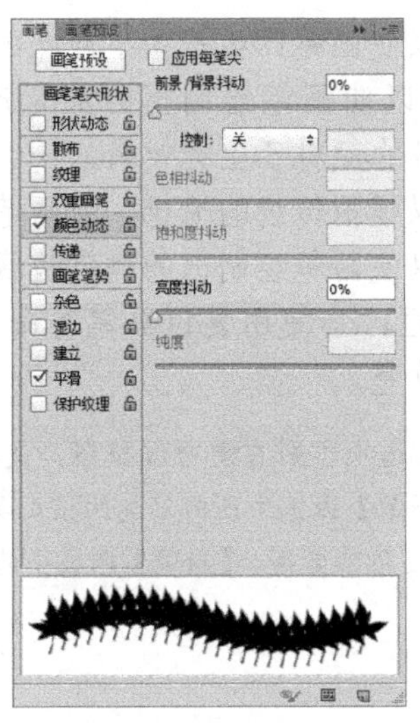

图4-14 【颜色动态】类参数

- 【前景/背景抖动】决定画笔绘制出的前景色和背景色之间的混合程度。【控制】框中的选项用来设置前景色和背景色抖动的范围。
- 【色相抖动】可以设置前景色和背景色之间的色调偏移方向。数值小，则色调偏向前景色方向；数值大，则色调偏向背景色方向。
- 【饱和度抖动】可以设置画笔绘制出颜色的饱和度。数值大，则混合颜色效果较饱和。
- 【亮度抖动】可以设置画笔绘制出颜色的亮度。数值大，则绘制出的颜色较暗。
- 【纯度】可以设置画笔绘制出颜色的鲜艳程度。数值大，则绘制出的颜色较鲜艳。数值为“－100”时绘制出的颜色为灰度色。

4.1.5 【传递】类参数

【传递】类参数可以设置画笔绘制出颜色的不透明度和使颜色之间产生不同的流动效果。在【画笔】调板左侧单击【传递】选项，并将其他选项的勾选取消，设置的参数和选项如图4-15所示。

- 【不透明度抖动】值可以调整画笔绘制时颜色的不透明度效果。数值大，则颜色较透明；数值小，则颜色透明效果弱。
- 设置【流量抖动】值可以使画笔绘制出的线条出现类似于液体流动的效果。数值大，则流动效果明显；数值小，则流动效果不明显。

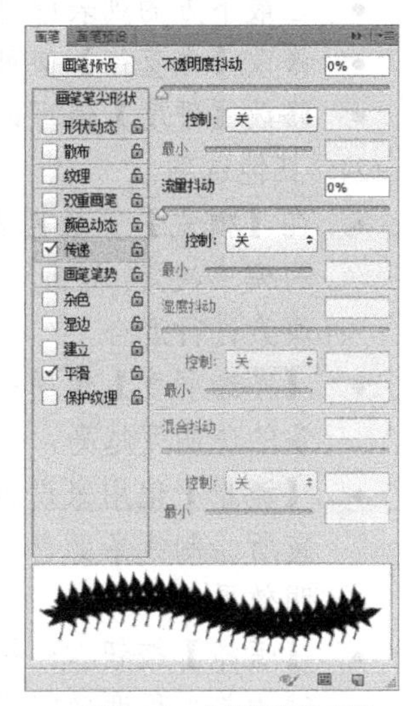

图4-15 【传递】类参数

4.1.6 其他选项设置

除了前面介绍的参数和选项外，在【画笔】调板左侧还有如下几个选项。

- 勾选【杂色】复选框可以使画笔产生一些小碎点的效果。
- 勾选【湿边】复选框可以使画笔绘制出的颜色产生中间淡四周深的润湿效果，可用来模拟加水较多的颜料产生的效果。
- 勾选【喷枪】复选框可以模拟传统的喷枪，使画笔产生渐变色调的效果。
- 勾选【平滑】复选框可以使画笔绘制出的颜色边缘较平滑。
- 勾选【保护纹理】复选框，当使用复位画笔等命令对画笔进行调整时，保护当前画笔的纹理图案不改变。

在【画笔】调板左侧，单击选项类别右侧的按钮，使其显示为按钮，则该类参数将被锁定。此时修改该类参数，【画笔】调板中所有笔尖的该类参数都会发生相同的变化。单击按钮将锁定取消，此时修改未锁定的参数时，【画笔】调板中的其他笔尖不受影响。

4.2 绘画工具

使用绘画工具时，在各自的工具选项栏中会涉及一些共同的选项，如不透明度、流量、强度或曝光度。虽然以上各项具有不同的名称，但实际上它们控制的都是工具的操作力度。下面就来具体介绍这些工具的用法和功能。

4.2.1 【画笔】工具

使用【画笔】工具可以绘制出边缘柔软的画笔效果，画笔的颜色为工具箱中的前景色。在工具箱中选择工具，其选项栏如图4-16所示。

图4-16　【画笔】工具选项栏

(1)　【画笔】选项。

单击选项栏中【画笔】选项右侧的按钮，弹出的面板如图4-17所示。

- 在最下方的列表中可以选择要使用的画笔笔尖。
- 修改【主直径】值可以设置笔尖的大小。
- 修改【硬度】值可以修改笔尖边缘的柔化程度。

(2)　其他选项。

- 在【模式】下拉列表中可以选择工具的模式。不同的模式决定工具使用的颜色以何种方式与图像中的像素进行混合。
- 【不透明度】值用来设置画笔的透明度。该值越低，线条的透明度越高。
- 【流量】值用来设置颜色随工具移动应用的速度，即设置所绘制线条颜色的流畅程度，它也可以产生一定的透明效果。

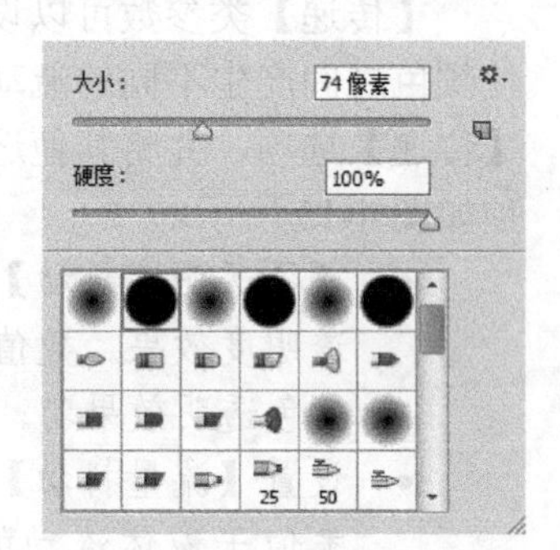

图4-17　【画笔】选项面板

- 【喷枪】按钮：按下该按钮，可以启用喷枪功能，Photoshop 会根据鼠标左键的单击程度确定画笔线条的填充数量。

在工具箱中选择工具，按住 Shift 键不放，在图像中拖曳鼠标光标，可以创建水平、垂直或以 45° 为增量的直线。在工具箱中选择工具，在图像中的某一点上单击；按住 Shift 键不放，再在另一点上单击，可以在两点间创建一条直线。这种利用按住 Shift 键创建直线的方法适用于大多数绘制工具，在后面的学习中不再专门介绍，读者可以自行尝试各种使用技巧。

4.2.2 【铅笔】工具

使用【铅笔】工具可以绘制出硬边的线条，如果是斜线，会带有明显的锯齿，绘制的线条颜色为工具箱中的前景色。在工具箱中选择工具，其选项栏如图 4-18 所示。

图4-18 【铅笔】工具选项栏

工具的选项设置与工具的基本相同，只是使用工具时，【画笔】调板中所有的画笔都不产生虚边效果，所以在【画笔】选项列表中，选择【硬度】选项对笔尖效果不起作用。工具的选项栏比工具多了一个【自动抹除】选项，如果勾选了【自动抹除】复选框，那么如果从图像中使用前景色的像素处开始落笔，绘出的颜色将为背景色；如果从使用其他颜色的像素处开始落笔，则依然使用前景色。

4.2.3 【颜色替换】工具

使用【颜色替换】工具能够简化图像中特定颜色的替换，可以用前景色来替换图像中的颜色。工具不能在颜色模式为“位图”、“索引”或“多通道”模式的图像中使用。

在工具栏中选择工具后，选项栏如图 4-19 所示。

图4-19 【颜色替换】工具选项栏

- 在【模式】下拉列表中可以选择【色相】、【饱和度】、【颜色】和【明度】等模式，用来设置替换的内容。一般默认为【颜色】模式，表示可以同时替换色相、饱和度及明度。
- 【取样】：用来设置颜色取样的方式。按下连续按钮，在拖曳鼠标光标时可以连续对颜色取样；按下一次按钮，只替换包含第一次单击的颜色区域中的目标颜色；按下背景色板，只替换包含当前背景色的区域。
- 在【限制】下拉列表中选择【不连续】选项，可以替换出现在鼠标光标下任意位置的样本颜色；选择【连续】选项，只替换与鼠标光标下的颜色邻近的颜色；选择【查找边缘】选项，可以替换包含样本颜色的连接区域，同时更好地保留形状边缘的锐化程度。
- 容差: 30%：用来设置工具的容差，【颜色替换】工具只替换鼠标单击处颜色容差范围内的颜色。该值越高，包含的颜色范围越广。

4.2.4 【混合器画笔】工具

使用【混合器画笔】工具能够简化图像中特定颜色的替换，可以用前景色来替换图像中的颜色。工具不能在颜色模式为“位图”、“索引”或“多通道”模式的图像中使用。

在工具栏中选择工具后，选项栏如图 4-20 所示。

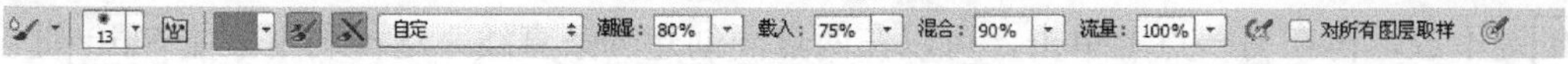

图4-20　【混合器画笔】工具选项栏

选择工具、工具、工具和工具的快捷键为 B 键，反复按 Shift+B 组合键可以在这 4 个工具间进行切换。

4.2.5　【渐变】工具

【渐变】工具是使用较多的一种工具，利用这一工具可以在图像中填充渐变颜色和透明度过渡变化的效果。工具常用来制作图像背景、立体效果和光亮效果等。

在工具箱中选择工具后，其选项栏如图 4-21 所示，其中各选项的功能介绍如下。

图4-21　【渐变】工具选项栏

- 单击右侧的按钮，在弹出的【预设渐变填充】面板中选择要使用的渐变项，如图 4-22 所示，默认的渐变选项有 15 个。单击【预设渐变填充】面板右上角的按钮，弹出的下拉菜单中的命令与前面所学习的【画笔】调板菜单相似，读者可以对照学习，这里不再详细介绍。
- 在工具选项栏中，可选择不同类型的渐变，包括【线性渐变】、【径向渐变】、【角度渐变】、【对称渐变】和【菱形渐变】。这些渐变工具的使用方法相同，但产生的渐变效果不同。

以使用“黄色、紫色、橙色、蓝色”渐变项为例，上述 5 种渐变效果如图 4-23 所示，图中的白色箭头表示鼠标光标拖曳的方向和距离。

Photoshop CS6 还专门提供了让用户自己编辑需要渐变项的功能。在工具箱中选择工具，单击选项栏中的颜色条部分，弹出的【渐变编辑器】窗口如图 4-24 所示。通过设置【渐变编辑器】窗口中的各个选项及参数，可以产生不同的渐变效果。

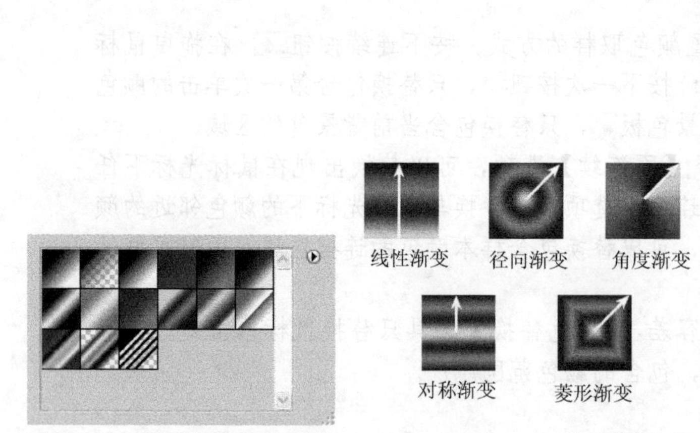

图4-22　【预设渐变填充】面板　　图4-23　几种渐变效果

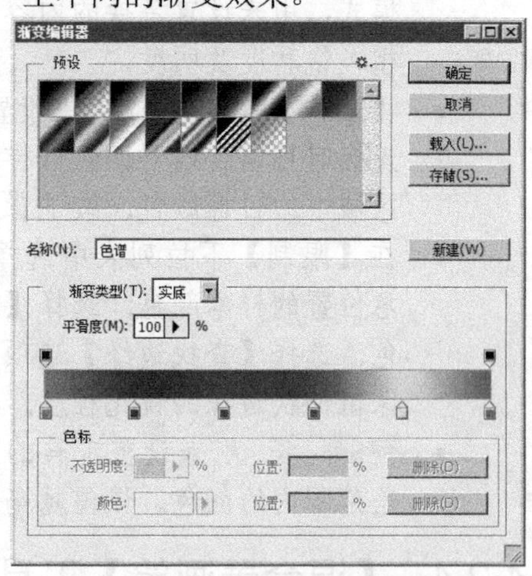

图4-24　【渐变编辑器】窗口

要点提示　在工具选项栏中，单击【渐变项】框会弹出【渐变编辑器】窗口；单击【渐变项】框右侧的按钮，会弹出【渐变项】调板。这两种操作产生的结果是不同的，一定要注意区分。

【渐变编辑器】窗口中的参数比较复杂，下面将它分为 4 部分进行介绍。

一、【预设】框

【预设】框中显示当前可供选用的渐变项，在【预设】框中单击渐变项将其选择，【渐变编辑器】窗口下方显示该渐变项的参数及选项设置。图 4-23 所示是选择了【前景到背景】的渐变项。

二、【名称】框

【名称】框内修改的不是当前渐变项的名称，而是修改新建渐变项的名称。修改当前渐变项的名称必须在当前渐变项上右键单击，然后在弹出的菜单中选择【重命名渐变】命令。

三、【渐变类型】框

【渐变类型】框中有两个选项，【实底】选项和【杂色】选项。选择不同的选项，其下的设置内容也会发生相应的变化。

(1) 选择【实底】选项。

可以编辑过渡均匀的渐变项，【实底】类型的渐变项支持透明效果。

- 【平滑度】框。

【平滑度】框 平滑度(M): 100 % 用来调节渐变的光滑程度。

- 【渐变项】色带。

【平滑度】框下方的色带显示渐变项的效果，称为【渐变项】色带，在【渐变项】色带上可以修改渐变项的效果。

- 【颜色】色标。

在色带下方有一些形态像小桶一样的标志，这是一些颜色标志，称为【颜色】色标。【颜色】色标所在的位置，就是色带上使用该色标指定颜色的位置，一个色标设置的颜色过渡至其相邻的另一个色标设置的颜色。

- 【不透明度】色标。

在【渐变项】色带上方有一些标志，称为【不透明度】色标。【不透明度】色标与【颜色】色标在设置和操作上非常相似，读者在学习时要注意对照两点的异同。

- 【中点】标志。

选择第一个或最后一个【颜色】色标（或【不透明度】色标），会在其右侧或左侧显示一个【中点】标志。在色带上选择其他任意一个【颜色】色标（或【不透明度】色标）后，该色标两侧就会出现一个菱形标志，称为【中点】标志。它所指的位置是渐变项两种相邻原色（或透明效果）的分界线，即两种原色各占 50%处（或 50%透明处）。

(2) 选择【杂色】选项。

选择【杂色】选项，渐变项不能产生均匀过渡，效果较粗糙，【杂色】类型的渐变项也不能产生透明效果。选择【杂色】选项后，【渐变编辑器】窗口如图 4-25 所示。

- 粗糙度(G): 50 %：该值决定色带颜色的粗糙程度，也就是色带的锐化程度。
- 颜色模型(D) RGB：设置当前色带以什么颜色模式进行设置。其下的色带随颜色模式设置的不同产生相应的变化。拖曳色带下的三角形可以调整色带使用的颜色。
- 限制颜色(E)：勾选该复选框，可以适当降低色带中颜色的饱和度。
- 增加透明度(A)：勾选该复选框，可以将色带设置为透明。

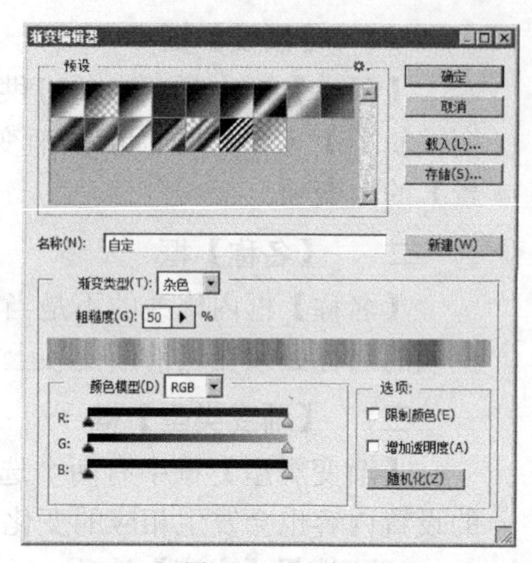

图4-25　【杂色】选项

- 单击 随机化(Z) 按钮，由 Photoshop CS6 随机设置色带使用的颜色。

四、【渐变编辑器】窗口中的主要按钮

- 单击 载入(L)... 按钮，可以在弹出的【载入】对话框中载入更多的渐变项，保存渐变项的文件为“.grd”格式。
- 单击 存储(S)... 按钮，可以在弹出的【存储】对话框中将当前【渐变编辑器】窗口中的所有渐变项保存为一个“.grd”文件。
- 单击 新建(W) 按钮，根据当前【渐变编辑器】窗口中【渐变项】色带的设置建立一个新的渐变项，并将其添加在【预置】框末尾。

4.2.6　【油漆桶】工具

在工具箱中选择【油漆桶】工具，可以在图像中填充前景色或图案。它按照图像中像素的颜色进行填充色处理，填充范围是与鼠标光标落点所在像素点的颜色相同或相近的像素点。在工具箱中选择工具后，其选项栏如图 4-26 所示。

图4-26　【油漆桶】工具选项栏

4.2.7　【历史记录画笔】工具和【历史记录艺术画笔】工具

利用【历史记录画笔】工具和【历史记录艺术画笔】工具，可以在图像中将新绘制的部分恢复到【历史记录】调板中“恢复点”处的画面。其快捷键为 Y 键，反复按 Shift+Y 组合键可以实现这两种工具间的切换。

一、　【历史记录画笔】工具

【历史记录画笔】工具的功能有点类似【历史记录】调板，也可以撤销前面的操作，其选项栏如图 4-27 所示。其中的选项在介绍其他工具时已经全部介绍过了，此处不再重复。

图4-27　【历史记录画笔】工具选项栏

在【历史记录】调板中设置好恢复点的位置，使用工具在图像中拖曳，即可将鼠标拖过的部分恢复到恢复点的状态。利用工具在恢复图像时优于【历史记录】调板，可以有选择地擦除多余的操作。用户可以在局部拖曳鼠标光标进行恢复；或在建立的选区内进行恢复；也可以通过修改【历史记录】调板中恢复点的位置，将一幅图像的不同部分恢复到不同状态。

二、　【历史记录艺术画笔】工具

【历史记录艺术画笔】工具的使用方法与工具基本相同，只是使用工具恢复图像时，在将图像恢复到恢复点处效果的同时对图像像素进行了移动和涂抹，使图像产生一种被涂花的效果。其选项栏如图 4-28 所示。

图4-28 【历史记录艺术画笔】工具选项栏

- 样式: 绷紧短 : 【样式】下拉列表中包含 10 种移动和涂抹图像像素的方式。图 4-29 所示为不同样式的涂抹效果。

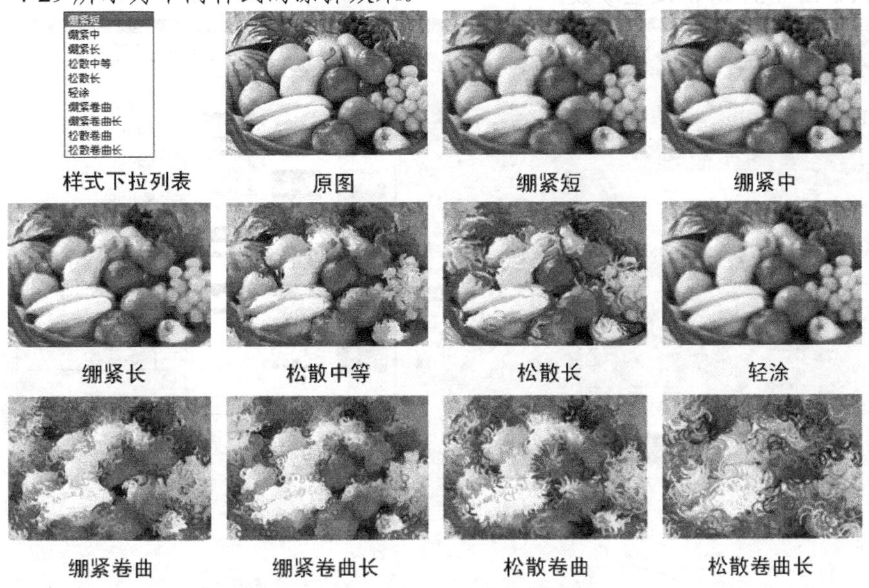

图4-29 各种样式的效果

- 区域: 50 像素 : 设置在多少像素内进行移动和涂抹。
- 容差: 0% : 设置当前图像与恢复点图像颜色间有多大差异，以便进行移动和涂抹。【容差】值为“0”时，可在图像中的任何地方进行移动和涂抹；【容差】值较大时，则只在与恢复点颜色明显不同的区域进行移动和涂抹。

4.2.8 练习使用【历史记录画笔】工具

本练习将利用【历史记录画笔】工具制作一种简单的艺术照效果。原图和最终效果如图 4-30 所示。

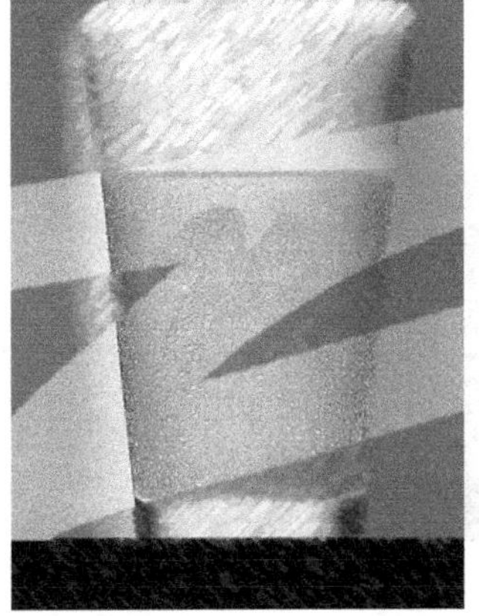

图4-30 原图和最终效果

练习使用【历史记录画笔】

1. 打开本书配套光盘“Map”目录下的“啤酒杯.jpg”文件。
2. 选择菜单栏中的【滤镜】/【素描】/【粉笔和炭笔】命令，弹出【粉笔和炭笔】对话框，参照如图 4-31 所示设置参数。

图4-31　【粉笔和炭笔】对话框

3. 单击【粉笔和炭笔】对话框中的 确定 按钮，滤镜效果如图 4-32 所示。
   此时【历史记录】调板中恢复点的位置在原图上。
4. 选择工具，在选项栏的中选择圆形画笔，并将画笔的【大小】值设置为“50”、【硬度】值设置为“100”。
5. 在图像窗口中以“z”字形拖曳鼠标光标，将画笔拖曳轨迹内的图像恢复到原图效果，如图 4-33 所示。
6. 选择【文件】/【存储】命令，将做好的修改保存。

图4-32　【粉笔和炭笔】滤镜效果

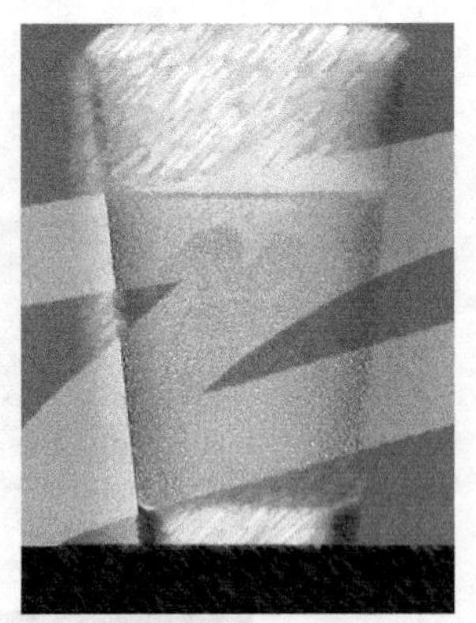

图4-33　最终效果

4.3 修饰工具

本节主要介绍工具箱中的【修复】工具组、【图章】工具组、【橡皮擦】工具组、【模糊】、【锐化】、【涂抹】以及【减淡】、【加深】、【海绵】等工具，用户可以用它们来修复或修饰图像。下面就来具体介绍这些工具的用法和功能。

4.3.1 修复工具组

Photoshop CS6 加强了照片处理的功能。在工具箱中专门用于修复旧照片的工具有 4 个，包括【污点修复画笔】工具、【修复画笔】工具、【修补】工具和【红眼】工具，如图 4-34 所示。工具和工具主要用于在保持原图像明暗效果不变的情况下消除图像中的杂色、斑点，工具主要用于处理照片中出现的红眼问题。

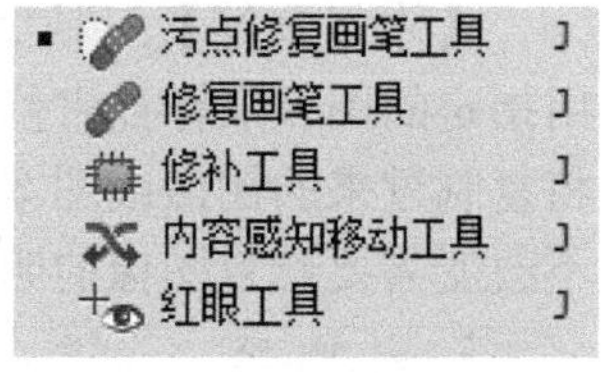

图4-34　修复工具组

这 4 个工具的快捷键均为 J 键，反复按 Shift+J 组合键可以在这 4 个工具间进行切换。

下面分别介绍这 4 个工具的选项和使用方法。

一、【污点修复画笔】工具

使用【污点修复画笔】工具可以快速移去照片中的污点、划痕和其他不理想部分。工具将自动从所修饰区域的周围取样，使用取样点周围图像或图案中的样本像素进行绘画，并将样本像素的纹理、光照、透明度和阴影与所修复的像素相匹配。工具常用于对图像中面积相对较小的污点进行修复，如果修饰大片区域或需要更大程度地控制来源取样，则使用【修复画笔】工具效果会更好。其选项栏如图 4-35 所示。

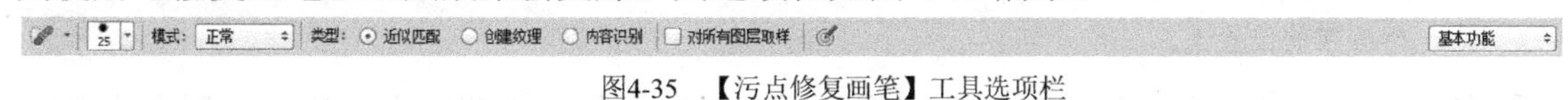

图4-35　【污点修复画笔】工具选项栏

修复图像练习

1. 打开本书配套光盘“Map”目录下的“女孩 01.jpg”文件。

   这是一张女孩的照片，在图像中有小面积的污点，现在利用【污点修复画笔】工具快速去除污点。

2. 选择工具箱中的工具，单击工具选项栏中的【笔刷】按钮，弹出【笔刷】设置调板，参数设置如图 4-36 所示。

要点提示：在键盘中，按[键，减小画笔笔尖大小；按]键，增大画笔笔尖大小。使用【污点修复画笔】工具修复小面积的污点时，一般最好将笔刷的大小设置得比污点稍大。

3. 移动鼠标光标到要修复的位置，如图 4-37 所示，单击即可自动修复污点。
4. 图像修复后的效果如图 4-38 所示。

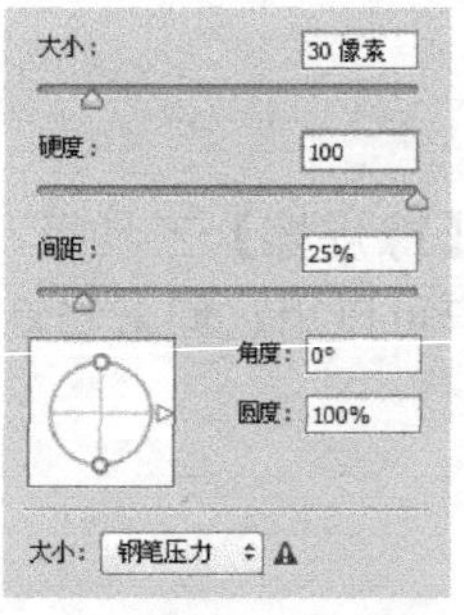

图4-36　【笔刷】调板

图4-37　鼠标光标状态

图4-38　修复后的效果

二、【修复画笔】工具

【修复画笔】工具和【污点修复画笔】工具类似，但是【修复画笔】工具是用指定的图像取样点来修复图像中的缺陷，或复制预先设置好的图案至需要修复的位置，且将复制过来的图像或图案边缘虚化，并与要修复的图像按指定的模式进行混合。混合的图像不改变需要修复图像的明暗，从而达到最佳的修复效果。其选项栏如图 4-39 所示。

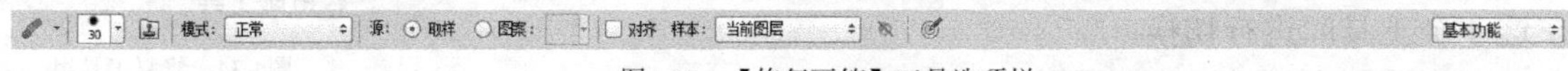

图4-39　【修复画笔】工具选项栏

- 【源】选项：包括两个选项。选择【取样】选项，是利用从图像中定义的图像进行修复；选择【图案】选项，是利用右侧【图案】框中的图案对图像进行修复。

激活 取样 选项，按住 Alt 键，在图像上要取样的部分单击，在要修复的图像上拖曳鼠标光标，即可将采集的样本与要修复的图像进行混合。在进行修复时，注意观察就会发现，图像窗口中除了鼠标光标外，还有一个“十”字形图标，工具将该图标所在位置的图像复制到当前鼠标光标所在的位置上。

在进行污损照片的处理时，工具主要用于消除图像中小范围内的杂点、划痕或者污渍等。但工具不仅能用于污损照片的处理，还能用于其他方面。本节将做一个简单的练习来学习工具的使用方法。

修复图像练习

将图像中右侧人物 T 恤的图案去除，修复前和修复后的效果如图 4-40 所示。

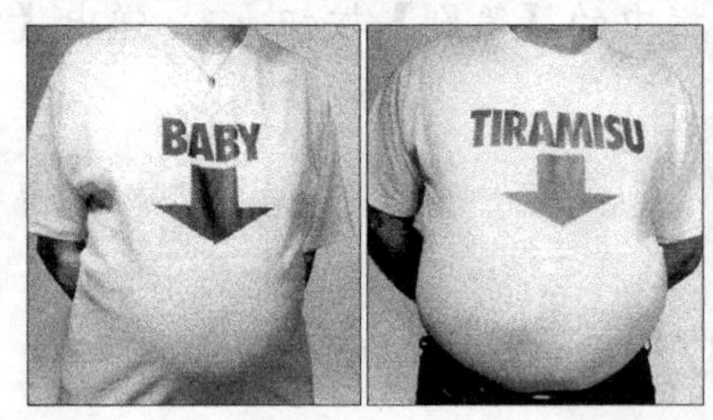

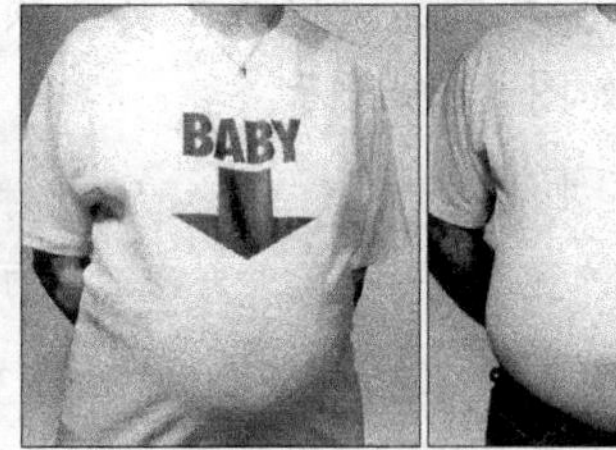

图4-40　修复前和修复后的效果

1. 打开本书配套光盘“Map”目录下的“修复工具 01.jpg”文件。
2. 选择工具，单击工具选项栏中的按钮，弹出【笔刷】设置面板，参数的设置如图 4-41 所示。

3. 按住Alt键，鼠标光标变为⊕形状，表示将指定取样点。参照如图 4-42 所示在图像上要取样的部分单击。

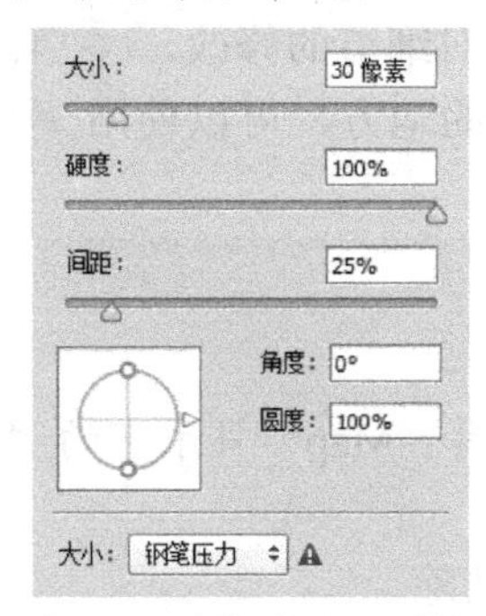

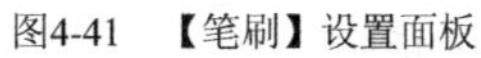
图4-41　【笔刷】设置面板

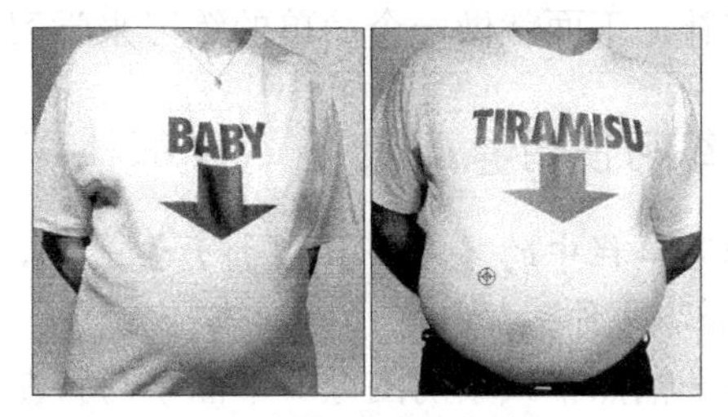

图4-42　指定取样点

4. 释放Alt键，将鼠标光标移动到需要修复的位置，按下鼠标左键并拖曳，状态如图 4-43 所示。
5. 以相同的方式修复图像，可以在修复的过程中多次重新指定取样点。
6. 图像修复后的效果如图 4-44 所示。
7. 选择【文件】/【存储】命令，将所做的修改保存。

使用工具修复图像时，如果需要处理跨越了两种以上不同颜色或图像的杂点、划痕，要分别选择划痕的不同部分进行修复，以免造成不同的颜色和图像互相混杂。例如当要处理如图 4-45 所示的划痕时，就需要先选择左侧的矩形色块区域，将该区域内的划痕清除，再选择右侧的矩形色块区域，将剩余划痕清除。

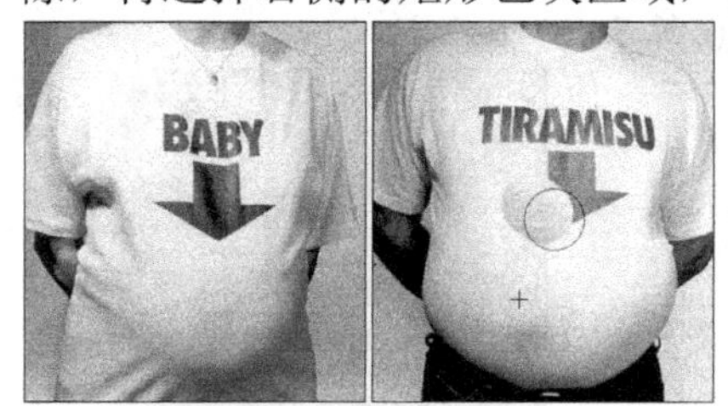

图4-43　拖曳鼠标光标时的状态

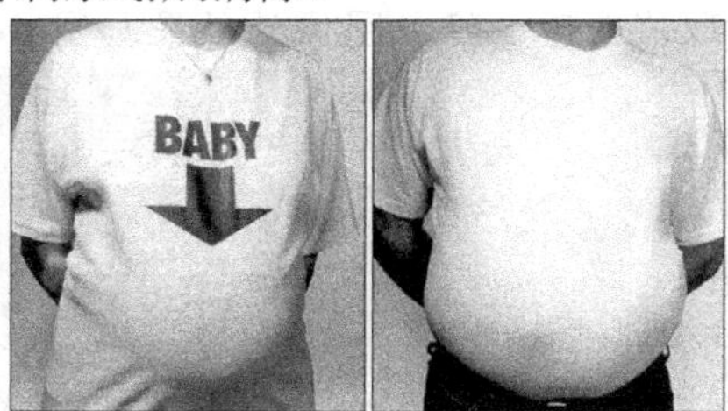

图4-44　修复后的最终效果

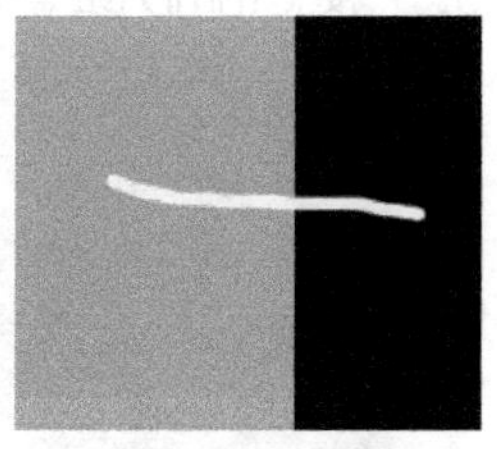
图4-45　跨色划痕

三、【修补】工具

工具的功能与工具相似，工具类似一个增加了选择功能的工具。使用工具修补图像时，称需要修补的图像为源图像，称用来修改源图像的图像为目标图像。

工具可以用来选取大片面积的图像进行修复，其选项栏如图 4-46 所示。

图4-46　【修补】工具选项栏

- 【新选区】按钮、【添加到选区】按钮、【从选区减去】按钮、【与选区交叉】按钮的功能与选框工具选项栏中按钮的功能相同，此处不再赘述。

要点提示　使用工具在图像中建立选区后，从当前选区内开始拖曳鼠标光标是直接进行修补操作；从当前选区外开始拖曳鼠标光标是根据上述 4 个按钮的选择对当前选区进行修改。

- ⊙源：选择该选项，在图像中选择要修复的图像，然后将其拖曳至相似的图像处进行修复。

- 目标：选择该选项，在图像中选择与要修复图像相似的部分，然后将其拖曳至要修复的图像处进行修复。

工具和工具都是用于修补图像的，工具主要用于对细节的修改，工具主要用于对较大范围图像的修改。如果修补的图像有些过渡不自然的地方，可以使用工具做进一步修补。下面就做一个简单的练习来学习工具的使用。

练习使用工具

1. 选择菜单栏中的【文件】/【打开】命令，打开本书配套光盘“Map”目录下的“棕榈树.jpg”文件。

   这是一幅热带风景的图像。下面学习将左上角的白云图像清除。

2. 在工具箱中选择工具，在选项栏设置如图 4-47 所示的各选项。

图4-47　工具选项栏

因为选择了【源】选项，所以在图像中要先选择需要修复的图像，且选择时要尽可能选择较少的图像。

3. 在图像中需要修改的部分周围拖曳鼠标光标，建立如图 4-48 所示选区。
4. 将鼠标光标移动至选区内，拖曳选区内的图像至如图 4-49 所示位置，释放鼠标即可。

要点提示 在拖曳选区时，原来的选区内显示为取样的图像。

5. 按 Ctrl+D 组合键取消选区，修补图像的效果如图 4-50 所示。

图4-48　选择要修改的图像

图4-49　拖曳选区的位置

图4-50　修补图像的效果

6. 选择菜单栏中的【文件】/【存储为】命令，将当前图像存储为“修补棕榈树.jpg”文件。

四、【红眼】工具

【红眼】工具使用前景色对图像中特定的颜色进行替换。在处理照片时，该工具常用来校正图像中较小图像的偏色。例如在拍摄夜间的照片时，人或动物的眼睛经常会因为反光出现红色，被称为“红眼”。使用工具可以方便地消除红眼现象，也可以移去用闪光灯拍摄的动物照片中的白色或绿色反光。工具不能在颜色模式为“位图”、“索引”或“多通道”模式的图像中使用。

在工具栏中选择工具后，选项栏如图 4-51 所示，各部分功能介绍如下。

图4-51 工具选项栏

- 瞳孔大小：单击该选项，设置修复后瞳孔（眼睛暗色的中心）与眼珠的比例。数值越大，瞳孔越大。
- 变暗量：设置修复后瞳孔的暗度。数值越大，瞳孔越暗。

下面来做一个简单的练习，使用【红眼】工具修复照片中的红眼。

使用工具修复照片中的红眼

1. 打开本书配套光盘“Map”目录下的“红眼.jpg”文件，如图 4-52 所示。
2. 在工具箱中选择工具，移动鼠标光标到小孩左眼红色处，如图 4-53 所示，单击即可消除红眼，最终效果如图 4-54 所示。

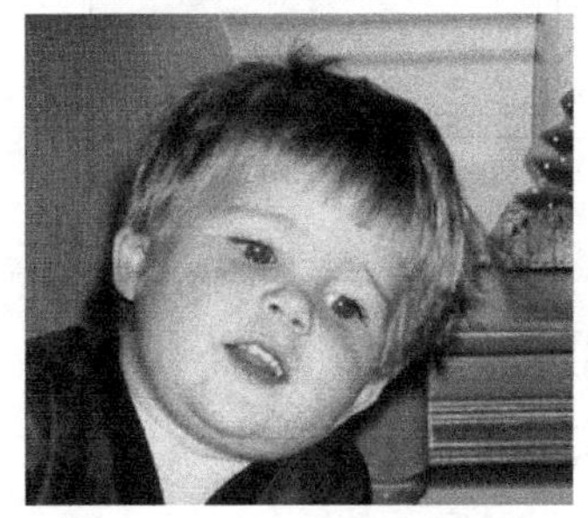

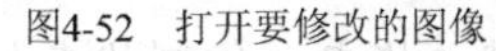

图4-52 打开要修改的图像

图4-53 单击的位置

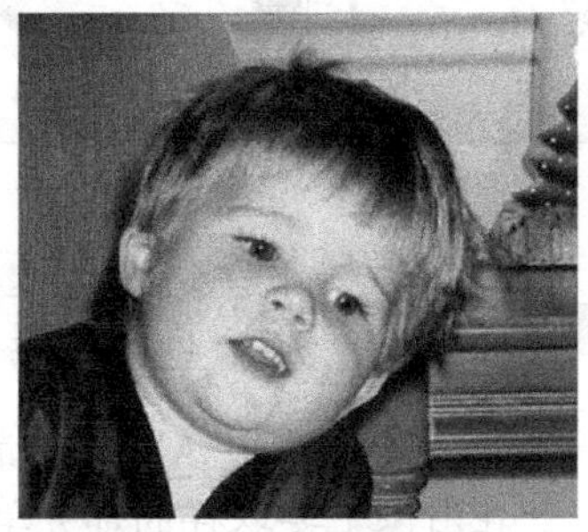

图4-54 修复图像的效果

3. 选择菜单栏中的【文件】/【存储为】命令，将当前图像存储为“修复红眼.jpg”文件。

要点提示：在修复照片中的红眼时，可以利用工具箱中的工具将眼睛局部放大。为了避免不小心破坏眼睛外的部分，还可以利用选择工具将红眼部分选择出来再进行修复。

4.3.2 图章工具组

图章工具组包括【仿制图章】工具和【图案图章】工具，它们主要是通过在图像中选择印制点或设置图案对图像进行复制。其快捷键为S键，反复按Shift+S组合键可以实现在这两种图章工具间的切换。

一、【仿制图章】工具

利用【仿制图章】工具可以准确复制图像的一部分或全部。工具的操作方法与工具相似，按住 Alt 键不放，在图像中要复制的部分单击，即可取得这部分作为样本，在目标位置处单击或拖曳鼠标光标，即可将取得的样本复制到目标位置。其选项栏如图 4-55 所示。

图4-55 【仿制图章】工具选项栏

在进行不对齐复制时，如果想再复制其他部分的图像，只要按住 Alt 键在需要复制的图像上重新定义一个起点就可以了。

利用工具复制图像可以在一幅图像中进行，也可以在多幅图像间进行。

练习使用【仿制图章】工具

利用【仿制图章】工具，将图像中左侧人物 T 恤的图案仿制到右侧人物 T 恤上。仿制前后的效果如图 4-56 所示。

1. 打开本书配套光盘“Map”目录下的“仿制工具 02.jpg”文件。
2. 选择工具，单击工具选项栏中的按钮，弹出【笔刷】面板，参数设置如图 4-57 所示。

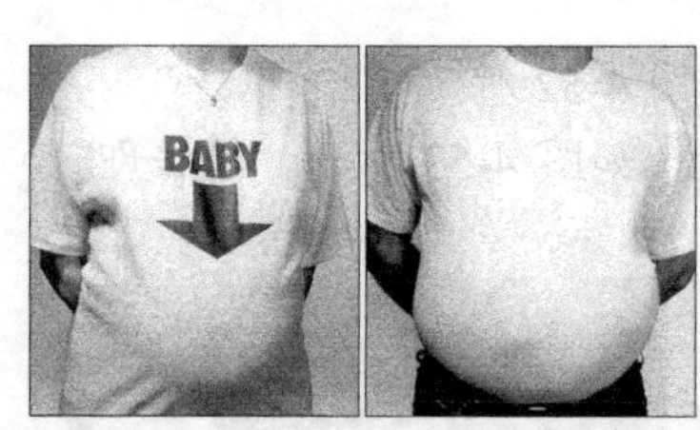

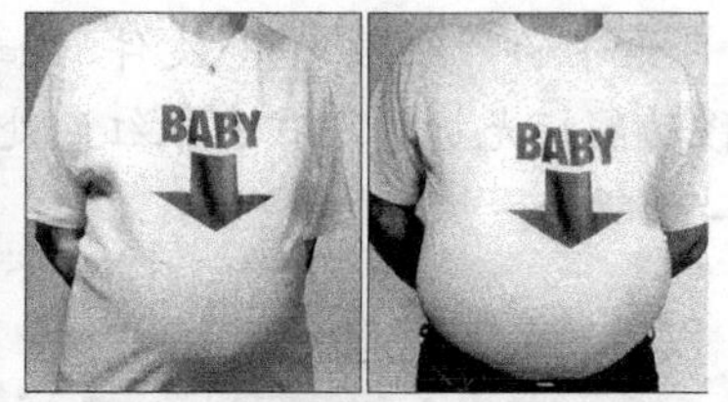

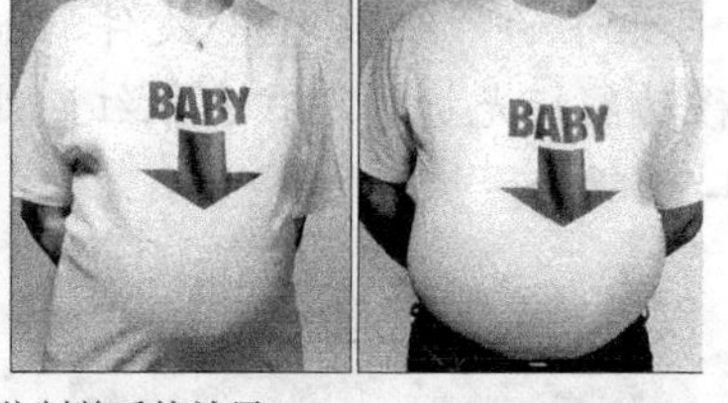

图4-56　仿制前后的效果

图4-57　【笔刷】面板

要点提示　在进行图像复制的过程中，如果感到正在使用的笔型过大或过小，可以根据实际情况随时在选项栏上更换适当大小的画笔。选用带虚边的画笔，可以使复制图像效果与原图结合得更加自然。

3. 按住 Alt 键，鼠标光标变为⊕形状时，表示将指定取样点，如图 4-58 所示，在图像上要取样的部分单击。
4. 释放 Alt 键，将鼠标光标移动到需要修复的位置，按下鼠标左键并拖曳，仿制状态如图 4-59 所示。

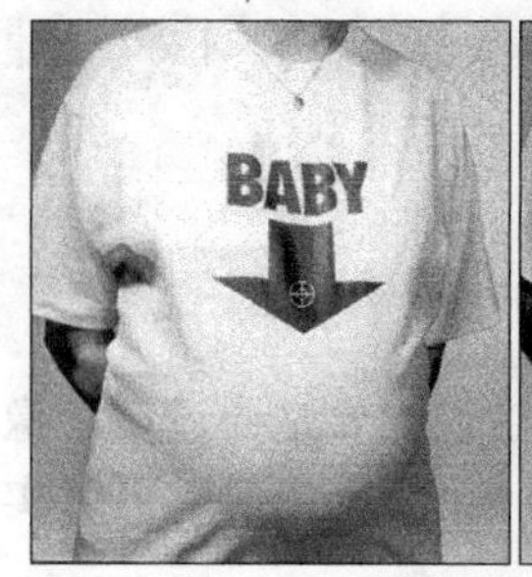

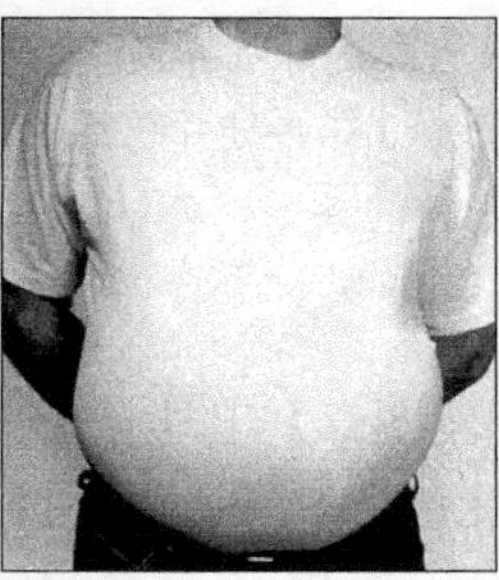

图4-58　指定取样点

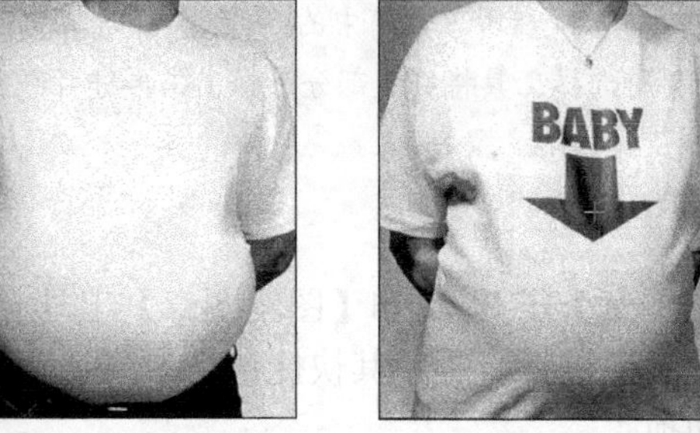

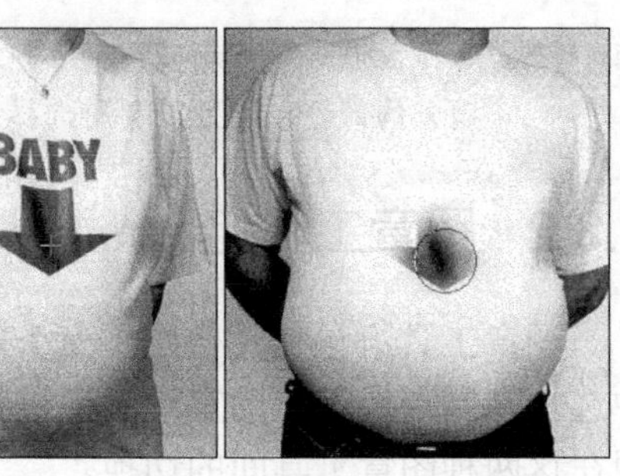

图4-59　仿制状态

5. 按住鼠标左键拖曳，直到图案完全仿制到右侧人物 T 恤上时再释放鼠标左键，完成仿制，如图 4-60 所示。

要点提示　在进行复制时，注意观察图像窗口中有一个“十”字形光标，工具就是将该图标所在位置的图像复制到当前鼠标光标所在的位置上。

6. 图像仿制后的效果如图 4-61 所示。

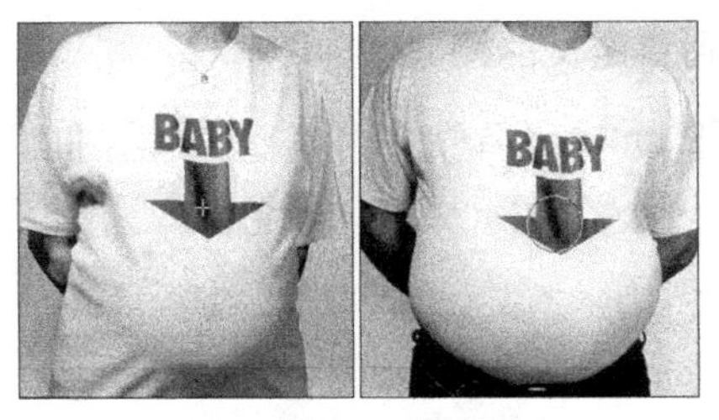

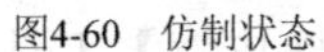

图4-60 仿制状态

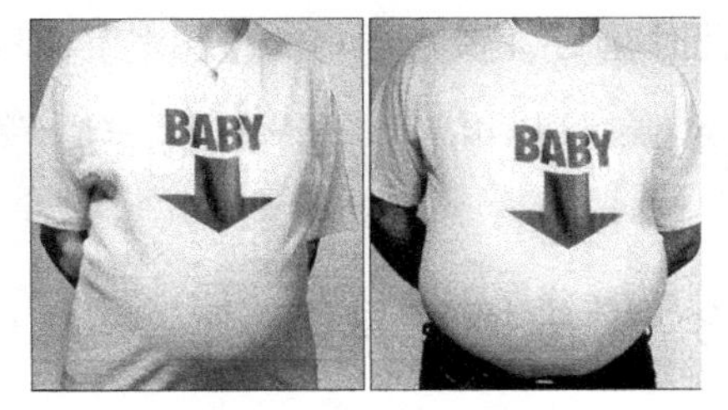

图4-61 最终效果

7. 选择【文件】/【存储】命令，将所做的修改保存。

二、【图案图章】工具

使用【图案图章】工具不是复制图像中的内容，而是复制已有的图案。其选项栏如图 4-62 所示。工具的选项与工具相近，这里只介绍它们之间不同的内容。

模式: 正常 不透明度: 100% 流量: 100% 对齐 印象派效果 基本功能

图4-62 【图案图章】工具选项栏

- ：单击该按钮，弹出的【图案】面板如图 4-63 所示。
  单击【图案】面板右上角的按钮，可以利用弹出下拉菜单中的命令设置【图案】面板。设置【图案】面板的命令与设置【画笔】调板的命令相近，这里不再详细介绍。
- 对齐：勾选该复选框，在图像窗口中多次拖曳鼠标光标，复制的图案整齐排列，如图 4-64 左侧的图像所示。不勾选该复选框，在图像窗口中多次拖曳鼠标光标，复制的图案将无序地散落在图像窗口中，如图 4-64 右侧的图像所示。
- 印象派效果：勾选该复选框，复制的图案会产生扭曲模糊的效果。

使用工具可以将选定的图案复制到一幅或多幅图像文件中，并且在复制的过程中可以随时在选项栏的【图案】面板中选择其他图案。

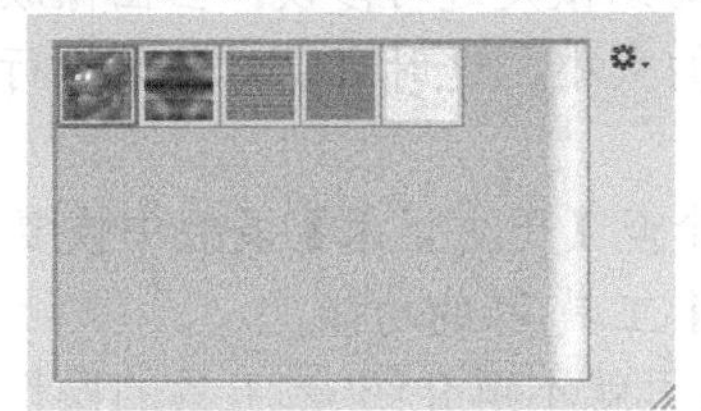

图4-63 【图案】面板

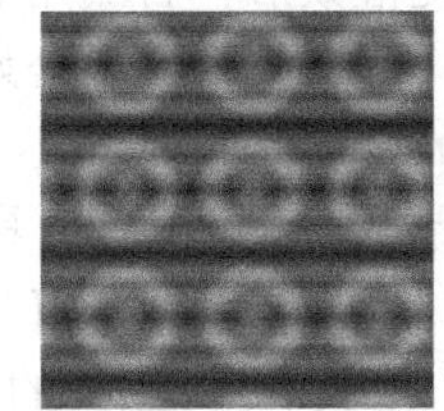

图4-64 是否勾选【对齐】复选框对复制图像的影响

三、自定义图案

Photoshop CS6 提供的图案并不多，但为了方便用户使用，专门提供了让用户自定义图案的功能。自定义图案的操作过程非常简单，其基本操作步骤如下。

1. 打开一幅要选择定义图案的图像。
2. 选择工具，在选项栏中将其【羽化】值设置为“0 px”。
3. 在图像中选择要定义图案的部分。
4. 选择【编辑】/【定义图案】命令，在弹出的【图案名称】对话框中设置新定义图案的名称。
5. 在【图案名称】对话框中单击确定即可将选区内的图像定义为新的图案。

此时在工具选项栏的【图案】面板中即可看到新定义的图案。

定义图案有两个必要的条件，一是必须建立矩形选区；二是选区的【羽化】值必须是“0”。

4.3.3 橡皮擦工具组

Photoshop CS6 工具箱中的【橡皮擦】工具、【背景橡皮擦】工具和【魔术橡皮擦】工具位于同一位置，它们的主要功能是在图像中清除不需要的图像像素，以对图像进行修整。【橡皮擦】工具的快捷键为 E 键，反复按 Shift+E 组合键可以实现这 3 种橡皮擦工具间的切换。

一、【橡皮擦】工具

【橡皮擦】工具是基本的擦除工具，它的功能就像橡皮。使用工具时，如果当前层是背景层，那么被擦除的图像位置显示为背景色，这时可以把【橡皮擦】工具看成使用背景色作画的绘画工具。如果当前层是普通图层，被擦除的图像位置显示为透明效果。在工具箱中选择工具，选项栏如图 4-65 所示。

模式: 画笔　不透明度: 100%　流量: 100%　抹到历史记录　基本功能

图4-65　【橡皮擦】工具选项栏

- 模式: 画笔: 该选项列表中共有 3 个选项，选项栏中的内容会随【模式】框中选项的不同而产生相应的变化。

  当选择【画笔】和【铅笔】选项时，工具的选项和使用方法与工具或工具相似，只不过在背景层上使用时所用的颜色为背景色，在普通层上使用时产生的效果为透明。

  当选择【块】选项时，工具在图像窗口中的大小是固定不变的，所以可将图像放大至一定倍数后，再利用它来对图像中的细微处进行修改。当图像放大至 1600％时，工具的大小恰好是一个像素的大小，这时可以对图像进行精确到一个像素的修改。
- 抹到历史记录: 勾选该复选框，工具可将图像擦除至【历史记录】调板中恢复点处的图像效果，这有点类似于【历史记录画笔】工具的功能。

前面已经练习过工具和工具的使用方法，这里就不再介绍工具的操作方法。工具也是较常用的工具之一，读者可以在操作中自行练习其使用方法。

二、【背景橡皮擦】工具

使用【背景橡皮擦】工具，可以将图像中特定的颜色擦除。擦除时，如果当前层是背景层，Photoshop CS6 自动将其转换为普通层。也就是说，使用工具可以将图像擦除至透明。

在工具箱中选择工具，其选项栏如图 4-66 所示。

限制: 连续　容差: 50%　保护前景色　基本功能

图4-66　【背景橡皮擦】工具选项栏

- 【连续】按钮: 激活该按钮，工具擦除笔尖中心经过的像素颜色，当笔尖中心经过某一像素时，该像素的颜色被指定为背景色。

- 【一次】按钮：激活该按钮，工具擦除鼠标光标落点处像素的颜色，该落点处像素的颜色被设置为背景色。只要一直拖曳鼠标光标就会一直擦除这一颜色。
- 【背景色板】按钮：激活该按钮，可以在工具箱中先将背景色设置为需要擦除的颜色，然后在图像中拖曳鼠标光标，只擦除指定的背景色。
- 限制：连续：该列表中的选项决定工具的作用范围。
  选择【不连续】选项，擦除笔尖拖过的范围内所有与指定颜色相近的像素。
  选择【连续】选项，擦除笔尖拖过的范围内所有与指定颜色相近且相连的像素。
  选择【查找边缘】选项与选择【连续】选项功能相似，只是选择【查找边缘】选项会在图像中保留较强的边缘效果。
- 容差：50%：决定在图像中选择要擦除颜色的精度。此值越大，可擦除颜色的范围就越大；此值越小，可擦除颜色的范围就越小。
- 保护前景色：勾选该复选框，图像中使用前景色的像素不被擦除。

三、【魔术橡皮擦】工具

【魔术橡皮擦】工具与前面介绍的两种橡皮擦工具在操作上有所不同，它们通常是在图像中拖曳鼠标光标，而使用工具只要在图像中需要擦除的颜色上单击，即可在图像中擦除与鼠标光标落点处颜色相近的像素。工具的选项、使用方法和功能有些类似于工具，只是使用工具是擦除图像中颜色相近的像素，而使用工具则是选择图像中颜色相近的像素。在工具箱中选择工具，其选项栏如图 4-67 所示。

容差：32 ☑消除锯齿 ☑连续 ☐对所有图层取样 不透明度：100% 基本功能

图4-67 【魔术橡皮擦】工具选项栏

4.3.4 【模糊】、【锐化】和【涂抹】工具

【模糊】工具主要用来对图像进行柔化模糊，减少图像的细节。

【锐化】工具主要用来对图像进行锐化，增强图像中相邻像素之间的对比，提高图像的清晰度。

选择工具箱中的【涂抹】工具，在图像中单击并拖曳鼠标光标，可以将鼠标光标落点处的颜色抹开。其作用类似于将刚画好的一幅画，在还没干时用手指去涂抹的效果。

它们的快捷键为R键，反复按Shift+R组合键，可以在这 3 个工具之间进行切换。

在工具箱中选择工具，其选项栏如图 4-68 所示。

30 模式：正常 强度：50% ☐对所有图层取样 基本功能

图4-68 【模糊】工具选项栏

选项栏上的【强度】值，决定每当拖曳鼠标光标时可以使图像达到的模糊程度，其他选项都比较简单，不再详细介绍。

工具和工具的选项栏与工具基本相同，只是工具的选项栏中多了一个【手指绘画】的选项。勾选【手指绘画】复选框，相当于用手指蘸着前景色在图像上涂抹。

使用工具、工具和工具对图像进行调整的效果如图 4-69 所示。

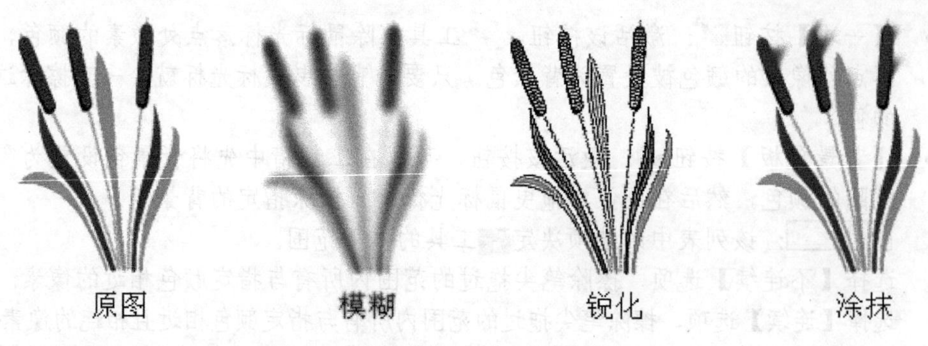

图4-69　原图、模糊、锐化和涂抹的效果

4.3.5　【减淡】、【加深】和【海绵】工具

【减淡】工具主要用于对图像的阴影、半色调及高光等部分进行提亮加光处理。

【加深】工具主要用于对图像的阴影、半色调及高光等部分进行遮光变暗处理。

【海绵】工具主要用于对图像进行变灰或提纯（就是使图像颜色更加鲜艳）处理。它们的快捷键为 O 键，反复按 Shift+O 组合键，可以实现这 3 个工具之间的切换。在工具箱中选择工具，其选项栏如图 4-70 所示。

图4-70　【减淡】工具选项栏

在工具选项栏的【范围】框中有以下 3 个选项。

- 选择【阴影】选项，工具对图像中较暗的部分起作用。
- 选择【中间调】选项，工具平均地对整个图像起作用。
- 选择【高光】选项，工具对图像中较亮的部分起作用。

工具选项的【曝光度】值决定一次操作对图像的提亮程度。

工具的选项栏与工具的基本相同，只是它的【曝光度】值决定一次操作对图像的遮光程度。选择这两个工具后，在画面上单击并拖曳鼠标光标涂抹，即可处理图像的曝光度。

【海绵】工具可以精确地修改色彩的饱和度，在工具箱中选择工具，其选项栏如图 4-71 所示。

图4-71　【海绵】工具选项栏

工具选项栏的【模式】框中有以下两个选项。

- 选择【去色】选项，工具降低图像色彩饱和度，对图像进行变灰处理。
- 选择【加色】选项，工具提高图像色彩饱和度，对图像进行提纯处理。

练习将照片中较暗的人物部分提亮

1. 打开 Photoshop CS6，默认【样本】目录下的“岛上的女孩.jpg”文件。
2. 选择菜单栏中的【文件】/【存储为】命令，将当前图像存储为“女孩.jpg”文件。
3. 选择工具箱中的工具，将图像裁切至如图 4-72 所示的效果。

   在这张照片中，人物图像明显较暗，下面利用工具将其提亮。
4. 选择工具箱中的【减淡】工具，设置选项栏如图 4-73 所示。

5. 在图像中人物脸部和手臂上拖曳鼠标光标，提亮人物图像的效果如图 4-74 所示。

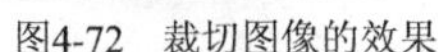

图4-72 裁切图像的效果

图4-73 减淡工具选项栏

图4-74 提亮人物图像的效果

在进行提亮操作时，工具选项栏中的【曝光度】值可先设置为“50%”，在图像中拖曳鼠标光标时，注意不要在图像上重复拖曳多次，那样会将图像修改得过亮。第一遍提亮后，如觉得亮度不够，可以将【曝光度】值再修改得小一些，然后在图像上拖曳一次。重复上面的操作，直到取得令人满意的亮度为止。

6. 选择菜单栏中的【文件】/【存储】命令，将所做的修改保存。

4.4 综合应用实例

下面通过综合应用实例再来巩固一下本章所学的知识，以加强练习如何运用各种绘画工具及修饰工具绘制出相应的图案或其他效果。

4.4.1 影视海报制作

本节将通过影视海报的制作，向读者介绍各种绘画工具和修饰工具的使用。本例中用到的工具主要有【画笔】、【铅笔】、【渐变】、【加深】和【减淡】等工具，还涉及【滤镜】菜单中的相关命令和文字的相关命令。其中大部分命令都需要长时间使用才能熟练掌握，希望读者平时多加强练习，在创作中得到更佳效果。该例的最终效果如图 4-75 所示。

图4-75 影视海报最终效果

1. 选择【文件】/【新建】命令（或按 Ctrl+N 组合键），弹出【新建】对话框，设置【名

称】为“影视海报”，其他各选项如图 4-76 所示，单击 确定 按钮。

2. 选择【文件】/【存储为】命令（或按 Ctrl+Shift+S 组合键），将当前图像命名为“影视海报.psd”并保存。
3. 选择 工具（或按 M 键），选中如图 4-77 所示区域。

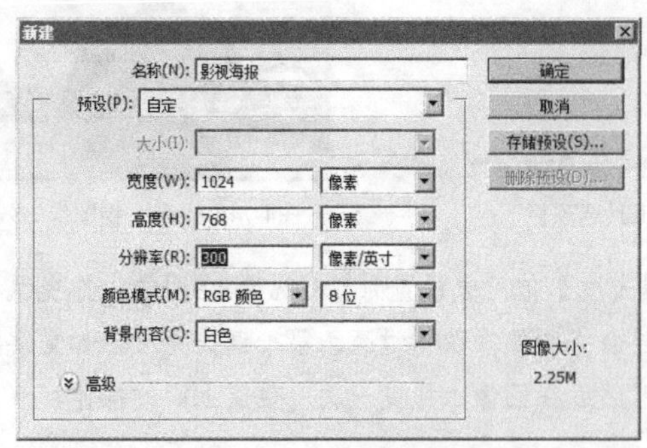

图4-76　【新建】对话框

图4-77　选中的区域

4. 选择 工具（或按 G 键），这时鼠标光标变成“十”字形状，在选项栏中单击 右侧的三角形，弹出如图 4-78 所示【预设渐变填充】面板，选择“黑色、白色”渐变选项 。
5. 在选项栏中单击 按钮，设置【模式】为“正常”、【不透明度】为“50%”，其他参数设置不变。
6. 按住鼠标左键同时按住 Shift 键，从选区上边缘拖曳到下边缘，效果如图 4-79 所示。按 Ctrl+D 组合键取消选区，然后以同样的方法制作出图像下方的渐变，如图 4-80 所示。

图4-78　【预设渐变填充】面板

图4-79　填充上方渐变

图4-80　填充下方渐变

在渐变填充中，同时按住 Shift 键能够保证在水平或竖直方向上渐变。使用【铅笔】工具、【画笔】工具或【仿制图章】工具组、【橡皮擦】工具组、【模糊】工具组、【减淡】工具组中的工具时，Shift 键能够起到“尺子”的作用。例如在使用【铅笔】工具时，如果按住鼠标左键拖曳的过程中同时按住 Shift 键，绘制的线将为水平或竖直的，如图 4-81 所示的“1”；如果在使用【铅笔】工具确定起点和终点的过程中同时按住 Shift 键，起点与终点将是直线，如图 4-81 所示的“2”。

7. 选择 工具（或按 O 键），选项栏设置如图 4-82 所示。

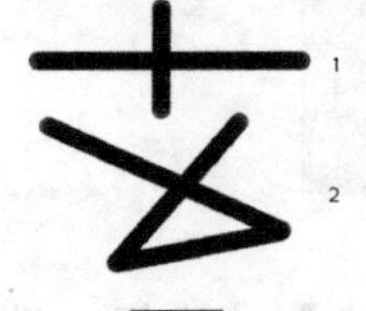

图4-81　Shift 键的使用

图4-82　【减淡】工具选项栏参数设置

8. 在图像中拖曳鼠标光标，绘制出的效果如图 4-83 所示。
9. 选择工具（或按 Shift+O 组合键），选项栏的设置如图 4-84 所示。

图4-83 绘制出的效果（参见光盘）

图4-84 【加深工具】选项栏参数设置

10. 然后在图像中拖曳鼠标光标，绘制出如图 4-85 所示效果，让画面更有层次感。

图4-85 利用工具绘制出的效果（参见光盘）

11. 选择工具（或按 B 键），选项栏中参数的设置如图 4-86 所示。单击【画笔】按钮，弹出【画笔】面板，如图 4-87 所示。选择“大油彩蜡笔”画笔，设置【主直径】为“150 px”。

图4-86 【画笔】工具选项栏参数设置（1）

12. 按住鼠标左键在图像中拖曳，效果如图 4-88 所示。

图4-87 【画笔】面板

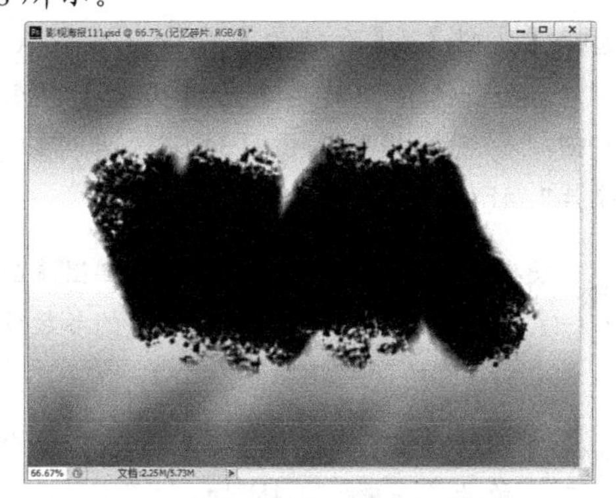

图4-88 利用【画笔】工具拖曳出的效果

13. 选择【滤镜】/【锐化】/【USM 锐化】命令，弹出【USM 锐化】对话框，各选项的设置如图 4-89 所示，单击 确定 按钮。选择【USM 锐化】滤镜之后的图像效果如图 4-90 所示。

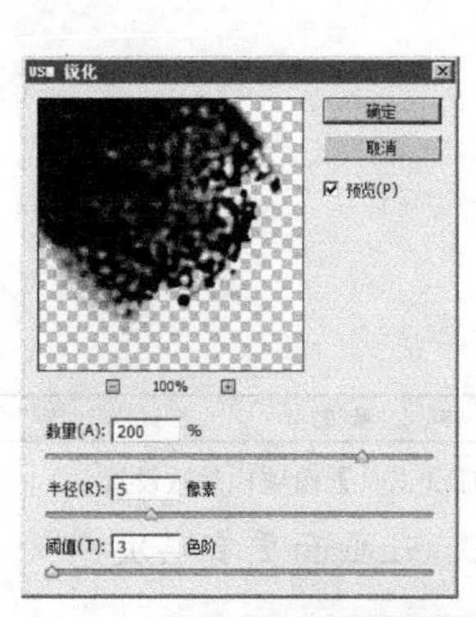

图4-89　【USM 锐化】对话框

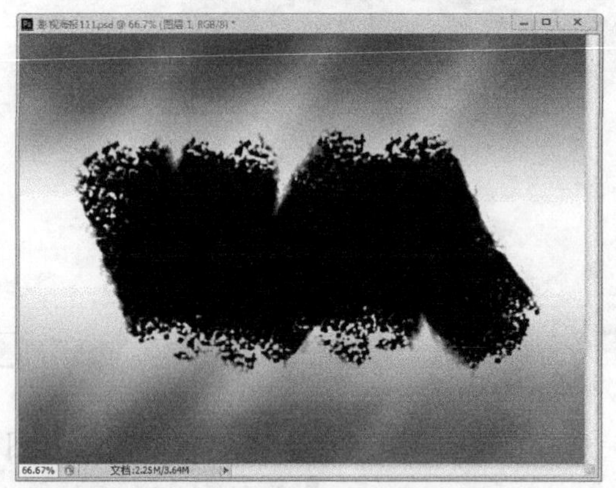

图4-90　【USM 锐化】滤镜效果

14. 选择【文件】/【新建】命令（或按 Ctrl+N 组合键），弹出【新建】对话框，设置【名称】为"记忆碎片"。其他参数的设置如图 4-91 所示，单击 确定 按钮。
15. 选择 T 工具或按 T 键，确定前景色为黑色，输入文字"记忆碎片"，单击选项栏中的【提交所有当前编辑】按钮 ✓，效果如图 4-92 所示。

要点提示 选择【提交所有当前编辑】命令后，按 Ctrl+T 组合键并配合 Shift 和 Alt 组合键，可改变文字的大小。

16. 选择【编辑】/【定义画笔预设】命令，弹出【画笔名称】对话框，如图 4-93 所示。在【名称】文本框输入"记忆碎片"，单击 确定 按钮。

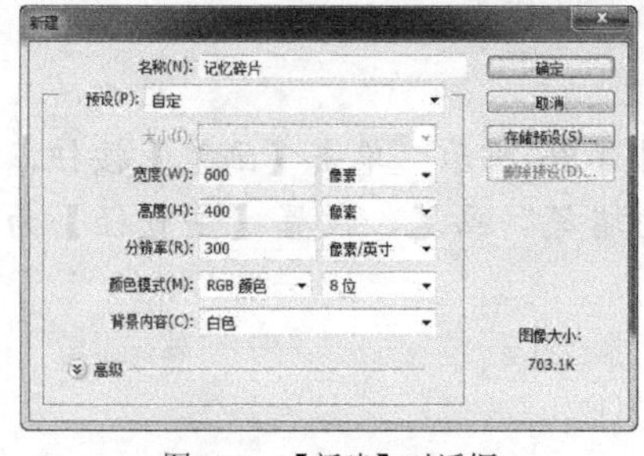

图4-91　【新建】对话框

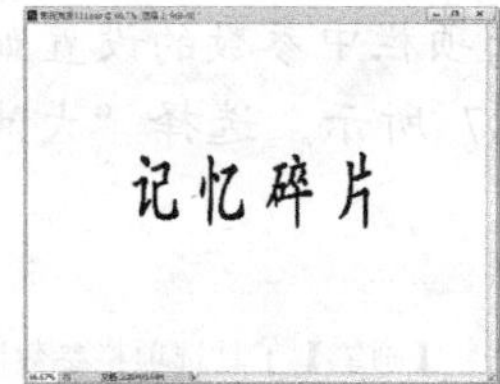

图4-92　输入文字

图4-93　【画笔名称】对话框

17. 选择【文件】/【存储为】命令（或按 Ctrl+Shift+S 组合键），将当前图像命名为"记忆碎片.psd"保存，然后单击【关闭】按钮 ×。
18. 返回"影视海报"图像区域，读者可以尝试用不同的工具绘制出如图 4-94 所示"记忆碎片"效果。

使用绘画工具时，右键单击，可弹出【画笔】面板，用户在绘制过程中可随时改变【主直径】的大小。也可以随时改变选项栏中的参数设置及前景色和背景色，以绘制出不同灰度、不同大小和有层次感的"B130"。

19. 选择【滤镜】/【风格化】/【凸出】命令，弹出【凸出】对话框，其参数设置如图 4-95 所示，单击 确定 按钮。

图4-94　使用绘画工具绘制“B130”

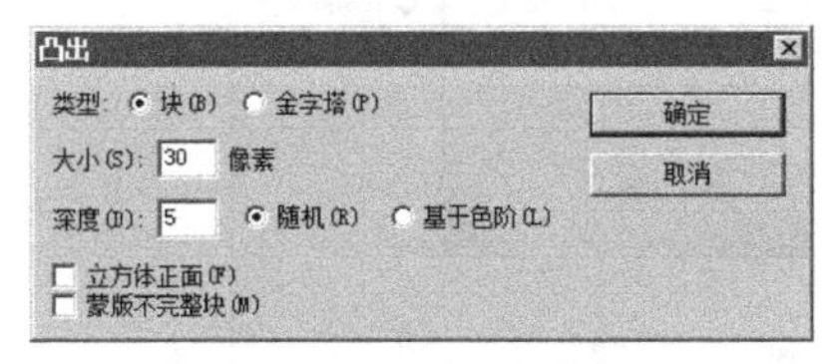

图4-95　【凸出】对话框设置

20. 选择【凸出】滤镜命令后的效果如图 4-96 所示。

图4-96　【凸出】滤镜效果

21. 选择 T 工具（或按 T 键），确定前景色为白色，选项栏中的参数设置如图 4-97 所示。

图4-97　【横排文字】工具选项栏

22. 再次输入“记忆碎片”字样，单击选项栏中的【提交所有当前编辑】按钮✓。然后按 Ctrl+T 组合键，调整数字的大小及位置，效果如图 4-98 所示。
23. 在【图层】调板中，将“记忆碎片”图层复制为“记忆碎片 副本”层，如图 4-99 所示。
24. 选择【图层】/【栅格化】/【文字】命令，将“记忆碎片”图层上的数字栅格化，【图层】调板如图 4-100 所示。

图4-98　输入“B130”

图4-99　【图层】调板

图4-100　栅格化后的【图层】调板

25. 选择【滤镜】/【模糊】/【动感模糊】命令，弹出【动感模糊】对话框，设置的参数如图 4-101 所示。选择【动感模糊】后的图像效果如图 4-102 所示。

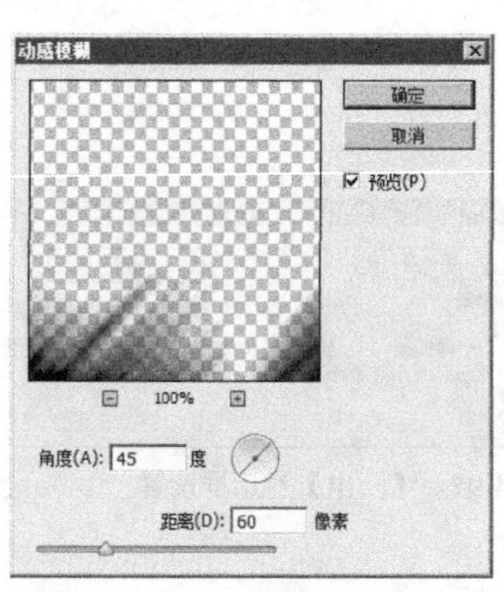

图4-101　【动感模糊】对话框（1）

图4-102　【动感模糊】滤镜效果

26. 选择 T 工具（或按 T 键），确定前景色为白色，选项栏中的参数设置如图 4-103 所示。输入“Memento”，然后单击 ✓ 按钮。再按 Ctrl+T 组合键调整文字的大小和位置，效果如图 4-104 所示。

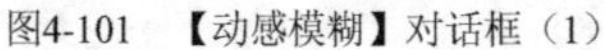

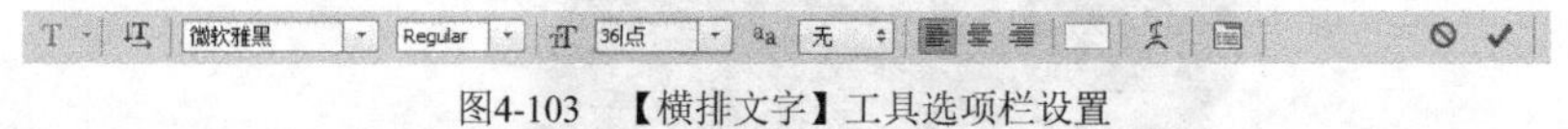

图4-103　【横排文字】工具选项栏设置

27. 以同样的方法分别输入“他的生命目标再次完成了，他的记忆轮回还会再次开始吗？”，大小和位置如图 4-105 所示。

图4-104　输入“Memento”

图4-105　输入其他文字

28. 复制“他的生命目标再次完成了，他的记忆轮回还会再次开始吗？”图层，然后栅格化其中的一个图层，如图 4-106 所示。

图4-106　选择栅格化后的【图层】调板

29. 选择【滤镜】/【模糊】/【动感模糊】命令，弹出【动感模糊】对话框，设置的参数如图 4-107 所示，然后单击 确定 按钮。效果如图 4-108 所示。

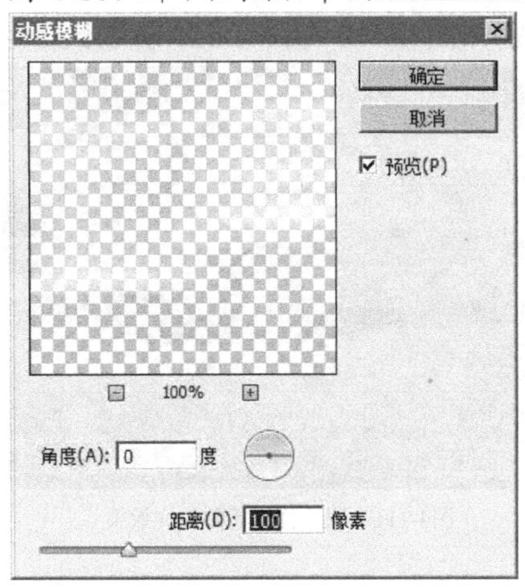

图4-107 【动感模糊】对话框（2）

图4-108 【动感模糊】滤镜效果（参见光盘）

30. 选择【文件】/【存储】命令（或按 Ctrl+S 组合键），将上面所做的操作进行保存。
31. 用户也可选择【文件】/【存储为】命令，弹出【存储为】对话框，将其保存为“JPEG”图片格式，以备后用。最终效果如图 4-109 所示。

图4-109 影视海报最终效果

4.4.2 照片修饰

用数码相机拍摄的照片往往存在一些瑕疵，如斑点、由于遮挡形成的阴影、旁边恰好路过的行人及背景中的垃圾等。这些瑕疵大部分都可以通过 Photoshop CS6 来进行修整，从而使照片更加完美。

下面就以一幅高级轿车照片的修改为例，来详细讲解对照片的修饰。在本例中介绍了去除诸多瑕疵的方法，常用到的工具有【仿制图章】工具、【修补】工具、【模糊】工具和【污点修复画笔】工具等。该例的最初效果和最终效果分别如图 4-110 和图 4-111 所示。

图4-110 照片修饰前的最初效果

图4-111 照片修饰后的最终效果

【操作步骤提示】

1. 选择【文件】/【打开】命令，打开本书配套光盘“Map”目录下的“高级轿车.jpg”文件，如图 4-110 所示。

   首先处理草地上的“雪糕棍”。

2. 选择工具，在“雪糕棍”处连续单击或拖曳鼠标光标，将雪糕棍去除。

要点提示 如果需要修复的区域比较大或要更好地控制来源取样，则需使用【修复画笔】工具。

   接下来修整汽车车身上的斑点。

3. 按 Ctrl+ + 组合键放大图像，按住空格键拖曳鼠标光标平移图像，如图 4-112 所示。选择工具，在斑点处拖曳鼠标光标，将斑点模糊化，效果如图 4-113 所示。

图4-112 放大图像（参见光盘）

图4-113 使用【模糊】工具（参见光盘）

4. 使用工具去除地面上的白色斑马线。将鼠标光标移动至没有斑马线的路面上，在按住 Alt 键的同时单击，然后将鼠标光标移动至需要修整的图像上，拖曳鼠标光标即可（对效果不满意时可按 Ctrl+Alt+Z 组合键返回上几步来重新操作）。

   该照片的背景比较复杂，下面的操作就来简化背景，从而突出主体。主要使用【仿制图章】工具来去除多余的背景物体。

5. 选择工具，按 Ctrl+ + 组合键放大图像，按照上面的操作方法去除背景中的一些树木和路灯，效果如图 4-114 和图 4-115 所示。

图4-114　未简化背景的图像

图4-115　简化背景后的图像

6. 使用[钢笔]工具绘制路径，单击【路径】调板下方的【将路径作为选区载入】按钮[按钮]，将路径转换成选区，如图 4-116 和图 4-117 所示。

图4-116　绘制路径

图4-117　将路径转换成选区

7. 选择【选择】/【羽化】命令，设置【羽化半径】为“50 px”。然后按 Ctrl+Shift+I 组合键反选图像，选择【滤镜】/【模糊】/【模糊】命令，重复操作（或多次按 Ctrl+F 组合键）。
8. 用同样的方法继续绘制路径，进一步模糊背景，如图 4-118 所示。

   最后加上一些文字作为点缀。
9. 选择 T 工具，在图像中单击输入文字，然后调整文字位置及大小。最终效果如图 4-119 所示。

图4-118　进一步模糊背景

图4-119　最终效果

4.5 小结

本章主要介绍了工具箱中的绘画和修饰工具的使用方法，包括画笔调板、绘画工具和修

饰工具的介绍。通过对本章内容的学习，在绘图过程中读者应做到分清各绘画工具和修饰工具的功能，并能熟练运用各绘画工具及修饰工具绘制相应的图案。

另外，读者应着重了解【画笔】调板中各选项及参数的设置和功能，并掌握各工具之间的综合运用，达到学以致用的目的。

4.6 练习题

一、填空

1. 使用工具箱中的工具和工具，按住（　　）键不放，在图像中拖曳鼠标光标可以创建水平或垂直的线条。
2. 在工具选项栏中勾选【反向】复选框，渐变项的（　　　　）颠倒使用。
3. 在工具选项栏中勾选【消除锯齿】复选框，能使填充内容的（ ）不产生锯齿效果。
4. 工具和工具的快捷键为（　　）键，反复按（　　　）+（　　）组合键可以实现这两种工具间的切换。
5. 使用工具在图像中拖曳，即可将鼠标拖过的部分恢复到（　　　）的状态。
6. 选择工具、工具、工具和工具的快捷键为（　　）键，反复按（　　　）+（　　）组合键可以在这 4 个工具间进行切换。
7. 使用工具时，如果当前层是背景层，那么被擦除的图像位置显示为（　　　）。如果当前层是普通图层，被擦除的图像位置显示为（　　　　）。
8. 工具主要用来对图像进行（　　　），工具主要用来对图像进行（　　　）。在工具的选项栏中勾选（　　　）复选框，相当于用手指蘸着前景色在图像上涂抹。

二、简答

1. 简述【画笔】调板中各类参数的功能。
2. 简述【实底】类型的渐变项和【杂色】类型的渐变项有什么不同。
3. 简述工具的功能和它的填充范围。
4. 简述修复工具和图章工具功能的异同点。
5. 简述工具、工具和工具的功能有什么不同。
6. 简述工具、工具和工具的功能。

三、操作

1. 使用【画笔】工具创建如图 4-120 所示风景画图像。操作时请参照本书配套光盘“练习题”目录下的“绘制风景画.psd”文件。

要点提示　在创建图像时，注意练习选择画笔的笔型、设置前景色和画直线的方法。读者不必拘泥于范例，可以尽情发挥自己的想象力绘制自己喜欢的图像。

2. 打开本书配套光盘“Map”目录下的“纱花.jpg”文件，修改图像至如图 4-121 所示效果，使图像看起来是在百页窗前拍摄的。

(1) 创建一个新的渐变项，修改渐变项至如图 4-121 所示效果（其中渐变条中的色标颜色可自定）。

(2) 将新渐变项保存为“百页窗阴影”。

(3) 在图像中创建一个新图层。

(4) 在新图层中从左上至右下拖曳鼠标光标。

(5) 修改新图层的【不透明度】值为50%。

图4-120 风景画图像

图4-121 百页窗前的效果

3. 打开本书配套光盘“Map”目录下的“蓝色水罐.jpg”文件，如图4-122所示。利用工具箱中的工具和工具，将中间水罐上的装饰清除，效果如图4-123所示。操作时请参照本书配套光盘“练习题”目录下的“修复水罐.psd”文件。

要点提示 如果需要修改的图像与它的目标效果反差较大，即颜色、亮度等差别较大，可以先用工具将目标效果的图像复制到要修改的图像上，然后利用工具进行修改。

图4-122 原始照片素材

图4-123 清除中间水罐的装饰效果

【操作步骤提示】

(1) 在图像中间水罐装饰上方拖曳出矩形选区（注意，选区范围不能超过中间水罐图像的范围）。

(2) 选择工具，按住 Alt 键不放，将鼠标光标移动至选区内部拖曳，复制选区内的图像至水罐装饰图像上。

要点提示 读者可以反复进行这一操作，直至装饰部分全部被覆盖。复制的时候要注意新复制图像不能超过中间水罐图像的范围，避免将其他不需要修改的图像破坏。

(3) 选择工具，将中间水罐中因复制图像而产生的不自然的效果清除。

第5章　路径和矢量图形工具应用

本章将学习 Photoshop CS6 中路径和矢量图形工具的应用。使用路径工具可以精确、轻松地控制图像的形状，创建指定的图形效果，因此被广泛应用于制作各种标志和手绘图像中，也常用于制作一些有规则的图像。矢量图形工具可以使用户直接在图像中创建各种预存的图形。矢量图形工具与路径也是紧密结合的，使用矢量图形工具创建形状可以同时创建与之相同的路径，而通过修改路径也可以改变当前形状。将路径和矢量图形工具结合使用，可以创造出许多优美的图形。

5.1 路径构成

路径是由多个锚点组成的矢量线条，并不是图像中真实的像素，而只是一种绘图的依据。利用 Photoshop CS6 所提供的路径创建及编辑工具，可以编辑制作出各种形态的路径。路径一般用于对图案的描边、填充及与选区间的转换等。其精确度高，便于调整，常用来创建一些特殊形状的图像效果。如图 5-1 所示为路径构成说明图，其中平滑点和角点都属于路径的锚点。

(1) 锚点。

路径上有一些矩形的小点，称为锚点。锚点标记路径上线段的端点，通过调整锚点的位置和形态可以对路径进行各种变形调整。

(2) 平滑点和角点。

路径中的锚点有两种，一种是平滑点，另一种是角点，如图 5-1 所示。平滑点两侧的调节柄在一条直线上，而角点两侧的调节柄不在一条直线上。直线组成的路径没有调节柄，但也属于角点。

(3) 调节柄和控制点。

当平滑点被选择时，其两侧各有一条调节柄。调节柄两边的端点为控制点，移动控制点的位置可以调整平滑点两侧曲线的形态。

(4) 工作路径和子路径。

路径的全称是工作路径，一个工作路径可以由一个或多个子路径构成。在图像中每一次使用【钢笔】工具或【自由钢笔】工具创建的路径都是一个子路径。在完成所有子路径后，可以再利用选项栏中的选项将创建的子路径组成新的工作路径。如图 5-2 所示的就是一个工作路径，其中四边形路径、三角形路径和曲线路径都是子路径，它们共同构成了一个工作路径。同一个工作路径的子路径间可以进行计算、对齐、分布等操作。

Photoshop CS6 提供的创建及编辑路径的工具有两组。

- 一组是钢笔工具，包括【钢笔】工具、【自由钢笔】工具、【添加锚点】工具、【删除锚点】工具和【转换点】工具，这组工具主要用于对路径进行创建和编辑修改。

- 另一组是路径选择工具，包括【路径选择】工具和【直接选择】工具。这组工具主要用于对路径和路径上的控制点进行选择及编辑。

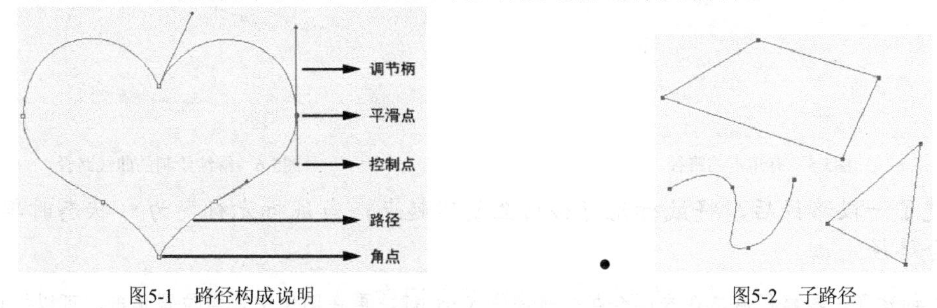

图5-1　路径构成说明　　图5-2　子路径

要点提示 【钢笔】工具和【自由钢笔】工具的快捷键为 P 键。【路径选择】工具和【直接选择】工具的快捷键为 A 键。

下面就来详细介绍这些工具的功能和使用方法。

5.2 【钢笔】工具

【钢笔】工具主要用于在图像中创建工作路径或形状，本节先来学习【钢笔】工具的使用方法和功能。

5.2.1 【钢笔】工具的基本操作

首先在工具箱中选择工具，创建路径的基本操作有如下几种。

1. 选择工具，鼠标光标显示为形状，在图像中移动鼠标光标至需要的位置连续单击，即可创建由线段构成的路径，如图 5-3 所示。

要点提示 按住 Shift 键，可以将创建路径线段的角度限制为 45° 的倍数。

2. 在图像中移动鼠标光标至需要的位置单击并拖曳，移动鼠标光标调整路径形态到需要的状态后释放左键，即可创建锚点为平滑点的曲线路径，如图 5-4 所示。

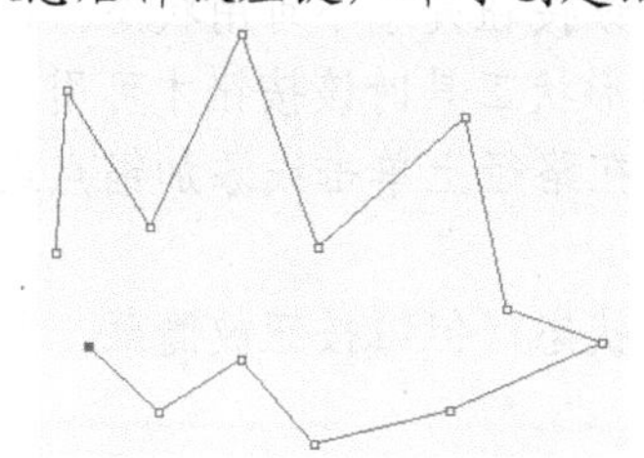

图5-3　创建由线段构成的路径

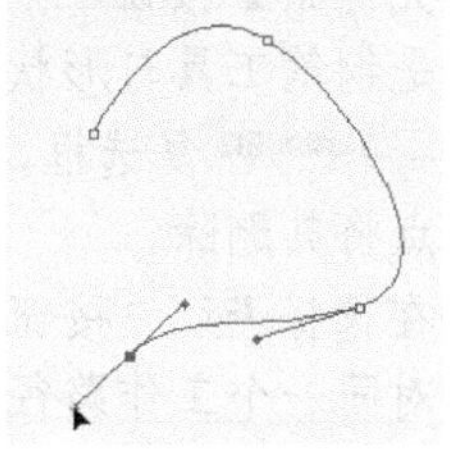

图5-4　创建曲线路径

3. 当拖曳出调节柄后，按住 Alt 键再进行拖曳，即可创建锚点为角点的曲线路径，如图 5-5 所示。继续绘制曲线，如图 5-6 所示。

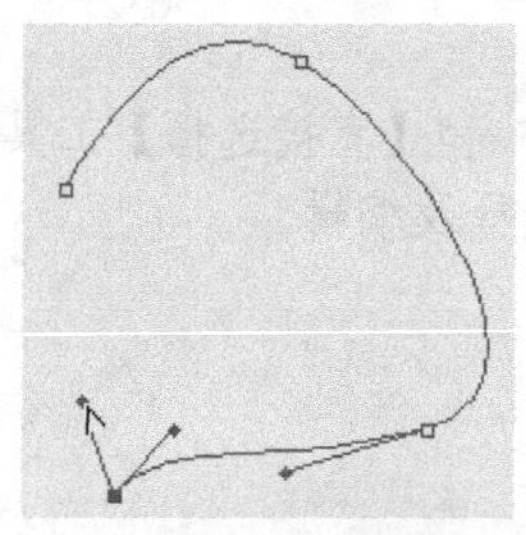

图5-5　有角点的路径

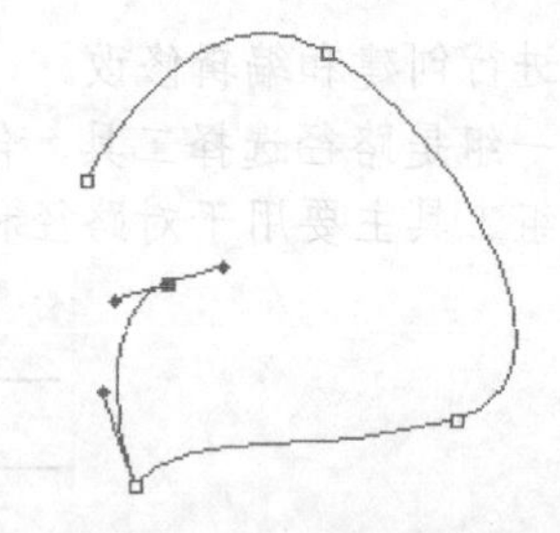

图5-6　继续绘制的曲线路径

4. 创建了一段路径后，将鼠标光标移动至创建起点，当鼠标光标变为![]状态时单击即可闭合路径。

要点提示　创建了一段路径后，在未闭合路径前按住 Ctrl 键，再在图像中任意位置单击，可以终止路径的创建，生成不闭合路径。

5.2.2 【钢笔】工具的选项

在工具箱中选择![]工具后，其选项栏状态如图 5-7 所示，各项功能介绍如下。

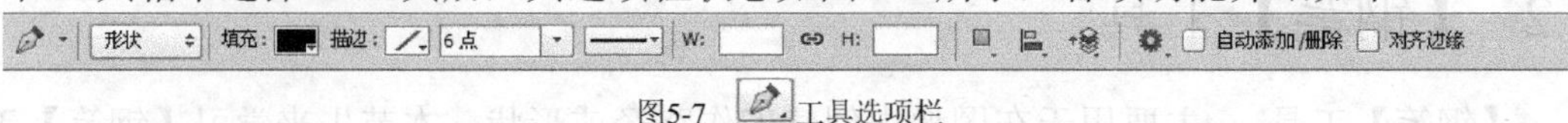

图5-7 ![]工具选项栏

- 【形状图层】按钮![形状]：在图像中可同时创建形状与路径，创建的图形和【图层】调板如图 5-8 所示。
- 【路径】按钮![路径]：单击该按钮，在图像中只创建新的工作路径，并将路径保存在【路径】调板中。创建的路径和【路径】调板如图 5-9 所示。

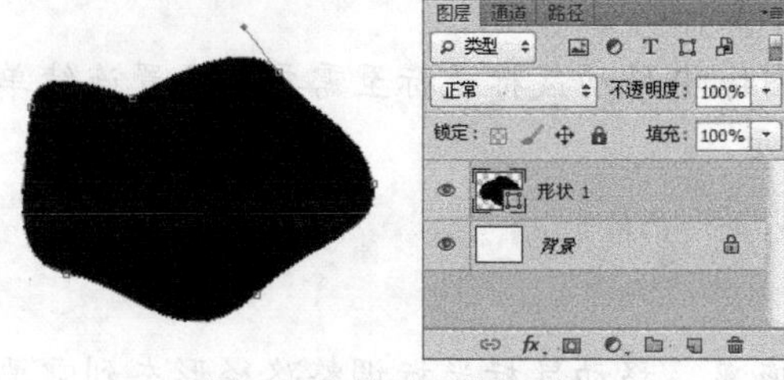

图5-8　同时创建形状与路径

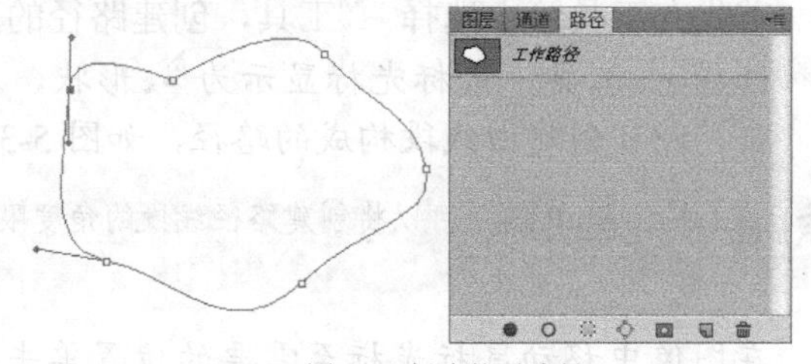

图5-9　创建普通路径

- 【填充像素】按钮![像素]：在使用钢笔工具时，该按钮处于不可用状态。该选项栏是钢笔工具与形状工具共用的，只有在使用形状工具时该按钮才可用。
- 勾选![自动添加/删除]复选框，则可以直接利用![]工具在路径上单击线添加锚点或单击锚点将其删除。
- 只有在选择![路径]按钮时，按钮组![]才处于可用状态，但![]按钮被隐藏，此时可以对同一个工作路径中的子路径进行计算。

5.3 【自由钢笔】工具

使用【自由钢笔】工具![]可以创建形态较随意的不规则曲线路径。它的优点是操作较简便；缺点是不够精确，而且经常会产生过多的锚点。

5.3.1 【自由钢笔】工具的基本操作

在工具箱中选择工具，在图像中拖曳鼠标光标，沿鼠标光标拖过的轨迹自动生成路径。如果将鼠标光标移动至起点，当鼠标光标显示为形状时，单击可以闭合路径。

选择工具，在图像中拖曳鼠标光标，在未闭合路径前按住 Ctrl 键后再释放鼠标，可以直接在当前位置至路径起点生成直线线段闭合路径。

5.3.2 【自由钢笔】工具的选项

工具和工具的选项栏基本相似，这里不再详细介绍。

选择工具箱中的工具，再单击【路径】按钮，选项栏如图 5-10 所示。此时只显示【钢笔】工具的选项，而不显示形状工具的选项。

图5-10 工具选项栏

5.3.3 【磁性钢笔】工具

勾选工具选项栏中的磁性的复选框，工具转换为【磁性钢笔】工具，其功能和使用方法与工具箱中的【磁性套索】工具相似。只是工具是沿图像颜色的边界创建选区，而【磁性钢笔】工具是沿图像颜色的边界创建闭合路径。

在 Photoshop 先前的版本中，【磁性钢笔】工具是作为一个单独的工具出现在工具箱中的，但现在只有通过对工具的选项进行设置才能使用它。

勾选工具选项栏中的磁性的复选框后，单击按钮，弹出的【自由钢笔选项】调板如图 5-11 所示。其中【曲线拟合】值的有效范围为“0.5～10”，该值决定最终的路径与鼠标光标移动轨迹的相似程度，值越小路径上的锚点越多，路径形态越精确，但相对地会增加调整的难度。

在如图 5-11 所示的【自由钢笔选项】调板中，各部分功能介绍如下。

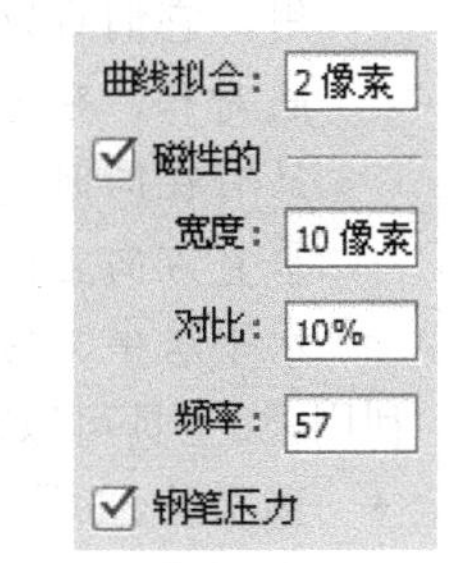

图5-11 【自由钢笔选项】调板

- 勾选磁性的复选框，其下 3 个选项才可用。

  宽度：10 像素：决定【磁性钢笔】工具的探测宽度。【磁性钢笔】工具只探测从鼠标光标开始，由宽度值指定距离以内的边缘。

  对比：10%：决定【磁性钢笔】工具对图像中边缘的灵敏度。使用较高的值只探测与周围强烈对比的边缘，使用较低的值探测与周围对比度低的边缘。

  频率：57：决定创建的路径上使用锚点的数量，使用较高的值会在路径上产生较多的锚点。

- 勾选钢笔压力复选框，在使用绘图板输入图像时，将根据光笔的压力改变【磁性钢笔】工具的宽度值。

在图像中单击，确定路径起点，然后沿边界拖曳鼠标光标，【磁性钢笔】工具会根据图像中颜色的差别自动沿图像边界勾画出路径，对于图像边界不明显的部分可以直接用单击指定位置的方法创建路径。

5.4 【添加锚点】工具和【删除锚点】工具

如果没有在工具的选项栏中勾选【自动添加/删除】复选框，用户则可以选择【添加锚点】工具，在路径上单击添加锚点。选择【删除锚点】工具，在锚点上单击可以将其删除。

5.5 【转换点】工具

路径上的锚点有两种类型，即角点和平滑点，这两者可以相互转换。选择【转换点】工具，单击路径上的平滑点，可将其转换为角点；拖曳路径上的角点，可将其转换为平滑点。

5.6 【路径选择】工具

利用【路径选择】工具，可以对路径和子路径进行选择、移动、对齐和复制等操作。当子路径上的锚点全部显示为黑色时，表示该子路径被选择。

选择工具后，其选项栏如图5-12所示，各项功能介绍如下。

填充： 描边： W: H: 对齐边缘 约束路径拖动

图5-12 工具选项栏

- 勾选【显示定界框】复选框，在被选择的路径周围显示变形框，可以对路径进行变形修改。操作方法与对图像进行变形修改的操作基本相同。

如果当前选择了某一路径或子路径，按Ctrl+T组合键可以对被选择的路径或子路径进行自由变形。

- 按钮：这个按钮下的4个选项可以设置子路径间的计算方式，即可以对路径进行添加、减去、相交和反交（保留不相交的路径）的计算。
- 按钮：这个按钮下的前6个按钮只有在同时选择两个以上的子路径时才可用，它们可以将被选择的子路径在水平方向上进行顶部对齐、垂直居中对齐和底对齐，在垂直方向上进行左对齐、水平居中对齐和右对齐。第7、8个按钮只有在同时选择了3个以上的子路径时才可用，它们可以将被选择的子路径在垂直方向上依路径的顶部、垂直居中、底部以及在水平方向上依路径的左边、水平居中、右边进行等距离分布。

利用工具可以对路径和子路径进行选择、移动和复制等操作。

- 选择工具，单击子路径可以将其选择。
- 在图像窗口中拖曳鼠标光标，鼠标光标拖曳范围内的子路径可同时被选择。
- 按住Shift键，依次单击子路径，可以选择多个子路径。
- 在图像窗口中拖曳被选择的子路径，可以进行移动。
- 按住Alt键拖曳被选择的子路径可以将被选择的子路径进行复制。
- 拖曳被选择的子路径至另一个图像窗口中，可以将子路径复制到另一个图像文件中。

- 按住Ctrl键在图像窗口中选择路径，则工具将被切换为工具。

5.7 【直接选择】工具

【直接选择】工具没有选项栏，使用工具可以选择和移动路径、锚点以及平滑点两侧的控制点。使用工具可以对路径和锚点进行的操作有以下几种。

- 单击子路径上的锚点可以将其选择，被选择的锚点将显示为黑色。
- 在子路径上拖曳鼠标光标，鼠标光标拖曳范围内的锚点可以同时被选择。
- 按住Shift键，可以选择多个锚点。
- 按住Alt键单击子路径，可以选择整个子路径。
- 在图像中拖曳两个锚点间的一段路径，可以直接调整这一段路径的形态和位置。
- 在图像窗口中拖曳被选择的锚点可以移动该锚点的位置。
- 拖曳平滑点两侧的控制点，可以改变其两侧曲线的形态。
- 按住Ctrl键在图像窗口中选择路径，则工具将被切换为工具。

5.8 【路径】调板

前面讲过，路径不是图像中的真实像素，只是在图像中描边和填充操作的依据。对路径描边和填充是在【路径】调板中进行的。【路径】调板构成及其下方按钮功能介绍如图 5-13 所示。

在【路径】调板中除了可以描边和填充路径外，还可以对路径与选区进行转换以及对路径进行新建、复制、删除等操作，这些功能都大大提高了制作路径的灵活性。由于使用路径制作图像和建立选区的精确度较高且便于调整，因此在图像处理中的应用非常广泛。

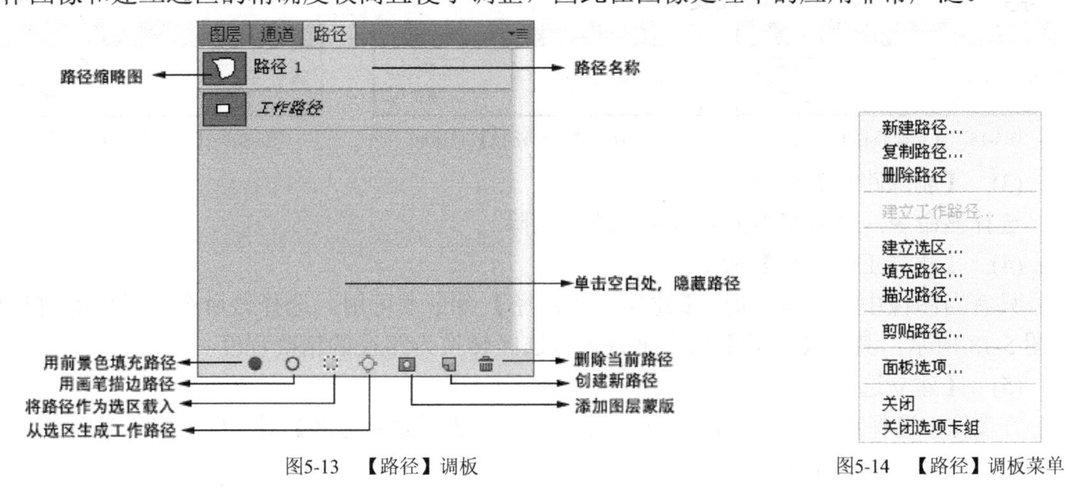

图5-13 【路径】调板

图5-14 【路径】调板菜单

5.8.1 【路径】调板中的基本操作

【路径】调板的结构与【图层】调板有些相似，其部分操作方法也相近，如移动堆叠位置、复制、删除、新建等操作。下面简单介绍其结构及功能。

当前文件中的工作路径堆叠在【路径】调板上方，其中左侧为路径的缩略图，显示路径的缩览效果，右侧为路径的名称。

- 在【路径】调板中直接拖曳路径至相应的位置就可以移动该路径的堆叠位置。
- 在【路径】调板中单击相应的路径就可以将路径打开，使其在图像窗口中显示，以进行各种操作。
- 单击【路径】调板堆叠下方的空白处，可以隐藏路径，使其不在图像窗口中显示。
- 双击路径的名称可以修改其名称，修改的同时就将该路径保存。

5.8.2 【路径】调板菜单

单击【路径】调板右上角的▾☰按钮，弹出的调板菜单如图 5-14 所示。

(1) 【新建路径】和【存储路径】命令。其对话框如图 5-15 和图 5-16 所示。

- 如果当前选择的是已保存的路径，那么【路径】调板菜单中显示【新建路径】命令。单击【新建路径】命令，在弹出对话框的【名称】框中设置新路径的名称，如图 5-15 所示。此时新创建的路径自动保存。
- 如果当前选择的是未保存的路径，那么在如图 5-16 所示的【路径】调板菜单中，显示【新建路径】命令的位置处显示的是【存储路径】命令。选择该命令，在弹出对话框的【名称】框中设置要存储路径的名称，如图 5-16 所示，单击 确定 按钮将当前工作路径保存。

(2) 【复制路径】命令。

只有在【路径】调板中选择的是已保存的路径时，【复制路径】命令才可用。选择该命令，在弹出对话框的【名称】文本框中设置新复制路径的名称，如图 5-17 所示，单击 确定 按钮可以将当前路径复制。

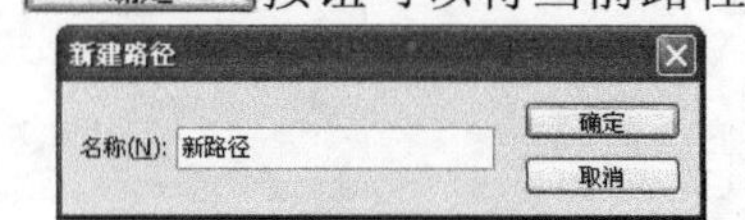

图5-15　【新建路径】对话框

图5-16　【存储路径】对话框

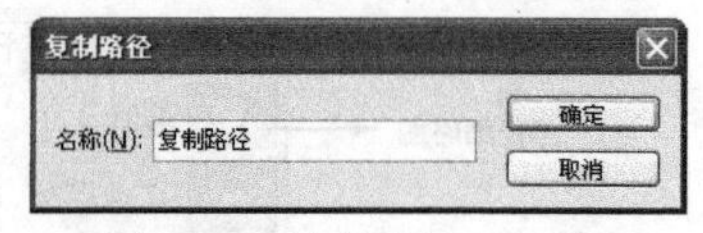

图5-17　【复制路径】对话框

(3) 【删除路径】命令。

选择该命令，可以将当前被选择的路径删除。

(4) 【建立工作路径】命令。

只有当图像中存在选区时，【建立工作路径】命令才可用。选择该命令，弹出的对话框如图 5-18 所示，其中【容差】值用来设置将选区转换为路径的精确程度。

(5) 【建立选区】命令。

在图像中选择路径并选择【建立选区】命令，弹出【建立选区】对话框，如图 5-19 所示。

(6) 【填充路径】命令。

选择要进行填充的路径，并选择【填充路径】命令，弹出的对话框如图 5-20 所示。

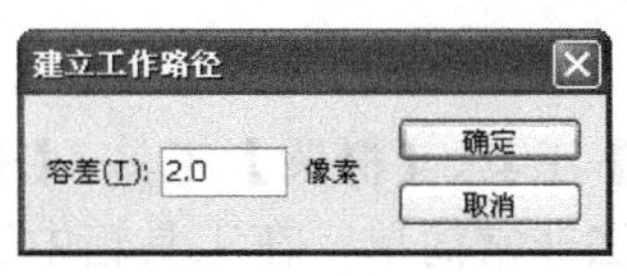

图5-18 【建立工作路径】对话框

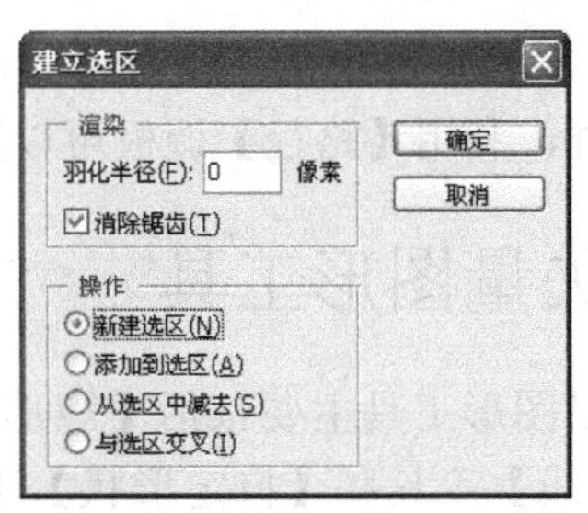

图5-19 【建立选区】对话框

(7) 【描边路径】命令。

选择要进行描边的路径，再选择【描边路径】命令，在弹出对话框的【工具】下拉列表中可选择描边所要使用的工具，如图5-21所示。

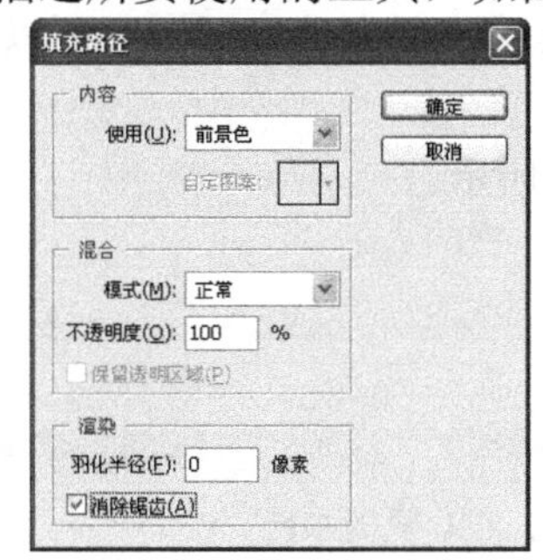

图5-20 【填充路径】对话框

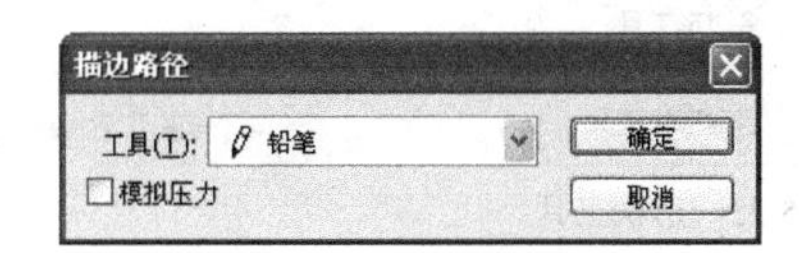

图5-21 【描边路径】对话框

(8) 【剪贴路径】命令。

【剪贴路径】的主要功能是在图像进行打印和输出到 Illustrator 或 InDesign 中时，设置图像的透明区域。这一功能在 Photoshop 中不起作用，所以读者只要大概了解就可以。要作为剪贴路径的路径必须是已经保存的路径。

(9) 【面板选项】命令。

选择该命令，可以在弹出的【路径面板选项】对话框中设置缩略图的大小。

5.8.3 创建新路径和创建子路径

在图像中新创建的路径实际上是一个未保存的路径，读者可以在【路径】调板中将其保存。一个工作路径可以由一个子路径组成，也可以由多个子路径组成，那么在使用工具创建路径时，所创建的到底是一个新的工作路径，还是当前路径的一个子路径呢？

(1) 当图像中只存在一个未保存的路径时。

- 如果该路径处于隐藏状态，那么在图像中使用工具可以创建一个新路径，并将原有的路径删除。
- 如果该路径不处于隐藏状态，此时在图像中使用工具创建路径，相当于继续编辑当前的工作路径，即相当于创建子路径。

(2) 当图像中存在一个已保存的路径时。

- 如果该路径处于隐藏状态，那么在图像中使用工具创建路径，会创建一个新的工作路径，但原路径依然存在。
- 如果该路径不处于隐藏状态，此时在图像中使用工具创建路径，相当于继

续编辑当前的工作路径，即相当于创建子路径。

另外，利用【路径】调板可以直接在【路径】调板中创建新的子路径。

5.9 矢量图形工具

矢量图形工具主要包括【矩形】工具、【圆角矩形】工具、【椭圆】工具、【多边形】工具、【直线】工具和【自定形状】工具。它们的使用方法非常简单，在工具箱中选择相应的形状工具后，在图像文件中拖曳鼠标光标，即可绘制出需要的矢量图形。

5.9.1 形状工具的基本选项

工具箱中的形状工具如图 5-22 所示。各个形状工具的选项大致相同，下面以【矩形】工具为例来介绍形状工具中相同的选项。

在工具箱中选择【矩形】工具，选项栏如图 5-23 所示。

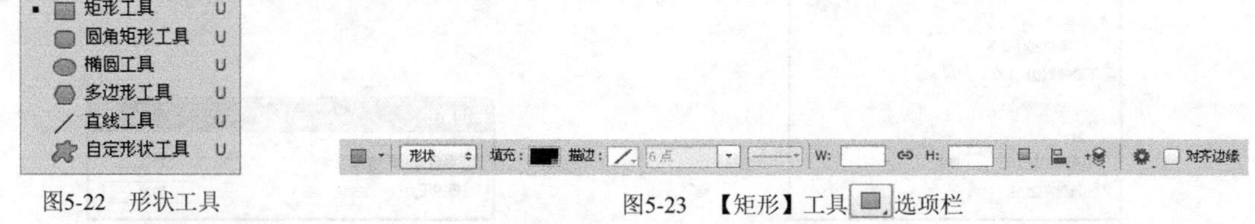

图5-22 形状工具

图5-23 【矩形】工具选项栏

【矩形】工具选项栏中的内容与【钢笔】工具相似，重复的内容这里不再详细介绍。

要点提示 Photoshop CS6 取消了前几版中的样式工具，可以选择【窗口】/【样式】命令，即可显示【样式】调板。

- 单击 样式 按钮，弹出的【样式选项】面板如图 5-24 所示。在样式面板中可以选择已设定好的图层样式，以使图形显示各种立体效果。
  单击【样式选项】面板右上角的按钮，弹出的菜单如图 5-25 所示。

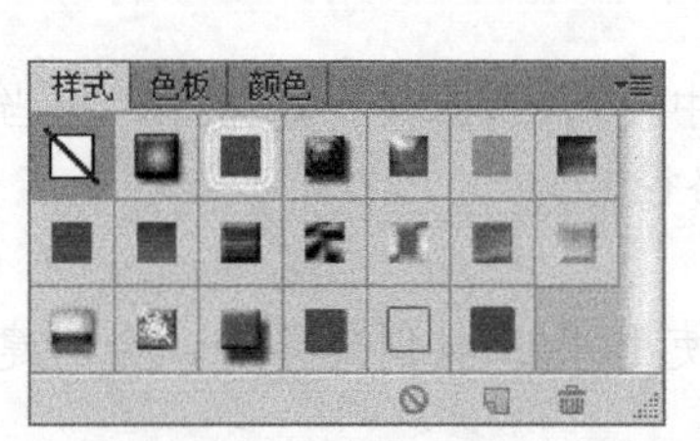

图5-24 【样式选项】调板

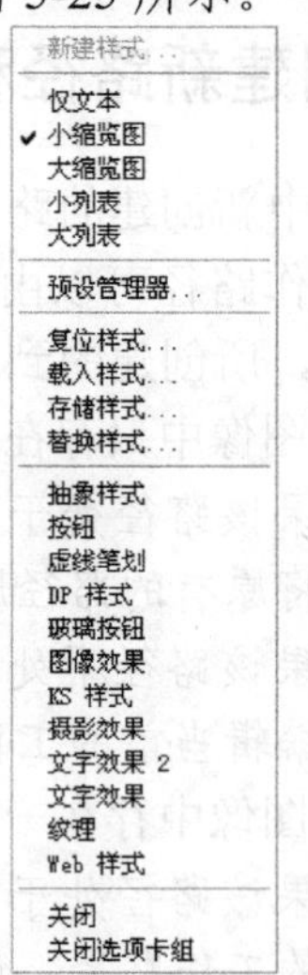

图5-25 【样式选项】调板菜单

【样式选项】调板菜单中命令的功能非常明确，这里不再详细介绍。

5.9.2 形状工具的其他选项

每一种形状工具除了它们共同的基本选项外，还有一些个性选项。本小节分别介绍每一种形状工具的个性选项。

一、【矩形】工具选项

单击按钮，可以在图像中创建矩形效果。此时单击选项栏中的按钮，弹出的【矩形选项】面板如图 5-26 所示。各选项功能非常明确，这里就不再详细介绍。

二、【圆角矩形】工具选项

单击按钮，可以在图像中创建圆角矩形效果。创建圆角矩形的方法和创建矩形的方法基本相同，但单击按钮时选项栏中会多出一个【半径】值，用于设置圆角半径。

三、【椭圆】工具选项

单击按钮，可以在图像中创建椭圆效果。单击选项栏中的按钮，弹出的【椭圆选项】面板如图 5-27 所示。

四、【多边形】工具选项

单击按钮，选项栏中多出一个【边】选项，可以设置要创建多边形的边数。单击选项栏中的按钮，弹出的【多边形选项】面板如图 5-28 所示。

- 勾选【平滑拐角】复选框，创建的多边形的角产生光滑圆角的效果。
- 勾选【星形】复选框，产生的不是多边形而是多角星的效果。
- 勾选【星形】复选框，可以在【缩进边依据】文本框中设置产生多角星形时边的缩进程度。勾选【平滑缩进】复选框，多角星形缩进的角产生平滑圆角效果。

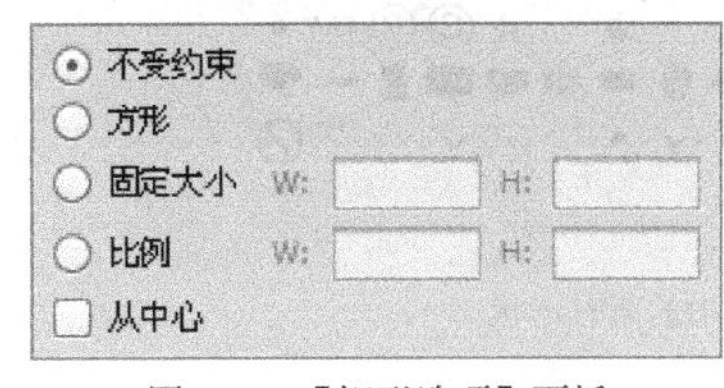

图5-26 【矩形选项】面板

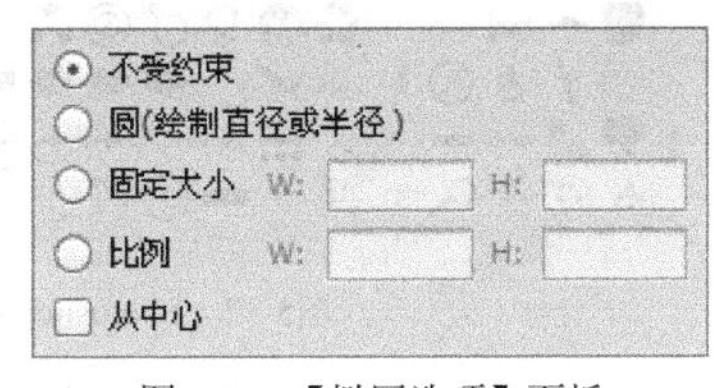

图5-27 【椭圆选项】面板

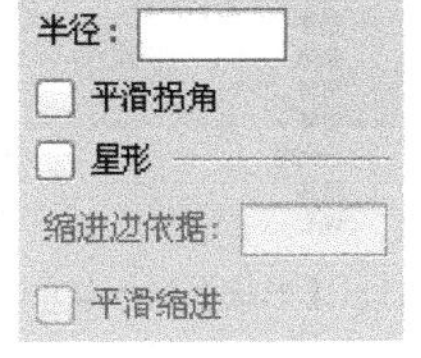

图5-28 【多边形选项】面板

五、【直线】工具选项

单击按钮，单击路径按钮可以在图像中创建直线和箭头效果。此时选项栏中有一个【粗细】值，可以设置线宽度。单击选项栏中的按钮，弹出的【箭头】面板如图 5-29 所示。

- 勾选【起点】复选框，在画线开始时添加箭头效果。
- 勾选【终点】复选框，在画线结束时添加箭头效果。
- 【宽度】值指箭头尾端的宽度与线宽的百分比。
- 【长度】值指箭头的长度与线宽的百分比。
- 【凹度】值指箭头尾端的凹陷程度。此值为正时，箭头尾端向内凹陷；此值为负时，箭头尾端向外凸出；此值为“0”时，箭头尾端平齐。

六、　【自定形状】工具选项

单击按钮，可以在图像中创建自定义的形状效果。单击选项栏中的按钮，弹出的【自定形状选项】面板如图 5-30 所示。

图5-29　【箭头】面板

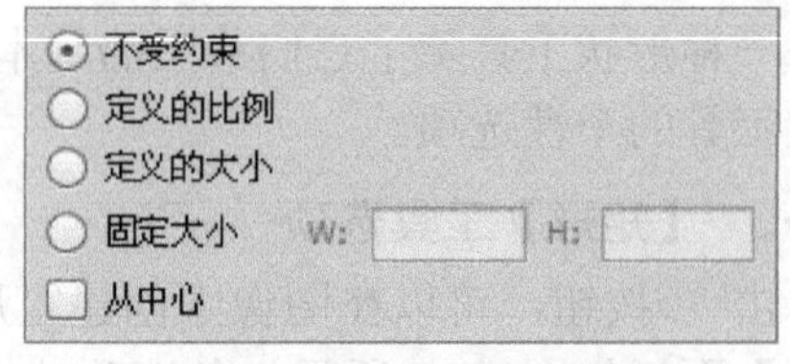

图5-30　【自定形状选项】面板

在选项栏中单击按钮后，选项栏中多出一个【形状】按钮，单击【形状】按钮可以在弹出的【形状】面板中选择需要的自定义形状效果。

单击【形状】面板右上角的按钮，弹出的菜单如图 5-31 所示。

这一菜单中的命令功能非常明确，这里不再详细介绍。其中最下面一组命令是 Photoshop CS6 中提供的形状库，选择【全部】命令，可以将 Photoshop CS6 中提供的所有形状调入当前的【形状】面板中，如图 5-32 所示。

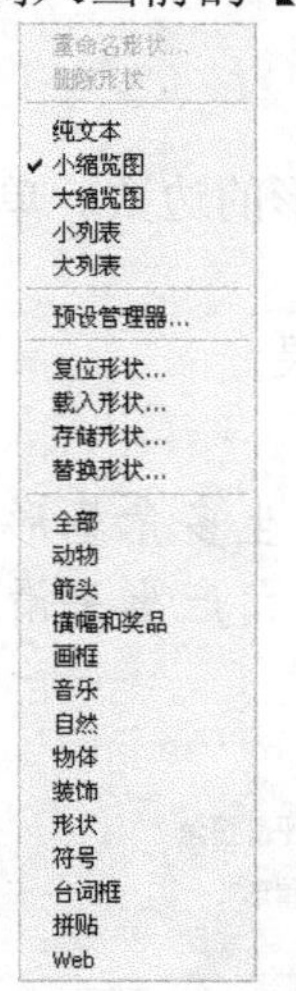

图5-31　【形状】面板菜单

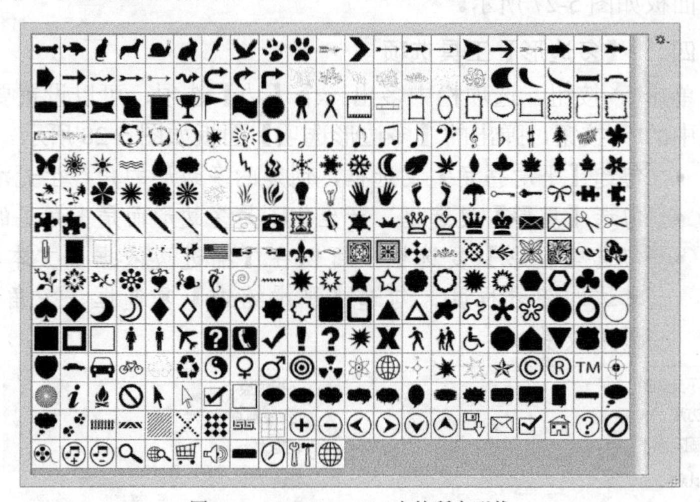

图5-32　Photoshop CS6 中的所有形状

运用路径和矢量图形工具制作图案

利用路径和形状工具绘制如图 5-33 所示图案。

1. 选择【文件】/【新建】命令，新建一个文件。选择【椭圆】工具（或按 U 键），绘制如图 5-34 所示路径。

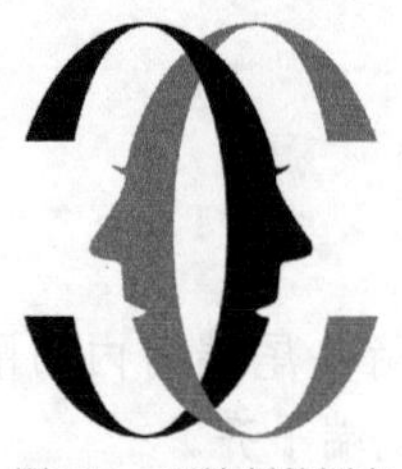

图5-33　要绘制的图案

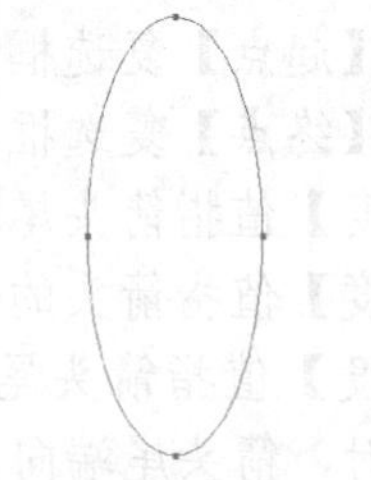

图5-34　绘制椭圆图形

2. 选择【路径选择】工具，再选中绘制好的椭圆路径，按 Ctrl+C 组合键复制路径，再按 Ctrl+V 组合键粘贴路径。
3. 选择复制后的路径，按 Ctrl+T 组合键对路径进行变形，再按住 Alt 键，将复制后的椭圆水平放大一些，变形后的效果如图 5-35 所示。
4. 选择【添加锚点】工具，移动鼠标光标到如图 5-36 所示位置，在椭圆路径上添加一个锚点。

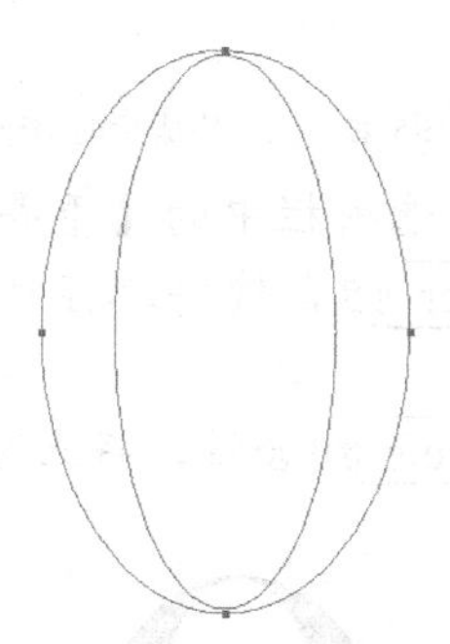
图5-35 调整复制后的椭圆

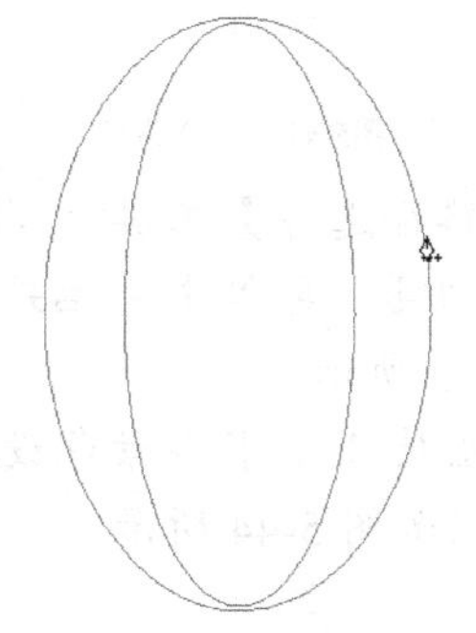
图5-36 添加锚点

5. 以相同的方式在椭圆路径上添加第二个锚点，如图 5-37 所示。
6. 选择【直接选择】工具，选择如图 5-38 所示锚点。

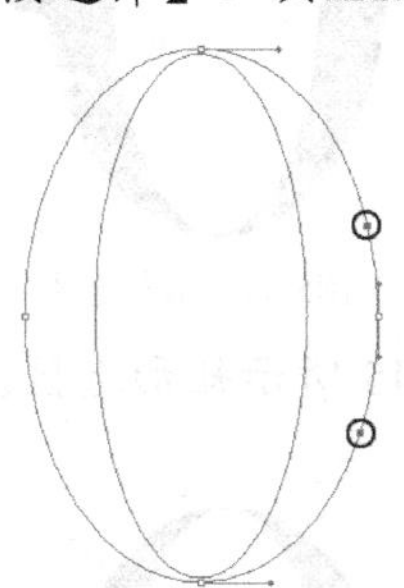
图5-37 添加锚点

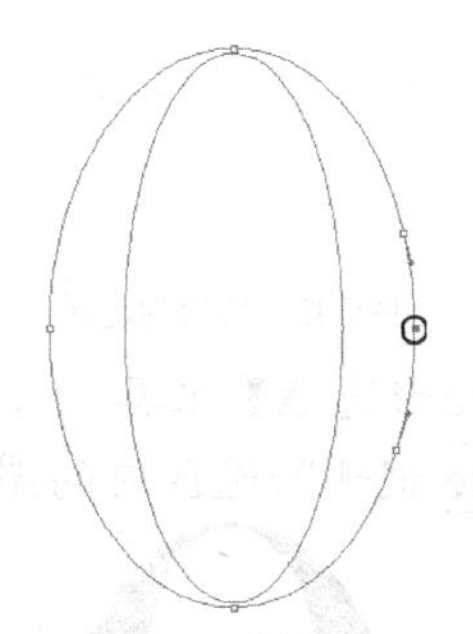
图5-38 选择锚点

7. 按 Delete 键删除选择的锚点，删除后的效果如图 5-39 所示。
8. 选择【钢笔】工具，移动鼠标光标到如图 5-40 所示锚点处，当鼠标光标变成形状时，单击继续绘制路径。

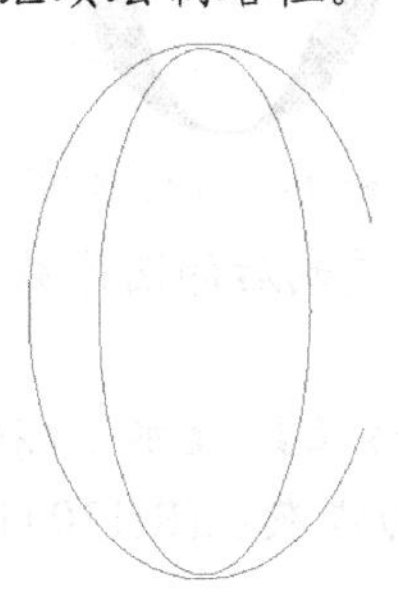
图5-39 删除锚点

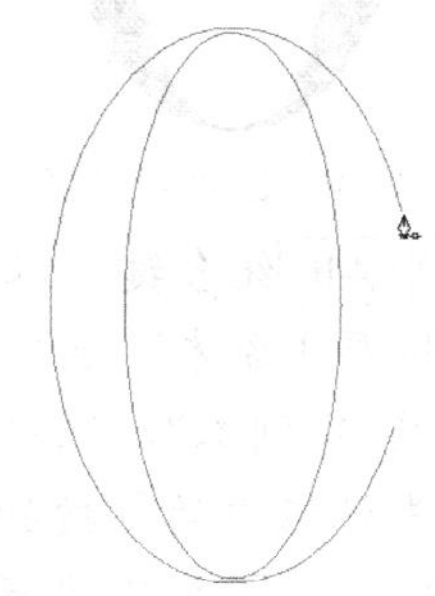
图5-40 绘制路径

9. 绘制的路径如图 5-41 所示。在绘制最后一个锚点时，移动鼠标光标到椭圆路径另一个开放的锚点上，当鼠标光标变成状态时，单击即可闭合路径。
10. 绘制好的路径如图 5-42 所示。

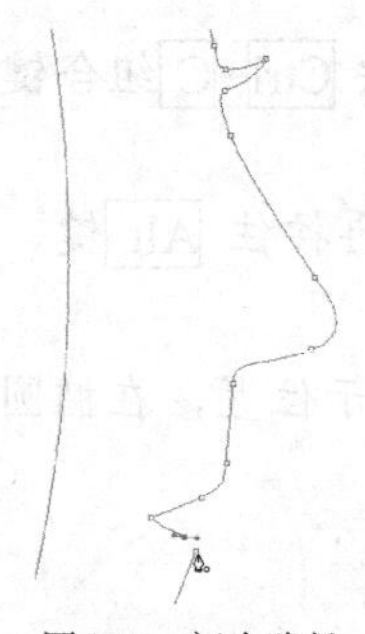

图5-41　闭合路径

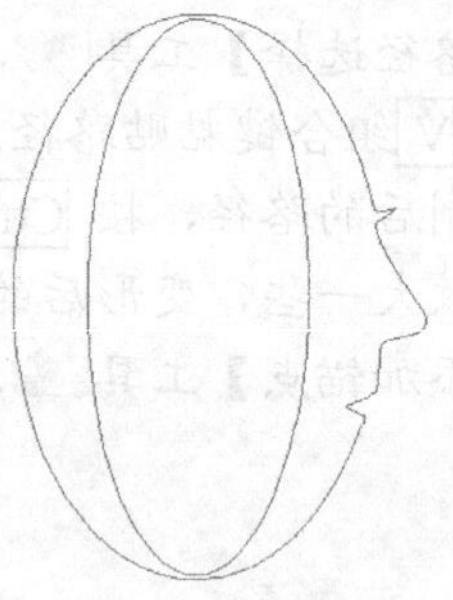

图5-42　绘制完成后的图形

11. 利用【路径选择】工具将所有路径选择，单击工具选项栏中的【重叠形状区域除外】按钮，再单击合并形状组件按钮。按 Ctrl+Enter 组合键将路径转换为选区，如图 5-43 所示。
12. 新建“图层 1”，将前景色设置为黑色，然后按 Alt+Delete 组合键，将选区填充为前景色。效果如图 5-44 所示。

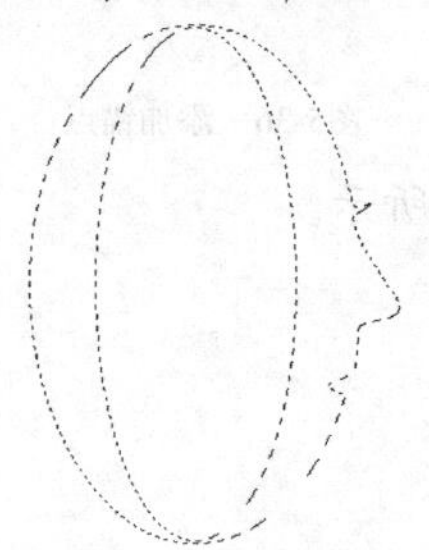

图5-43　转换为选区

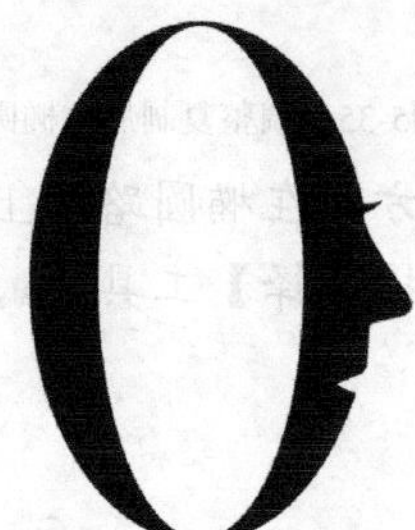

图5-44　填充选区

13. 选择【矩形选框】工具，在图像区域中绘制出如图 5-45 所示矩形选区。
14. 按 Delete 键删除选区内的图像，效果如图 5-46 所示。

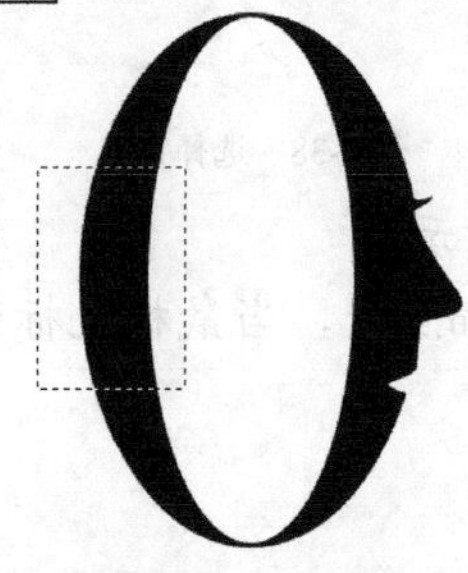

图5-45　创建矩形选区

图5-46　删除选区内容

15. 按住 Shift+Alt 组合键，水平复制“图层 1”中的图像，复制后的图像放置在软件自动创建的“图层 1 副本”层中。
16. 选择“图层 1 副本”，选择菜单栏中的【编辑】/【变换路径】/【水平翻转】命令，单击【图层】调板中的按钮，锁定透明像素，填充图层为浅灰色(R:130,G:130,B:130)，变换后的图像如图 5-47 所示。
17. 按住 Ctrl 键，单击“图层 1”的缩略图，将图层作为选区载入。
18. 再按 Ctrl+Shift+Alt 组合键，单击“图层 1 副本”的缩略图，求得两图层的相交选区，如图 5-48 所示。

图5-47　复制图形

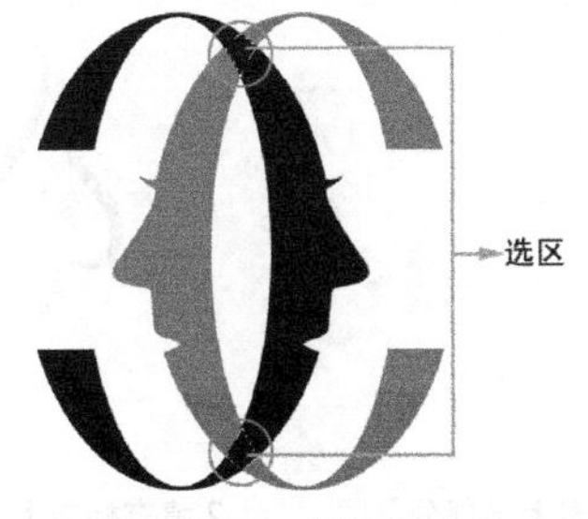

图5-48　求取选区

19. 选择【多边形套索】工具，再按 Alt 键，当鼠标光标变为形状时，单击绘制一个选区来减小相交选区，减小后的效果如图 5-49 所示。
20. 选择“图层 1”，将前景色设置为浅灰色（R:130,G:130,B:130），按 Alt+Delete 组合键将选区填充为前景色。最终效果如图 5-50 所示。

图5-49　减小选区

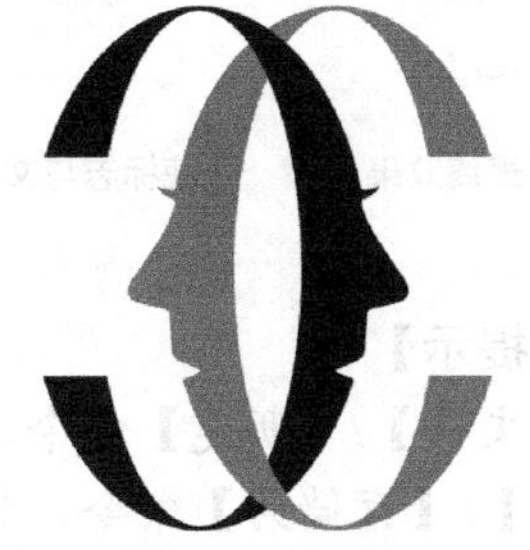

图5-50　最终效果

21. 选择菜单栏的【文件】/【存储为】命令，将文件存储为“图案制作.psd”文件。

5.10　综合应用实例

下面通过课堂实训再来巩固一下本次课程所学的知识，加强练习如何利用路径和矢量图形工具绘制处理图片，以创作出更多具有创意的图案。

5.10.1　标志制作

本节将主要使用钢笔工具组、【路径】调板等制作一个标志，通过练习使读者重点掌握路径的创建与编辑。本例中制作的标志使用圆润的笔触，且采用较活跃的色彩来突出“Yoga”的简单化、柔美度及人性化。最终效果如图 5-51 所示。

图5-51　最终效果

该练习制作流程如图 5-52 所示。

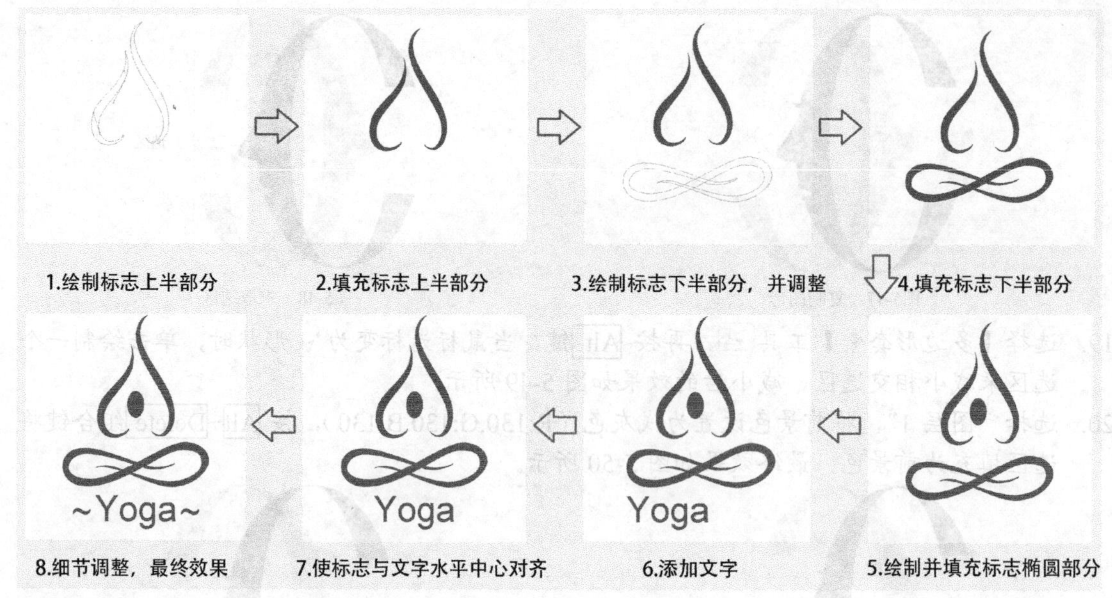

图5-52　制作流程示意图

【操作步骤提示】

1. 选择【文件】/【新建】命令，弹出【新建】对话框，参数的设置如图 5-53 所示。选择【文件】/【存储为】命令，将文件命名为“标志制作.psd”保存。
2. 选择工具（或按 P 键），将钢笔指针移动到绘图位置单击，开始绘制并调整各条路径，状态如图 5-54 所示。
3. 在【路径】调板中，双击“工作路径”，弹出【存储路径】对话框，设置【名称】为“路径 1”，存储路径。结合整个标志的布局，按 Ctrl+T 组合键适当调整路径的大小与位置。
4. 设置前景色为紫色（R:139,G:81,B:164），在【图层】调板中单击底部的【创建新图层】按钮，新建一个图层。

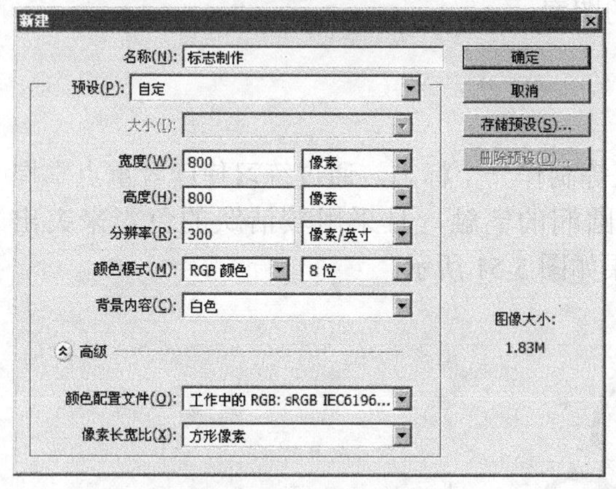

图5-53　【新建】对话框

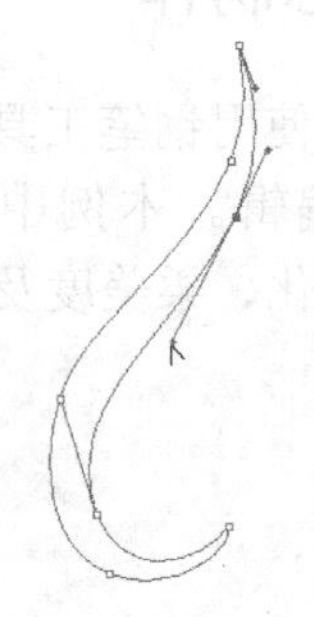

图5-54　绘制路径

5. 在【路径】调板中，单击底部的【用前景色填充路径】按钮，如图 5-55 所示。
6. 继续选择工具或按 P 键，将钢笔指针移动到绘图位置单击，再绘制并调整另一条路径，状态如图 5-56 所示。

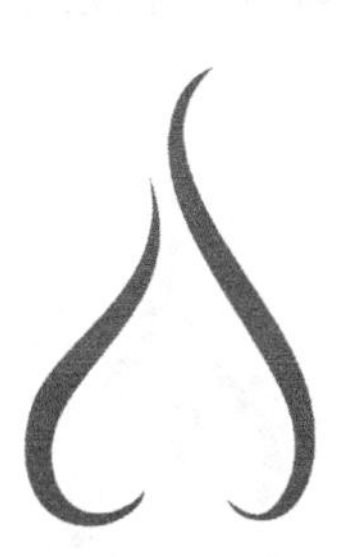

图5-55 填充路径

图5-56 绘制另一路径

7. 在【路径】调板中，双击“工作路径”，弹出【存储路径】对话框，设置【名称】为“路径 2”，存储路径。结合整个标志的布局，按Ctrl+T组合键适当调整路径的大小与位置。
8. 在【图层】调板中新建一个图层，在【路径】调板中选择“路径 2”，单击底部的【将路径转化为选区载入】按钮，将路径转化为选区，然后选择【多边形套索工具】，并选择添加到选区状态，添加路径中重叠的区域到选区中来，如图 5-57 所示。结果如图 5-58 所示。
9. 按Alt+Delete组合键，将选区填充为前景色，效果如图 5-59 所示。

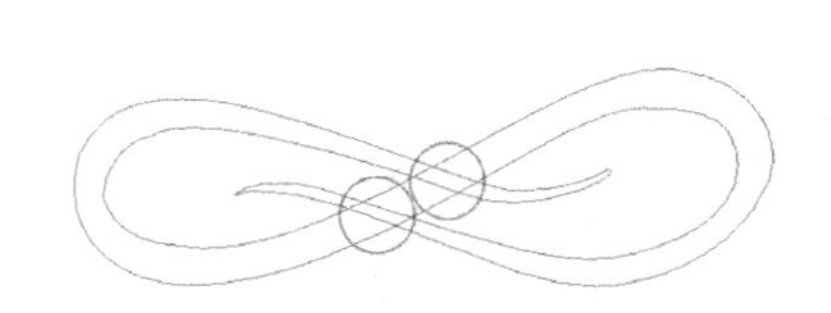

图5-57 路径中的重叠区域

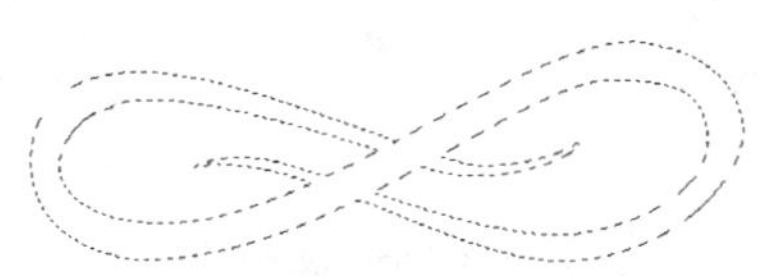

图5-58 调整选区

图5-59 填充结果

当路径中有自相重叠的区域，填充时重叠区域会无法填色。

10. 选择【椭圆】工具或按U键，绘制如图 5-60 所示路径。
11. 新建一个图层，然后在【路径】调板中单击底部的【用前景色填充路径】按钮，填充所选路径，效果如图 5-61 所示。

图5-60 绘制路径

图5-61 填充路径

图5-62 输入文字

12. 输入文字“Yoga”，如图 5-62 所示。

13. 选中标志和文字所在的 4 个图层，按 V 键，并单击按钮将 4 个图层水平居中对齐，效果如图 5-63 所示。
14. 对标志进行局部的调整修饰，最终效果如图 5-64 所示。

图5-63 水平居中对齐图层效果

图5-64 最终效果

5.10.2 绘制艺术字

本节将学习利用路径工具对所提供的文字素材进行编辑修饰，创建一幅艺术字图像，最终效果如图 5-65 所示。

图5-65 最终效果

本次实训要求读者针对所提供的文字素材进行不规则路径的绘制练习，借助路径工具强大的描绘功能，将效果中的路径描绘编辑出来并产生路径选区。结合前面所学的颜色填充相关知识，对路径选区进行简单的修饰，最终达到活学活用的目的。

该练习的制作流程如图 5-66 所示。

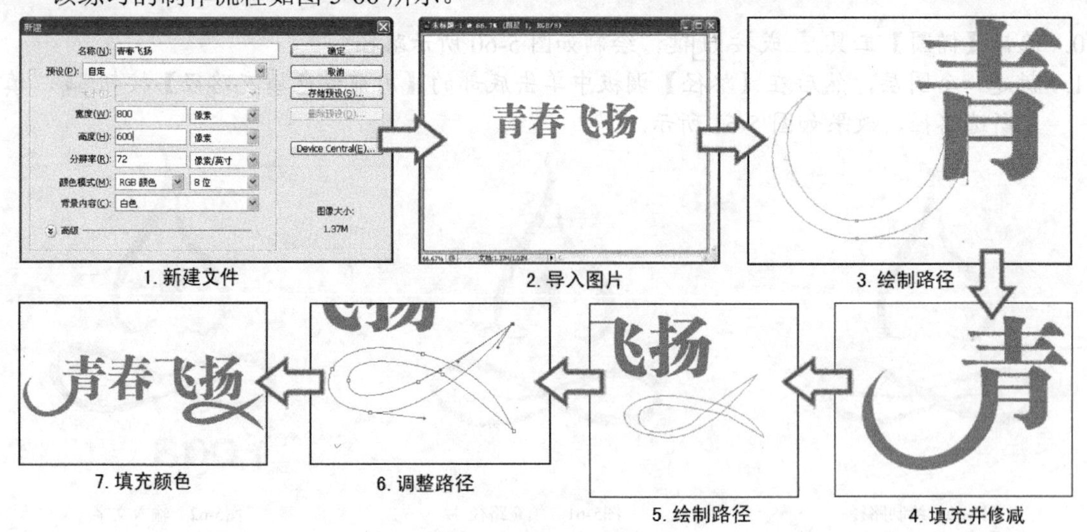

图5-66 制作流程示意图

【操作步骤提示】

(1) 新建一个名为“青春飞扬”的文件，设置参数如图 5-66 左上角所示。

(2) 导入本书配套光盘“Map”目录下的“青春飞扬素材.jpg”文件，并调整大小和位置。

(3) 使用【钢笔】工具绘制路径，绘制过程中可不断使用【添加锚点】、【删除锚点】以及【转换点】工具进行修改。绘制完毕后将路径转化为选区，然后填充颜色。

(4) 选择【文件】/【存储】命令，保存文件。本例完成后，保存在附盘“最终效果”目录中。

5.11 小结

本章主要介绍了路径和矢量图形工具的应用，包括路径的基本概念、路径工具、【路径】调板、创建编辑路径和形状工具的介绍。路径是一种非常方便的工具，恰当地使用路径可以制作出各种各样的复杂图像效果。在创建路径时，除了使用工具箱工具进行基本的调整外，还要注意使用复制、删除和变形路径等的操作方法。读者只有全面掌握并灵活应用 Photoshop CS6 中提供的路径及相关功能，在实际工作中才会做到得心应手。形状工具在实际工作中也较常用，最常见的是制作一些标志牌和各类卡片等，有时候也被用来勾画图像的边界。

希望读者通过本章的学习能掌握路径工具和矢量图形工具的使用技巧，以便在以后的绘图过程中灵活应用，制作出更加精美的作品。

5.12 练习题

一、填空

1. 路径中的锚点有两种，一种是（　），另一种是（　）。（　）两侧的曲线平滑过渡，而（　）两侧的曲线或直线在角点处产生一个尖锐的角。
2. 激活工具和工具的快捷键为（　）键。激活工具和工具的快捷键为（　）键。
3. 创建了一段路径后，在未闭合路径前按住（　）键，在图像中任意位置单击，可以终止路径的创建，生成不闭合路径。
4. 按住（　）键，拖曳被选择的子路径可以将被选择的子路径进行复制。
5. 在选项栏中选择按钮，单击选项栏中的按钮，在弹出的【矩形选项】调板中勾选（　）复选框，在图像中拖曳鼠标光标产生的是多角星的效果。

二、简答

1. 简述什么是路径、什么是锚点。
2. 简述工具选项栏中各选项的功能。
3. 在选项栏中单击按钮，单击选项栏中的按钮，简述弹出的【矩形选项】调板中的选项和参数的功能。

三、操作

1. 新建一个图像文件，在图像中创建如图 5-67 所示路径，并根据此路径创建如图 5-68 和图 5-69 所示图像效果。操作时请参照本书配套光盘“练习题”目录下的“轮.psd”文件。

图5-67　创建工作路径的形态

图5-68　平面轮子图像效果

图5-69　木质立体轮子图像效果

【操作步骤提示】

(1) 利用创建、复制和变形路径的功能，在新建文件中创建如图 5-67 所示路径。创建时注意配合使用标尺和参考线，以取得较精确的效果。

(2) 创建完成后，将 4 个圆形子路径组合，然后将其他柱形路径组合。

(3) 使用填充和描边路径的方法创建如图 5-68 所示轮子效果，其中最中间的圆形是使用工具进行填充的。

(4) 在图像中创建一个新工作组。

(5) 在工作组中创建一个新图层，选择路径中的所有长柱形子路径，在路径中填充木纹图案。

(6) 再在工作组中创建一个新图层，选择路径中的 4 个圆形子路径，在路径中填充木纹图案。

(7) 选择当前图层中最中间的圆形区域。

(8) 最后在工作组中创建一个新图层，在选区中填充木纹图案。

(9) 给工作组中的其中一层图像添加立体效果，再将图像效果复制到其他两层中。木质立体轮子图像的最终效果如图 5-69 所示。

2. 打开一个图像文件，对所提供的照片进行不规则图形的挖补练习，使用路径工具将照片中的枫叶描绘出来，并产生路径选区。结合前面所学的选区与选择工具的相关知识，对照片进行简单的编辑，创建一幅如图 5-70 所示图像效果。操作时请参照本书配套光盘“练习题”目录下的“挖补照片.bmp”文件。

图5-70　“挖补照片”最终效果

该练习制作流程如图 5-71 所示。

图5-71　制作流程示意图

【操作步骤提示】

(1) 打开本书配套光盘“Map”目录下的“挖补照片素材.jpg”文件。

(2) 使用钢笔工具抠图时，在需要绘制较大弧线的边缘处，可通过拖曳鼠标光标实现。在较小弧线的绘制位置，可通过多加个锚点进行调整。

(3) 在绘制细微处的路径时，结合 Ctrl+++组合键和 Ctrl+-组合键分别进行放大或缩小图像的操作。

(4) 路径闭合之后，可以通过添加锚点和删除锚点工具进行锚点的添加和删除操作。

(5) 抠出图片后，为了使图片的边缘显得不那么锐利，需要对选区进行羽化处理，羽化半径值一般设为“5像素”，所以在绘制路径的时候，路径的边缘要比目标图像大一点。

第6章 文字和其他工具应用

文字在平面设计中有着重要的作用，平面广告、产品说明、宣传画、台历挂历等许多平面图像上都需要添加一定的文字，适当的文字效果能够在绘图中起到画龙点睛的作用。

Photoshop CS6 提供的文字功能非常强大。用户可以直接在图像中输入、编辑和修改文字，并对文字进行对齐、排列、调整间隔、缩放、颜色调整、拼写检查、文本查找及替换等操作，还可以对文字进行各种特殊变形，使文字产生奇异的形态效果。

另外，Photoshop CS6 工具箱中还有许多其他工具，如裁剪、切片、注释和吸管等，它们在图像处理过程中也是必不可少的。熟练掌握这些工具的使用，有助于读者对 Photoshop CS6 有一个整体认识，从而在图像处理过程中做到得心应手。

6.1 【文字】工具

在 Photoshop CS6 的工具箱中，可以选择不同的【文字】工具，这步操作一定要在创建文字前进行。单击工具箱中的【横排文字】工具T，弹出的列表如图 6-1 所示。

在工具箱中选择【文字】工具后，其选项栏如图 6-2 所示，各选项具体介绍如下。

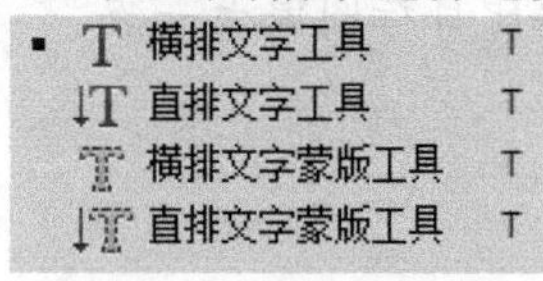

图6-1 【文字】工具列表

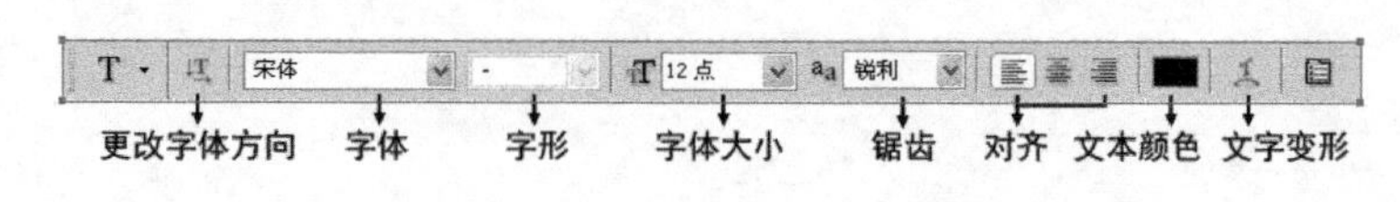

图6-2 【文字】工具选项栏

单击按钮，可以将水平文字转换为垂直文字，或将垂直文字转换为水平文字。

一、 设置文字字符格式

在【文字】工具选项栏中可以直接设置字符格式。

- 【字体】宋体：设置文字所要使用的字体。
- 【字形】：设置文字的倾斜、加粗等形态。
- 【字体大小】36点：设置文字的大小，或者直接输入数值来进行调整。
- 【锯齿】无：选择文字边缘的平滑方式。

二、 设置文字对齐方式

在选项栏中选择T工具或T工具后，【对齐】按钮显示为、和，分别为使水平文字向左对齐、沿水平中心对齐和向右对齐。

在选项栏中选择T工具或T工具后，【对齐】按钮显示为、和，分别为使垂直文字向上对齐、沿垂直中心对齐和向下对齐。

三、 设置文字颜色

单击【文本颜色】色块可以修改被选择文字的颜色。

四、 设置文字变形

在图像中创建了文字后，单击选项栏中的【创建文字变形】按钮 ，在弹出的【变形文字】对话框中单击【样式】框，弹出的变形样式如图 6-3 所示。

所有这些文字变形样式的选项基本相同，以【旗帜】样式的选项为例进行介绍。选择【旗帜】样式后，【变形文字】对话框如图 6-4 所示。

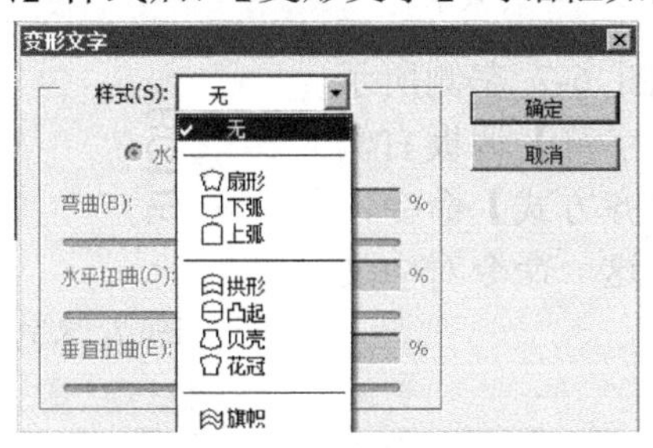

图6-3 可选择的文字变形样式

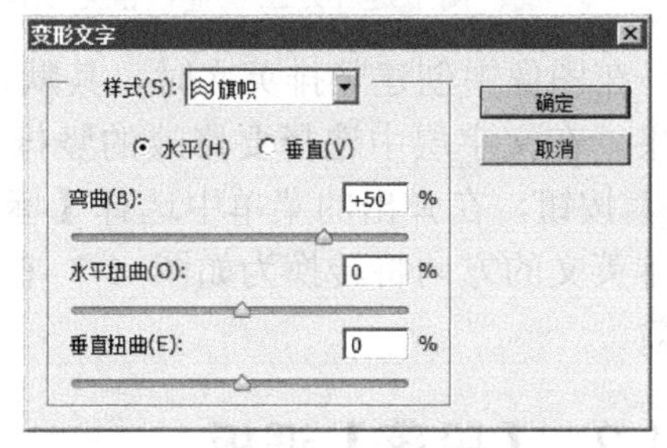

图6-4 选择“旗帜”样式后的对话框

要点提示 在 Photoshop CS6 中，文字不能同时使用变形和仿粗体效果。但选择了文字后，按住 Ctrl 键，文字周围出现【定界】框，此时可以直接对文字进行变形操作。

选择不同的样式，文字变形后的不同效果如图 6-5 所示。

图6-5 文字变形效果

6.1.1 【字符】调板

单击选项栏中的【显示/隐藏字符和段落调板】按钮 ，在弹出的对话框上方单击【字符】选项卡，【字符】调板及其选项的功能介绍如图 6-6 所示。

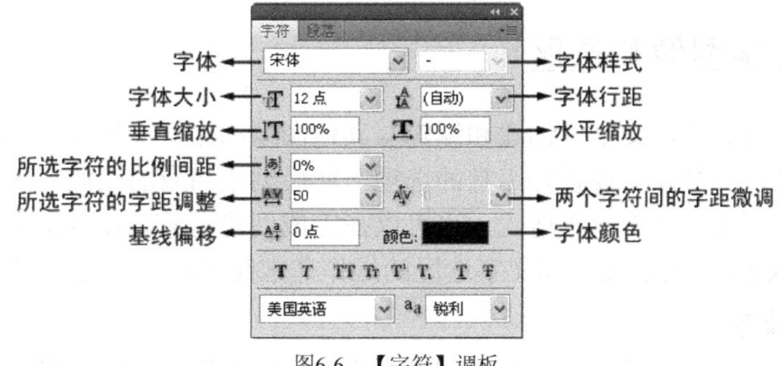

图6-6 【字符】调板

【颜色】框下方有一排按钮用来设置文字字符的效果。当在文字图层中选择要设置的文字时，分别单击这些按钮可以完成相应的设置。

在【字符】调板输入框中可以修改参数；单击■按钮，使用下拉列表中预设的参数，还可以将鼠标光标移动至选项左侧的图标上，当鼠标光标显示为时，水平拖曳即可调整这些选项的数值。使用这种方法调整数值可以同时观察图像窗口中文字的效果。

在图像中创建竖排英文时，其默认文字方向如图 6-7 左侧所示效果。在文字层中选择要修改的竖排文字，单击【字符】调板右侧的按钮，在弹出的菜单中选择【标准垂直罗马对齐方式】命令，竖排英文的方向将转换为如图 6-7 右侧所示效果。这一命令对中文无效。

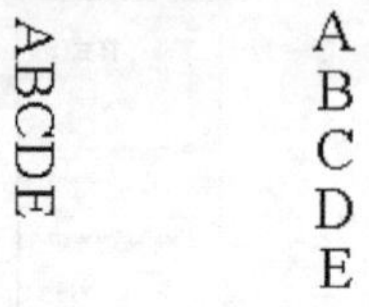

ABCDE

A
B
C
D
E

图6-7　文字效果

6.1.2　【段落】调板

在工具箱中选择【文字】工具，单击选项栏中的【显示/隐藏字符和段落调板】按钮，在弹出的对话框中选中【段落】选项卡，【段落】调板及其选项功能介绍如图 6-8 所示，这一调板主要用于设置文字段落的格式。勾选☑连字复选框，允许使用连字符连接单词。

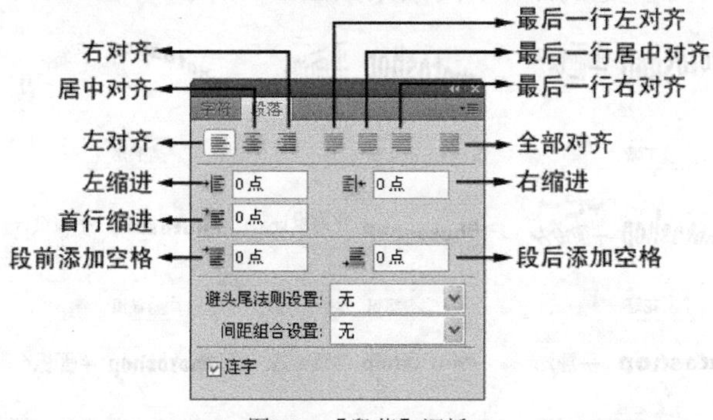

图6-8　【段落】调板

Photoshop CS6 的【段落】调板添加了两个用于编排日语字符的选项。【避头尾法则设置】框和【间距组合设置】框主要用于日语编排，此处不详细介绍。

使用T工具或T工具可以方便灵活地在图像中添加文字效果，但如果是新创建的文字，那么在图像中文字将按当前的选项设置创建；如果要修改文字，则必须先选中文字后再修改选项栏或调板中的选项。

6.1.3　创建文字图像和选区

在 Photoshop CS6 中，文字的创建和编辑与其他图像相比，步骤有所不同。使用工具箱中的大多数工具时，都必须先设置好工具的选项，然后创建相应的图像。而使用文字工具创建文字时，可以在创建文字前设置格式，也可以在完成创建后重新设置文字格式。

在 Photoshop CS6 中创建文字和文字选区的操作非常简单，这里仅做简单介绍。

一、　创建点文字

在 Photoshop CS6 中可以直接沿直线创建文字，也可以沿指定的路径创建文字，用这两种方法创建的文字称作点文字。

1. 直接沿直线创建文字。

选择工具箱中的T工具或IT工具，在图像窗口中单击，即可从鼠标单击的位置开始输入文字，文字的输入、编辑和修改方法与 Word、WPS 等软件中的文字编辑方法一样，这里不再详细介绍。文字使用的格式为输入前选项栏中设定的格式，如果要对文字格式进行修改，必须先选中要修改的文字，然后在选项栏中进行修改。

2. 沿指定的路径创建文字。

在 Photoshop CS6 中沿路径创建文字的基本操作步骤如下。

(1) 在图像中创建路径。

(2) 选择工具箱中的【文字】工具。

(3) 将鼠标光标移动至路径上，当鼠标光标显示为⌶时单击，从鼠标光标落点处开始输入文字，文字开始的位置出现一个“×”。

沿路径创建文字后，利用工具箱中的【路径】工具编辑修改路径，文字的走向也随之发生变化，文字一直紧贴路径。

选择【路径选择】工具▶，将鼠标光标移动至路径中文字开始处的“×”图标上，当鼠标光标显示为⌶形状时，沿路径拖曳鼠标光标可以移动文字开始的位置。

二、 创建文字选区

选择工具箱中的T工具或IT工具，在图像窗口中单击，图像暂时转换为快速蒙版模式，此时在图像中输入文字，实际上是在编辑快速蒙版。文字编辑完成后，单击选项栏中的✓按钮，图像将回到标准编辑模式，刚编辑的文字将会转换为选区。

使用T工具或IT工具建立选区后，就无法再对文字进行编辑了，所以在回到标准编辑模式前，一定要确认需要的选区效果已经完成。

要点提示 如果已经创建好了文字选区又要对选区的大小、角度和位置进行调整，可以使用菜单中的【选择】/【变换选区】命令对文字选区进行自由变形。

6.1.4 创建段落文字

段落文字就是创建在文字定界框内的文字，文字定界框是通过文字工具在图像中划出一个矩形范围。在该范围内创建文字和文字段落，使用文字定界框可以限定图像中文字出现的范围和位置。本节就来学习如何在图像中创建和编辑文字定界框。

一、 利用任意大小的文字定界框创建段落

选择工具箱中的T工具或IT工具，在图像中拖曳鼠标光标，图像中将会生成一个文字定界框，随后输入的文字将在定界框内自动换行显示。

如果输入的文字过多，超出定界框范围的文字就会被隐藏。

利用T工具创建的文字定界框效果如图 6-9 所示，其中输入的文字为“这是一个文字定界框内的段落，其中有部分内容因超过定界框而被隐藏”，“被隐藏”3 个字因超出定界框的范围而未显示。单击选项栏中的✓按钮，确认操作。

二、 利用自定大小的文字定界框创建段落

选择工具箱中的T工具或IT工具，按住 Alt 键，在图像中拖曳鼠标光标，弹出如图

6-10 所示【段落文字大小】对话框，可以在该对话框中设置文字定界框的大小。

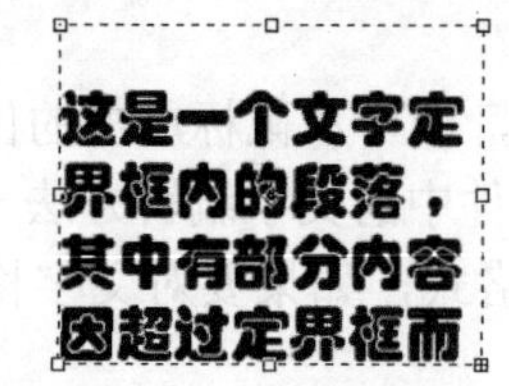

图6-9 文字定界框

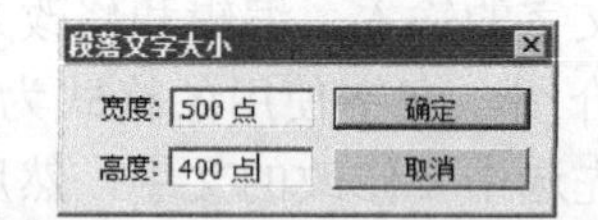

图6-10 【段落文字大小】对话框

按住Shift键，可以创建正方形的文字定界框。

三、 调整文字定界框

文字定界框的调整有点类似于前面学过的变形定界框。

- 按住Ctrl键，可以移动文字定界框和【定界框中心】标志⌖的位置。
- 按住Ctrl键，拖曳文字定界框的边线，可对定界框进行斜切变形。
- 将鼠标光标移至文字定界框的边线外侧，当鼠标光标显示为↶时进行拖曳，以⌖（定界框中心）标志为轴旋转定界框。
- 将鼠标光标移至文字定界框的节点上，当鼠标光标显示为双箭头时进行拖曳，可以调整文字定界框的宽度和高度。

文字定界框内的文字随定界框形态的改变自动调整。

6.1.5 【图层】/【文字】菜单命令

在 Photoshop CS6 的菜单中，有一组专门用于处理文字的菜单命令。在【图层】调板中选择一个文字层，选择菜单中的【图层】/【文字】命令，弹出的次级菜单如图 6-11 所示。次级菜单中的命令功能非常明确，这里不再详细介绍。

如果当前文字不是段落文字，可选择【转换为段落文本】命令，将当前文字层中的文字转换为段落文字。如果当前文字是段落文字，则【转换为段落文本】命令将显示为【转换为点文本】命令，选择此命令，当前文字层中的段落文字将转换为普通文字。

当打开一个含有文字层的图像时，如果当前计算机中没有文字层中文字使用的字体，系统将弹出如图 6-12 所示系统提示框，此时在【图层】调板中缺少字体的文字层缩览图右下角会出现一个⚠图标。选择【图层】/【文字】/【替换所有缺欠字体】命令，可以用当前计算机中现有的字体替换缺少的字体。

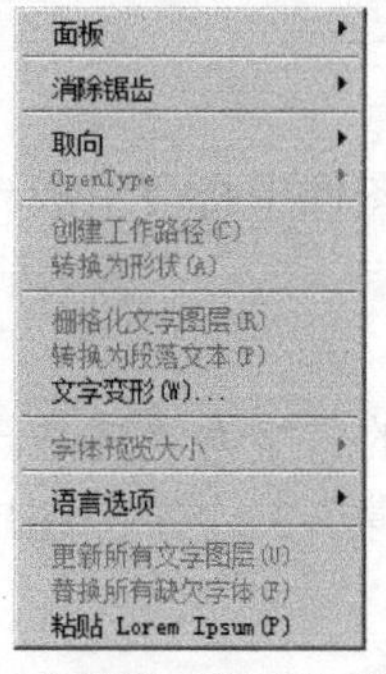

图6-11 【图层】/【文字】菜单命令

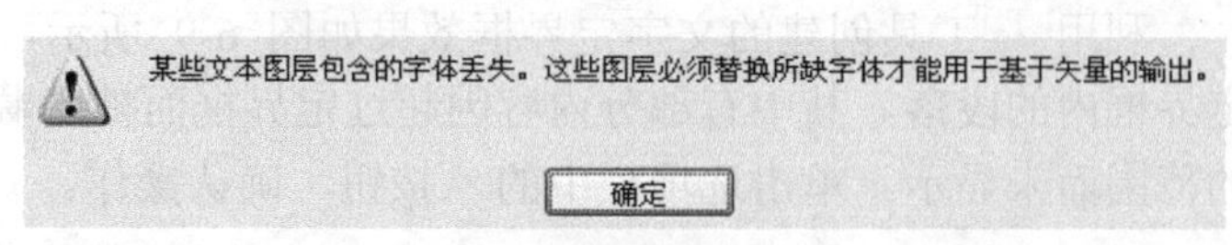

图6-12 系统提示框

要点提示 在【图层】调板中选择一个文字层，选择菜单中的【图层】/【栅格化】/【文字】命令，可以将当前文字层转换为普通层。

6.2 文字工具应用实例——制作商业招贴

本节将利用文字工具练习制作一幅商业招贴，其中运用到字符大小设置、文字颜色设置、段落文字对齐方式、沿路径创建文字等功能，练习制作时请注意各个命令及功能的操作方法。该例的最终效果如图 6-13 所示。

运用文字工具制作商业招贴

1. 选择【文件】/【新建】命令（或按 Ctrl+N 组合键），弹出【新建】对话框，具体参数的设置如图 6-14 所示。

图6-13 商业招贴最终效果

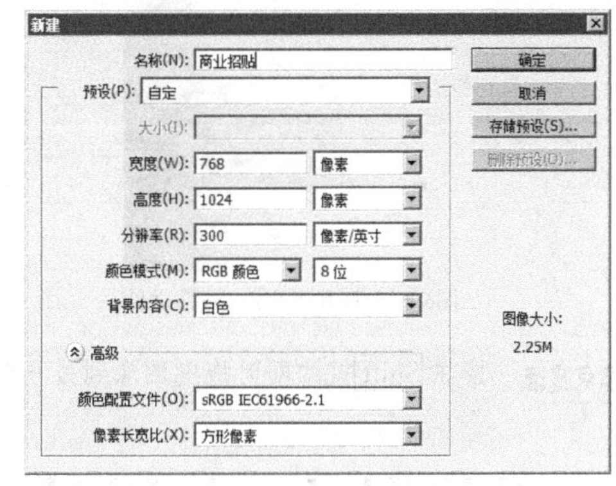

图6-14 【新建】对话框

2. 选择【文件】/【存储为】命令（或按 Ctrl+Shift+S 组合键），将文件命名为“商业招贴.psd”保存。
3. 选择[矩形选框]工具（或按 M 键），绘制矩形选区，然后选择【编辑】/【描边】命令，弹出【描边】对话框，将【颜色】设置为灰蓝色（R:136,G:152,B:163），其他设置如图 6-15 所示。描边效果如图 6-16 所示。

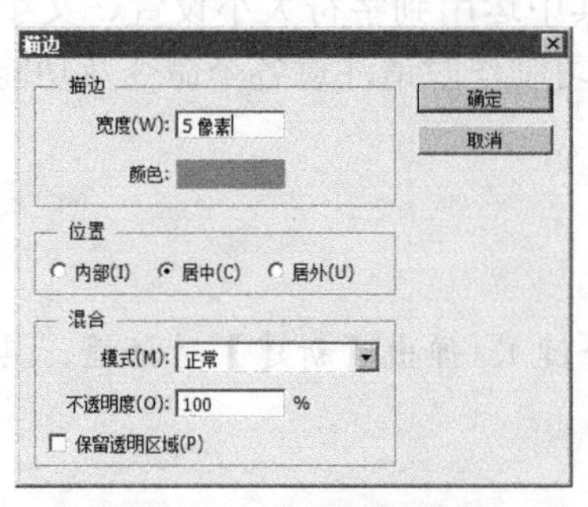

图6-15　【描边】对话框

图6-16　描边效果

4. 选择【文件】/【打开】命令（或按 Ctl+O 组合键），打开本书配套光盘“Map”目录下的“高山.jpg”文件，如图 6-17 所示。
5. 选择工具（或按 V 键），拖曳图像到“商业招贴.psd”中，如图 6-18 所示，【图层】调板中将自动生成一个新的图层。

图6-17　打开“高山.jpg”文件

图6-18　拖曳图像到“商业招贴.psd”中

按住 Shift 键的同时拖曳图像到另一个文件中，图像将会被拖曳到文件的中间位置。

6. 选择【编辑】/【变换】/【缩放】命令（或按 Ctl+T 组合键），调整图像的大小和位置，效果如图 6-19 所示。
7. 选择工具或按 T 键，再单击选项栏中的按钮或选择【窗口】/【字符】命令，弹出【字符】调板，单击【颜色】色块，设置字体颜色为深蓝色（R:5,G:77,B:122），确保按钮处于激活状态，其他设置如图 6-20 所示。
8. 在文件中单击选择插入点，【图层】调板中将会自动生成一个新的图层，输入字母“M”，效果如图 6-21 所示。

图6-19　调整图像的大小和位置

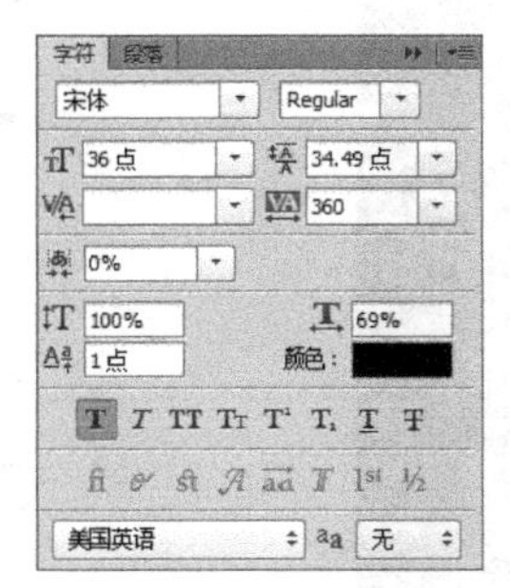

图6-20　【字符】调板（1）

图6-21　输入字母“M”

9. 在【字符】调板中设置字体颜色为黑色，确保TT按钮处于关闭状态，其他设置如图6-22所示。继续输入“ountain”，效果如图6-23所示。

要点提示　输入文字之后，若想改变文字的颜色或字体，确保文字图层处于被选择状态，然后选中要改变的文字，在选项栏或【字符】调板中进行修改即可。

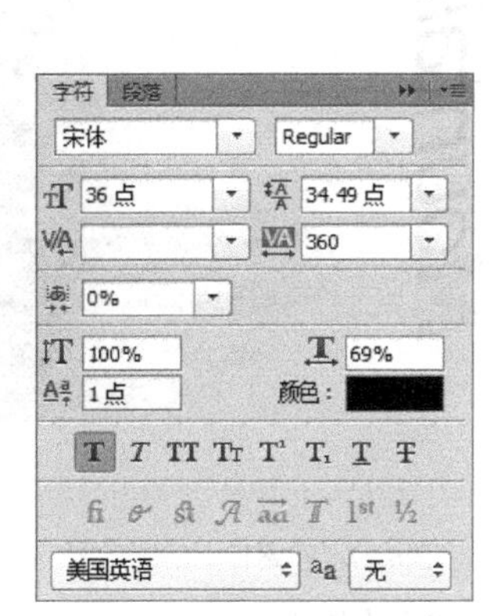

图6-22　【字符】调板（2）

图6-23　输入“ountain”

10. 单击选项栏中的【提交所有当前编辑】按钮✓，结束文字的输入。
11. 选择【编辑】/【变换】/【旋转90度（逆时针）】命令，并修改选项栏中的【旋转】角度为“-90”，然后调整文字的位置和大小，效果如图6-24所示。
12. 复制当前的文字图层，把【图层】调板中处于下层的文字颜色改变为白色，并进行文字位置的调整，效果如图6-25所示。

图6-24　旋转文字

图6-25　复制图层并改变文字的颜色与位置

13. 选择工具（或按 P 键），绘制一条路径，按 Esc 键结束绘制，如图 6-26 所示。
14. 选择工具（或按 T 键），设置字体为“黑体”，字体大小为 “6 点”，在路径上单击，【图层】调板中会自动生成一个新的图层，输入文字“攀越高峰，尽享成功”，如图 6-27 所示。

图6-26　绘制路径

图6-27　在路径上创建文字

15. 单击选项栏中的【提交所有当前编辑】按钮，结束文字的输入。
16. 新建一图层，选择工具（或按 M 键），自由绘制修饰性的色块，如图 6-28 所示。
17. 执行【文件】/【打开】命令（或按 Ctrl+O 组合键），打开配套光盘“Map”目录下的“logo.psd”文件，如图 6-29 所示。
18. 拖曳 logo 到“商业招贴.psd”文件中，【图层】调板中将会自动生成一个新的图层，双击新图层名称，更改为“logo”。按 Ctrl+T 组合键，调整 logo 的大小和位置。

当文件中有很多图层时，把图层名称更改为容易识别的名称，这样在操作时会省去很多不必要的麻烦。

19. 用同样的方法输入“Mountain 房地产”，【图层】调板中会自动生成新的图层。
20. 新建一图层，使用⬚工具绘制一个矩形选区，设置前景色为（R:72,G:46,B:1），然后选择【编辑】/【填充】命令（或者按 Alt+Delete 组合键）填充前景色，效果如图 6-30 所示。

图6-28 绘制修饰性的色块

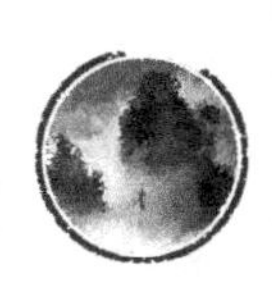

图6-29 打开“logo.psd”文件

图6-30 填充颜色

21. 选择T工具，设置选项栏中的字体为“黑体”，字体大小为“3 点”，单击☰按钮，然后在文件中拖曳出一个定界框，如图 6-31 所示。

定义文本的定界框之后，可以对定界框进行调整，只需将鼠标光标移动到定界框上的 8 个小方块处拖曳即可。

22. 输入文字后，确认所有当前编辑，如图 6-32 所示。

图6-31 定义定界框

图6-32 输入文字

23. 按住 Ctrl 键分别单击“logo”图层、“Mountain 房地产”图层、填充图层和“地处”图层，选中这 4 个图层后，选择▶+工具并单击选项栏中的⊥按钮，调整其位置，效果如图 6-33 所示。
24. 复制“logo”图层和“Mountain 房地产”图层，并调整大小和位置，然后在【图层】调板中通过拖曳的方式来调整各图层的堆叠次序，最终效果如图 6-34 所示。

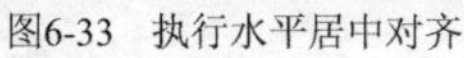
图6-33　执行水平居中对齐

图6-34　最终效果

6.3 其他工具

除了前面讲解的工具外，Photoshop CS6 工具箱中还包括【裁剪】工具、【切片】工具、【切片选择】工具、【附注】和【吸管】工具等。本节就主要介绍这些工具的功能和操作方法，在实际工作中，这些工具的使用会达到意想不到的点睛效果，所以读者不要因为这些工具看上去功能较少而忽视它们。

6.3.1 【裁剪】工具

【裁剪】工具 主要用来将图像中多余的部分剪切掉，而只保留需要的部分。在裁剪的同时还可以对图像进行旋转、扭曲等变形修改。此外，还可以利用 工具直接设置裁剪后图像的像素和分辨率。选择 工具的快捷键为 C 键。

在工具箱中选择 工具后，选项栏如图 6-35 所示。

图6-35　工具选项栏

要点提示　用户可以根据需要自行设置【宽度】值、【高度】值和【分辨率】值，也可以只设置一两个或全部不设置。

在图像中要保留的图像上拖曳鼠标光标，图像中将会生成一个裁剪框，其形态与前面所学的对图像进行扭曲变形时的定界框相似。此时的选项栏如图 6-36 所示。

图6-36　在图像中设置裁剪框后的选项栏

要点提示　无论设置的【裁切】框形态多么不规则，执行裁切后，软件都自动将保留下来的图像调整为规则的矩形图像，如图 6-37 所示。

图6-37　图像裁切前后的形态

调整裁剪框形态的方法与调整定界框的方法相似，这里不再详细介绍。将鼠标光标移动至裁剪框内部，拖曳鼠标光标可以移动裁剪框的位置。

要点提示　在【裁切】框内双击，或按Enter键，可以确认裁切操作；按Esc键，可以取消裁切操作。

6.3.2 【切片】工具

Photoshop CS6加强了对网络的支持，【切片】工具和【切片选择】工具就是特别针对网络应用开发的，使用它们可以将较大的图像切割为几个小图像，以便于在网上发布，从而提高网页打开的速度。

要点提示　选择工具、工具和工具的快捷键为C键，反复按Shift+C组合键可以在工具、工具和工具间进行切换。

【切片】工具的功能比较多，这里将【切片】工具和【切片选择】工具分开介绍。工具主要用于在图像中创建切片，工具主要用于编辑切片。

一、【切片】工具选项栏

选择工具箱中的【切片】工具，选项栏如图6-38所示。

样式: 正常　宽度:　高度:　基于参考线的切片

图6-38　工具选项栏

- 【样式】框中有3个选项，选择不同的选项可以在图像中建立不同大小与比例的切片。
- 基于参考线的切片按钮只有在图像窗口中设置了参考线时才可使用。单击该按钮，可以根据当前图像中的参考线创建切片。

二、创建切片

创建切片的方式通常有两种。一种是根据参考线进行切片，这种切片方式比较精确；另一种是利用【切片】工具直接在图像中拖曳鼠标光标，这种方式比较灵活，但切片的位置和排列不够精确。

要点提示　选择菜单栏中的【编辑】/【预置】/【参考线、网格和切片】命令，在弹出的【预置】对话框中，可以设置图像中参考线和切片的显示效果。

6.3.3 【切片选择】工具

【切片选择】工具主要用于对切片进行各种设置，如切片的堆叠、选项设置、激活、分割、显示或隐藏等。选择【切片选择】工具后的选项栏如图 6-39 所示。

图6-39 工具选项栏

下面根据其功能分别介绍这些选项。

一、 显示/隐藏切片

在创建切片的时候，如果从图像左上角开始创建，切片左上角默认的编号显示为【01】；如果从其他位置开始创建，则新创建切片的编号就可能是【02】（从沿一边中间位置开始创建）或【03】（从图像的中间位置开始创建）。这是因为当不是从左上角开始创建切片时，系统根据创建切片的边线将图像的其他部分自动分割，生成了一些自动切片。切片的默认编号是从左上角开始的，系统将会对所有切片（包括隐藏切片）进行编号。

当在图像中创建切片时，只有拖曳鼠标光标生成的切片是被激活的，其他自动产生的切片就是自动切片，自动切片默认是隐藏的。单击显示自动切片按钮，即可将自动切片显示出来，此时显示自动切片按钮将显示为隐藏自动切片按钮，自动切片的边线显示为虚线。此时再单击选项栏中的隐藏自动切片按钮，即可将自动切片再次隐藏。

二、 调整切片大小

选择工具，将鼠标光标移动至当前切片的边线或四角上，当鼠标光标显示为双箭头时拖曳，可以通过移动切片边线的位置来调整切片的大小。按 Delete 键，可以删除当前切片。

三、 激活切片

当自动切片左上角的编号显示为灰色时，表示该切片没有被激活，此时切片的部分功能不能使用。要使这些切片功能可以使用，只要在图像窗口中单击要激活的切片将其选择，再单击选项栏中的提升按钮，就可以将其激活，此时切片左上角的编号显示为蓝色。系统默认被选择切片的边线显示为橙色，其他切片的边线显示为蓝色。

四、 设置切片堆叠顺序

每个切片之间有一定的堆叠顺序，选项栏左侧的 4 个按钮就是用来设置切片堆叠顺序的。在图像中选择要设置堆叠的切片，可以分别单击上述按钮，完成相应操作。

五、 设置切片选项

切片的功能不仅可以使图像分为较小的部分，以便于在网页上显示，还可以适当设置切片的选项，来实现一些链接及信息提示等功能。在工具箱中选择工具，然后在图像窗口中选择一个切片，单击选项栏右侧的按钮，弹出的【切片选项】对话框如图 6-40 所示。

各部分功能介绍如下。

- 在【切片类型】框中，选择【图像】选项，表示当前切片在网页中显示为图像；选择【无图像】选项，当前切片的图像在网页中不显示。
- 在【名称】框中可以设置当前切片的名称，系统默认为“文件名”+“_”+“切片编号”。如图 6-40 所示的“指示牌_03”。

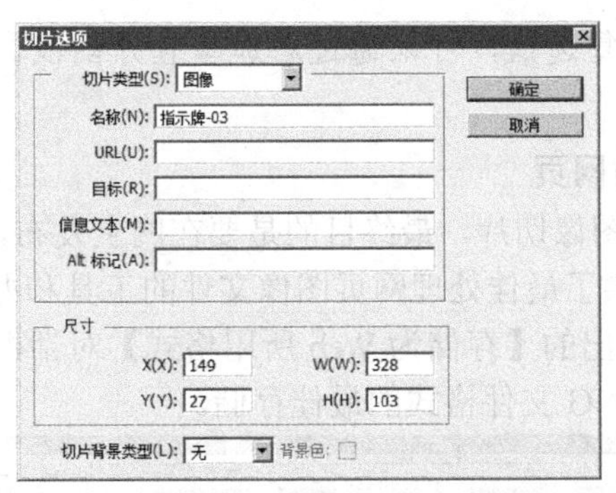

图6-40 【切片选项】对话框

- 【URL】框中可以设置在网页中单击当前切片可链接至的网络地址。
- 设置【目标】框内容，可以决定在网页中单击当前切片时，是在网络浏览器中弹出一个新窗口打开链接网页，还是在当前窗口中直接打开链接网页。如果在【目标】框中不输入内容，默认为在新窗口中打开链接网页。
- 【信息文本】：是在网络浏览器中将鼠标光标移动至该切片时，网络浏览器下方的信息行内要显示的内容。
- 【Alt 标记】：是在网络浏览器中将鼠标光标移动至该切片时，该切片上弹出的提示内容。
- 【X】、【Y】值为当前切片的坐标。
- 【W】、【H】值为当前切片的宽度和高度。
- 在【切片背景类型】框中，可以设置切片背景的颜色。当切片图像在网页上不显示时，该切片相应的位置上将显示背景颜色。
- 在如图 6-40 所示【切片选项】对话框的【切片类型】框中，选择【无图像】选项，【切片选项】对话框如图 6-41 所示。

在【切片类型】框中选择【无图像】选项时，在网页中该切片所在的位置将不显示切片图像，而是【显示在单元格中的文本】框内所输入的内容。

六、 平均分割切片

用户可以将现有的切片进行平均分割。选择工具后，在图像窗口中选择一个切片，单击选项栏中的划分...按钮，弹出的【划分切片】对话框如图 6-42 所示。

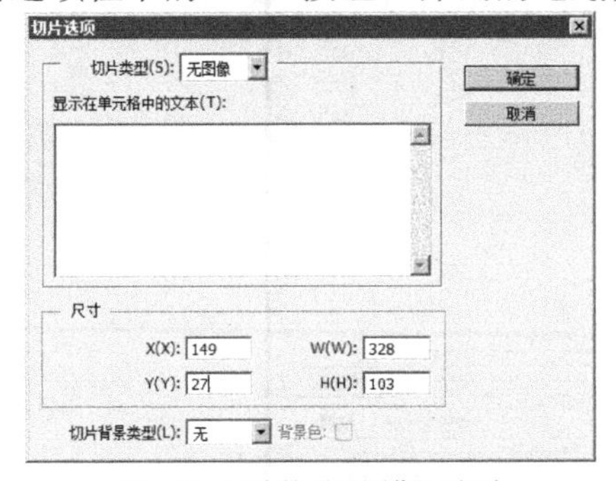

图6-41 切片的【无图像】选项

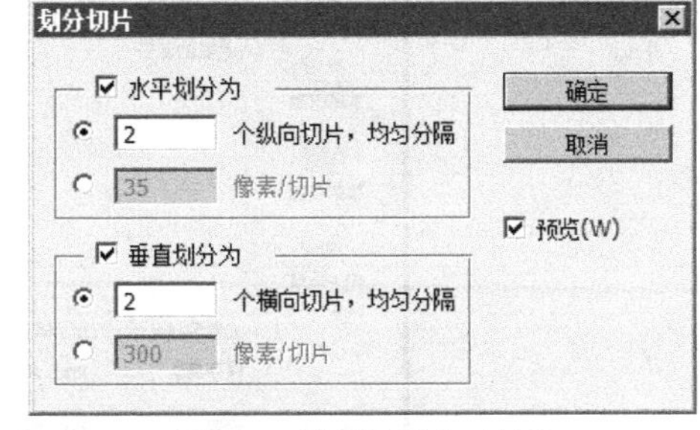

图6-42 【划分切片】对话框

- 勾选【水平划分为】复选框，可以通过添加水平分割线，将当前切片在高度上进行分割。

- 勾选【垂直划分为】复选框，可以通过添加垂直分割线，将当前切片在宽度上进行分割。

七、 将切片的图像保存为网页

在 Photoshop 中处理好的图像切片，最终目的是要在网上发布，因此要把它们保存为网页的格式。Photoshop CS6 提供了最佳处理网页图像文件的工具和办法。选择【文件】/【存储为 Web 所用格式】命令，弹出的【存储为 Web 所用格式】对话框如图 6-43 所示。根据此对话框可完成 GIF、JPEG 和 PNG 文件格式的最佳存储。

图6-43　【存储为 Web 所用格式】对话框

单击【存储为 Web 所用格式】对话框中的【存储】按钮，将弹出如图 6-44 所示的【将优化结果存储为】对话框。对各选项进行相应设置后，单击存储...按钮，进行保存。

图6-44　【将优化结果存储为】对话框

6.3.4 【吸管】工具、【颜色取样器】工具和【注释】工具

【吸管】工具、【颜色取样器】工具、【标尺】工具、【注释】工具和【计数】工具是 Photoshop CS6 中的辅助工具，它们的作用是从图像中获取色彩、数据或其他信息。本节主要讲解一下常用的【吸管】工具、【颜色取样器】工具和【注释】工具。

要点提示 工具、工具、工具、工具和工具位于工具箱中的同一位置，它们的快捷键为 I 键。反复按 Shift+I 组合键，可以实现这 5 个工具之间的切换。

一、 【吸管】工具

利用【吸管】工具可以吸取图像中某个像素点的颜色，或者以拾取点周围多个像素的平均色进行取样，也可以直接从色板中取样，从而改变前景色或背景色。

- 在图像中要吸取的颜色上单击，工具箱中的【前景色】色块将被修改为工具吸取的颜色。
- 按住 Alt 键不放，使用工具吸取的颜色将被用作背景色。

二、 【颜色取样器】工具

【颜色取样器】工具的主要功能是检测图像中像素的色彩构成。在图像中单击，鼠标光标落点处出现一个【色彩样例】图标，称为取样点。在同一个图像中最多可以放置 4 个取样点，每个取样点处像素的色彩构成都显示在【信息】调板中。

选择工具，并打开一幅图像，在图像中单击 4 次，每单击一次，图像中便出现一个图标，其右下角分别标注有“1”、“2”、“3”、“4”，表示它们分别是“#1”、“#2”、“#3”、“#4”取样点。此时，【信息】调板下方显示每个取样点的色彩构成，如图 6-45 所示。

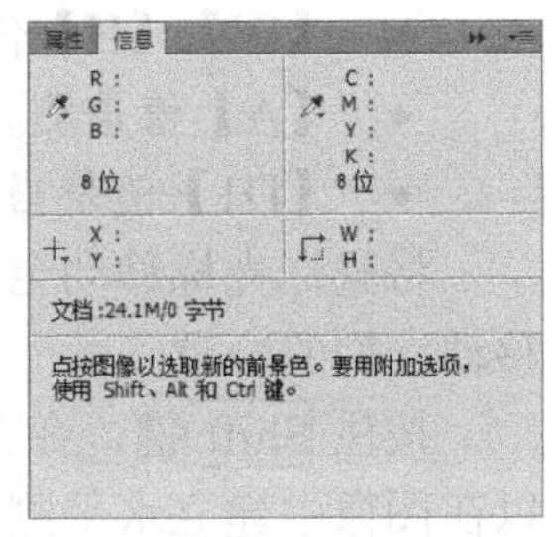

图6-45 4 个取样点的信息

【信息】调板不仅能显示取样点的色彩信息，还可以显示鼠标光标当前所在位置及其所在位置的色彩信息。当图像中没有取样点时，【信息】调板仅显示如图 6-44 所示上方的 4 部分内容。其中左上部显示的是鼠标光标当前所在位置颜色的【RGB】模式值，右上部显示的是鼠标光标当前所在位置颜色的【CMYK】模式值，左下部显示的是鼠标光标当前所在位置的坐标值，右下部显示的是选区的长宽值。

将鼠标光标移动至取样点的位置，当鼠标光标变成形状时拖曳，就可以调整取样点的位置。按住 Alt 键不放，移动鼠标光标至取样点的位置，当鼠标光标变成剪刀的形状时单击，可以删除该取样点。

三、 【注释】工具

使用【注释】工具，可以在图像中添加文字注释及作者信息等内容。这些注释只是作者在图像中添加的评论或说明，不会影响图像的最终效果。创建文字注释时，将出现一个大小可调的窗口用于输入文本。选择工具后的选项栏如图 6-46 所示。

图6-46 工具选项栏

- 【作者】文本框：显示作者名称，它会显示在【文本注释】框的标题栏中。

- 【颜色】色块：显示图像中的【注释】图标所使用的颜色，单击该色块，可以在弹出的对话框中对此颜色进行调整。
- 单击 清除全部 按钮，可以将图像中所有的文本注释删除。

图6-47 【注释】调板

选择工具后，在图像中单击可以建立一个图标，即【注释】图标，此时将会弹出【注释】调板，如图 6-47 所示，在调板中可输入或编辑注释内容；单击已建立的图标，即可打开【注释】调板，此时可以对注释内容进行查看或编辑修改。

四、 保存含有注释的图像文件

当在图像中添加了文本注释后，如果要在保存图像时同时将这些注释保存，就只能将文件保存为“.psd”、“.pdf”或“.tif”格式，并且保存时要在【存储为】对话框中勾选【注释】复选框。

五、 【标尺】工具

【度量】工具的主要功能是对某部分图像的长度或角度进行精确测量。

(1) 测量长度。

选择工具，在图像中要测量的长度上拖曳鼠标光标，拖过的路径上会出现一条直线，即取值的长度。工具的选项栏如图 6-48 所示，此时选项栏中显示测量的结果。

X:0 Y:0 W:0 H:0 A:0.0° L1:0.00 L2: 拉直图层 清除

图6-48 测量长度的结果

- 【X】、【Y】值是测量起点的坐标值。
- 【W】、【H】值是测量起点与终点的水平、垂直距离。
- 【A】值是测量线与水平方向的角度。
- 【D1】值是当前测量线的长度。

将鼠标光标移动至测量线、测量起点或测量终点上，当鼠标光标显示为时，拖曳可以移动它们的位置。

按住 Shift 键，在图像中拖曳鼠标光标可以建立角度以 45° 为单位的测量线，也就是可以在图像中建立水平测量线、垂直测量线以及与水平或垂直方向成 45° 角的测量线。

(2) 测量角度。

在图像中先沿要测量角度的图像一边拖曳鼠标光标，建立一条测量线，按 Alt 键，将鼠标光标移动至测量线的端点处，当鼠标光标显示为时，沿要测量角度的另一边拖曳鼠标光标，创建第二条测量线，此时选项栏中显示测量角的结果，如图 6-49 所示。

X: Y: W:-15 H:-21 A:126.0° L1:26.77 L2: 拉直图层 清除

图6-49 测量角的结果

- 【X】、【Y】值为两条测量线的交点，即测量角的顶点坐标。
- 【A】值为两条测量线间的角度。
- 【D1】值为第一条测量线的长度。
- 【D2】值为第二条测量线的长度。

将鼠标光标移动至测量线或测量线的端点上，当鼠标光标显示为时，拖曳即可以移动它们的位置。

按住 Shift+Alt 组合键，可以测量以 45° 为单位递增的角度。

单击选项栏中的清除按钮，可以清除图像中的测量线。

6.4 综合应用实例

下面通过综合应用实例再来巩固一下本次课程所学的知识，加强练习如何运用【文字】工具和【裁剪】、【切片】、【吸管】等其他工具以及前面所学的各种工具和命令，创建出各种各样的图案效果。

6.4.1 个人主页制作

用户可以利用本章所学的工具，制作自己喜欢的个性网页，或者制作公司的网页及温馨的家庭网页。本例将通过家庭网页的制作，主要介绍文字工具和切片工具等在网页制作中的用法。

读者要首先在 Photoshop 中制作好网页版式，保留图层但不要合并，然后将文件转到 ImageReady 中编辑，并在 ImageReady 中创建 Web 页，然后在【切片】调板中制作链接，并使用【Web】调板来跟踪切片及创建翻转状态，最后输出到 Web。

本节将结合前面所学的知识制作一个简单的个人主页，通过练习使读者重点掌握【文字】工具和【切片】工具等在网页制作中的用法。由于网页的制作需要大家对 HTML 语言有一定的了解，所以本节案例将不介绍页面输出后的修改及添加链接等。该例的最终效果如图 6-50 所示。

图6-50 个人主页最终效果

【操作步骤提示】

首先来制作整体图像效果。

1. 选择【文件】/【新建】命令（或按 Ctrl+N 组合键），新建一个名为“个人主页.psd”的文件，各项具体设置如图 6-51 所示。

2. 将背景填充为浅灰色。新建一个名为“标题区”的图层，使用【矩形选框】工具绘制选区，并填充从深色橘红（R:138,G:78,B:2）到橘红（R:253,G:102,B:0）的线性渐变，填充完成后的效果如图 6-52 所示。

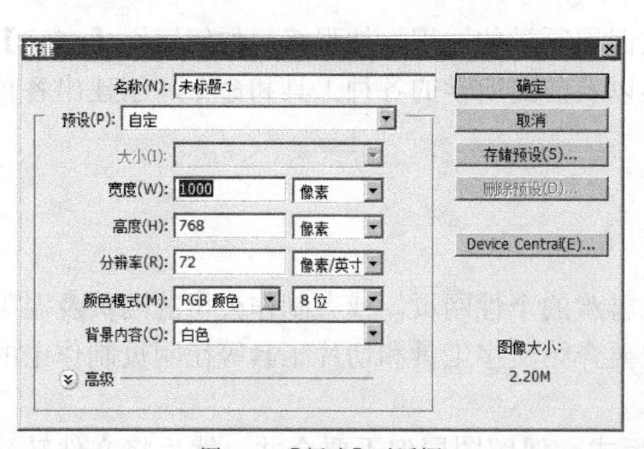

图6-51　【新建】对话框

图6-52　填充渐变颜色

3. 新建一个名为“菜单区”的图层，同样绘制菜单区的选区，填充从黑色到 60%灰色的线性渐变并制作反光效果，如图 6-53 所示。
4. 打开本书配套光盘“Map”目录下的“个人主页素材 01.jpg”文件，将其拖入“个人主页”文件中，并调整大小和位置，将新生成的图层重新命名为“顶部图片”。分别为“标题区”、“菜单区”、“顶部图片”图层添加【描边】和【投影】的图层样式，参数采用默认值，效果如图 6-54 所示。

图6-53　绘制菜单区域

图6-54　拖动素材图片至文件

5. 在如图 6-55 所示的位置输入网页标题，并设置字体为“综艺体”，字体大小为“39 点”，颜色为白色。继续输入描述文字，设置字体为“黑体”，　字体大小为“12 点”。

图6-55　输入标题区文字

6. 新建“内容”图层，使用选区创建工具绘制白色内容区域，并添加【投影】图层样式，参数保持默认，效果如图 6-56 所示。

图6-56 绘制内容区域

7. 在菜单区域输入链接文字，设置字体为“宋体”，字体大小为“18 点”，选择消除锯齿的方法为“无”，效果如图 6-57 所示。

图6-57 输入菜单区文字

要点提示 在使用 Photoshop CS6 制作网页效果图时，正文字体的设置上有些特殊的要求，也就是在字体的选项栏中必须将消除锯齿的方法设置为“无”，且字体一般采用宋体。

8. 利用同样的方法输入正文区域文字，最终效果如图 6-58 所示。

整个效果做完后，下面要进行的就是切片。使用【切片】工具将图像进行划分。切片过程必须遵循一定的原则，即需要添加超级链接的地方和需要进行文字输入的地方必须切片，但切片在保证不影响使用的情况下要尽量少。本例中的切片方案如图 6-59 所示。

图6-58 制作内容区域

图6-59 切片方案

9. 选择【文件】/【存储为 Web 和设备所用格式】命令，在弹出的【存储为 Web 和设备所用格式】对话框中设置参数，如图 6-60 所示。

要点提示 GIF 图像在网页中是应用非常广泛的一种格式，但是对复杂颜色的表达却力不从心，如本例中含有照片的图像就最好不要用这种方式保存。

Photoshop CS6 的【切片】工具允许用户单独对某个切片进行格式参数设置，读者可以使用【切片选择】工具选中需要特殊保存的切片，在右侧设置该切片的优化参数。

10. 单击 存储 按钮，保存类型选择【HTML 和图像】选项，单击 保存(S) 按钮，将优化结果进行保存，这样就可以将设计好的个人网站效果轻松地变成网页格式了。

图6-60 【存储为 Web 和设备所用格式】对话框参数设置

11. 单击 存储 按钮，保存类型选择【HTML 和图像】选项，单击 保存(S) 按钮，将优化结果进行保存，这样就可以将设计好的个人网站效果轻松地变成网页格式了。

6.4.2 门票制作

本节将学习利用选区创建工具、【钢笔】工具、【渐变】工具和【文字】工具等制作一张大学生电影节的门票，最终效果如图 6-61 所示。

图6-61　电影节门票最终效果

本次实训要求读者使用学过的各种工具，结合【文字】工具制作一张电影节的门票，希望读者能够熟练掌握【文字】工具的使用方法。该练习的制作流程如图 6-62 所示。

【操作步骤提示】

1. 新建一个名为“电影节门票”的图像文件，设置参数如图 6-62 左上角所示。
2. 打开本书配套光盘“Map”目录下的“电影节门票素材 01.jpg”文件，将其拖入“电影节门票”文件中，并调整大小和位置，并为自动生成的图层重命名为“底图”。在右侧绘制一个矩形选区，并填充为黄色。
3. 打开本书配套光盘“Map”目录下的“电影节门票素材 02.jpg”文件，这是一个黑白标志，将其拖入“电影节门票”文件中，并调整大小和位置。使用【文字】工具输入文字，并与“标志”图层合并。
4. 将合并后的图层载入选区，填充一个竖直方向的灰白渐变，并新建一个图层，做出反光质感。
5. 输入副标题文字，添加“8 px”的白色描边图层混合特效，使用【圆角矩形】工具绘制底部的图形。再次使用【文字】工具输入其他内容，并稍作修饰。
6. 使用【钢笔】工具绘制一条曲线路径，选择【文字】工具，将鼠标光标移动至路径上，当鼠标光标显示为形状时单击，从鼠标光标落点处开始输入标语。
7. 制作副券部分，图形图像可从已做完的图像中复制。
8. 选择【文件】/【存储】命令，保存文件本例完成后，保存在附盘“最终效果”目录中。

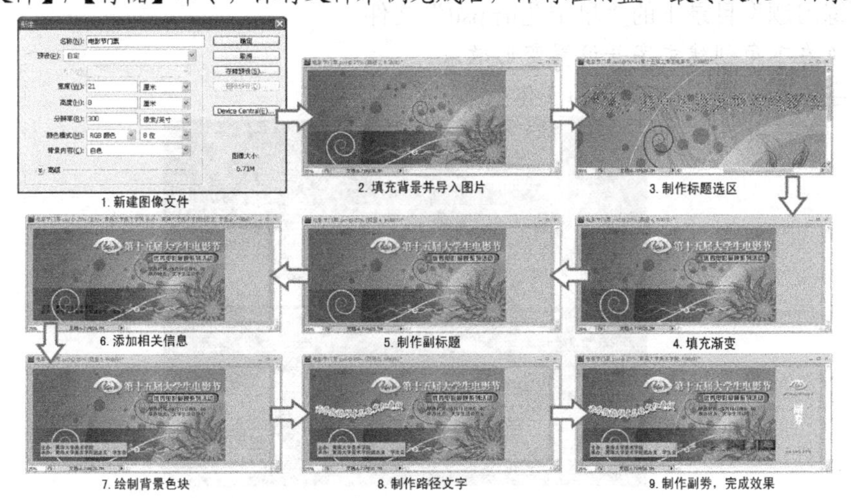

图6-62　制作流程示意图

6.5 小结

本章主要介绍了文字工具和其他辅助工具的基本应用方法。在实际的绘图过程中，很多作品都需要有文字来说明，也有很多画面需要输入特殊文字的要求，希望读者能够掌握并灵活运用。读者应该多阅读一些相关的书籍，多参考别人的制作经验，以提高自己的制作水平。

本章中所介绍的【切片】工具主要针对用于网络传输和浏览的图像。对于大多数初学者来说，只要能掌握【切片】工具的基本应用就可以，只有那些专门从事网页制作、网站维护等工作或对这类工作有兴趣的读者，才需要对一些具体的优化设置等操作进一步了解。

6.6 练习题

一、填空

1. 在 Photoshop CS6 中选择了文字后，按住（　　）键，文字周围出现【定界】框，此时可以直接对文字进行变形。
2. 按住（　　）键，在图像中拖曳鼠标光标，可以创建指定大小的文字定界框。按住（　　）键，可以创建正方形的文字定界框。
3. 选择菜单中的（　　）/（　　）/（　　）命令，可以将当前文字层转换为普通层。
4. 按（　　）键，也可以确认对图像的裁切操作。按（　　）键，可以取消裁切操作。
5. 按住（　　）键不放，使用工具吸取的颜色被用作背景色。

二、简答

1. 简要说明【字符】调板和【段落】调板中各选项的功能。
2. 简要说明沿路径创建文字的基本操作步骤。
3. 简述根据参考线切片的基本步骤。
4. 简述使用工具创建、移动和删除测量点方法。

三、操作

1. 打开本书配套光盘“Map”目录下的“星光背景.jpg”文件，操作时请参照本书配套光盘“练习题”目录下的“星空花语.psd”文件。

(1) 在图像左下角创建文字并设置变形效果。

(2) 给文字添加如图 6-63 所示的立体效果。

图6-63　立体效果字

(3) 将该文字层再复制一层，将其转换为形状层。在形状层中修改“花”字最后一笔的剪贴路径，使文字效果如图 6-64 所示。

(4) 将第一次创建的立体效果字层再复制一层，将其转换为普通层。使用菜单中的【滤镜】/【模糊】/【高斯模糊】命令，给其添加 1 个像素的模糊效果使文字效果如图 6-65 所示。

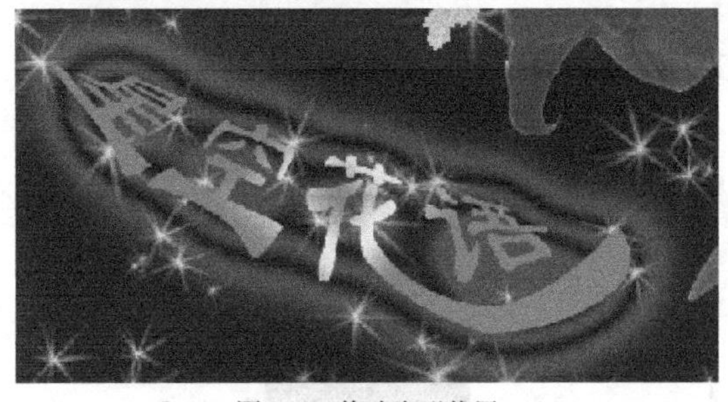

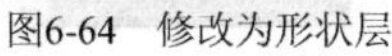

图6-64 修改为形状层

图6-65 修改为普通层

2. 本次练习将学习利用选区创建工具、【矩形】工具、【填充】工具和【文字】工具等制作名片，最终效果如图 6-66 所示。操作时请参照本书配套光盘“练习题”目录下的“名片.psd”文件。

图6-66 绘制完成的名片效果

本次练习要求读者调用标志素材并进行企业名片的绘制，以达到灵活运用选区创建及编辑工具、【矩形】工具及【文字】工具的目的。该练习的制作流程如图 6-67 所示。

【操作步骤提示】

(1) 新建一个名为“名片”的图像文件，设置参数如图 6-67 左上角所示。

(2) 使用【矩形】工具在下方绘制一个长条矩形，颜色填充为黑色。显示并添加参考线，使用【添加锚点】工具在长条矩形上侧中点处添加一个锚点并向下移动，调整路径的弧度以改变矩形形状。

(3) 新建两个图层，利用工具分别绘制两个矩形选区，颜色分别填充为浅灰色和黑色。使用工具沿黑色矩形下边向左绘制一条黑色直线，粗细设为“2 px”。

(4) 打开本书配套光盘“Map”目录下的“标志.bmp”文件，将其拖入“名片”文件中，并调整大小和位置。

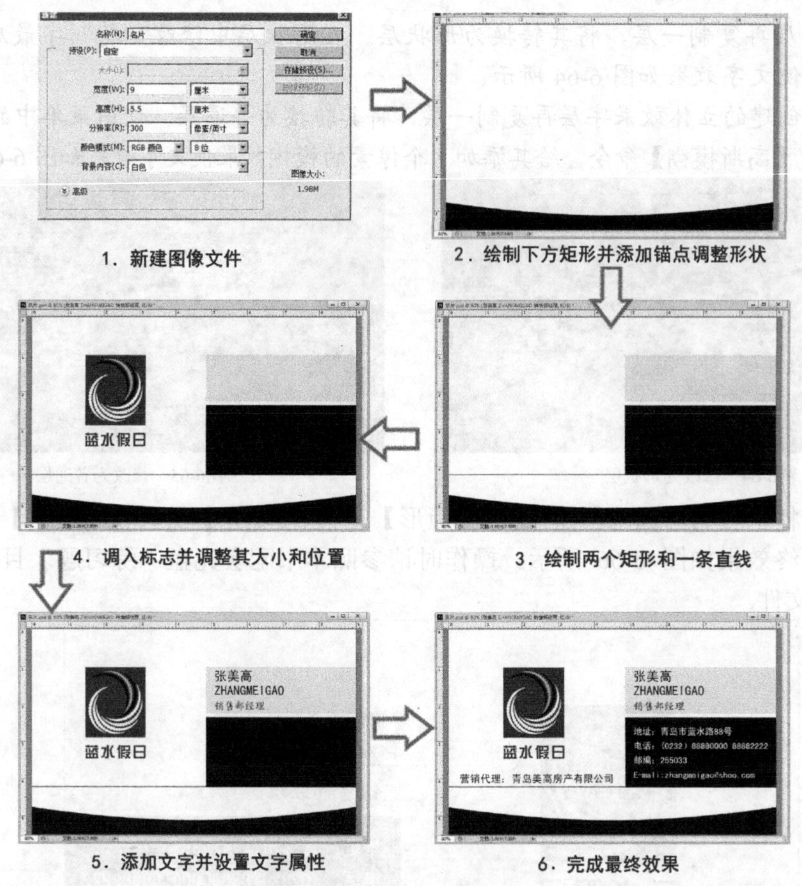

图6-67　制作流程示意图

(5) 利用 T 工具输入文字（文字内容参见图 6-66），设置公司名称字体为“黑体”，字体大小为“8 点”；姓名字体为“黑体”，字体大小为“10 点”；职位字体为“楷体”，字体大小为“8 点”；其他文字字体为“黑体”，字体大小为“7 点”。最后再调整文字的行距和位置，最终效果如图 6-66 所示。

(6) 选择【文件】/【存储】命令，保存文件。本例完成后，保存在附盘“练习题”目录中。

第7章 图层的高级应用

第 3 章中简单介绍了图层的基本概念和基本功能，但图层的功能远远不止这些。本章将学习图层的高级应用，包括图层样式、图层混合模式、图层组和图层剪贴组等内容。使用图层的高级功能可以使图像获得更加出色的效果。

7.1 图层样式

第 3 章介绍图层类型时曾经讲过，在【图层】调板上某层右侧出现【效果层】图标 fx. 时，该图层就是一个效果层，在效果层中可以产生立体、发光及填充等效果。所说的效果层实际上就是应用了图层样式的图层。

本节就结合一个案例练习来介绍如何对一个图层应用图层样式。

7.1.1 使用图层样式练习——制作水晶字效果

利用图层样式中的命令，制作如图 7-1 所示的水晶字效果。

1. 选择菜单栏中的【文件】/【新建】命令，新建一个名为“水晶字”的图像文件，设置大小为“500px×255px”，分辨率为“72”、颜色模式为“RGB 颜色”。
2. 利用工具箱中的 T. 按钮，在图像中输入文字“apple”。在工具选项栏中设置文字字体与大小，文字大小根据文件的大小调整，文字颜色为（R:0,G:163,B:226），如图 7-2 所示。

图7-1 水晶文字效果

图7-2 输入文字

字体最好选择类似于“Asimov”这样的字体，如果没有，读者也可自行设置，尽量用较为粗大、边角圆滑的字体来代替，这样能得到较好的效果。读者也可以打开本书配套光盘“练习”目录下的“水晶字.psd”文件，该文件提供了一个栅格化的文字图像。

选择【图层】/【图层样式】/【混合选项】命令，或双击图层缩略图或图层名称右侧的空白处，或单击【图层】调板底部的【添加图层样式】图标 fx.，均可弹出【图层样式】对话框。对话框左侧为图层样式选项列表区，在该对话框中可以设置多个图层样式；中间为参数设置区，在此可以设置各个图层样式的参数，从而获得不同的图层样式效果；右侧为预览区，用户能够在设置参数时实时预览到参数调整对整体效果的影响。

双击【背景】图层不能添加图层样式，如果要添加样式，需要先将它转换为普通图层。

【混合选项】默认的图层样式包括【投影】、【内阴影】、【外发光】、【内发光】、【斜面和雕塑】、【光泽】、【颜色叠加】、【渐变叠加】、【图案叠加】及【描边】10 种效果。选中不同的选项后，相应的参数设置及选项栏会随之更新，通过设置不同的参数会产生不同的图层样式效果。

下面开始为文字添加图层样式。

3.　双击文字层，弹出如图 7-3 所示的【图层样式】对话框。

在【图层样式】对话框左侧单击【样式】选项，右侧更新为 Photoshop CS6 提供的默认样式列表，如图 7-4 所示。单击相应的样式就可将其应用到当前图层中，单击列表中的 ☒ 图标可以取消当前图层应用的样式。

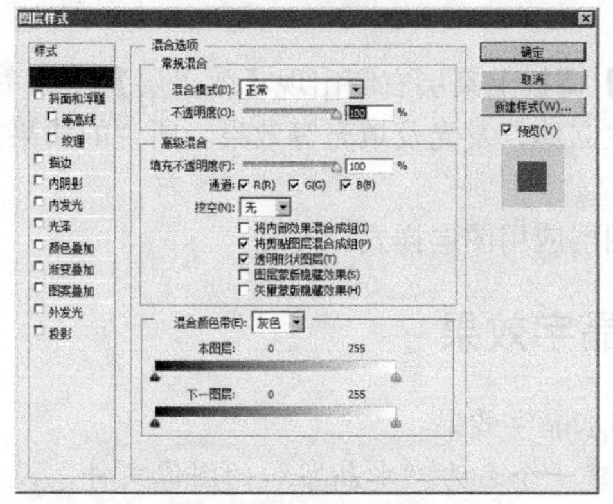

图7-3　【图层样式】对话框（1）

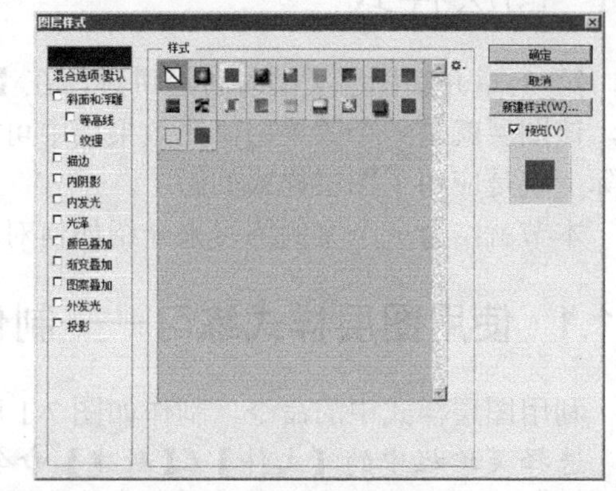

图7-4　【图层样式】对话框（2）

4.　在对话框左侧单击并勾选【内阴影】复选框，在右侧调整参数和选项如图 7-5 所示，文字效果如图 7-6 所示。

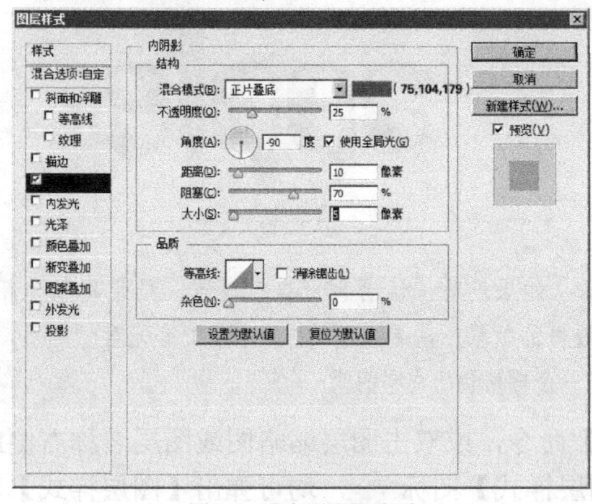

图7-5　【内阴影】选项

图7-6　文字效果

5.　接着为文字添加一点细微的立体效果，用【内发光】样式来实现。在左侧单击并勾选【内发光】复选框，在右侧调整参数和选项如图 7-7 所示，文字效果如图 7-8 所示。

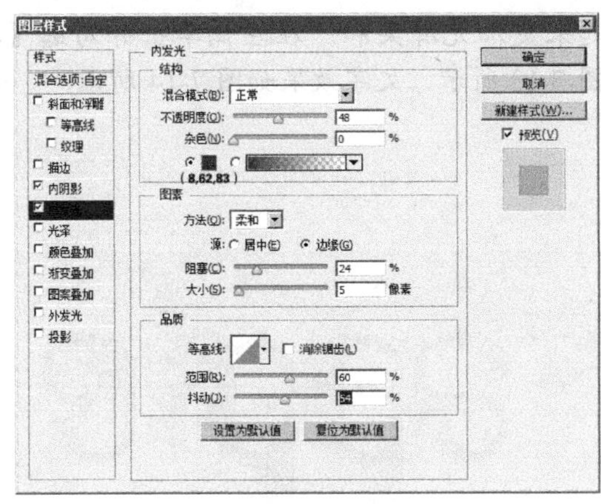

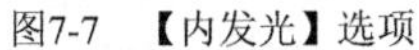

图7-7 【内发光】选项

图7-8 文字效果

6. 下面用【斜面和浮雕】样式做出立体效果。在左侧单击并勾选【斜面和浮雕】复选框，在右侧调整参数和选项如图 7-9 所示，文字效果如图 7-10 所示。

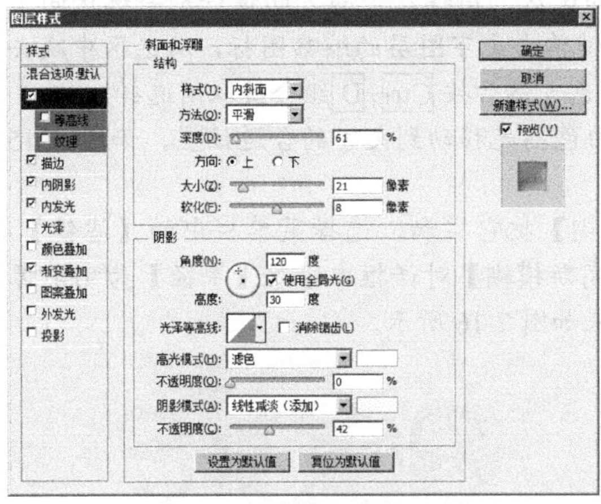

图7-9 【斜面和浮雕】选项

图7-10 文字效果

7. 这一步是为图像赋予魔力的关键。在左侧单击并勾选【渐变叠加】复选框，单击【渐变】右侧的渐变条，弹出【渐变编辑器】窗口，在【预设】中单击【前景到透明】选项图标，编辑渐变条为白色到透明，单击 确定 回到【图层样式】对话框，在对话框右侧调整参数和选项，如图 7-11 所示。这样，液体的反射效果如图 7-12 所示。

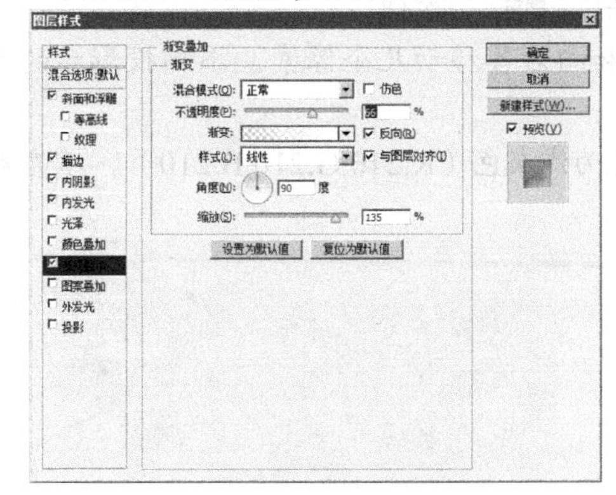

图7-11 【渐变叠加】选项

图7-12 文字效果（参见光盘）

8. 最后稍微修饰一下图像的边缘，使它看起来更加光滑柔和。在左侧单击并勾选【描边】复选框，在右侧中调整参数和选项如图 7-13 所示，文字效果如图 7-14 所示。

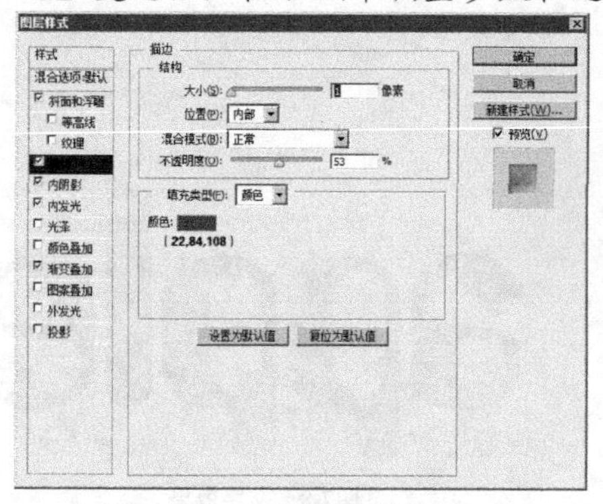

图7-13 【描边】选项

图7-14 文字效果

9. 再为文字添加一些额外的高光效果。新建“图层 1”，单击工具箱中的 按钮，按住 Ctrl 键单击文字图层的缩略图，载入文字图层的选区，用键盘上的方向键分别将选区向上和向左各移动两次，再按住 Ctrl+Alt 组合键单击文字图层的缩略图标，从选区中减去文字图层的选区，得到新选区，并填充为白色，然后按 Ctrl+D 组合键取消选择。
10. 单击工具箱中的 按钮，结合方向键，将白色高光移动到文字的合适位置，如图 7-15 所示。
11. 如果高光看起来太锐利，可以用【高斯模糊】把它柔和，选择菜单栏中的【滤镜】/【模糊】/【高斯模糊】命令，在弹出的【高斯模糊】对话框中修改【半径】为“0.4”像素。然后单击 确定 按钮，完成的模糊效果如图 7-16 所示。

图7-15 添加高光（参见光盘）

图7-16 高斯模糊效果

12. 复制文字图层，将新复制的图层更名为“阴影”，调整“阴影”图层到文字图层之下，选择菜单栏中的【滤镜】/【模糊】/【高斯模糊】命令，在弹出的【高斯模糊】对话框中修改【半径】为“4.8”像素，然后单击 确定 按钮。
13. 单击工具箱中的 按钮，将“阴影”图层向下和向右各移动几个像素。添加投影后的效果如图 7-17 所示。
14. 新建“图层 2”并调整至最底层，填充图层颜色为浅灰色（R:210,G:210,B:210），填充后的效果如图 7-18 所示。

图7-17 阴影效果（参见光盘）

图7-18 填充后的效果（参见光盘）

15. 设置前景色为（R:210,G:210,B:210），背景色为白色。选择菜单栏中的【滤镜】/【素描】/【半调图案】命令，弹出【半调图案】对话框，如图 7-19 所示。修改【大小】为“1”，【对比度】为“26”，【图案类型】为“直线”。
16. 然后单击 确定 按钮，最终效果如图 7-20 所示。

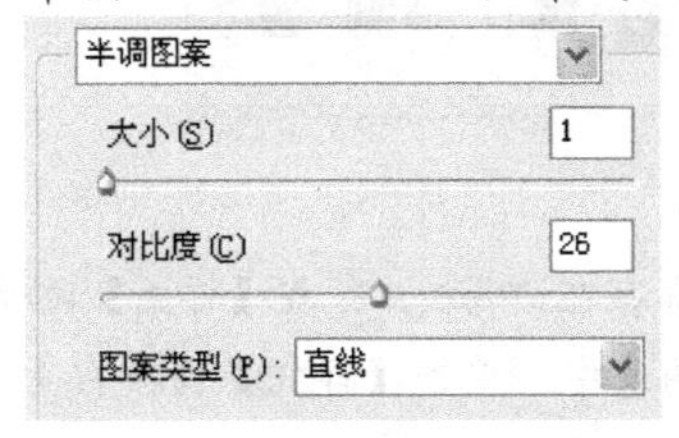

图7-19　【半调图案】对话框

图7-20　最终效果

17. 选择菜单栏中的【文件】/【存储】命令，保存文件。

7.1.2　保存图层样式

除了 Photoshop CS6 自带的预设图层样式外，用户还可以将已设置好的图层样式定义为新的预设样式，可以在其他文件或以后的工作中调入使用，以便提高工作效率。

1. 选择菜单栏中的【文件】/【打开】命令，打开上一节中保存的名为“水晶字”的图像文件。
2. 双击文字图层，打开【图层样式】对话框，如图 7-21 所示。

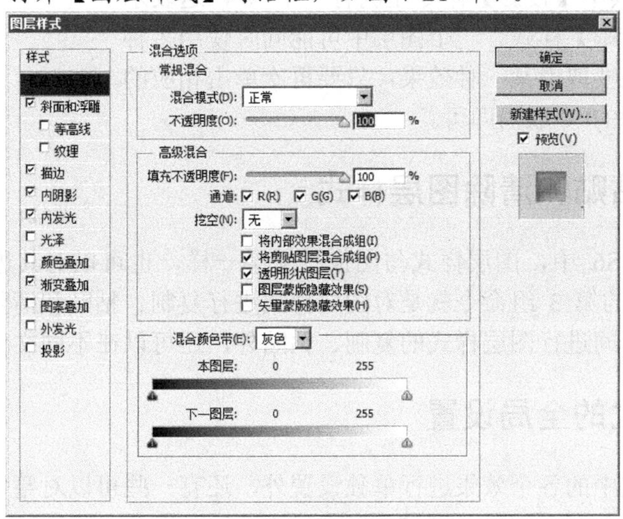

图7-21　【图层样式】对话框

3. 单击 新建样式(W)... 按钮，在弹出的【新建样式】对话框中，修改【名称】为“水晶效果”，保持默认选项，单击 确定 按钮，如图 7-22 所示。

图7-22　【新建样式】对话框

4. 选择菜单栏中的【窗口】/【样式】命令，即可打开【样式】调板，它用来保存、管理和应用图层样式。如图 7-23 所示为原【样式】调板和新添加样式后的【样式】调板。

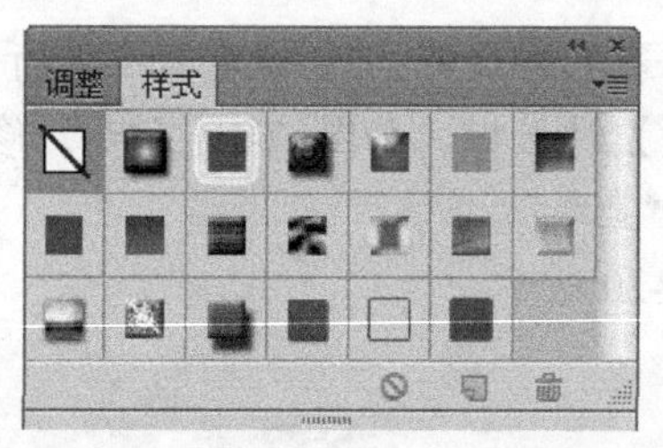

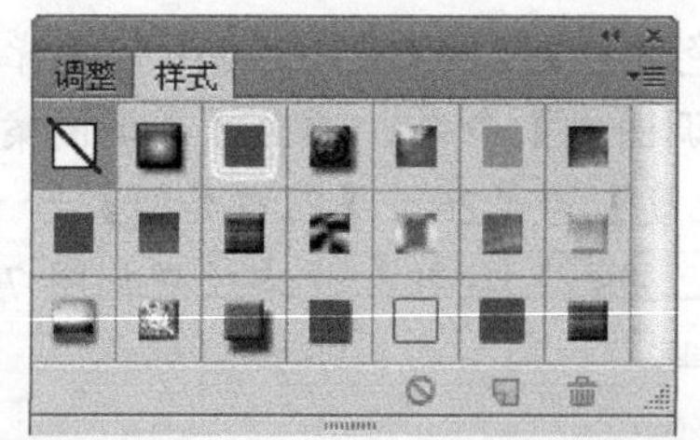

图7-23　【样式】调板

Photoshop CS6 提供的默认样式和自己创建的样式都保存在该调板中。在【样式】调板中单击相应的样式，可以直接将其应用到当前图层或选择的图像中。单击【样式】调板右上角的按钮，在弹出【样式】调板菜单中可以载入更多的预设样式。

7.1.3　【图层】/【图层样式】命令

为图层添加图层样式的方法有 3 种，使用【图层】调板底部的【添加图层样式】按钮；利用 Photoshop CS6 的菜单栏命令；双击图层缩略图或图层名称右侧的空白处。

选择菜单栏中的【图层】/【图层样式】命令，弹出如图 7-24 所示子菜单。其中【投影】命令左侧有一个"√"，这表示当前图层已应用【投影】样式。一个图层中可能同时使用多种图层样式效果，如果要取消某一种效果，只要再次单击相应的菜单命令，将其左侧的"√"取消即可。

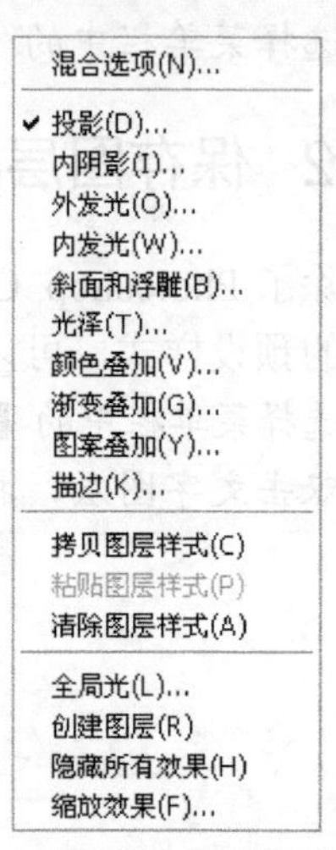

图7-24　【图层】/【图层样式】命令

7.1.4　复制、粘贴和清除图层样式

在 Photoshop CS6 中，图层样式与图像、文字一样，也可以对其进行复制和粘贴的操作，如图 7-24 所示的第 3 组命令就是对图层样式进行复制、粘贴和清除操作。除了可以在同一文件的不同图层间进行图层样式的复制、粘贴外，还可以在不同文件的图层间进行。

7.1.5　图层样式的全局设置

除了对图层样式中的各个效果进行单独设置外，还有一些可以对整体效果进行设置的命令，称为图层样式的全局设置。如图 7-24 所示的最后一组命令就是对图层样式进行全局设置的命令。

7.2　图层混合模式

一个图层混合模式将决定当前图层中的像素与其下面图层中的像素以何种模式进行混合。在【图层】调板左上角有一个图层混合模式下拉列表，在此列表中包括 6 组共 25 种图层混合模式选项，选择不同的选项可以将当前图层设为不同的混合模式，从而使其产生不同的效果，但不会对图像造成任何破坏。

在下面介绍图层模式的时候，会反复使用 3 个术语：基色、混合色和结果色。为了使读者能够更好地理解这部分内容，首先对这 3 个术语进行介绍。

- 基色：是指当前图层之下的图层颜色。
- 混合色：是指当前图层的颜色。
- 结果色：是指混合后得到的颜色。

下面就来具体介绍一下各种图层模式。

一、 两种基本模式

(1) 【正常】模式。

在【正常】模式下编辑或绘制的每个像素，都将直接成为结果色。这是默认的模式，也就是图像原来的状态，效果如图 7-25 所示。在处理位图或索引颜色图像时，【正常】模式也称为阈值。

(2) 【溶解】模式。

使用【溶解】模式，Photoshop 会将当前图层中部分结果色以基色和混合色进行随机替换，替换的程度取决于该像素的不透明度。使用【溶解】模式往往会在图像中产生杂点的效果，如图 7-26 所示。

图7-25 【正常】模式

图7-26 【溶解】模式

二、 下面 5 种模式能使图像产生变暗的效果

(1) 【变暗】模式。

使用【变暗】模式，当前图层中的图像会选择基色或混合颜色中较暗的部分作为结果色，比混合色亮的像素将被替换，而比混合色暗的像素不变，从而使整个图像产生变暗的效果，如图 7-27 所示。

(2) 【正片叠底】模式。

【正片叠底】模式根据混合图层图像的颜色，将底层图像表现得灰暗。使用【正片叠底】模式的图层查看每个通道中的颜色信息，是把基色与混合色相乘，将任何颜色与黑色相乘产生黑色，将任何颜色与白色相乘则颜色保持不变。这段内容较难理解，读者只要记住【正片叠底】模式产生的结果颜色总是相对较暗即可，效果如图 7-28 所示。

图7-27 【变暗】模式（参见光盘）

图7-28 【正片叠底】模式（参见光盘）

(3)　【颜色加深】模式。

【颜色加深】模式是将两个图层的颜色混合得暗一些，混合后通过增加对比度加强深色区域，底层图像的白色保持不变，使得图像整体变得鲜亮，效果如图 7-29 所示。

(4)　【线性加深】模式。

【线性加深】模式通过减小亮度使基色变暗以反映混合色，在混合图层图像的颜色变暗时，背景色也将变暗。两个颜色混合时，颜色将保持比较清晰的状态，两个图像都能均等地表现，效果如图 7-30 所示。

(5)　【深色】模式。

【深色】模式通过比较混合色和基色的所有通道值的总和，并从中选择最小的通道值来创建结果颜色，从而使整个图像产生变暗的效果，如图 7-31 所示。

图7-29　【颜色加深】模式

图7-30　【线性加深】模式

图7-31　【深色】模式

三、　下面 5 种图层模式能使图像产生变亮的效果

(1)　【变亮】模式。

【变亮】模式与【变暗】模式相反，它是通过比较基色与混合色，将比混合色暗的像素替换，而比混合色亮的像素不变，从而使整个图像产生变亮的效果，如图 7-32 所示。

(2)　【滤色】模式。

【滤色】模式与【正片叠底】模式是相反的，它是查看每个通道的颜色信息，并将混合色的互补色与基色相乘。读者不能理解它的计算方法也没关系，只要记住【滤色】模式产生的结果颜色总是相对较亮，与多个幻灯片交互投影的效果相似即可，如图 7-33 所示。

图7-32　【变亮】模式

图7-33　【滤色】模式

(3)　【颜色减淡】模式。

【颜色减淡】模式与【颜色加深】模式相反，使用【颜色减淡】模式的图层查看每个通道中的颜色信息，使基色变亮以反映混合颜色，与黑色混合则不发生变化，效果如图 7-34 所示。

(4)　【线性减淡】模式。

使用【线性减淡】模式的图层查看每个通道中的颜色信息，并通过增加亮度使基色变亮以反映混合色，与黑色混合则不发生变化，效果如图 7-35 所示。

(5) 【浅色】模式。

【浅色】模式通过比较混合色和基色的所有通道值的总和，并从中选择最大的通道值来创建结果颜色，从而使整个图像产生变亮的效果，如图 7-36 所示。

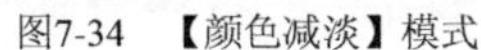

图7-34 【颜色减淡】模式　　图7-35 【线性减淡】模式　　图7-36 【浅色】模式

四、 不是单纯地将图像变暗或变亮的图层模式

下面 7 种图层模式的计算方法相对较复杂，它们不是单纯地将图像变暗或变亮，而是根据图像的具体情况进行不同的处理。

(1) 【叠加】模式。

根据紧临当前图层的下一层图层的颜色，使当前图层与其下层图层的颜色产生不同的混合，同时保持下层图层的亮度和暗度，使当前图层产生一种透明的效果，如图 7-37 所示。

(2) 【柔光】模式。

【柔光】模式产生的效果与将发散的聚光灯照在图像上相似，它可能使当前颜色变暗，也可能使其变亮。如果当前的混合色比 50%灰色亮，则图像会变亮；如果比 50%灰色暗，则图像会变暗。在使用【柔光】模式的图层中用纯黑色或纯白色作画，会产生明显较暗或较亮的区域，但不会产生纯黑色或纯白色的区域，效果如图 7-38 所示。

图7-37 【叠加】模式

图7-38 【柔光】模式

(3) 【强光】模式。

【强光】模式产生的效果与将耀眼的聚光灯照在图像上相似，它是根据混合色的亮度对当前颜色执行【正片叠底】模式或【屏幕】模式，效果如图 7-39 所示。

(4) 【亮光】模式。

【亮光】模式是通过增加或减小图像对比度来加深或减淡颜色。如果混合色比 50%灰色亮，则通过减小对比度使图像变亮；如果混合色比 50%灰色暗，则通过增加对比度使图像变暗，效果如图 7-40 所示。

图7-39　【强光】模式

图7-40　【亮光】模式

(5)　【线性光】模式。

【线性光】模式通过减小或增加亮度来加深或减淡颜色，具体取决于混合色。如果混合色比 50%灰色亮，则通过增加亮度使图像变亮；如果混合色比 50%灰色暗，则通过减小亮度使图像变暗，效果如图 7-41 所示。

(6)　【点光】模式。

使用【点光】模式可以根据混合色的不同而产生不同替换颜色的效果。如果混合色比 50%灰色亮，则替换比混合色暗的像素，而不改变比混合色亮的像素；如果混合色比 50%灰色暗，则替换比混合色亮的像素，而不改变比混合色暗的像素，效果如图 7-42 所示。

(7)　【实色混合】模式。

【实色混合】模式是取消了中间色的效果，混合的结果只包含纯色，如图 7-43 所示。

图7-41　【线性光】模式

图7-42　【点光】模式

图7-43　【实色混合】模式

五、　根据颜色的变化对基色和混合色进行混合产生结果色的模式

(1)　【差值】模式。

【差值】模式是从背景图像的色调中减去混合图层图像的色调来表现两个色调的互补色。混合图层图像的色调越高，效果表现得就越强烈。与白色混合会使基色产生反相的效果，与黑色混合不产生变化，效果如图 7-44 所示。

(2)　【排除】模式。

使用【排除】模式可以产生一种与【差值】模式相似但对比度较低的效果。与白色混合会使基色产生反相的效果，与黑色混合不产生变化，效果如图 7-45 所示。

图7-44　【差值】模式

图7-45　【排除】模式

六、 利用基色和混合色的不同属性产生结果色的模式

(1) 【色相】模式。

【色相】模式是用基色的亮度和饱和度以及混合色的色相创建结果色，但不会影响其亮度和饱和度。该模式对于黑色、白色和灰色区域不起作用，效果如图 7-46 所示。

(2) 【饱和度】模式。

【饱和度】模式是用基色的亮度和色相以及混合色的饱和度创建结果色，但不会影响其亮度和色相。在“0”饱和度（也就是灰色）的区域上使用此模式不会产生变化，效果如图 7-47 所示。

图7-46 【色相】模式

图7-47 【饱和度】模式

(3) 【颜色】模式。

【颜色】模式是用基色的亮度、混合色的色相及饱和度创建结果色，这样可保留图像中的灰阶，并且对于给单色图像上色和给彩色图像着色都会非常有用，效果如图 7-48 所示。

(4) 【明度】模式。

【明度】模式是用基色的色相及饱和度以及混合色的亮度创建结果色，但不会影响其色相及饱和度。【明度】模式产生的效果与【颜色】模式相反，如图 7-49 所示。

图7-48 【颜色】模式

图7-49 【明度】模式

7.3 图层组

图层组是图层的组合，它的作用相当于 Windows 系统资源管理器中的文件夹，主要用于组织和管理连续图层。

图层组的基本操作与图层相似，一般也都是利用【图层】调板和菜单命令进行。这部分

内容比较简单，读者可以对照前面所介绍对图层的基本操作，对图层组进行创建、删除及复制等基本操作。

单击【图层】调板下方的【创建新组】按钮，或选择【图层】/【新建】/【组】命令，就可以建立一个新的图层组。

在【图层】调板中，图层组名称左侧显示图标，如图 7-50 所示。单击图标左侧的按钮，该图层组中的图层会在【图层】调板中折叠起来，此时按钮转换为按钮。再单击按钮，该图层组中所包含的图层会展开显示，此时按钮转换为按钮。

图7-50　图层组的效果

在【图层】调板中，图层组中图层的缩览图向内缩进，如图 7-50 中的【组内图层】所示。拖曳图层组外的图层至图层组层上，释放鼠标左键即可将组外的图层移动至图层组内。拖曳图层组内的图层至图层组层上，释放鼠标左键即可将组内的图层移动至图层组外。

用户可以将图层组展开，单独编辑其中的图层，包括将图层移出或移入图层组；也可以将图层组看作一个整体，像处理图层一样查看、选择、复制、移动或更改图层组中图层的堆叠顺序，甚至可以将图层蒙版应用于图层组。

7.4 图层剪贴组

所谓图层剪贴组，就是用基底层（基底层是指图层剪贴组中最下方的图层）充当整个组的蒙版。也就是说，一个图层剪贴组的不透明度是由基底层的不透明度来决定的。

下面通过一个实例来演示图层剪贴组的作用。

1. 选择菜单栏中的【文件】/【打开】命令，打开本书配套光盘“Map”目录下的“剪贴组.psd”图像文件。如图 7-51 所示，文件有两个图层，左面图层是一幅风景，右面图层是一朵花，并且花朵图层中没有像素的部分为透明。

风景图层

花朵图层

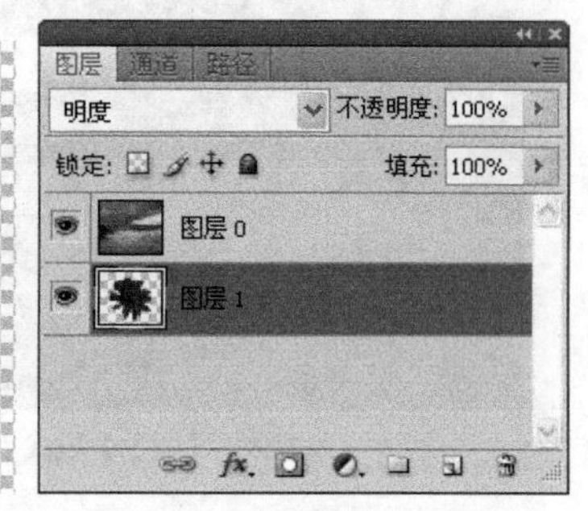

【图层】调板

图7-51　图层剪贴组效果

2. 选择“图层 0”为当前图层，选择菜单栏中的【图层】/【创建剪贴蒙版】命令。“图层 0”与“图层 1”形成剪贴蒙版关系，【图层】调板的状态如图 7-52 所示，产生的效果如图 7-53 所示。

图7-52 【图层】调板

图7-53 最终效果

在一个有多个图层的文件中，可以同时存在多个剪贴组，一个剪贴组中也可以包含两个以上的图层，但在同一个剪贴组中的图层必须是相邻的。

在【图层】调板中，基底层名称有下画线，覆在上面图层的缩览图是向右缩进的，显示剪贴组图标 ↓。

图层编组和取消编组的方法主要有以下 3 种。下面所说的前一图层是指【图层】调板中当前图层下面的一个图层。

(1) 利用菜单命令对图层进行编组和取消编组。

- 选择菜单栏中的【图层】/【创建剪贴蒙版】命令，可以将当前图层与前一图层组成一个图层剪贴组。
- 选择剪贴组中的任意一层后，选择菜单栏中的【图层】/【释放剪贴蒙版】命令，可以将整个剪贴组的编组取消。

(2) 利用键盘快捷键对图层进行编组和取消编组

- 按 Ctrl+G 组合键可以将当前图层与其前一图层编组。
- 按 Ctrl+Alt+G 组合键可以取消当前的图层编组。

(3) 在【图层】调板中利用快捷方式对图层进行编组和取消编组

- 按住 Alt 键，在【图层】调板中将鼠标光标移动至要编组两层间的边线上，当鼠标光标变为 状态时，单击即可将这两层编组。
- 按住 Alt 键，在【图层】调板中将鼠标光标移动至一个剪贴组中相邻两层的边线上，当鼠标光标变为 状态时，单击可以将这两层之后的图层编组取消。也就是说将这相邻两层中的上面一层（指在【图层】调板中的位置）及其上所有该编组中的层的编组取消。

7.5 智能对象

在 Photoshop 中可以通过转换一个或多个图层来创建智能对象，建立"智能对象"相当于建立了一个新的文件，在【图层】调板中双击"智能对象"的符号 ，就能在 Photoshop 中创建一个新文件图像，对新图像编辑后保存，原文件中的"智能对象"也会自动更新。

下面就通过一个实例来演示智能对象的使用与功能。

1. 选择菜单栏中的【文件】/【打开】命令，打开本书配套光盘"Map"目录下的"智能对象.psd"图像文件。如图 7-54 所示，文件有两个图层，上面图层是一朵花，并且花朵图层中没有像素的部分为透明，下面是填充为白色的背景图层。
2. 选择"图层 1"为当前图层，选择菜单栏中的【图层】/【智能对象】/【转换为智能对

象】命令，将“图层 1”转换为智能对象，此时【图层】调板状态如图 7-55 所示。“图层 1”的缩略图右下角添加了“智能对象”的符号图标。

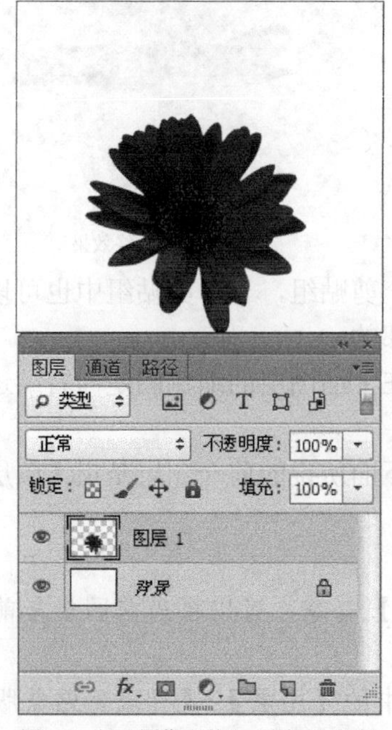

图7-54　打开图像文件及【图层】调板

图7-55　【图层】调板

3. 将智能对象图层复制多个，并随意移动、旋转、缩放、修改图层不透明度等，调整复制后的智能对象图层，参考如图 7-56 所示的【图层】调板，文件效果如图 7-57 所示。

图7-56　【图层】调板

图7-57　最终效果

4. 双击【图层】调板中某一个智能对象图层的缩略图，将弹出如图 7-58 所示对话框，单击 确定 按钮，智能对象将作为一个新的文件打开。
5. 在新打开的文件中选择菜单栏中的【图层】/【调整】/【色相/饱和度】命令，在弹出的【色相/饱和度】对话框中将【色相】的参数修改为“104”。单击 确定 按钮，然后关闭该文件，在弹出的对话框中单击 是(Y) 按钮，如图 7-59 所示，以保存图像的更改。

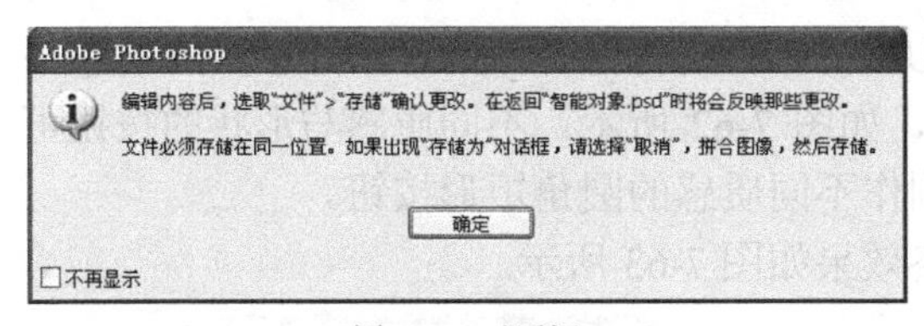

图7-58　对话框

图7-59　【询问】对话框

6. 原文件中的智能对象图层以及智能对象图层的所有拷贝图层的内容都得到了更新。

在 Photoshop 中，不但可以将图层转换为智能对象，而且也可以将 Illustrator 中的矢量图形通过复制粘贴到 Photoshop 中，弹出如图 7-60 所示【粘贴】对话框，点击【智能对象】单选项，即可建立“矢量智能对象”。在 Photoshop 中，双击【图层】调板中“矢量智能对象”图层的缩略图，即可在 Illustrator 中打开该对象，对矢量对象进行编辑后保存，Photoshop 中的“矢量智能对象”也会得到更新。

选择菜单栏中的【图层】/【智能对象】命令，弹出如图 7-61 所示子菜单。下面介绍各命令的功能。

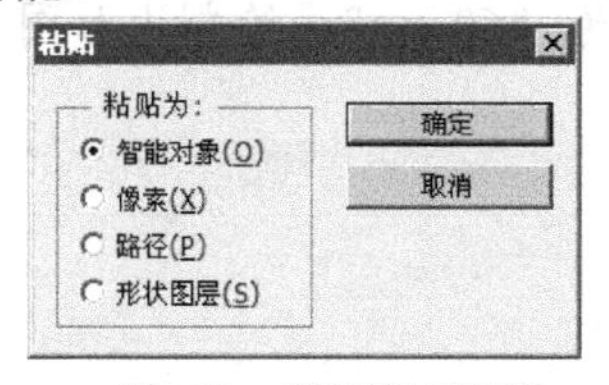

图7-60　【粘贴】对话框

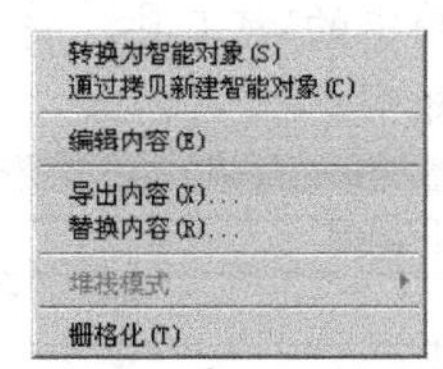

图7-61　【图层】/【智能对象】子菜单内容

- 【转换为智能对象】命令：将选择的图层转换为“智能对象”。
- 【通过拷贝新建智能对象】命令：使用【转换为智能对象】命令创建的智能对象及其副本在编辑后，智能对象及其副本都会得到更新。而使用【通过拷贝新建智能对象】命令创建的智能对象副本，在编辑后只更新副本内容，而不更新原智能对象。
- 【编辑内容】命令：在新图像窗口中对智能对象进行编辑，从 Illustrator 置入的矢量图形会自动打开 Illustrator 进行编辑；也可以在【图层】调板中双击智能对象图层的缩略图进入编辑。
- 【导出内容】命令：将“智能对象”作为数据导出。
- 【替换内容】命令：执行该命令，在弹出的对话框中打开一幅新图像文件，打开的图像文件内容将替换原“智能对象”。

7.6 综合应用实例

下面通过综合应用实例再来巩固一下本次课程所学的知识，加强练习如何使用多种图层样式以及前面所学的各种工具和命令，为图层应用丰富多样的图层效果，创建出丰富的图像效果。

7.6.1 制作质感按钮

近年来，图形界面设计（GUI 设计）伴随着计算机技术的发展而日趋成熟，而按钮则是一切软件图形界面中不可缺少的元素之一，几乎大部分鼠标点击操作都是通过按钮进行

的。新颖、直观的按钮设计直接决定了一套 GUI 设计的成功与否，近年来异常火热的苹果电脑风格 GUI 的水晶按钮便是最为典型的例证，如图 7-62 所示。不同质感与形状的按钮可以产生不同的视觉效果。本节案例将介绍如何制作不同质感的圆角矩形按钮。

首先来学习制作一个水晶质感的按钮，最终效果如图 7-63 所示。

图7-62　苹果电脑的水晶风格按钮

图7-63　水晶按钮最终效果

下面先来绘制按钮轮廓。

1. 新建一个大小为 400 像素×200 像素、分辨率为 100 像素的空白文件，并将其命名为“水晶按钮”，如图 7-64 所示。
2. 在空白文件上新建一个名为“按钮轮廓”的图层，再在【路径】调板中新建一个名为“按钮轮廓”的路径。
3. 选择工具箱中的▢工具，将属性栏中的【半径】设置为“60 px”，绘制出如图 7-65 所示的圆角矩形。

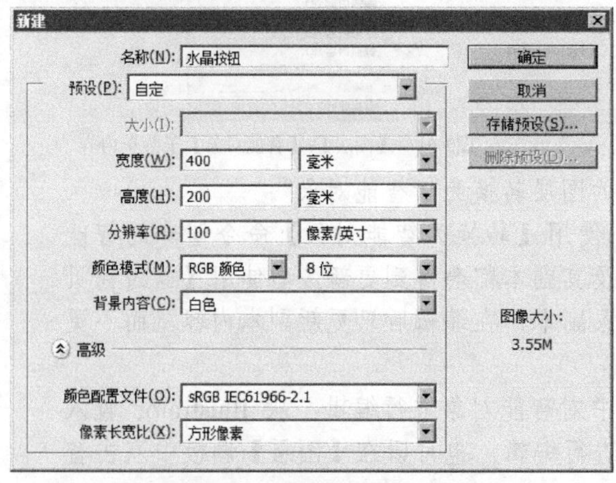

图7-64　【新建】对话框

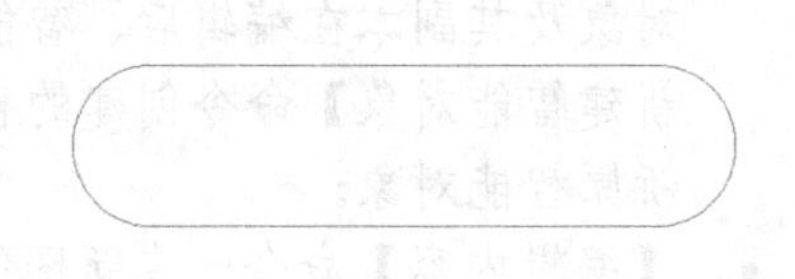

图7-65　绘制按钮轮廓

4. 保持“按钮轮廓”图层处于被选中状态，将【图层】调板切换至【路径】调板，单击【路径】调板下方的⁙按钮，将“按钮轮廓”路径转换为选区，如图 7-66 所示。

添加光影渐变子层，并赋予其图层样式。

5. 按下 Ctrl+G 组合键，将“按钮轮廓”图层转换为一个图层组的子层，将图层组更名为“水晶按钮”，如图 7-67 所示。
6. 保持“按钮轮廓”图层处于被选中状态，设置前景色为浅绿色（R:162,G:247,B:30）、背景色为深绿色（R:89,G:139,B:10），利用▣工具为该层填充渐变效果，如图 7-68 所示。

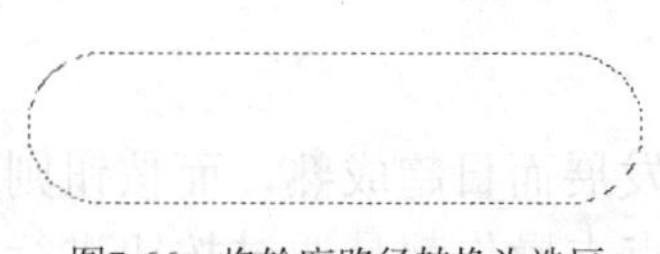

图7-66　将轮廓路径转换为选区

图7-67　创建图层组

图7-68　进行渐变操作（1）

7. 双击【图层】调板中的“按钮轮廓”图层，或选中该图层后再选择【图层】/【图层样式】命令，或双击“按钮轮廓”图层缩略图，在弹出的【图层样式】对话框中设置各项参数，如图 7-69～图 7-72 所示。

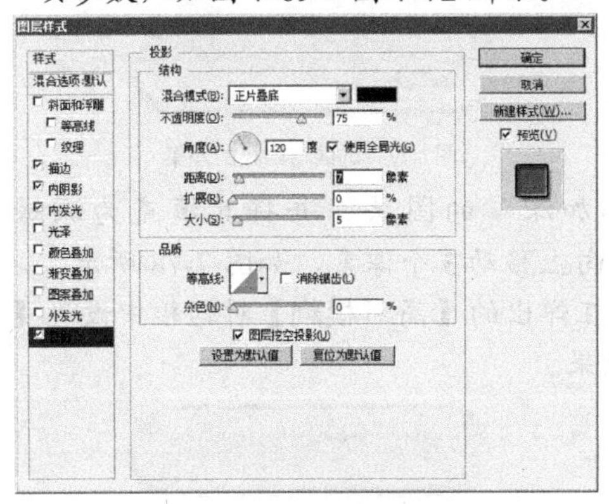

图7-69 【投影】选项参数设置

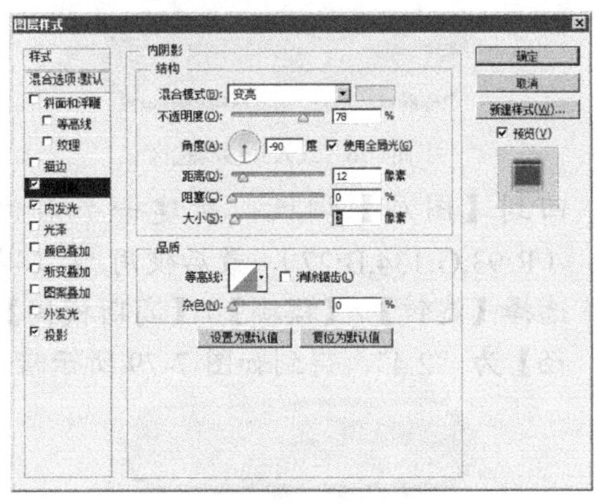

图7-70 【内投影】选项参数设置

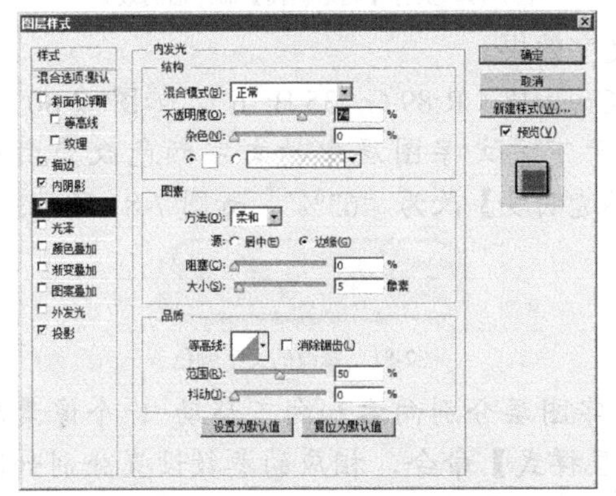

图7-71 【内发光】选项参数设置

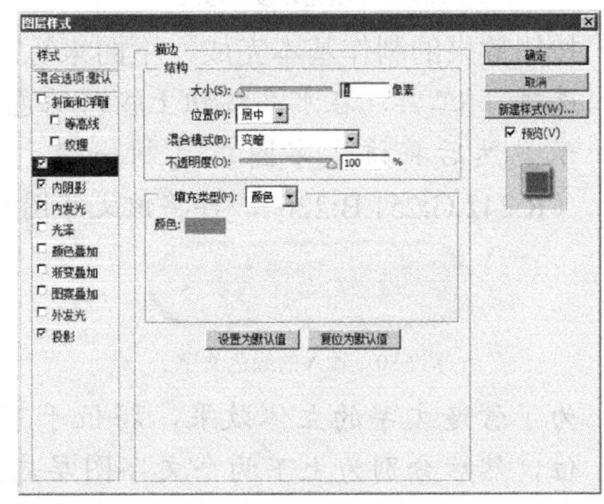

图7-72 【描边】选项参数设置

8. 单击 确定 按钮，关闭【图层样式】对话框，得到的效果如图 7-73 所示。
   下面练习添加高光，增强质感。
9. 在“按钮轮廓”图层之上新建一个名为“高光”的图层，然后选择工具，在属性栏中设置【半径】为“20 px”，绘制出如图 7-74 所示的圆角矩形，并将其填充为白色，以此作为高光区域。
   此时的高光区域过于呆板，没有通透性，因此需要局部改变其透明度。
10. 保持“高光”的图层处于被选中状态，单击【图层】调板下方的【添加图层蒙版】按钮，同时将前景色及背景色分别设置为白色与黑色，然后使用工具在高光区域由上至下拖曳出渐变效果，得到如图 7-75 所示的渐变透明效果。

图7-73 添加图层样式之后的效果

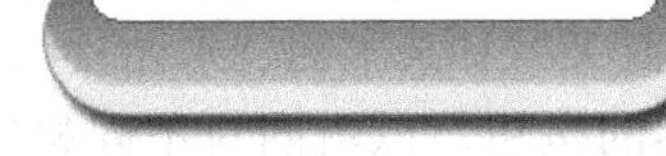

图7-74 创建高光区域（1）

图7-75 透明度渐变的高光效果

由于按钮底部边缘与阴影的衔接过于生硬，因此需要再进行暗部加深处理。

11. 选择【路径】调板，选择前边创建的“按钮轮廓”路径，按住 Ctrl 键的同时单击“按钮轮廓”路径，此时会发现轮廓路径被作为选区载入了。

12. 选择 工具，利用键盘上的方向键将该选区向下移动 3 个像素，如图 7-76 所示。
13. 按住 Ctrl+Alt 组合键不放，单击“按钮轮廓”路径，此时选区与路径的公共部分被减去，如图 7-77 所示。

图7-76　载入并移动选区

图7-77　选区与路径的差集

14. 回到【图层】调板，新建一个名为“暗部加深”的图层，并将其填充为深绿色（R:93,G:134,B:27），最后使用 工具将图像向上移动 3 个像素，如图 7-78 所示。
15. 选择【滤镜】/【模糊】/【高斯模糊】命令，在弹出的【高斯模糊】对话框中设置【半径】为“2.4”，得到如图 7-79 所示暗部加深效果。

图7-78　填充并移动选区

图7-79　执行【高斯模糊】命令后的效果

按钮效果的制作基本完成，下面来练习添加文字效果。

16. 选择 T 工具，在水晶按钮上输入绿色文字“Crystal”（R:89,G:135,B:16），如图 7-80 所示。然后将该文字图层复制一份，并将位于下方文字图层中的文字颜色改为白色（R:242,G:251,B:226），再将该文字图层的【不透明度】改为“63%”，如图 7-81 所示。

图7-80　输入的绿色文字

图7-81　修改的文字颜色

17. 为了营造文字的立体效果，将位于下方的文字图层分别向右和向下移动 1 个像素单位，然后分别为上下两个文字图层应用【图层样式】命令，相应的参数设置分别如图 7-82 和图 7-83 所示。

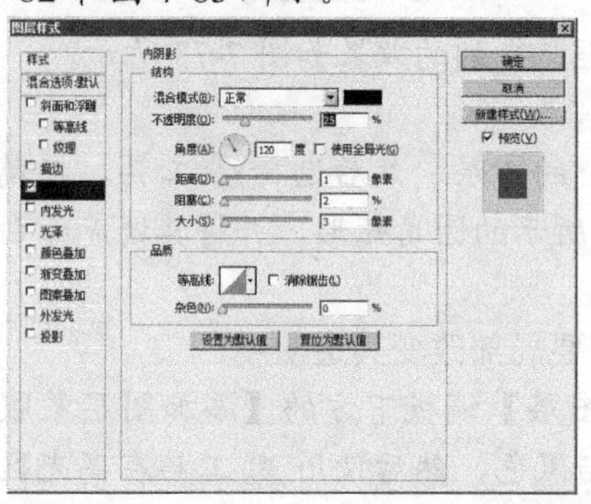

图7-82　为上方的文字图层应用【内阴影】样式

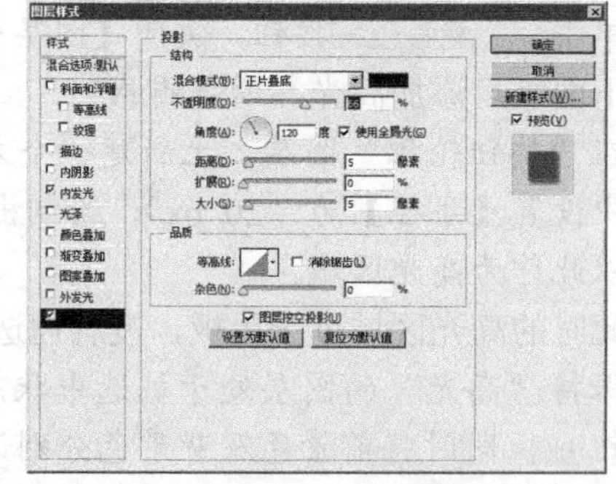

图7-83　为下方的文字图层应用【投影】样式

18. 至此便完成了一个晶莹剔透的水晶按钮的制作过程，最终效果如图 7-84 所示。读者也可以参考本书配套光盘“最终效果”目录下的“水晶按钮.psd”文件。

接下来学习制作一个金属质感的按钮，以巩固对不同材质效果的认识，最终效果如图 7-85 所示。首先来绘制金属按钮的轮廓，方法与绘制水晶按钮完全相同。

19. 按下 Ctrl+G 组合键，将“按钮轮廓”图层转化为一个图层组的子层，将图层组更名为“金属按钮”。
20. 保持“按钮轮廓”图层处于被选中状态，设置前景色为浅蓝色（R:5,G:153,B:190），背景色为深蓝色（R:3,G:108,B:134），然后使用▣工具填充渐变效果，如图 7-86 所示。

图7-84　水晶按钮最终效果

METAL

图7-85　金属按钮最终效果

图7-86　进行渐变操作（2）

21. 给“按钮轮廓”图层添加图层样式。双击【图层】调板中的“按钮轮廓”图层或选中该图层，然后选择【图层】/【图层样式】命令，在弹出的【图层样式】对话框中设置各选项及参数，如图 7-87 所示，投影效果如图 7-88 所示。

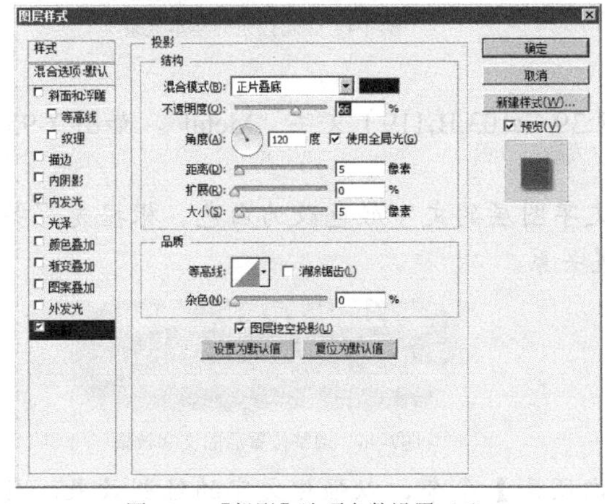

图7-87　【投影】选项参数设置（1）

图7-88　应用【投影】样式后的效果

22. 在“按钮轮廓”图层之上新建一个名为“高光”的图层，选择▢工具，在属性栏中设置【半径】为“20 px”，绘制出如图 7-89 所示圆角矩形，并将其填充为白色，以此作为高光区域。

由于所要制作的是类似于磨砂金属的效果，因而不可能产生类似电镀效果的生硬的条状高光，所以必须进行模糊处理。

23. 选择【滤镜】/【模糊】/【高斯模糊】命令，在弹出的【高斯模糊】对话框中设置【半径】为“3.0”，得到如图 7-90 所示边缘模糊的高光效果。

图7-89　创建高光区域（2）

图7-90　边缘模糊的高光效果

同样，由于按钮底部边缘与阴影的衔接过于生硬，因此也要进行暗部加深处理。

24. 使用与前文制作“暗部加深”选区相同的方法建立如图 7-91 所示选区，并将其填充为深蓝色（R:0,G:79,B:100）。

25. 此时可以看出暗部补充的部分与按钮下部的衔接过于生硬，再次执行【高斯模糊】命令进行模糊处理，在弹出的【高斯模糊】对话框中设置【半径】为“1.2”，得到如图 7-92 所示效果。

图7-91　创建暗部补充选区

图7-92　柔和的暗部补充效果

由于金属效果是强高光与强反光共同作用的结果，因此需要为按钮添加反光效果。

26. 建立如图 7-93 所示选区，并将其填充为白色，以此作为反光的基本形状。
27. 再次执行【高斯模糊】命令，对新建的选区进行模糊处理，在弹出的【高斯模糊】对话框中设置【半径】为“3.2”，同时将反光所在图层的【不透明度】修改为“94%”，最后得到金属按钮的基本效果，如图 7-94 所示。

图7-93　创建选区

图7-94　金属按钮的基本效果

下面来为按钮添加文字效果。

28. 选择 T 工具，在金属按钮上输入蓝色（R:39,G:103,B:119）文字“Metal”，如图 7-95 所示。
29. 将该文字图层复制一份，并将位于下方文字图层的文字颜色改为白色，根据光影关系将两个文字图层调整为如图 7-96 所示位置关系。

图7-95　创建文字图层

图7-96　调整位置后的文字效果

30. 对蓝色文字的图层应用【图层样式】/【内阴影】命令，以强化文字的蚀刻效果，具体参数设置如图 7-97 所示。
31. 至此便完成了金属按钮的制作，最终效果如图 7-98 所示。读者也可以参考本书配套光盘“最终效果”目录下的“金属按钮.psd”文件。

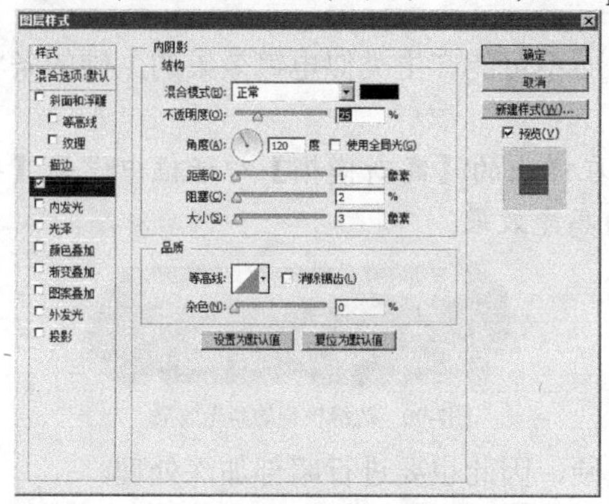

图7-97　【内阴影】选项参数设置

图7-98　金属按钮最终效果

最后来学习制作一个塑料质感的按钮，以达到触类旁通的目的。

塑料按钮最终效果如图 7-99 所示。首先来绘制塑料按钮的轮廓，绘制方法参照“金属按钮”的制作方法。

1. 按下 Ctrl+G 组合键，将“按钮轮廓”图层转化为一个图层组的子层，将图层组更名为“塑料按钮”。
2. 选择“按钮轮廓”图层，设置前景色为浅米黄色（R:229,G:197,B:105）、背景色为深褐色（R:143,G:101,B:9），然后使用 工具填充渐变效果，如图 7-100 所示。

图7-99　塑料按钮最终效果　　　　图7-100　进行渐变操作

给“按钮轮廓”图层添加图层样式。

3. 双击【图层】调板中的“按钮轮廓”图层或选中该图层，然后选择【图层】/【图层样式】命令，在弹出的【图层样式】对话框中设置各参数，如图 7-101 和图 7-102 所示。

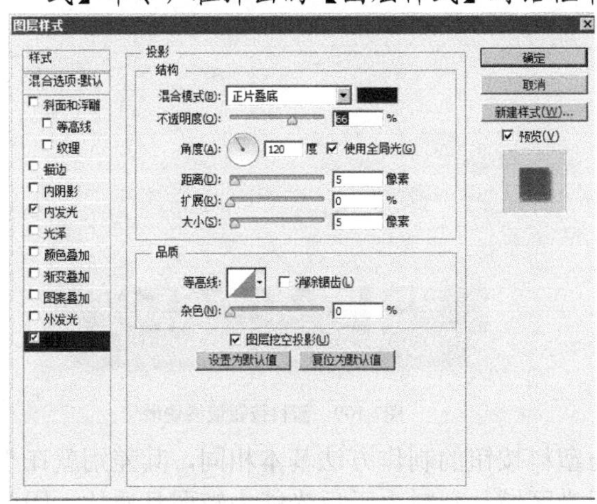

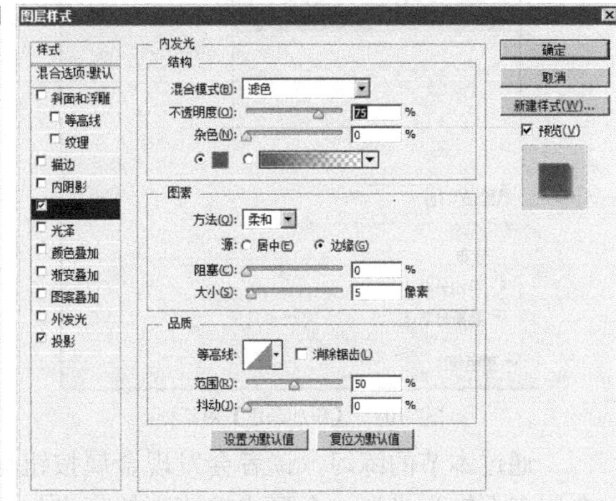

图7-101　【投影】选项参数设置（2）　　　　图7-102　【内发光】选项参数设置

4. 单击 确定 按钮，关闭【图层样式】对话框，得到如图 7-103 所示效果。

下面为按钮添加高光效果。

5. 塑料按钮高光的添加方法与金属按钮的基本相同，只是由于塑料的反光能力较弱，故其高光与反光区域并不像金属那样清晰，应当适当加大【高斯模糊】滤镜中的【半径】值。制作过程简图如图 7-104 所示。

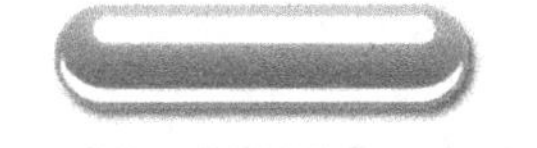

图7-103　应用【图层样式】之后的效果　　　　图7-104　按钮高光与反光的制作过程简图

由于按钮底部边缘处过于明亮，因而要进行暗部补充。

6. 与金属按钮暗部补充的方法类似，绘制如图 7-105 所示选区，并将其填充为相对于暗部较深的颜色，最后得到如图 7-106 所示塑料按钮基本效果。

接着为按钮添加文字效果，与为金属按钮添加文字的方法基本类似。

7. 由于塑料表面没有金属表面光滑，因而不会在蚀刻文字受光面（也就是衬在下方的白色文字图层）产生很明晰的高光，需要适当增加模糊效果，如图 7-107 所示。

图7-105　创建暗部补充选区　　　　图7-106　得到塑料按钮基本效果　　　　图7-107　为塑料按钮添加文字效果

最后来增强按钮的质感效果，给塑料添加一些磨砂效果，使之看起来更加真实。

8. 选择【滤镜】/【杂色】/【添加杂色】命令，在弹出的【添加杂色】对话框中设置如图 7-108 所示参数，为按钮添加杂色效果。

9. 至此便完成了塑料按钮的制作，最终效果如图 7-109 所示。读者也可以参考本书配套光盘“最终效果”目录下的“塑料按钮.psd”文件。

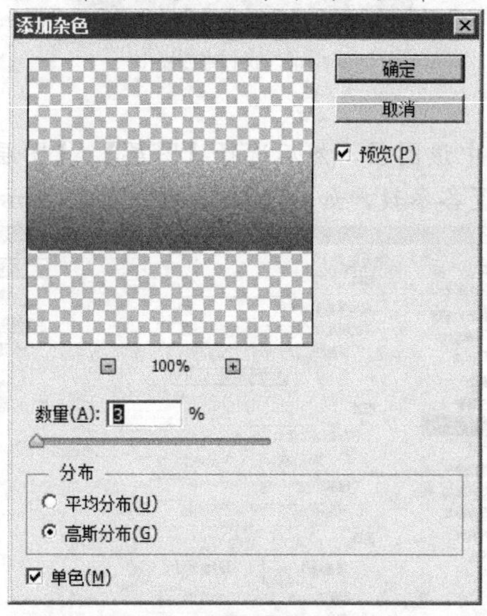

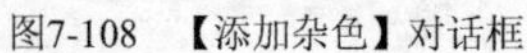

图7-108　【添加杂色】对话框

图7-109　塑料按钮最终效果

通过本节的练习，读者会发现金属按钮与塑料按钮的制作方法基本相同，其差别就在于金属表面较为光滑，会形成较清晰的高光与反光区域。塑料由于反光能力较弱且质软，因此仅仅能形成较模糊的反光区域。可以说反光与高光越明晰，物体越光滑坚硬，色彩对烘托材质感也有重要影响。金属采用冷色可以更好地突出其坚硬、冰冷的效果。而塑料采用暖色，则较容易突出其质软、温暖的特点。至于水晶效果，实质上是在反光的基础上突出其光滑、透光的特点。希望读者在今后的材质表现当中多多观察、细细体会，以制作出更加逼真的按钮材质。

7.6.2 软件界面设计

本节将主要使用【图层样式】命令、【钢笔】工具、【减淡】及【加深】工具、【文字】工具等制作一个公司员工管理系统软件的登录界面，通过练习使读者重点掌握图层样式命令的使用方法。该例的最终效果如图 7-110 所示。

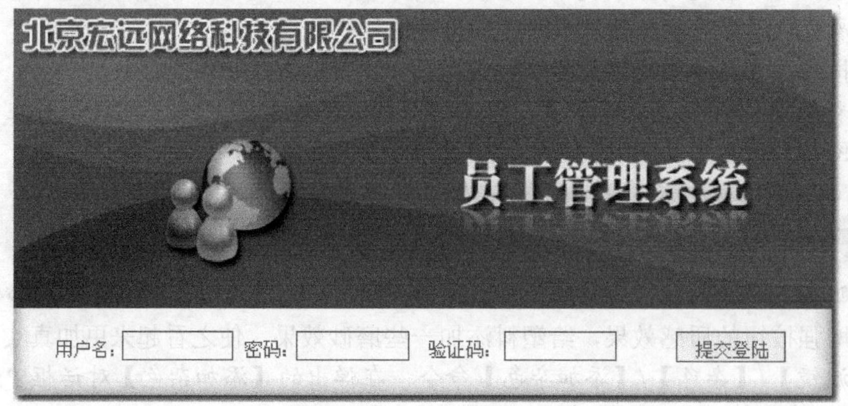

图7-110　软件界面设计最终效果

该案例制作流程如图 7-111 所示。

【操作步骤提示】

1. 执行【文件】/【新建】命令或按 Ctrl+N 组合键，弹出【新建】对话框，新建一个名为“软件界面设计.psd”的文件，各选项具体设置如图 7-111 左上角所示。
2. 按下 Ctrl+A 组合键，将背景图层全选，使用【选择】/【修改】/【收缩】命令将选区收缩 4px。新建一个图层，并命名为“面板”，在“面板”图层中填充白色，再按 Ctrl+D 组合键将选区取消。
3. 单击【图层】调板下方的【添加图层样式】按钮 fx.，为“面板”图层添加【内发光】图层样式，参数的设置如图 7-112 所示，其中自发光颜色为深蓝色（R:33,G:114,B:205）。

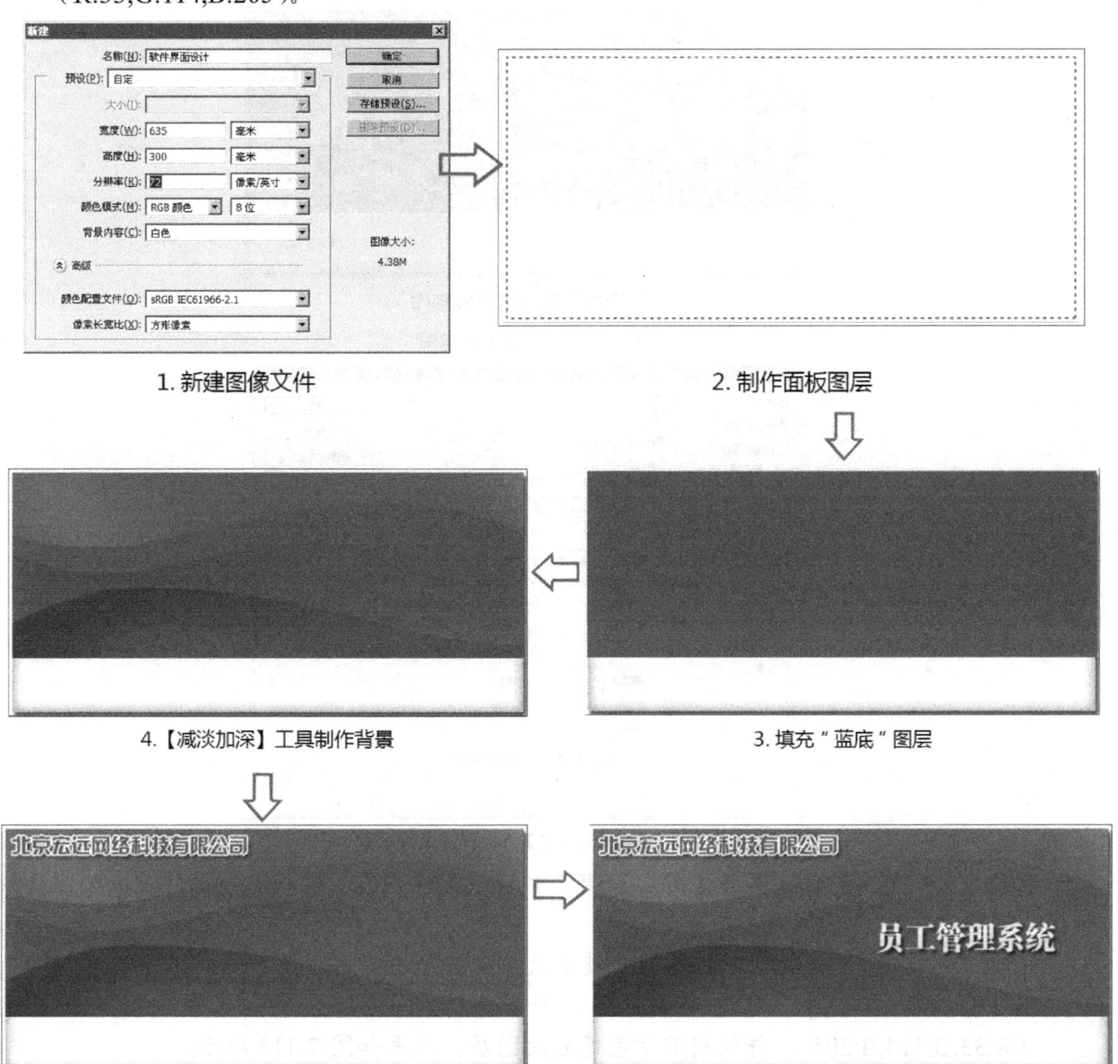

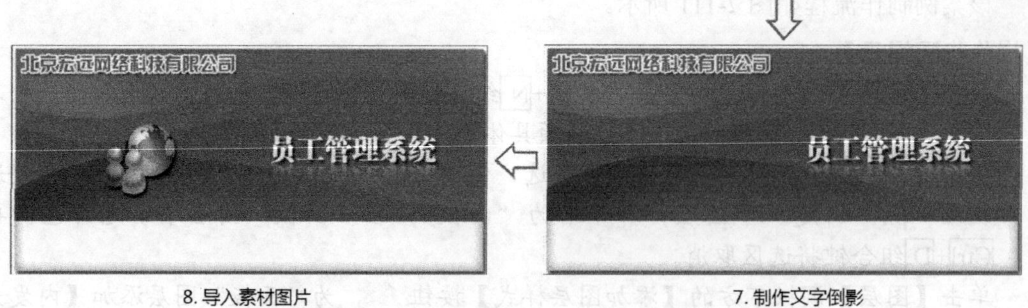

图7-111　制作流程示意图

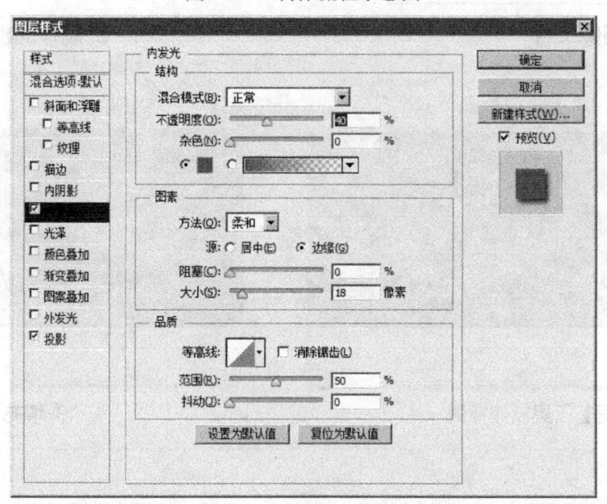

图7-112　【内发光】图层样式参数设置

4. 按住 Ctrl 键，并右键单击【图层】调板中的“面板”图层缩览图，将“面板”图层载入选区。
5. 选择工具箱中的 工具，按住 Alt 键不放，鼠标光标变成 形状，将选区从底部向上剪去约 60 像素高。新建一个图层，并命名为“蓝底”，将前景色设置为深蓝色（R:33,G:114,B:205），并使用前景色填充此图层，效果如图 7-113 所示。
6. 使用【钢笔】工具绘制如图 7-113 所示路径，按下 Ctrl+Enter 组合键将路径转换为选区。
7. 使用【加深】工具对选区进行涂抹，注意应选择柔性画笔且设置较小的曝光度。加深修饰完成后取消选区，效果如图 7-114 所示。

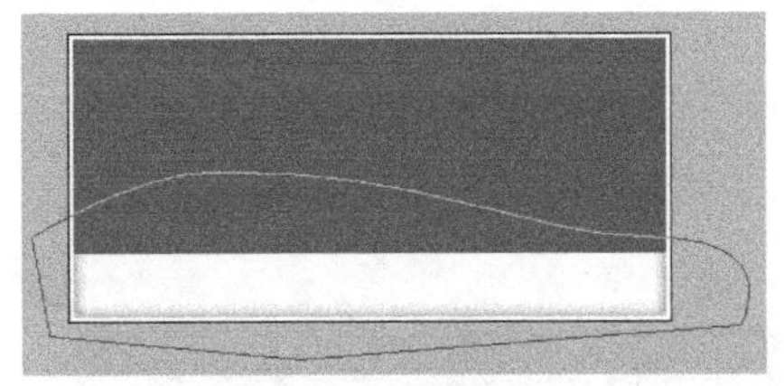

图7-113　绘制路径（1）

图7-114　加深修饰

8. 绘制如图 7-115 所示选区，使用同样的方法对其进行减淡处理，效果如图 7-116 所示。

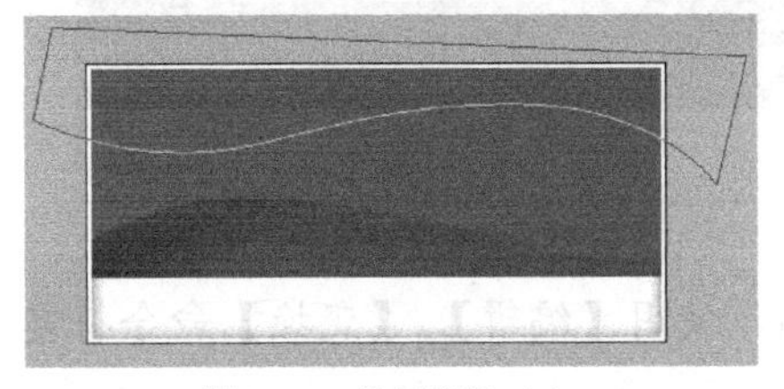

图7-115　绘制路径（2）

图7-116　减淡处理

9. 同理，绘制如图 7-117 所示第 3 个选区，并对其做加深减淡的综合处理，效果如图 7-118 所示。

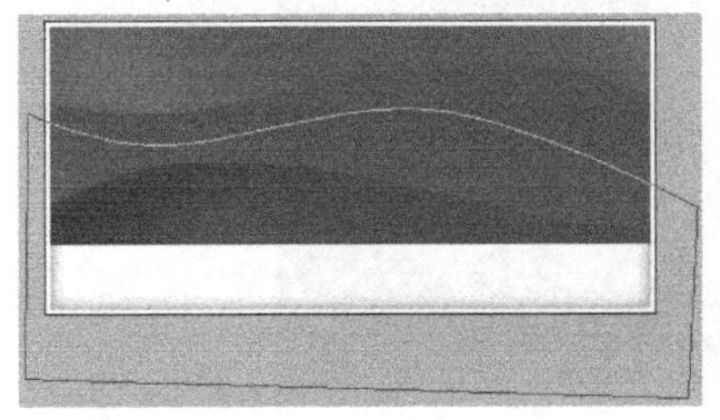

图7-117　绘制路径（3）

图7-118　加深减淡处理

10. 使用【文字】工具在左上角输入公司名称，设置字号为 24 点，颜色为白色。为此文字图层分别添加【描边】和【投影】的图层样式，参数使用默认设置，效果如图 7-119 所示。

11. 选择【横排文字蒙版】工具，设置字号为 42 点，在适当位置输入文字“员工管理系统”，按 Ctrl+Enter 组合键确定输入，如图 7-120 所示。

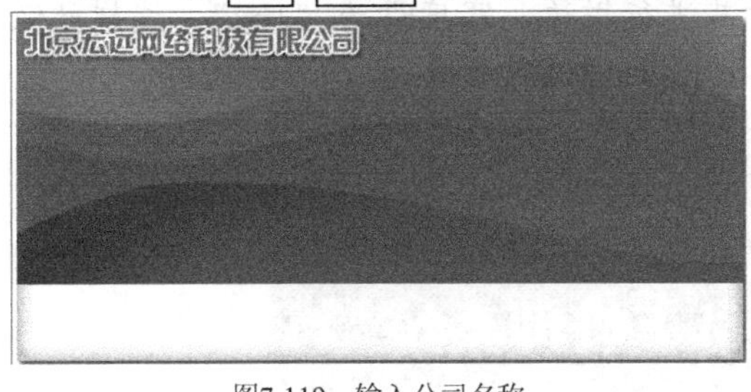

图7-119　输入公司名称

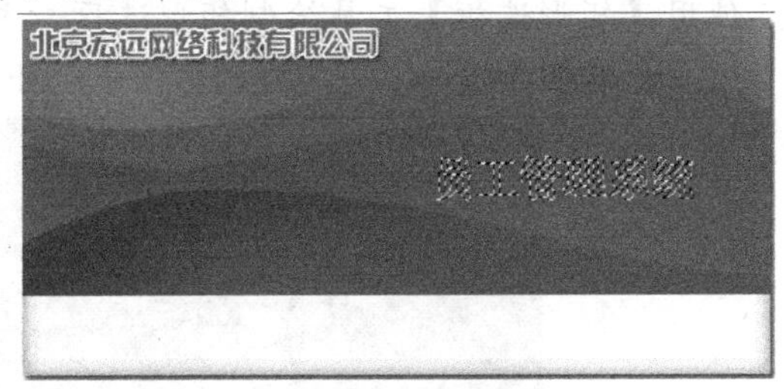

图7-120　输入大标题蒙版

12. 新建“标题”图层，调整渐变颜色，如图 7-121 所示。

13. 使用调整好的渐变竖向填充选区。取消选区后，再使用【移动】工具调整位置，为该图层添加【投影】图层样式，参数使用默认设置，效果如图 7-122 所示。

图7-121　调整渐变

图7-122　制作标题

14. 选中“标题”图层，按 Ctrl+J 组合键将其复制，使用【编辑】/【变换】命令将复制的图层进行垂直翻转，并移动到原文字下方。
15. 为复制的图层添加蒙版，使用黑白渐变填充蒙版，调整出倒影效果，如图 7-123 所示。

图7-123　制作倒影效果

16. 打开本书配套光盘“Map”目录下的 “软件界面设计素材.png”文件，将其拖入“软件界面设计”文件中，并调整大小和位置。
17. 在下方的空白区域输入登录信息文字，设置字号为 14 点，颜色为深蓝色。
18. 使用【矩形选框】工具绘制矩形选区，并对其进行描边，宽度设为“1px”，这样就做出了文本框的效果。用同样的方法制作出其他 3 个文本框。

图7-124　输入登录信息文本

19. 选中“面板”图层，为其添加【投影】图层样式，最终效果如图 7-124 所示。

7.7 小结

本章介绍了图层的高级应用，对于制作一些特殊效果的图像非常有用，特别是一些有立体效果和特殊形状的图像等。

本章内容是 Photoshop CS6 中相对较难理解的一部分，读者可以通过做练习时边操作边理解本章的内容。

7.8 练习题

一、填空

1. 在设置图层样式时，选择菜单栏中的（　　）/（　　）/（　）命令，图层样式可以对全局灯光进行设置。
2. 一个图层剪贴组的不透明度是由（　　　）的不透明度来决定的。
3. 按（　　　）+（　　）组合键可以将当前图层与其前一图层编组。
4. 按（　　　）+（　　　）+（　　）组合键可以取消当前的图层编组。
5. 按住（　　）键，在【图层】调板中将鼠标光标移动至（　　　）上，当鼠标光标显示为（　　　）时单击即可将这两层编组。

二、简答

1. 简述将一个图层中应用的图层样式复制到另一个图层中的操作步骤。
2. 简述各种图层混合模式的功能。
3. 简述智能对象的使用与功能。

三、操作

1. 打开本书配套光盘“Map”目录下的“海.tif”文件，执行【图层】/【创建剪贴蒙版】命令，使两个图层形成剪贴蒙版关系，适当移动基底层的位置，得到如图 7-125 所示效果。操作时请参照本书配套光盘“练习题”目录下的“图层剪贴组练习.tif”文件。
2. 打开本书配套光盘“Map”目录下的“小草.jpg”文件，在其上面添加一个半透明效果，如图 7-126 所示。操作时请参照本书配套光盘“练习题”目录下的“半透明效果练习.psd”文件。

图7-125　图层剪贴组效果

图7-126　半透明效果

【操作步骤提示】

(1) 打开本书配套光盘“Map”目录下的“小草.jpg”文件，选择【圆角矩形】工具，将圆角【半径】设置为“5 px”，绘制一个圆角矩形路径。

(2) 将路径转换为选区，按下Ctrl+J组合键将选区同时复制生成一个新的图层。

(3) 选择新建的图层，为其添加【外发光】图层样式，参数的设置如图 7-127 所示，效果如图 7-128 所示。

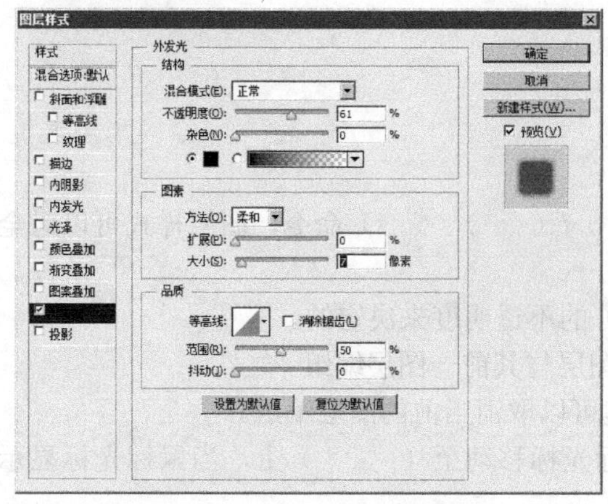

图7-127　【外发光】选项参数设置

图7-128　外发光效果

(4) 将此图层载入选区，按住Alt键将选区下部减去一部分。

(5) 新建一个图层并填充白色，在【图层】调板中将该图层的【不透明度】值更改为“30%”。

第8章　通道和蒙版应用

对于初学者来说，通道和蒙版是 Photoshop CS6 中较难理解的内容。在学习通道和蒙版的过程中，有很多概念性的东西要记住。本章将主要介绍通道和蒙版命令的相关知识及应用，读者在学习时可将重点放在对基本使用方法和功能的学习上，原理方面的知识只要大概了解就可以了。

通道和蒙版的主要功能是可以快速地创建或存储选区，并对复杂图像的选取或制作图像的特殊效果非常有帮助。通道是用来存储图层选取信息的又一特殊图层，在通道上同样可以进行绘图及编辑等操作。

在实际的设计工作中，对图像的调整、删除等操作若直接作用在图像上，在经过很多次操作后对前期某步的调整不满意，再来重新开始调整会很费事。因此通常会使用蒙版功能来避免这种情况，可以在不破坏图像的前提下对图像进行灵活编辑。

8.1　通道基本概念

在 Photoshop 中，通道主要用来保存图像的色彩信息和选区，可分为 3 种类型，即颜色通道、Alpha 通道和专色通道。颜色通道主要用来保存图像的色彩信息，Alpha 通道主要用来保存选区，专色通道主要用来保存专色。在本节的学习中将会具体介绍这部分内容。

8.1.1　颜色通道

保存图像颜色信息的通道称为颜色通道，每个图像都有一个或多个颜色通道，图像中默认的颜色通道数取决于其颜色模式。例如 CMYK 图像默认有 4 个通道，分别代表青色、洋红、黄色和黑色信息。默认情况下，位图模式、灰度、双色调和索引颜色图像只有一个通道，RGB 和 Lab 图像有 3 个通道，CMYK 图像有 4 个通道。

每个颜色通道都存放着图像中颜色元素的信息，所有颜色通道中的颜色叠加混合产生图像中像素的颜色。读者可将通道看作印刷中的印版，即单个印版对应每个颜色图层。

为了便于理解通道的概念，下面以 RGB 模式图像为例简单介绍颜色通道的原理。

在图 8-1 中，上面 3 层代表红（R）、绿（G）、蓝（B）3 色通道，最下一层是最终的图像颜色，这一层的图像像素颜色是由 R、G、B 这 3 个通道与之对应位置的颜色混合而成的。图中 4 处的像素颜色是由 1、2、3 处通道的颜色混合而成，这有点类似于调色板，几种颜色调配在一起将产生新的颜色。

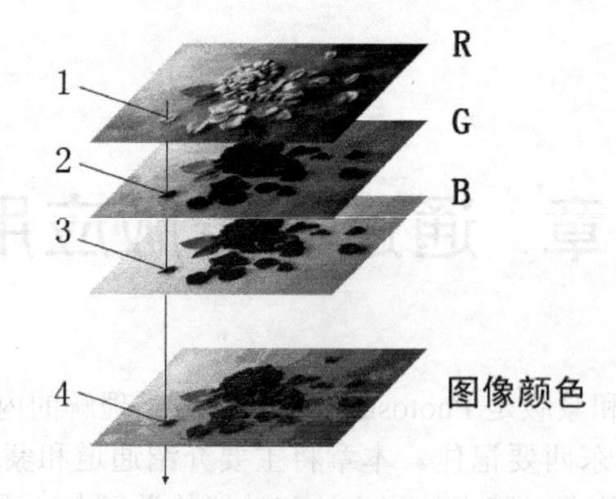

图8-1　通道图解

在【通道】调板中通道都显示为灰色，它通过不同的灰度表示 0～255 级亮度的颜色。因为通道的效果较难控制，通常不直接修改颜色通道来改变图像的颜色。

除了默认的颜色通道外，还可以在图像中创建专色通道，如在图像中添加黄色、紫色等通道。在图像中添加专色通道后，必须将图像转换为多通道模式。

8.1.2 Alpha 通道

除了颜色通道外，还可以在图像中创建 Alpha 通道，以便保存和编辑蒙版及选区。用户可以在【通道】调板中创建 Alpha 通道，并根据需要进行编辑，然后再调用选区；也可以在图像中建立选区后，选择【选择】/【存储选区】命令，将现有的选区保存为新的 Alpha 通道。

Alpha 通道也使用灰度表示。其中白色部分对应 100%选择的图像，黑色部分对应未选择的图像，灰色部分表示相应的过渡选择，即选区有相应的透明度。

Alpha 通道也可以转换为颜色通道。

8.1.3 专色通道

专色通道是一种特殊的通道，主要用来保存专色油墨。专色是用于替代或补充印刷色（CMYK）特殊的预混油墨，如金属质感的油墨、荧光油墨等。通常情况下，专色通道都是以专色的名称来命名的。

8.2 【通道】调板

在 Photoshop 提供的【通道】调板中可以创建、保存和管理通道，并观察编辑效果。【通道】调板上列出了当前图像中的所有通道，最上方是复合通道（在 RGB、CMYK 和 Lab 图像中，复合通道为各个颜色通道叠加的效果），然后是单个颜色通道、专色通道，最后是 Alpha 通道。

8.2.1 在【通道】调板中观察颜色通道

选择【文件】/【打开】命令，在弹出的【打开】对话框中选择本书配套光盘“Map”目录下的“RGB.psd”文件。这是事先做好的一幅 RGB 模式的图像，其中包含 6 个颜色范例图案。图 8-2 中标出的【R】、【G】、【B】值为其对应圆形的颜色值。

此时【通道】调板的效果如图 8-3 所示。左侧是通道内容的缩略图，编辑通道时它会自动更新；右侧是通道的名称。其中【选区】通道是 Alpha 通道，保存了一个矩形选区。

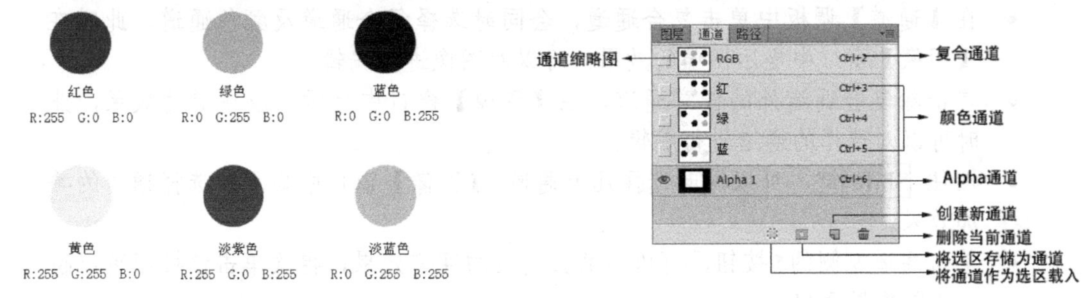

图8-2 打开的颜色图像　　图8-3 【通道】调板

通过观察每个通道可以看到，其保存的颜色为“100%”（也就是其值为“255”）的部分为白色，保存的颜色为“0%”（也就是其值为“0”）的部分为黑色。以【红】通道为例，图像中绿色、蓝色和淡蓝色图像处红色的值为“0”，所以【红】通道中这 3 种颜色处显示为黑色。注意：白色的【R】、【G】、【B】值都是“255”，所以 3 个通道中白色背景的部分都显示为白色。

读者可以在【通道】调板中分别单击【红】、【绿】、【蓝】通道，将它们逐个选择，每选择一个通道就观察一下图像窗口，此时图像窗口中显示的是当前选择通道的效果。观察图像窗口时，要注意每个通道中黑色圆形的数量和位置，对照前面所学内容，分析为什么会出现这种结果。最后单击最上方的复合通道，即【RGB】通道，再观察图像窗口，可以看到完整的图像重新显示出来。

8.2.2 从通道载入选区

按住 Ctrl 键，在【通道】调板上单击通道的缩略图，可以根据该通道在【图像】窗口中建立新的选区。

如果图像窗口中已存在选区，可进行以下操作。

- 按住 Ctrl+Alt 组合键，在通道调板上单击通道的缩略图，新生成的选区是从原选区中减去根据该通道建立的选区部分；
- 按住 Ctrl+Shift 组合键，在通道调板上单击通道的缩略图，根据该通道建立的选区添加至原选区域；
- 按住 Ctrl+Alt+Shift 组合键，在通道调板上单击通道的缩略图，根据该通道建立的选区与原选区重叠的部分作为新的选区。

8.2.3 【通道】调板的功能

下面来详细介绍【通道】调板的功能。

一、 功能按钮

【通道】调板下方有 4 个功能按钮，将鼠标光标移至按钮图标处即会出现按钮的功能介绍，单击相应的按钮完成相应的设置（见图 8-3）。

二、 通道的基本操作

通道的创建、复制、移动堆叠位置（只有 Alpha 通道可以移动）和删除操作与图层相似，这里就不再详细介绍。

- 在【通道】调板中单击复合通道，会同时选择复合通道及颜色通道，此时在【图像】窗口中显示图像的效果，可以对图像进行编辑。
- 单击除复合通道外的任意通道，在【图像】窗口中显示相应通道的效果，此时可以对选择的通道进行编辑。
- 按住 Shift 键，可以同时选择几个通道，【图像】窗口中显示被选择通道的叠加效果。
- 单击通道左侧的按钮，可以隐藏其对应的通道效果，再次单击该按钮可以将通道效果显示出来。

三、【通道】调板菜单命令

单击【通道】调板右上角的按钮，弹出的菜单命令如图 8-4 所示。本节就来介绍【通道】调板菜单的功能。

要点提示　因为本节中使用的命令都是【通道】调板菜单中的命令，所以在下面的介绍中将直接表述为“选择【××】命令”，而不再重复说明是选择【通道】调板菜单中的命令。

(1) 创建新 Alpha 通道。

【新建通道】命令用于创建新的 Alpha 通道，选择该命令，弹出的【新建通道】对话框如图 8-5 所示。

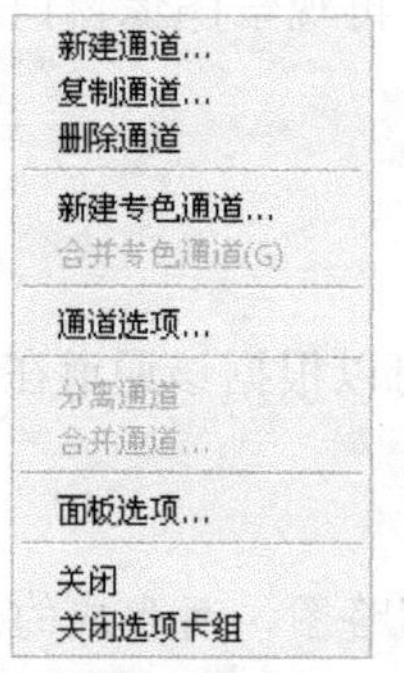

图8-4　【通道】调板菜单命令

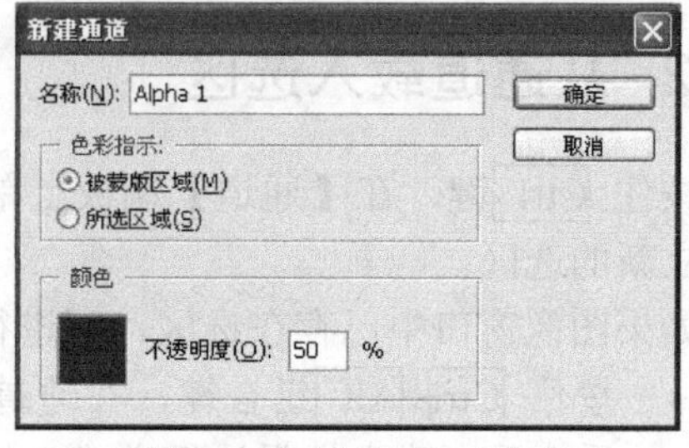

图8-5　【新建通道】对话框

- 在【名称】框内输入新 Alpha 通道的名称。
- 在【色彩指示】类下选择【被蒙版区域】选项，则创建一个黑色的 Alpha 通道；选择【所选区域】选项，则创建一个白色的 Alpha 通道。
- 【颜色】框和【不透明度】值实际上是蒙版的选项。在前面的内容介绍中提到过，在创建蒙版的时候也同时创建了一个 Alpha 通道，通道、蒙版、选区之间是可以互相转换的。

(2) 复制通道。

【复制通道】命令用来对当前通道进行复制，使用该命令复制出的新通道是 Alpha 通道。在【通道】调板中选择除复合通道外的其他任意一个通道，如在【通道】调板中选择“RGB.psd”文件中的【红】通道，选择【复制通道】命令，弹出的【复制通道】对话框如图 8-6 所示。

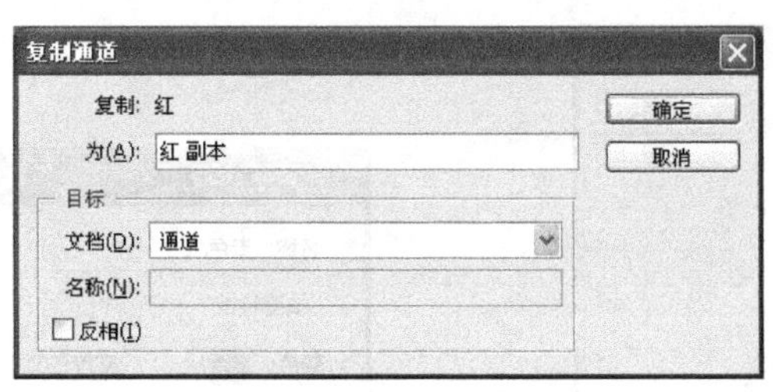

图8-6 【复制通道】对话框

- 在【为】框内输入新复制通道的名称。
- 单击【文档】框，在弹出的列表中选择要将通道复制到哪一个文件中。在【文档】框中，除了当前图像文件外，还包括工作区中打开的且与当前图像文件大小相等（也就是长度和宽度完全相等）的文件。最后有一个【新建】选项，选择该选项可以将当前通道创建为一个新的灰度图像。
- 勾选【反相】复选框，新复制的通道是当前通道的反相效果，也就是它们的黑白完全相反。

(3) 删除通道。

【删除通道】命令用于删除多余的通道，在【通道】调板中选择要删除的通道并选择该命令，可以将当前被选择的通道删除。

(4) 新建专色通道。

使用【新建专色通道】命令可以创建一个新的颜色通道，这种颜色通道只能在图像中产生一种颜色，所以也称专色通道。选择【新建专色通道】命令，弹出的【新建专色通道】对话框如图 8-7 所示。

- 【颜色】框内显示的是利用该专色通道可在图像中产生的颜色。
- 【密度】值决定该专色通道在图像中产生颜色的透明度。

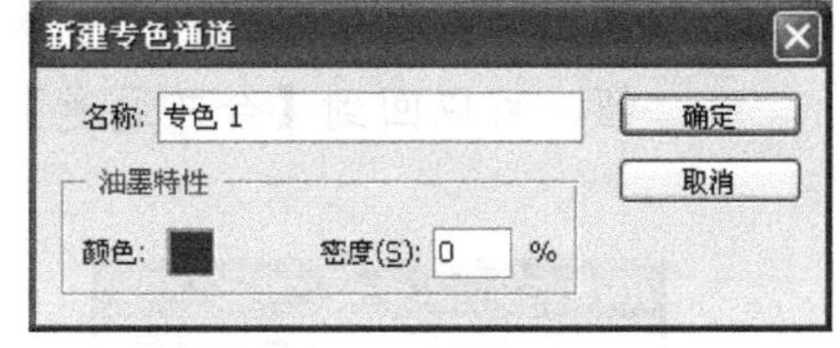

图8-7 【新建专色通道】对话框

(5) 合并专色通道。

【合并专色通道】命令只有在图像中创建了新的专色通道后才可用。图像中颜色通道的数量和类型是受图像的颜色模式控制的，使用该命令可以将新的专色通道合并入图像默认的颜色通道中。

(6) 设置通道选项。

【通道选项】命令只在选择了 Alpha 通道和新创建的专色通道时才起作用，它主要用来设置 Alpha 通道和专色通道的选项。

- 如果当前选择了 Alpha 通道，选择【通道选项】命令，弹出的【通道选项】对话框如图 8-8 所示。

  【通道选项】对话框中大部分选项已经介绍过，其中如果选择【专色】选项，单击 确定 按钮，可以将 Alpha 通道转换为专色通道。转换后的专色通道颜色即为图 8-8 中【颜色】色块设置的颜色。
- 如果当前选择的是专色通道，选择【通道选项】命令，弹出的【专色通道选项】对话框如图 8-9 所示。该对话框中的选项比较明确，不再详细介绍。

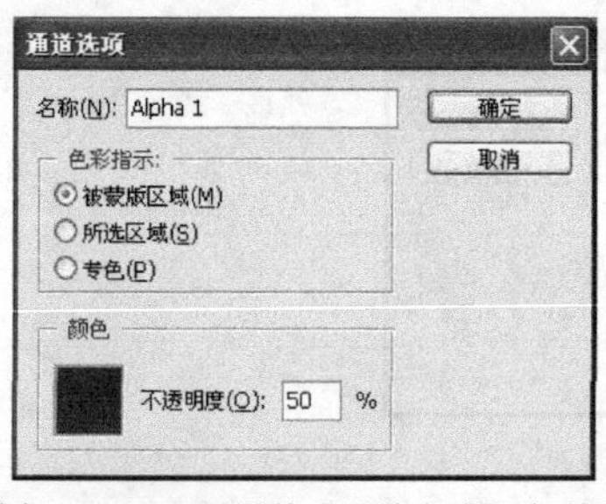

图8-8　Alpha 通道的【通道选项】对话框

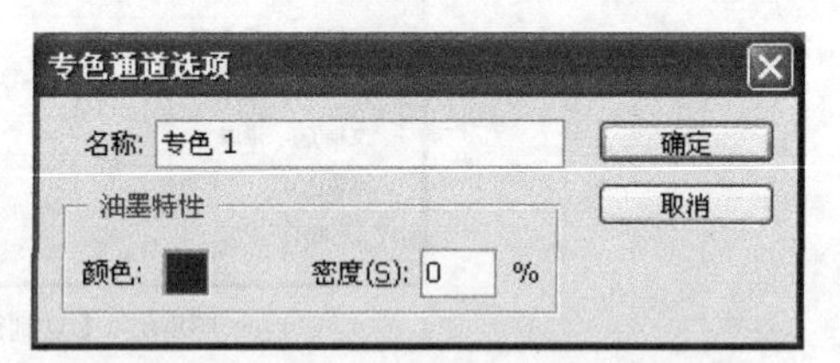

图8-9　【专色通道选项】对话框

(7)　分离通道。

选择【分离通道】命令可以将该图像中的每一个通道分离为一个单独的灰度图像。

(8)　合并通道。

要使用【合并通道】命令必须满足 3 个条件。一是要作为通道进行合并的图像颜色模式必须是灰度的；二是这些图像的长度、宽度和分辨率必须完全相同；三是它们必须是已经打开的。选择【合并通道】命令，【合并通道】对话框如图 8-10 所示。

- 在【模式】框中可以选择新合并图像的颜色模式。
- 【通道】值决定合并文件的通道数量。如果在【模式】框中选择了【多通道】选项，【通道】值可以设置为小于当前打开的要用作合并通道的文件数量。

  如果在【模式】框中选择了其他颜色模式，那么【通道】值只能设置为该模式可用的通道数；如果在【模式】框中选择了【RGB 颜色】，那么【通道】值只能设置为“3”。
- 单击【合并通道】对话框中的 确定 按钮，在弹出的【合并 RGB 通道】对话框中选择使用哪一个文件作为颜色通道，如图 8-11 所示。单击 模式(M) 按钮，可以回到【合并通道】对话框重新进行设置。

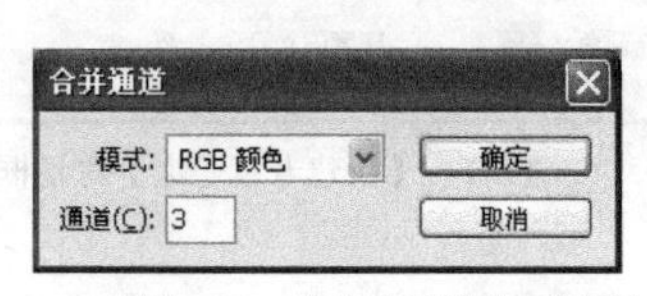

图8-10　【合并通道】对话框

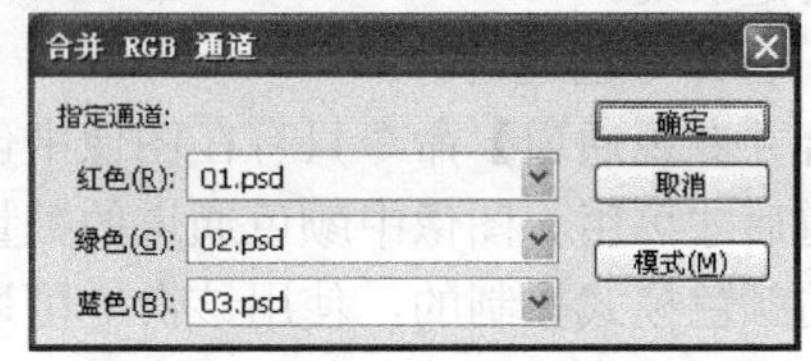

图8-11　指定通道

8.3 通道练习实例

用户在使用通道时最常用到的是利用通道存储和调用选区的功能，利用通道可以在复杂的图像中选择特殊图形。下面通过一个简单的范例来学习利用通道选择图像并去除背景。

通道的练习——利用通道抠图

在该练习中，需要将人物的背景去掉。因为图中人物头发比较零碎，使用前面学过的知识来去除背景都不是很方便，本例将学习利用通道来抠图去除背景。原图与去除背景后的效果如图 8-12 和图 8-13 所示。

图8-12　原图

图8-13　去除背景的效果

1. 选择菜单栏中的【文件】/【打开】命令，打开本书配套光盘“Map”目录下的“人物01.jpg”文件。
2. 选择菜单栏中的【文件】/【存储为】命令，将当前图像存储为“抠图.psd”文件。
3. 在【图层】调板中将背景层再复制一层，修改新复制图层的名称为“01”。

切换到【图层】调板，在【通道】调板中依次选择各颜色通道，发现【蓝】通道中人物与背景反差较大，所以利用【蓝】通道进行选择。

4. 在【通道】调板中拖曳【蓝】通道至 按钮上，复制出一个新的Alpha通道。
5. 在【通道】调板中双击新通道的名称，将其重命名为“抠图”。
6. 选择菜单栏中的【图像】/【调整】/【亮度/对比度】命令，参数设置如图8-14所示，完成的效果如图8-15所示。

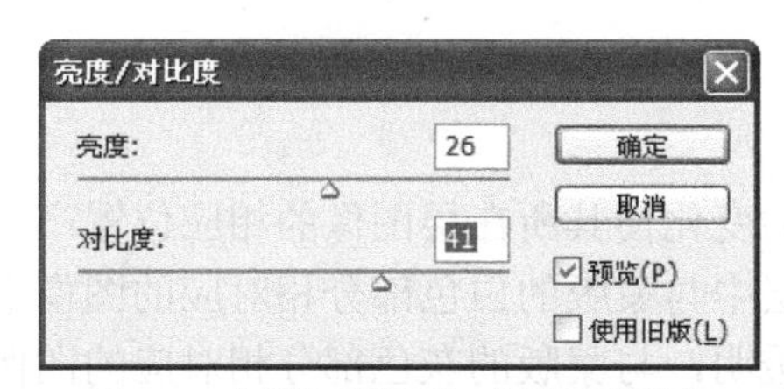

图8-14　【亮度/对比度】对话框参数设置

图8-15　完成效果（1）

7. 选择菜单栏中的【图像】/【调整】/【阈值】命令，参照如图8-16所示设置参数，完成的效果如图8-17所示。

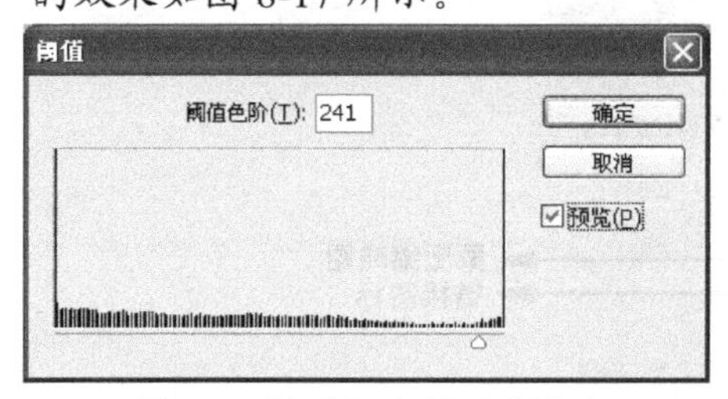

图8-16　【阈值】对话框参数设置

图8-17　完成效果（2）

要点提示 前面对图像的调整，主要是使人物与背景的反差变大，但调整时不要将人物的轮廓混到背景中。

8. 设置前景色为黑色、背景色为白色，单击工具箱中的 按钮，设置合适的画笔大小，将画面绘制成如图8-18所示效果。
9. 按住 Ctrl 键，单击【通道】调板中的【抠图】通道载入选区。

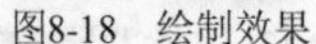

图8-18　绘制效果

图8-19　最终效果

10. 将前景色设置为亮黄色，并填充选区，最终效果如图 8-19 所示。
11. 选择菜单栏中的【文件】/【存储】命令，将修改存储到计算机中。

8.4 蒙版基本概念

在 Photoshop 中，蒙版主要用来控制图像的显示区域。用户可以用蒙版来隐藏不想显示的区域，但并不会将这些内容从图像中删除。因此，运用蒙版处理图像是一种非破坏性的编辑方式。

Photoshop 提供了 3 种类型的蒙版，即图层蒙版、剪贴蒙版和矢量蒙版。在图像中，图层蒙版是根据蒙版中的灰度信息来控制图像的显示区域；剪贴蒙版是通过一个对象的形状来控制其他图层的显示区域；矢量蒙版是通过路径和矢量形状来控制图像的显示区域。

8.4.1 图层蒙版

在图像中，图层蒙版的作用是根据蒙版中颜色的变化使其所在层图像的相应位置产生透明效果。图层蒙版中使用灰度颜色。其中，当前图层中与蒙版的白色部分相对应的图像不产生透明效果，与蒙版的黑色部分相对应的图像完全透明，与蒙版的灰色部分相对应的图像根据其灰度产生相应程度的透明效果。如图 8-20 所示，添加蒙版后，在图层缩略图右侧会添加蒙版的缩略图，中间是链接图标。

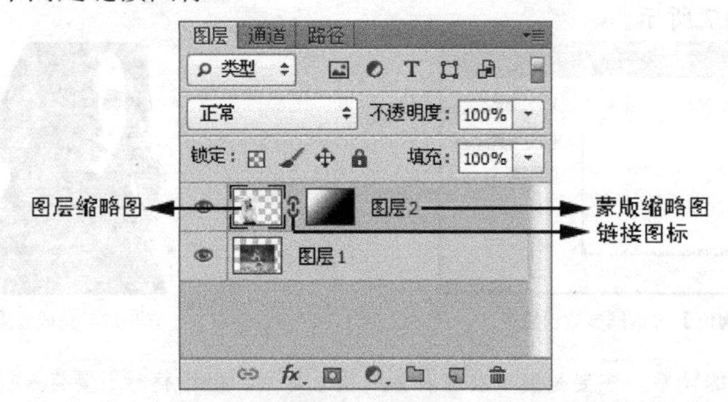

图8-20　图层蒙版

- 单击图层缩略图，当缩略图以白边显示时，表示当前编辑的是图像内容。
- 单击蒙版缩略图，当缩略图以白边显示时，表示当前编辑的是蒙版内容。
- 图标：当显示该图标时，表示图层与蒙版存在链接关系，移动其中任意一个，另一个也会同样移动。单击该按钮，使其隐藏显示，则两者取消链接关系，移动任意一个，另一个不受影响。

一、 创建图层蒙版

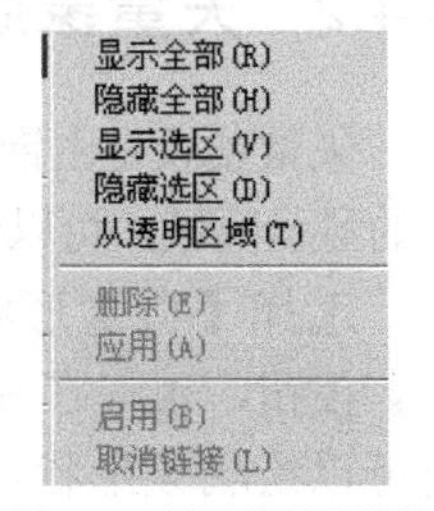

图8-21 图层蒙版子菜单

- 在图像中建立选区，单击【图层】调板中的【添加蒙版】按钮，即在当前图层上创建图层蒙版，默认添加的图层蒙版显示选区内的图像。
- 在图像中建立选区，选择菜单栏中的【图层】/【图层蒙版】命令，在弹出的子菜单中选择【显示全部】命令，如图 8-21 所示，当前图层中的图像将会全部显示，图层蒙版全部为白色。选择【隐藏全部】命令，当前图层中的图像将会全部隐藏，图层蒙版全部为黑色。选择【显示选区】命令，选区内的图像将会显示，而选区外的图像将被隐藏，图层蒙版选区内对应的部分为白色，其他部分为黑色。选择【隐藏选区】命令，选区内的图像将被隐藏，选区外的将会显示，图层蒙版选区内对应的部分为黑色，其他部分为白色。

在【图层】调板中单击图层蒙版缩览图，此时处于对图层蒙版的编辑状态。

二、 停用/启用图层蒙版

停用图层蒙版有以下两种方法。

- 在【图层】调板的图层蒙版缩览图上右键单击，在弹出的快捷菜单中选择【停用图层蒙版】命令，图层蒙版即被停用，失去作用，此时图层蒙版缩览图上出现一个红色的“×”号。
- 选择菜单栏中的【图层】/【图层蒙版】/【停用】命令，也可以停用图层蒙版。

如果当前图层蒙版已经被停用，可进行以下操作。

- 在【图层】调板的图层蒙版缩览图上右键单击，在弹出的快捷菜单中选择【启用图层蒙版】命令，图层蒙版将被重新启用，此时图层蒙版缩览图上的“×”号消失。
- 选择菜单栏中的【图层】/【图层蒙版】/【启用】命令，也可以重新启用图层蒙版。

三、 删除图层蒙版

应用图层蒙版有两种方法。

- 在【图层】调板的图层蒙版缩览图上右键单击，在弹出的快捷菜单中选择【应用图层蒙版】命令，此时图层蒙版将被删除，原图像只保留使用图层蒙版时可见的部分，其他部分也被删除。
- 选择【图层】/【图层蒙版】/【应用】命令，也可以应用图层蒙版。

四、 应用图层蒙版

应用图层蒙版有两种方法。

- 在【图层】调板的图层蒙版缩览图上右键单击，在弹出的快捷菜单中选择【应用图层蒙版】命令，此时图层蒙版将被删除，原图像只保留使用图层蒙版时可见的部分，其他部分也被删除。
- 选择【图层】/【图层蒙版】/【应用】命令，也可以应用图层蒙版。

在背景层中无法使用图层蒙版。

8.4.2　矢量蒙版

矢量蒙版是由钢笔或形状工具创建的与分辨率无关的蒙版。它通过路径和矢量形状来控制图像的显示区域，可以任意缩放，常用来创建各种形状的画框、Logo、按钮、面板等设计元素。

选择【自定形状】工具，在工具选项栏中单击【路径】按钮，再单击【形状】按钮，可以在弹出的【形状】面板中选择需要的自定义形状效果，单击并拖曳鼠标光标便可以绘制该形状。再选择【图层】/【矢量蒙版】/【当前路径】命令，即可基于当前路径创建矢量蒙版，路径区域之外的图像便会被蒙版遮挡，添加矢量蒙版后的图层形态以及添加蒙版效果如图 8-22 和图 8-23 所示。

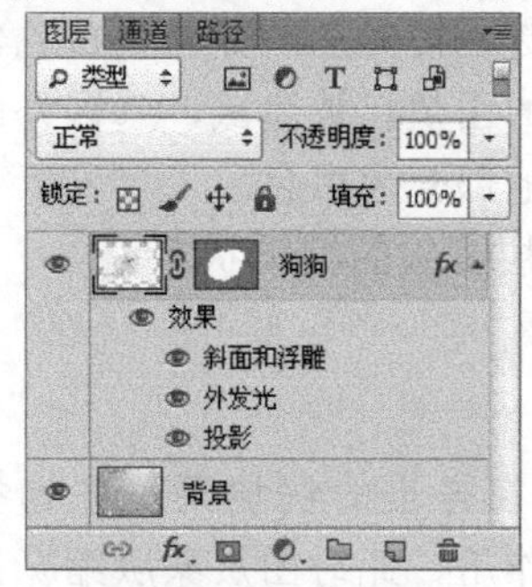

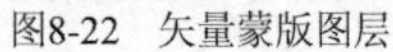

图8-22　矢量蒙版图层

图8-23　添加蒙版效果

- 在【图层】调板中选择添加了矢量蒙版的图层，单击【图层】调板底部的 图标，在弹出的菜单中选择任意一个命令，打开【图层样式】对话框，即可为矢量蒙版添加各种样式。如图 8-23 所示为矢量蒙版添加了【投影】和【描边】效果。
- 创建矢量蒙版之后，还可以使用路径编辑工具对路径进行编辑，从而改变蒙版的遮盖区域。首先要选择矢量蒙版，使用【路径选择】工具，可以选择矢量图形将其移动或删除；选择【编辑】/【变换路径】下的各种命令，可以对矢量蒙版进行各种变换操作，以此改变蒙版的形状。

8.4.3　快速蒙版

在工具箱下方有一个【进入快速蒙版】按钮，单击按钮，将以快速蒙版的方式进行编辑，此时所进行的操作对图像本身不产生作用，而是对当前在图像中产生的快速蒙版进行编辑。再次单击按钮，将退出快速蒙版的编辑模式，此时所进行的操作对当前图像起作用。

一、　快速蒙版与图层蒙版的区别

本节所讲的快速蒙版与上节所讲的图层蒙版并不是同一种功能，读者在学习时要注意区分。

使用图层蒙版需要在【通道】调板中保存蒙版，它的主要功能是根据蒙版中颜色的变化使其所在层图像的相应位置产生透明效果。

而使用快速蒙版时，【通道】调板中会出现一个临时的快速蒙版通道，但操作结束后不在【通道】调板中保存该蒙版，而是直接生成选区。快速蒙版常被用来创建各种特殊选区，从而制作出特别的图像效果。

二、 使用快速蒙版创建选区

使用快速蒙版创建选区有以下几个基本步骤。

1. 打开或新建一幅图像。
2. 单击工具箱下方的【进入快速蒙版】按钮，进入快速蒙版编辑状态。
3. 利用工具箱中的工具或菜单命令编辑快速蒙版，如使用工具或工具等对快速蒙版进行编辑。

> 要点提示 此时所进行的各种编辑操作不是对图像而是对快速蒙版进行的，注意观察【通道】调板就可发现，其中增加了一个临时的快速蒙版通道，关于【通道】调板的功能和使用方法在前面已经介绍过。

4. 单击工具箱中的【退出快速蒙版】按钮，回到标准编辑模式，此时图像中出现利用快速蒙版创建的选区，下面再进行的编辑操作将重新对图像起作用。

三、 设置快速蒙版选项

双击工具箱中的按钮，弹出的【快速蒙版选项】对话框如图 8-24 所示。

- 点击【被蒙版区域】单选项，快速蒙版中不显示色彩的部分将作为最终的选区；点击【所选区域】单选项，快速蒙版中显示色彩的部分作为最终的选区。
- 【颜色】色块决定快速蒙版在【图像】窗口中显示的色彩。【不透明度】值决定快速蒙版的最大不透明效果值。

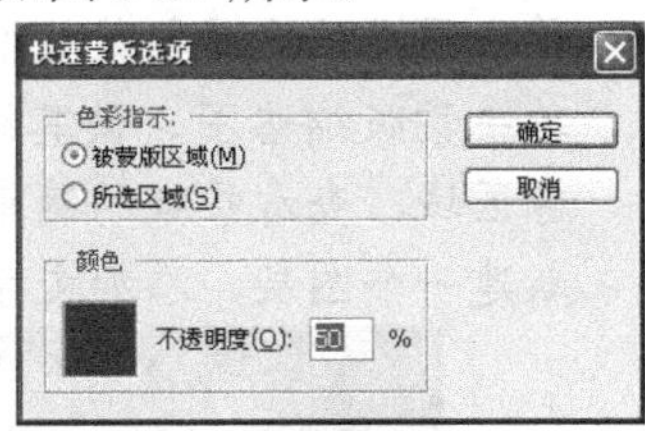

图8-24 【快速蒙版选项】对话框

蒙版的练习

下面利用蒙版制作如图 8-26 所示效果，图 8-25 所示为原图。

1. 选择菜单栏中的【文件】/【打开】命令，打开本书配套光盘“Map”目录下的“人物02.jpg”文件。
2. 选择菜单栏中的【文件】/【存储为】命令，将当前图像存储为“蒙版.psd”文件。
3. 双击背景图层，在弹出的【新建图层】中修改【名称】为“人物”，单击 确定 按钮，将背景图层转换为普通图层。

图8-25 原图

图8-26 最终效果

4. 新建“图层 1”，填充为黑色，并调整图层到最底层。
5. 选择“人物”图层为当前图层，单击工具箱中的按钮，将【羽化】修改为“20”，在图像中创建一个如图 8-27 所示选区。

图8-27 创建选区

图8-28 创建蒙版

6. 单击【图层】调板底部的按钮，将自动创建填充好的蒙版，效果如图 8-28 所示。
7. 单击图层缩略图与蒙版缩略图中间的图标，取消图层与蒙版的链接关系。
8. 单击蒙版缩略图，使其缩略图白边显示，单击工具箱中的按钮，移动蒙版以观察图像区域，查看蒙版的遮罩效果，读者可参照如图 8-29 所示调整蒙版的遮罩效果。
9. 新建一个图层，添加文字，最终效果如图 8-30 所示。

图8-29 调整蒙版的遮罩效果

图8-30 最终效果

10. 选择菜单栏中的【文件】/【存储】命令，将修改存储到计算机中。

8.5 综合应用实例

下面通过综合应用实例再来巩固一下本次课程所学的知识，加强练习如何使用通道和蒙版以及前面所学的各种工具和命令，以创建出丰富多彩的图像效果。

8.5.1 创意照片制作

通道和蒙版在 Photoshop 中属于比较难理解的部分。该例通过制作创意照片介绍蒙版与通道的基本使用方法，首先使用通道抠取图像，再使用蒙版与图层的混合模式将两幅图片进行重新组合。最终效果如图 8-31 所示。

运用通道和蒙版制作创意照片

1. 选择【文件】/【打开】命令或按 Ctrl+O 组合键，打开配套光盘“Map”目录下的“蓝天.jpg”文件。
2. 选择【文件】/【存储为】命令或按 Ctrl+Shift+S 组合键，将文件命名为“创意照片.psd”保存。
3. 再次选择【文件】/【打开】命令，打开配套光盘“Map”目录下的“鱼.jpg”文件。
4. 在【通道调板】中单击【红】通道，拖曳【红】通道到调板下侧的按钮上，如图 8-32 和图 8-33 所示。

图8-31 创意照片最终效果

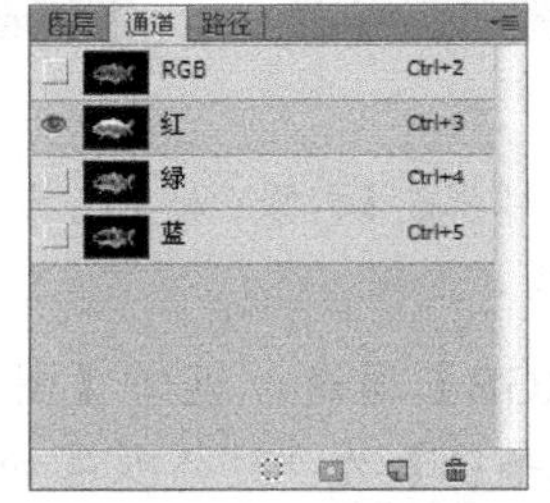

图8-32 单击【红】通道

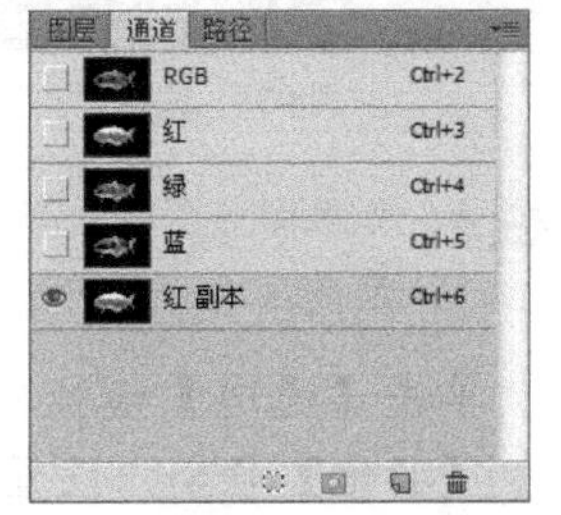

图8-33 复制【红】通道

5. 选择【图像】/【调整】/【色阶】命令（或按 Ctrl+L 组合键），弹出【色阶】对话框，如图 8-34 所示。调整对话框中的滑块，如图 8-35 所示。

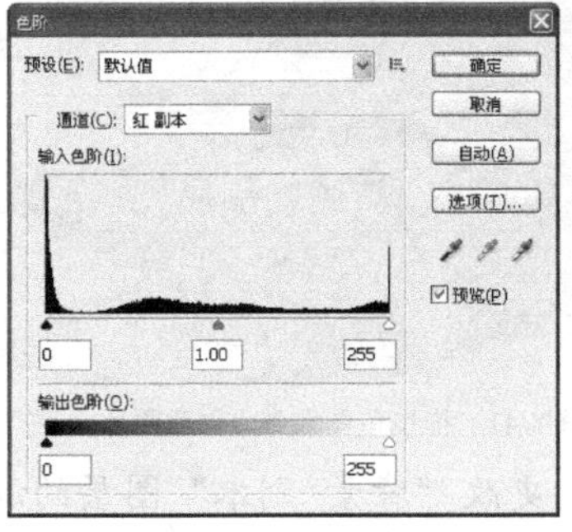

图8-34 【色阶】对话框

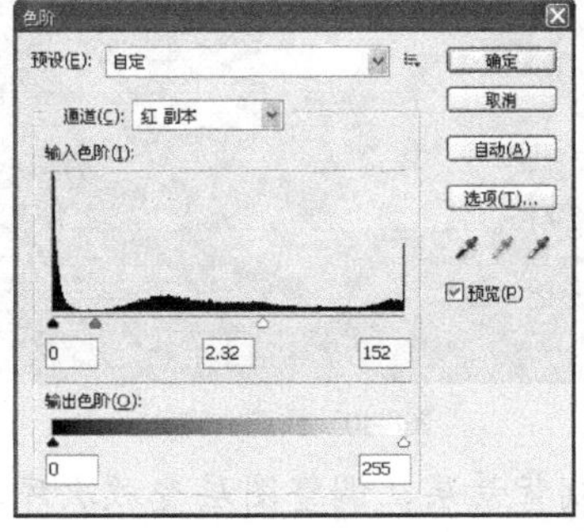

图8-35 调整滑块

要点提示 使图像的黑白差距明显，尽量使要选择的部分变成白色，还可以任意涂抹，以便能够选择出满意的需要载入的部分。

6. 设置色阶后的图像效果如图 8-36 所示。选择工具箱中的工具，涂抹掉多余的白色，如图 8-37 所示。

图8-36 图像效果

图8-37 涂抹掉多余的白色

7. 按住 Ctrl 键单击【红副本】通道，选择“鱼”，如图 8-38 所示。使用工具将选择区域涂白，如图 8-39 所示。然后再次按住 Ctrl 键，单击【红副本】通道。

图8-38　选择“鱼”（参见光盘）

图8-39　将选区涂白

要点提示　如果部分图像没有被选中，可单击【椭圆选框】工具，依次单击选项栏中的按钮，再进行选择。

8. 单击【通道】调板中的【RGB】通道，返回【图层】调板，选择【选择】/【修改】/【羽化】命令，设置【羽化半径】为“5”，效果如图 8-40 所示。
9. 利用工具拖曳鱼图像到“创意照片.psd”文件中，如图 8-41 所示。

图8-40　被选中的鱼

图8-41　拖曳鱼图像到“创意照片.psd”中

10. 复制背景层，调整图层叠放次序，如图 8-42 所示。更改“背景 副本”图层的混合模式为“滤色”，如图 8-43 所示。

图8-42　调整图层叠放次序

图8-43　更改图层混合模式

11. 激活“背景 副本”图层，单击【图层】调板下侧的按钮，效果如图 8-44 所示。
12. 设置背景色为黑色，选择工具箱中的工具，设置选项栏中的【不透明度】参数为“40%”，在图像中涂抹，如图 8-45 所示。

图8-44　添加图层蒙版后的效果

图8-45　使用【橡皮擦】工具涂抹

13. 激活“鱼”图层，选择【图像】/【调整】/【色彩平衡】命令，弹出【色彩平衡】对话框，参数的设置如图 8-46 所示，效果如图 8-47 所示。

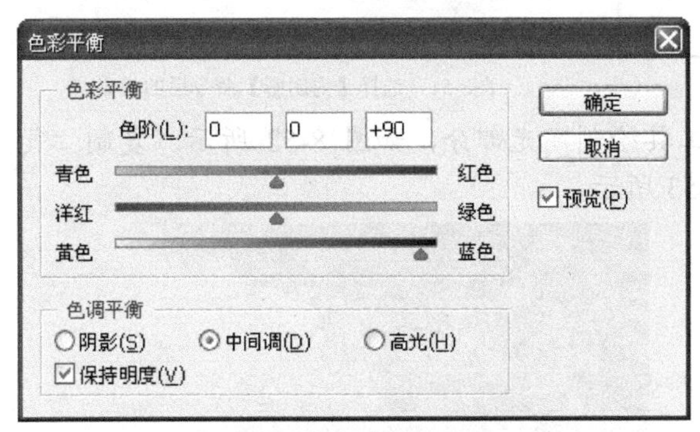

图8-46　【色彩平衡】对话框

图8-47　调整色彩平衡后的效果

14. 激活“背景”图层，选择【滤镜】/【扭曲】/【波浪】命令，弹出【波浪】对话框，具体参数的设置如图 8-48 所示。单击 确定 按钮，效果如图 8-49 所示。

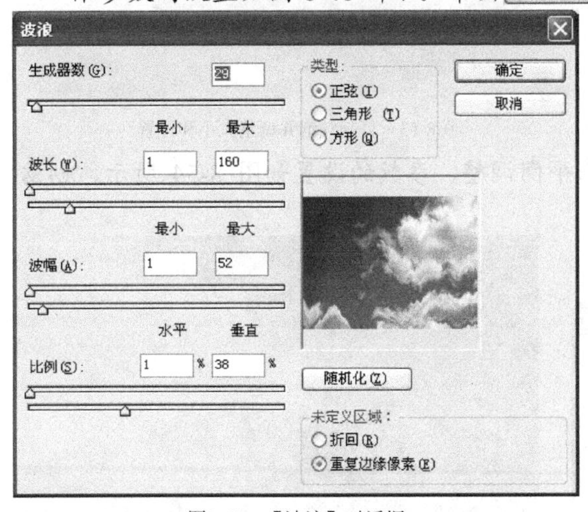

图8-48　【波浪】对话框

图8-49　选择【波浪】命令后的效果

15. 新建一个图层，绘制圆形选区，填充为浅蓝色（R:150,G:190,B:200），在【图层】调板中调整【不透明度】参数为“40%”，添加图层样式如图 8-50 所示，添加后的效果如图 8-51 所示。

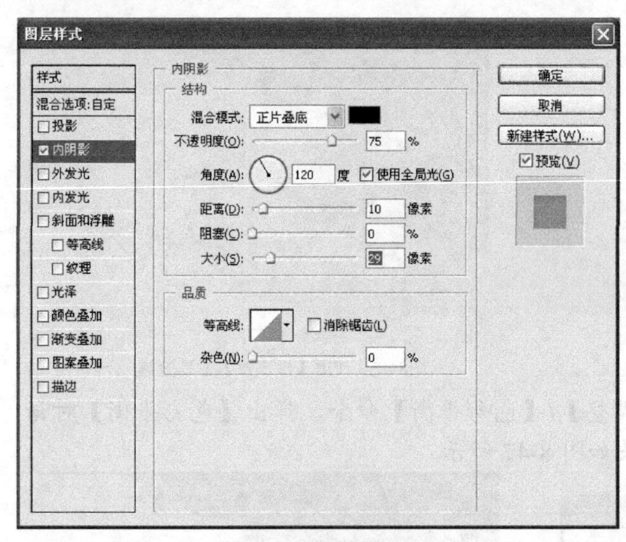

图8-50　添加图层样式

图8-51　选择【内阴影】命令后的效果

16. 按 Ctrl+D 组合键，取消选区。使用工具绘制高光部分，如图 8-52 所示。复制“气泡”图层，并改变大小及位置，如图 8-53 所示。

图8-52　给气泡添加高光

图8-53　复制气泡并调整大小和位置

17. 合并 3 个“气泡”图层，并对其进行色彩平衡调整，参数的设置如图 8-54 所示，创意图片效果如图 8-55 所示。

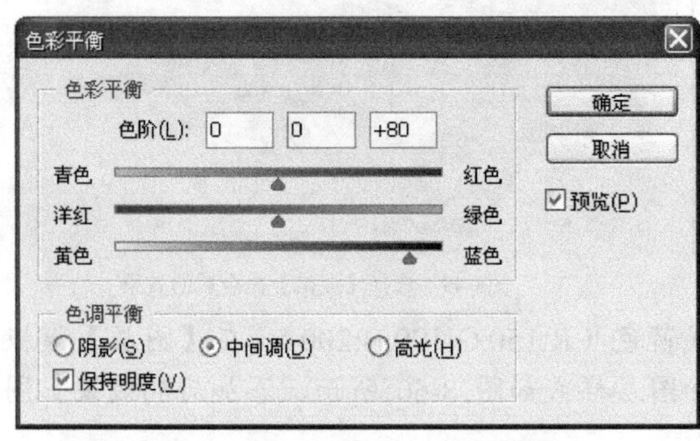

图8-54　【色彩平衡】对话框参数设置

图8-55　选择【色彩平衡】命令后的效果

8.5.2 老照片风格装饰画制作

读者可以利用本章所学的命令，制作出各种风格的装饰画。本节将结合多种知识设计制作一幅老照片风格的装饰画，通过练习使读者重点掌握蒙版命令和图层混合模式等命令在装饰画制作中的用法。该例的最终效果如图 8-56 所示。

图8-56　老照片风格装饰画效果

【操作步骤提示】

1. 选择【文件】/【打开】命令，打开本书配套光盘“Map”目录下的“仙人掌.jpg”文件。
2. 选择【文件】/【存储为】命令，将当前图像命名为“装饰画.psd”保存。
3. 双击背景图层，在弹出的【新建图层】对话框中修改【名称】为“仙人掌”，单击 确定 按钮，将背景图层转换为普通图层。
4. 新建“图层 黑色”图层，填充图层为亮橘色（R:246,G:156,B:0），并调整图层到最底层。
5. 新建“图层 褐色”图层，填充图层为褐色（R:74,G:52,B:8），并调整图层到最顶层，再在【图层】调板左上角的 正常 下拉列表中选择“颜色”。
6. 再新建“图层 杂点”图层，填充图层为灰色（R:170,G:170,B:170），选择【滤镜】/【杂色】/【添加杂色】命令，弹出【添加杂色】对话框，设置【数量】为“30”，勾选【单色】复选框。
7. 再在【图层】调板左上角的 正常 下拉列表中选择“颜色加深”，效果如图 8-57 所示。
8. 选择“仙人掌”图层为当前图层，利用 工具在图像中绘制一个如图 8-58 所示选区。

图8-57　图层混合后的效果

图8-58　绘制选区

9. 选择【选择】/【修改】/【羽化】命令，弹出【羽化选区】对话框，将【羽化半径】修改为“80”。

10. 单击【图层】调板底部的按钮，将自动创建填充好的蒙版，效果如图 8-59 所示。
11. 新建“图层 划痕”图层，并调整到 “仙人掌” 图层之上。
12. 选择工具，参照图 8-60 所示设置画笔，参照图 8-61 所示绘制随意效果的划痕。

图8-59　创建蒙版效果（1）

图8-60　画笔设置

13. 选择工具，将【羽化】修改为“20”，在图像中绘制一个如图 8-62 所示选区。

图8-61　绘制划痕

图8-62　绘制选区

14. 单击【图层】调板底部的按钮，将自动创建填充好的蒙版，效果如图 8-63 所示。
15. 新建“图层 文字”图层，并调整到“图层 划痕”图层之上，然后输入如图 8-64 所示文字。

图8-63　创建蒙版效果（2）

图8-64　输入文字

16. 参照步骤 12～步骤 13 为文字添加划痕效果，如图 8-65 所示。
17. 新建“图层 文字发光”图层，并调整到“图层 文字”图层之上。
18. 载入“图层 文字”的选区，选择【选择】/【修改】/【扩展】命令，将选区扩展量设置为“2 px”，并将选区羽化，【羽化半径】设置为“5”。
19. 将前景色修改为白色，填充修改后的选区，并将【图层不透明度】修改为“55”，效果如图 8-66 所示。

图8-65 文字划痕效果

图8-66 修改图层不透明度后的效果

20. 新建“图层 文字 2”图层，输入段落文字，效果如图 8-67 所示。
21. 复制“仙人掌”图层，并调整到所有图层之上。
22. 将复制后的图层蒙版删除，并将图层混合模式设置为“柔光”，最终效果如图 8-68 所示。

图8-67 输入段落文字

图8-68 最终效果

8.6 小结

本章主要介绍了通道和蒙版命令的相关知识及应用。这两个命令的主要功能是可以快速地创建或存储选区，并对复杂图像的选取或制作图像的特殊效果非常有帮助。

一般不建议初学者对颜色通道进行修改，特别是不要在图像默认的颜色通道上直接进行调整，因为这样会改变图像的颜色，而且很难控制颜色的变化。使用通道选择特殊图形是较常使用的功能，但它也不是万能的，对于那些要选择的部分与其他部分图像颜色或明暗反差较大的图像，使用通道选择较有优势。

希望读者通过本章能在理论的指导下认真学习，并加以相应的实例练习，以便对它们有一个全面的认识。

8.7 练习题

一、填空

1. Alpha 通道中白色部分对应（　　）选择的图像，黑色部分对应（　　）选择的图像。
2. 按住（　　　）键，在通道调板上单击通道的（　　　　），可以根据该通道在【图像】窗口中建立新的选区。
3. 如果图像窗口中已存在选区：按住（　　　　　　　）键，在通道调板上单击通道的缩略图，新生成的选区是从原选区中减去根据该通道建立的选区部分；按住（　　　　　　　）键，在通道调板上单击通道的缩略图，根据该通道建立的选区添

加至原选区域；按住（　　　　　　　　）键，在通道调板上单击通道的缩略图，根据该通道建立的选区与原选区重叠的部分作为新的选区。

4. 在图像中，图层蒙版的作用是根据蒙版中（　　　　　　　）使其所在层图像的相应位置产生透明效果。

二、简答

1. 简述什么是通道，通道分为哪几类，其功能是什么。
2. 简述【通道】调板下方功能按钮的作用。
3. 简述要进行合并通道的操作必须满足的条件有哪些。
4. 简述快速蒙版与图层蒙版的区别。

三、操作

1. 打开本书配套光盘“Map”目录下的“女孩.jpg”文件，如图 8-69 所示。这幅图像显得比较粗糙，请对它进行修改，直至得到如图 8-70 所示柔和效果。操作时请参照本书配套光盘“练习题”目录下的“女孩修复.psd”文件。

【操作步骤提示】

(1) 在图像中选择女孩脸部和脖子，并在【通道】调板中保存选区。
(2) 将选区内的图像再复制生成一个新图层，利用【滤镜】/【模糊】/【高斯模糊】命令对其进行柔化。
(3) 在【通道】调板中选择适当的颜色通道进行复制。
(4) 载入脸部和脖子的选区，并反转选区。
(5) 在新复制的颜色通道中填充白色并取消选区，调整当前通道的亮度和对比度，此命令可执行多次，直到五官与周围皮肤对比较为明显为止。
(6) 在上步调好的通道中载入选区，确认在图像中选择了女孩的五官部分。
(7) 回到复合通道中，在图像中删除模糊的五官效果。
(8) 载入第一步中保存的脸部和脖子选区。
(9) 反转选区，将背景层选区内的图像复制生成一个新图层。
(10) 将新复制的图层进行高斯模糊处理，设置其模式为【柔光】。

2. 打开本书配套光盘“Map”目录下的“艺术相框素材.jpg”文件，使用【通道】命令来为其制作一个个性漂亮的相框，最终效果如图 8-71 所示。操作时请参照本书配套光盘“练习题”目录下的“艺术相框制作.psd”文件。

图8-69　原始照片素材

图8-70　使图像柔和的效果

图8-71　艺术相框效果

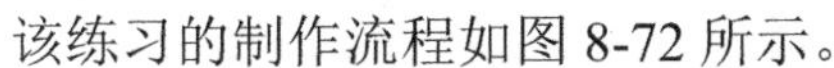

该练习的制作流程如图 8-72 所示。

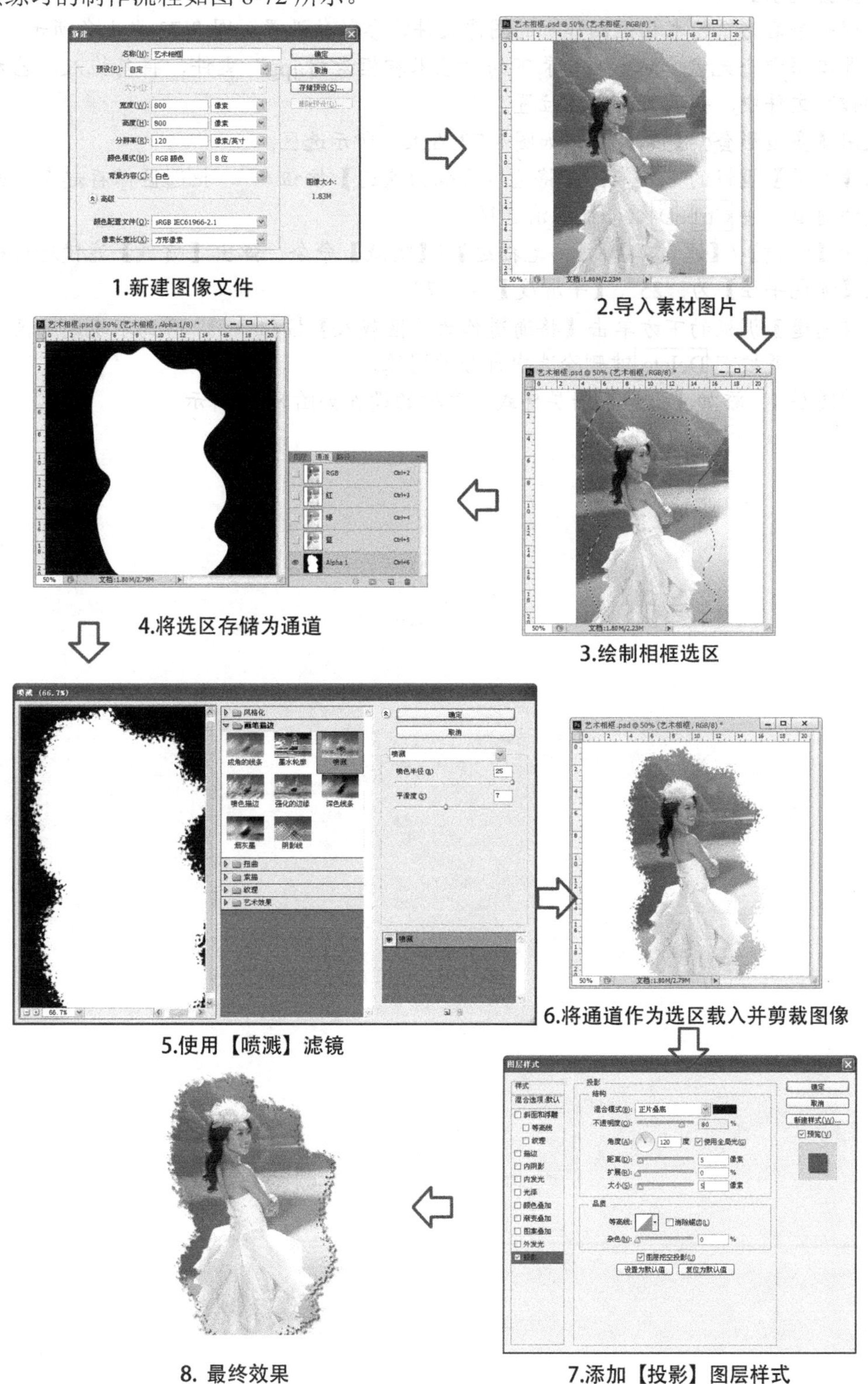

图8-72　制作流程示示意图

【操作步骤提示】

1. 新建一个名为“艺术相框制作”的图像文件，参数的设置如图 8-72 左上角所示。
2. 打开本书配套光盘“Map”目录下的“艺术相框素材.jpg”文件，将其拖入“艺术相框制作”文件中，并调整大小和位置。
3. 使用【多边形套索】工具绘制如图 8-72 右上角所示选区。
4. 在【通道】调板的下方单击【将选区存储为通道】按钮，把选区保存起来。选中新建的通道，按 Ctrl+D 组合键取消选区。
5. 选择【滤镜】/【滤镜库】/【画笔描边】/【喷溅】命令，弹出【喷溅】滤镜对话框，设置【喷色半径】为“25”、【平滑度】为“7”。
6. 在【通道】调板的下方单击【将通道作为选区载入】按钮，得到不规则选区。将选区反选，并按下 Delete 键删除选中部分的图像。
7. 为“图层 1”添加【投影】图层样式，参数的设置如图 8-72 所示。

第9章　图像编辑和图像颜色调整

本章主要介绍图像编辑和图像颜色调整命令，它们是 Photoshop CS6 菜单命令中比较重要的两个部分。在前几章的实例制作中使用过其中的部分命令，相信读者学起来会比较轻松。

编辑命令主要是对图像进行各种处理，包括图像的撤销与恢复、图像的复制、图像的填充与描边、图像的变换、图像与画布的调整等；调整命令主要是对图像或图像的某一部分进行颜色、亮度、饱和度以及对比度等的调整，使图像产生多种色彩上的变化。另外在对图像的颜色进行调整时，一定要注意选区的添加与运用。

在图像的处理过程中，将工具和菜单命令配合使用可以使图像产生多种不同的艺术效果，熟练掌握这些命令也是读者进行图像处理及效果制作的关键。

9.1　图像编辑

【编辑】菜单中的命令主要用于对图像文件进行纠正、修改及剪贴等处理，包括撤销、复制、粘贴、清除、填充、描边、自由变形、变形、设置图案及清理内存数据等命令。下面将重点介绍几种常用的功能。

9.1.1　撤销与恢复操作

撤销和恢复命令主要是对图像编辑处理过程中出现的失误或对创建的效果不满意进行复原和重做。

一、 利用菜单命令撤销和恢复

- 【编辑】/【还原】命令：此命令的主要功能是将图像文件恢复到最后一次操作前的状态。选择该命令后，该选项变成“重做+上一步操作名称”命令。快捷键为 Ctrl+Z 组合键。
- 【前进一步】命令：在图像中有被撤销的操作时，每次选择该命令，向前重做一步操作。快捷键为 Shift+Ctrl+Z 组合键。
- 【后退一步】命令：每次选择该命令，向后撤销一步操作。快捷键为 Alt+Ctrl+Z 组合键。
- 【文件】/【恢复】命令：可以直接将图像文件恢复到最后一次保存时的状态。

二、 使用【历史记录】调板

在实际应用中，经常会遇到需要撤销多步操作的情况，为此 Photoshop CS6 提供了功能更加强大的【历史记录】调板功能。

【历史记录】调板主要用于记录操作步骤以及该操作下的图像状态，使用它可以回到前面操作的图像状态。它是 Photoshop 中重要的控制调板之一，除了可以完成前面所提到的撤销操作功能外，还可以对制作的中间效果进行提取和保存。这在实际应用中是非常重要的，可以大大提高工作的灵活性。

如果屏幕上没有显示【历史记录】调板，可以选择【窗口】/【历史记录】命令，将其显示出来。【历史记录】调板及其功能介绍如图 9-1 所示。

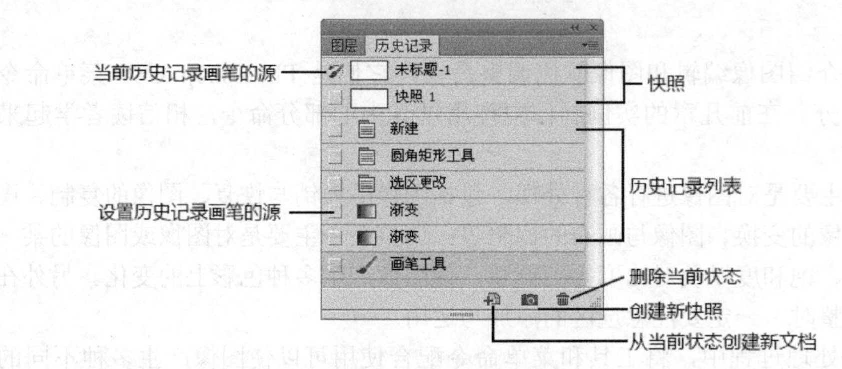

图9-1　【历史记录】调板

【历史记录】调板并没有记录所做的每一步操作，保存文件、设置工具选项以及设置前景色等操作并未被记录，而只记录那些对图像窗口中的图像效果产生影响的操作。那些对图像效果没有影响的操作将不被记录到【历史记录】调板中，如链接、存储、设置工具的选项等。

单击【历史记录】调板右上角的▤按钮，弹出的菜单如图 9-2 所示。

- 选择【新建快照】命令，弹出的【新建快照】对话框如图 9-3 所示。可以在【名称】文本框中设置快照的名称。
- 单击【历史记录选项】命令，弹出的【历史记录选项】对话框如图 9-4 所示。

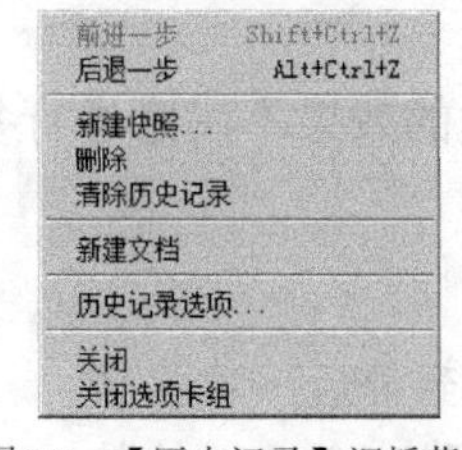

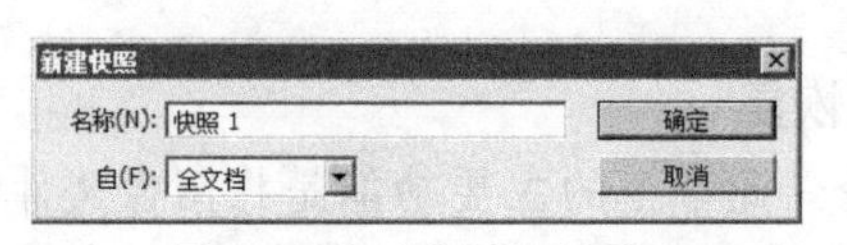

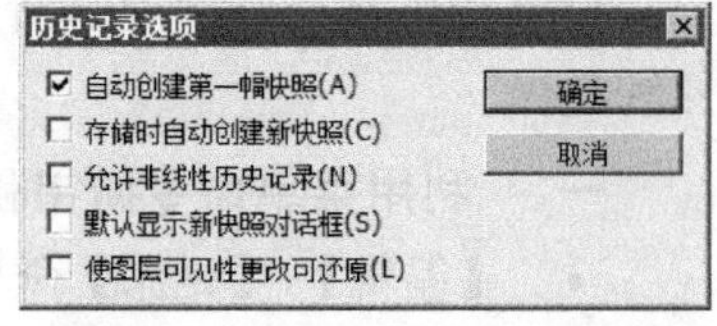

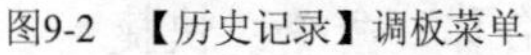

图9-2　【历史记录】调板菜单　　图9-3　【新建快照】对话框　　图9-4　【历史记录选项】对话框

可以在【名称】框中设置快照的名称。

在【自】框的选项列表中，选择【全文档】选项可以创建图像在当前历史记录状态时所有图层的快照。选择【合并的图层】选项可创建合并图像在该状态时所有图层的快照。选择【当前图层】选项只能创建当前历史记录状态时当前选中图层的快照。

- 选择【删除】命令，则将当前历史记录及其下的所有历史记录删除。
- 单击【清除历史记录】命令，则在【历史记录】调板中只保留最后一条历史记录，将其他历史记录全部删除。
- 单击【新建文档】命令，则将当前历史记录状态的图像创建为一个新的图像文件。

- 单击【历史记录选项】命令，弹出的【历史记录选项】对话框如图 9-4 所示。
  勾选【自动创建第一幅快照】复选框，可以在打开图像文件时自动创建图像初始状态的快照。
  勾选【存储时自动创建新快照】复选框，可以在每次存储时生成一个快照。
  勾选【允许非线性历史记录】复选框，可以更改选中的历史记录而不删除其下的历史记录。通过用非线性方法记录状态，可选择某个状态、更改图像且只删除该状态。更改将添加到列表的最后。
  勾选【默认显示新快照对话框】复选框，可以强制 Photoshop 提示快照名称，即使在【历史记录】调板上使用按钮时也一样。

历史记录的保存不是无限的，Photoshop CS6 默认保存 20 步的历史记录。如果需要保存更多的历史记录，可以选择菜单栏中的【编辑】/【预置】/【常规】命令，在弹出的【预置】对话框中修改【历史记录状态】值。注意：历史记录保存得越多，占用计算机的资源就越多，用户要根据自己计算机的实际情况和工作需要进行设置。

历史记录的保存不是无限的，选择 Photoshop 菜单栏中的【编辑】/【首选项】/【性能】命令，在弹出的【首选项】对话框中可以修改【历史记录状态】值。

使用【历史记录】调板不仅可以撤销多步操作，还可以对图像制作过程的中间效果进行保存。这在实际应用中是非常重要的，可以大大提高工作的灵活性。

9.1.2 图像的复制与粘贴

图像的复制与粘贴命令主要包括【剪切】、【拷贝】、【合并拷贝】、【粘贴】、【贴入】等命令，在实际工作中使用非常频繁，而且经常配合使用，希望读者牢牢掌握。

其中【剪切】、【拷贝】和【粘贴】命令的功能比较明确，这里不做介绍，下面简单介绍【合并拷贝】和【贴入】命令的功能。

- 【合并拷贝】命令：此命令主要用于图层文件。将所有图层中的内容复制到剪贴板中进行粘贴时，将其合并到一个图层粘贴。
- 【贴入】命令：使用此命令时，当前图像文件中必须有选区。可将剪贴板中的内容粘贴到当前图像文件中，并将选区设置为图层蒙版。

9.1.3 图像的填充与描边

使用菜单栏中的【编辑】/【填充】命令，可以将选定的内容按指定的模式填入图像的选区内或直接填入图层内。使用【编辑】/【描边】命令可以用前景色沿选区边缘描绘指定宽度的线条。这两个命令非常简单，但是在具体工作中使用比较频繁，因此需要读者熟练掌握。

填充与描边练习

下面利用【填充】与【描边】命令制作如图 9-5 所示图像。

1. 选择菜单栏中的【文件】/【新建】命令，新建一个 400px×150px 的文件。
2. 选择 T. 工具，在图像文件中输入如图 9-6 所示文字。

图9-5　最终效果

APPLE

图9-6　输入文字

3. 选择菜单栏中的【图层】/【栅格化】/【文字】命令，将文字图层转换为普通图层。
4. 按住 Ctrl 键，单击【图层】调板中文字图层的缩略图，将其载入选区，如图 9-7 所示。
5. 选择菜单栏中的【编辑】/【填充】命令，弹出如图 9-8 所示【填充】对话框。

APPLE

图9-7　载入选区

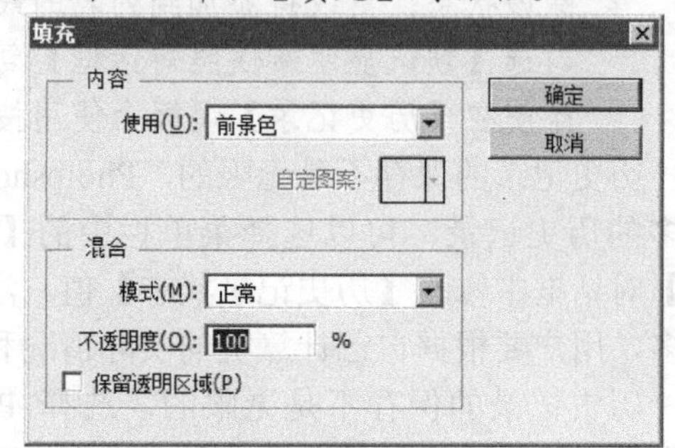

图9-8　【填充】对话框

6. 在【填充】对话框中的【使用】下拉列表中选择【图案】选项，然后单击【自定图案】选项右侧的▾按钮，在弹出的【图案】面板中选择如图 9-9 所示图案。
7. 选择图案后，单击 确定 按钮，填充图案后的效果如图 9-10 所示。

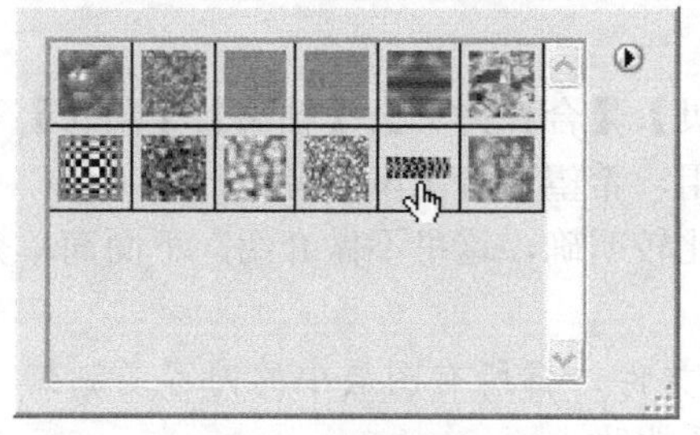

图9-9　【图案】面板

图9-10　填充效果

8. 将前景色设置为黑色，然后选择菜单栏中的【编辑】/【描边】命令，弹出【描边】对话框，参数设置如图 9-11 所示。
9. 单击 确定 按钮，描边后的效果如图 9-12 所示。

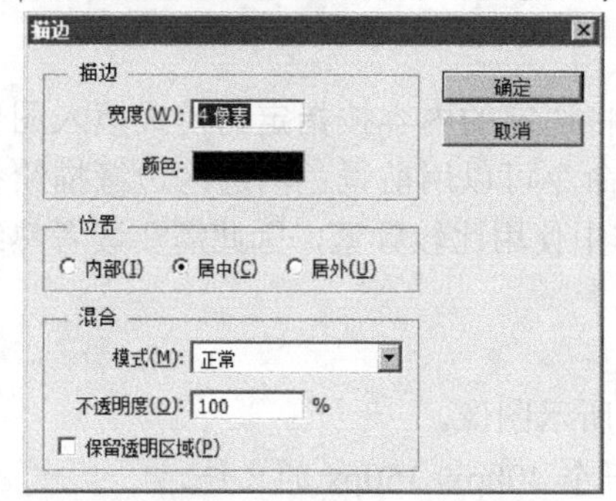

图9-11　【描边】对话框

图9-12　描边效果

10. 按下 Ctrl+D 组合键，取消选区，再次按住 Ctrl 键，单击文字图层的缩略图，重新载入选区，如图 9-13 所示。

11. 将前景色设置为浅灰色(R:130,G:130,B:130)，然后选择菜单栏中的【编辑】/【描边】命令，弹出【描边】调板，将【宽度】设置为“2”，其他参数不变，描边后的最终效果如图 9-14 所示。

图9-13　载入选区

图9-14　最终效果

9.1.4 图像的变换

图像的变换命令在实际的工作过程中经常运用，熟练掌握此类命令可以绘制出立体感较强的图像效果，希望读者能够牢牢掌握。

- 【自由变换】命令：在自由变换状态下，以手动方式将当前图层的图像或选区做任意缩放、旋转等自由变形操作。这一命令使用在路径上时，会变为【自由变换路径】命令，对路径进行自由变换。
- 【变换】命令：主要包括【缩放】、【旋转】、【斜切】、【扭曲】、【透视】、【变形】、【旋转 180 度】、【旋转 90 度（顺时针）】、【旋转 90 度（逆时针）】、【水平翻转】及【垂直翻转】等命令。用户可以根据不同的需要选择不同的选项，对图像或选区进行变换调整。这一命令使用在路径上时，会变为【变换路径】命令，以对路径进行单项变换。

9.2 图像与画布调整

图像与画布调整命令主要包括【图像大小】、【画布大小】及【旋转画布】等命令。这几个命令比较简单，但在实际工作中使用非常频繁，希望读者熟练掌握。

9.2.1 图像大小调整

在 Photoshop 中，可以利用菜单栏中的【图像】/【图像大小】命令重新设定图像文件的尺寸大小和分辨率。

选择要调整的图像，然后选择菜单栏中的【图像】/【图像大小】命令，弹出如图 9-15 所示【图像大小】对话框，各部分功能介绍如下。

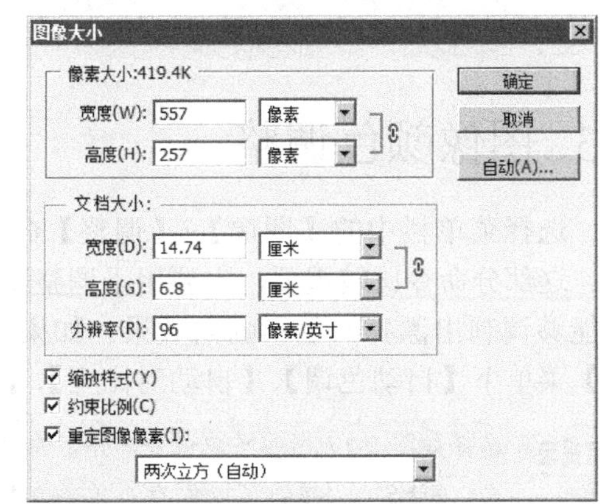

图9-15　【图像大小】对话框

- 【像素大小】类参数和【文档大小】类参数主要用于设置修改后图像的大小，这两组参数只要修改其中的一组，另一组就会随之发生相应的变化。
- 如果图像带有应用了样式的效果层，那么勾选【缩放样式】复选框

可以在缩放图像的同时缩放样式效果。【缩放样式】选项只有在勾选了【约束比例】复选框时才能使用。

- 勾选【约束比例】复选框，可对图像进行等比例缩放。
- 勾选【重定图像像素】复选框，可以在其下拉列表中选择修改图像大小时使用的插值方法。

9.2.2　画布大小调整

利用【图像】/【画布大小】命令重新设定图像版面的尺寸大小，并可调整图像在版面上的放置。选择菜单栏中的【图像】/【画布大小】命令，弹出如图 9-16 所示【画布大小】对话框。

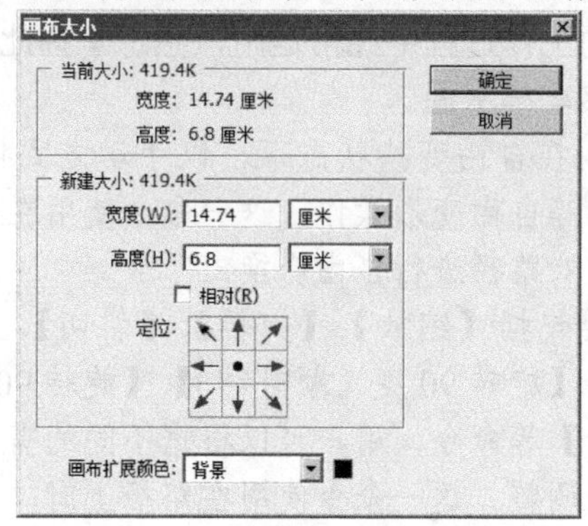

图9-16　【画布大小】对话框

【当前大小】类参数主要显示画布当前的尺寸大小，【新建大小】类参数主要用于设置修改后画布的大小。

9.2.3　旋转画布

利用【图像】/【旋转画布】命令可以调整图像版面的角度，并且文件中所有图层、通道、路径都会一起旋转或翻转。

要特别注意【图像】/【旋转画布】命令和【编辑】/【变换】命令的区别。【图像】/【旋转画布】命令旋转的是整个图像，包括所有图层、通道、路径都会一起旋转。【编辑】/【变换】命令旋转的只是当前图层或路径，而不是整个图像。

9.3　图像颜色调整

选择菜单栏中的【图像】/【调整】命令，系统将弹出如图 9-17 所示【调整】菜单命令。这部分命令比较重要，主要用于调整图像的色调、亮度、对比度以及饱和度等，利用它们能够调制出漂亮的色彩画面效果。如果要快速调整图像的颜色和色调，则可以使用【图像】菜单下【自动色调】、【自动对比度】、【自动颜色】命令。下面将详细介绍这部分命令。

要点提示　选择如图 9-17 所示菜单命令，弹出的对话框中大多都有 载入(L)... 按钮和 存储(S)... 按钮，单击 存储(S)... 按钮可以保存当前的参数设置，单击 载入(L)... 按钮可以载入已存储的参数设置。这两个按钮在下面的学习中就不再重复介绍。

9.3.1 【自动色调】命令

使用【图像】/【自动色调】命令可以增强图像的对比度。在像素值平均分布并且需要以简单的方式增加对比度的特定图像中，该命令可以提供较好的结果。

9.3.2 【自动对比度】命令

使用【图像】/【自动对比度】命令可以自动调整图像的对比度，使高光部分更亮、阴影部分更暗。

9.3.3 【自动颜色】命令

使用【图像】/【自动颜色】命令可以自动校正偏色图像，从而调整图像的对比度和颜色。

9.3.4 【亮度/对比度】命令

使用【亮度/对比度】命令可以调整图像的亮度和对比度值，从而对图像的色调进行简单的调整。

亮度/对比度(C)...
色阶(L)... Ctrl+L
曲线(U)... Ctrl+M
曝光度(E)...
自然饱和度(V)...
色相/饱和度(H)... Ctrl+U
色彩平衡(B)... Ctrl+B
黑白(K)... Alt+Shift+Ctrl+B
照片滤镜(F)...
通道混合器(X)...
颜色查找...
反相(I) Ctrl+I
色调分离(P)...
阈值(T)...
渐变映射(G)...
可选颜色(S)...
阴影/高光(W)...
HDR 色调...
变化...
去色(D) Shift+Ctrl+U
匹配颜色(M)...
替换颜色(R)...
色调均化(Q)

图9-17 【图像】/【调整】命令菜单

9.3.5 【色阶】命令

使用【色阶】命令可以调整图像的阴影、中间调和高光的强度级别，从而校正图像的色调范围和色彩平衡。单击【色阶】命令，弹出的【色阶】对话框如图 9-18 所示，各部分功能介绍如下。

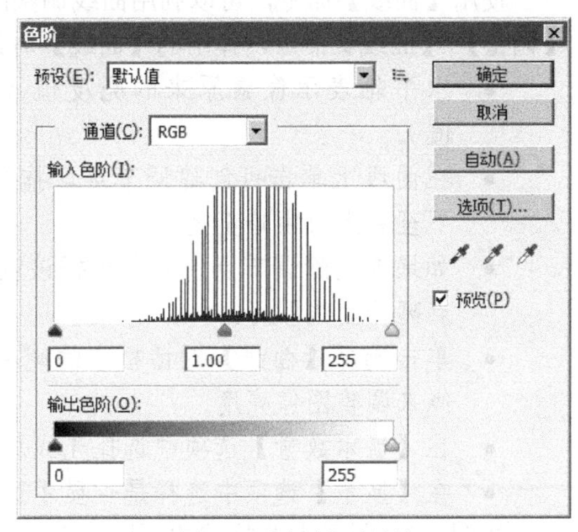

图9-18 【色阶】对话框

- 通道(C): RGB：在此下拉列表中选择要调整的通道。
- 【输入色阶】值和【色阶】对话框中间的【色阶】直方图是相对应的，调整【输入色阶】值或移动滑块的位置，可以修改图像中的明暗数量及图像对比度。
- 【色阶】直方图中最左侧的黑色滑块▲代表当前图像的最暗值。该滑块移动时，其左侧的亮度级全部修改为原图像中的最暗值。
- 【色阶】直方图最右侧的白色滑块△代表当前图像中的最亮值。该滑块移动时，其右侧的亮度级全部修改为原图像中的最亮值。
- 【色阶】直方图左侧滑块至右侧滑块间为由最暗过渡至最亮，中间的灰色滑

块是表示当前图像的中间亮度值。

- 【色阶】直方图中的高度表示图像中每个亮度级的数量。直方图下方有 3 个滑块，当滑块向左滑动时增加图像中暗调的数量，向右滑动时增加图像中亮调的数量。3 个滑块间的距离越小，图像的对比度越大。
- 【输出色阶】值和【色阶】对话框最下方的【色阶】色带是相对应的，调整【输出色阶】值和【色阶】色带的滑块，可以调整整个图像的亮度和对比度。
- 【色阶】色带左侧的黑色滑块表示图像的最暗值，右侧的无色滑块表示图像中的最亮值。滑块间的距离越小，图像的对比度就越小。

如图 9-19 所示为调整前的原图，图 9-20 所示为【色阶】对话框设置图，图 9-21 所示为调整后的效果。

图9-19　原图

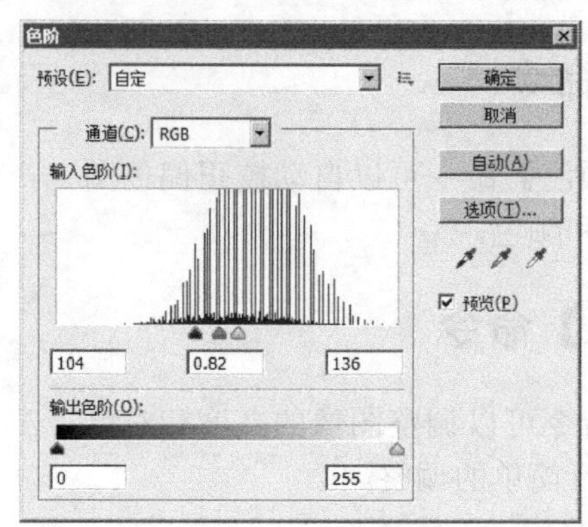

图9-20　【色阶】对话框设置

图9-21　调整后的效果

9.3.6　【曲线】命令

使用【曲线】命令，可以利用曲线调整图像各通道的明暗数量。选择菜单栏中的【图像】/【调整】/【曲线】命令，弹出的【曲线】对话框如图 9-22 所示，各部分功能介绍如下。

- 水平轴表示像素原来的亮度值（输入值），垂直轴表示新的亮度值（输出值）。
- 在曲线上单击可创建调节点，拖曳调节点即可调整图像中明暗的数量，由左下至右上为由暗至亮。
- 如果要删除调节点，只要选择该调节点，再按 Delete 键，或直接拖曳该调节点离开曲线即可。
- 单击选择【曲线】对话框中的按钮，可以直接在【曲线】对话框中绘制曲线来调整图像亮度。
- 在【显示数量】选项中选择光线总量或墨水总量。
- 在【显示】选项中选择是否显示通道、直方图、基线及交叉线等信息。

如图 9-23 所示为调整前的原图，图 9-24 所示为【曲线】对话框，图 9-25 所示为调整后的效果。

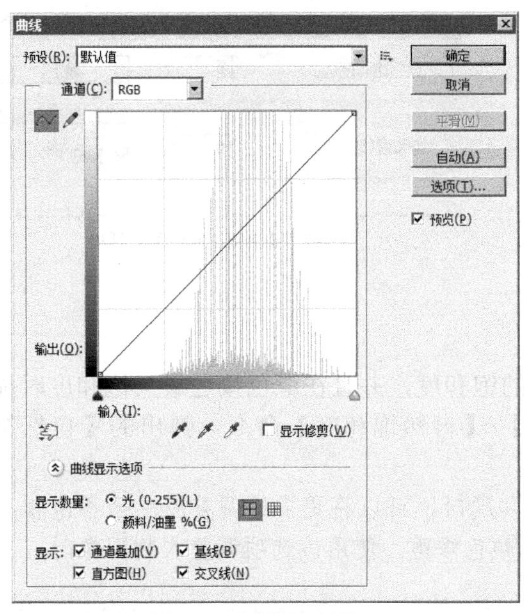

图9-22 【曲线】对话框

图9-23 原图

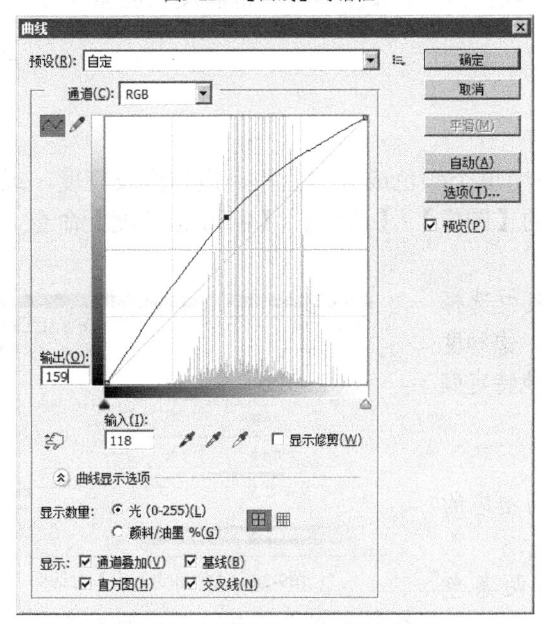

图9-24 【曲线】对话框参数设置

图9-25 调整后的效果

9.3.7 【曝光度】命令

使用【曝光度】命令可以调整 HDR（32 位）图像的色调，也可以调整 8 位和 16 位图像的色调。曝光度是通过在线性颜色空间（灰度系数 1.0）而不是图像的当前颜色空间选择计算而得出的。选择【图像】/【调整】/【曝光度】命令，弹出的【曝光度】对话框如图 9-26 所示。

- 【曝光度】值可以调整色调范围的高光端，对极限阴影的影响很轻微。
- 【位移】值可以使阴影和中间调变暗，对高光的影响很轻微。
- 【灰度系数校正】值使用简单的乘方函数调整图像的灰度系数。

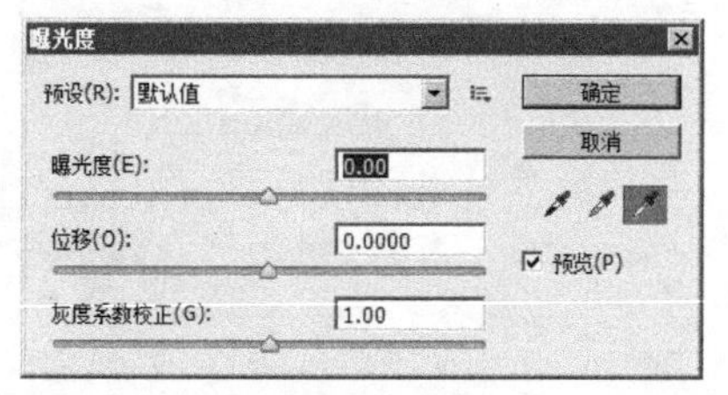

图9-26　【曝光度】对话框

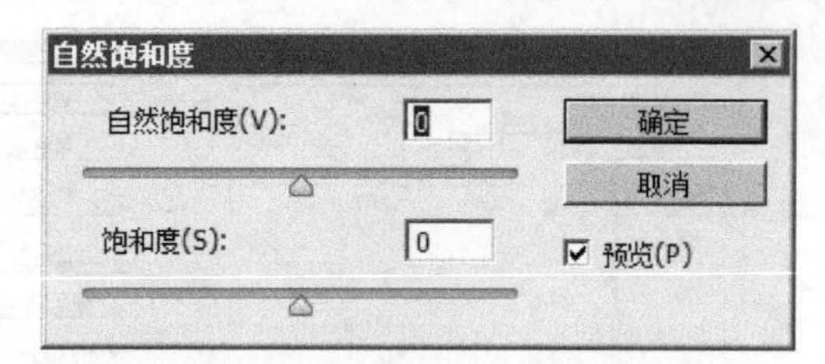

图9-27　【自然饱和度】对话框

9.3.8　【自然饱和度】命令

使用【自然饱和度】命令可以调整图像的饱和度，并且在颜色接近最大饱和度时能最大限度地减少修剪。选择【图像】/【调整】/【自然饱和度】命令，弹出的【自然饱和度】对话框如图 9-27 所示。

- 【自然饱和度】：拖曳该滑块调整饱和度时，可以将更多的调整应用于不饱和的颜色并在颜色接近完全饱和时避免颜色修剪。使用该选项调整人物图像时，可以防止人物肤色过度饱和。
- 【饱和度】值：拖曳该滑块调整饱和度时，可以将相同的饱和度调整量用于所有的颜色。

9.3.9　【色相/饱和度】命令

【色相/饱和度】命令主要用于调整图像中单个颜色成分的色相、饱和度及亮度，或者同时调整图像中的所有颜色。选择菜单栏中的【图像】/【调整】/【色相/饱和度】命令，弹出的对话框如图 9-28 所示。

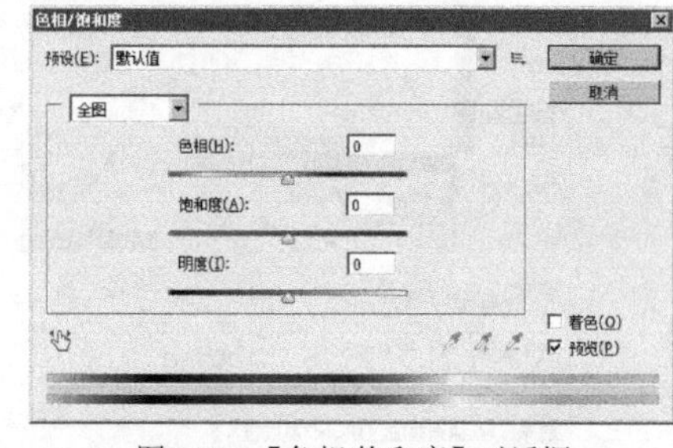

图9-28　【色相/饱和度】对话框

- 编辑范围 全图：在此下拉列表中选择【全图】选项，可以调整图像的色调、饱和度及亮度。还可以在下拉列表中选择其他特定颜色。
- 【色相】值可以调整图像的色相。
- 调整【饱和度】和【明度】值或移动相应的滑块，可以调整图像的饱和度及亮度。
- 【色相/饱和度】对话框最下方有两条色带。调整图像色调时，上面的色带颜色显示调整前的图像颜色，下面的色带颜色将置换与上面色带对应的颜色。
- ☑着色(O)：勾选该复选框，可使用同一种颜色置换原图中的颜色，将图像转换为只有一种颜色的单色图像。

9.3.10　【色彩平衡】命令

【色彩平衡】命令主要用于更改图像的整体颜色，可以在彩色图像中改变颜色的混合比例，进行整图的色彩校正。

选择【图像】/【调整】/【色彩平衡】命令，弹出的【色彩平衡】对话框如图 9-29 所示。

- 在【色彩平衡】类参数下，拖曳三角形滑块可以调整要在图像中增加或减少的颜色。
- 在【色调平衡】类下点击【阴影】、【中间调】或【高光】单选项，可设置色彩校正对图像的哪一部分起作用。
- ☑ 保持明度(V)：在对 RGB 图像进行操作时，应勾选该复选框，以防止在更改颜色时更改了图像中的亮度值。此选项可保持图像中的色调平衡。

9.3.11 【黑白】命令

【黑白】命令可以调整 6 种不同颜色（红、黄、绿、青、蓝、洋红）的亮度值，从而制作出高质量的黑白照片，还可以制作各种不同颜色的单色照片。

选择【图像】/【调整】/【黑白】命令，弹出的对话框如图 9-30 所示。

- 预设(E): 默认值：可以在此下拉列表中选择不同的预置方案，还可以自定义选择不同颜色的色值。
- 拖曳各个颜色滑块可以调整图像中特定颜色的灰色调。
- ☑ 色调(T)：勾选该复选框，可以分别调整色相及饱和度选项区域。

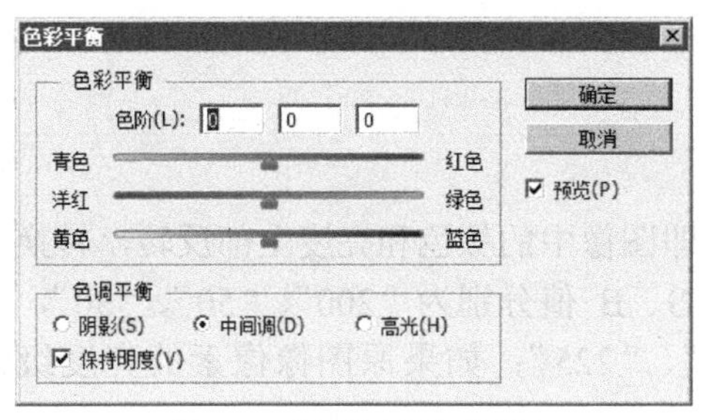

图9-29 【色彩平衡】对话框

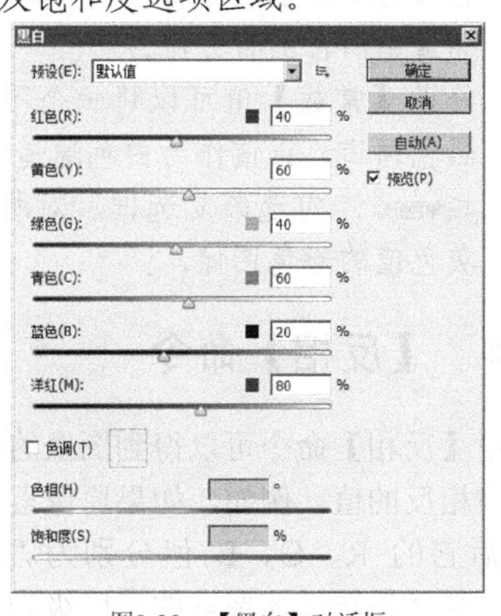

图9-30 【黑白】对话框

9.3.12 【照片滤镜】命令

【照片滤镜】命令是模拟在相机镜头前面加彩色滤镜，以便调整通过镜头传输的光的色彩平衡和色温，使胶片曝光。该命令还允许用户选择预设的颜色或者自定义的颜色向图像应用色相调整。选择【图像】/【调整】/【照片滤镜】命令，弹出的对话框如图 9-31 所示。

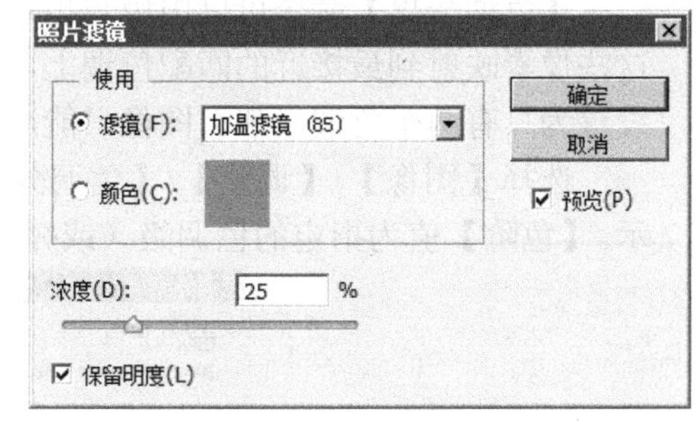

图9-31 【照片滤镜】对话框

- 在【滤镜】下拉列表中可以选择 Photoshop CS6 提供的预设滤镜效果。
- 点击【颜色】单选项，单击其右侧的色块，可以在弹出的【拾色器】对话框中设置滤镜的颜色。

- 【浓度】值决定应用的颜色对图像的影响程度。此值越大，滤镜颜色对图像的影响就越大。
- ☑ 保留明度(L)：勾选该复选框，则滤镜颜色不影响图像的亮度。

9.3.13　【通道混合器】命令

【通道混合器】命令是使用当前颜色通道的混合来修改颜色通道，从而达到改变图像颜色的目的。选择【图像】/【调整】/【通道混和器】命令，弹出的【通道混和器】对话框的内容会根据图像模式的不同而产生相应的变化。以 RGB 图像为例，【通道混和器】对话框如图 9-32 所示。

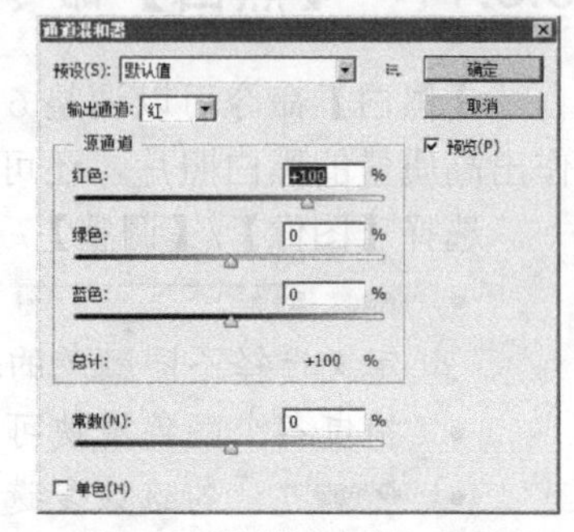

图9-32　【通道混和器】对话框

- 预设(S): 默认值：可以在此下拉列表中选择 Photoshop CS6 提供的预设方案来直接调整图像。
- 输出通道: 红：在此下拉列表中选择要进行调整的通道。
- 在【源通道】类下拖曳滑块，可调整源通道在输出通道中所占的百分比。
- 修改【常数】值可以将一个不同透明度的通道添加到输出通道中，负值作为黑色通道，正值作为白色通道。
- ☐ 单色(H)：勾选该复选框，对所有输出通道应用相同的设置，此时创建仅包含灰色值的彩色图像。

9.3.14　【反相】命令

利用【反相】命令可以得到图像的反相效果，即图像中的颜色和亮度全部反转，转换为 256 级中相反的值。例如，如果原像素颜色的 R、G、B 值分别为“200”、“50”、“30”，那么反转后它的 R、G、B 值分别为“55”、“205”、“225”；如果原图像像素的亮度级为“100”，那么反转后该像素的亮度级为“155”。

9.3.15　【色调分离】命令

【色调分离】命令可以由用户指定图像中每个通道的色调级（或亮度值）的数目，并将这些像素映射到最接近的匹配色调上，在照片中创建特殊效果。例如将 RGB 图像中的通道设置为只有两个色调，那么图像只能产生 6 种颜色，即两个红色、两个绿色和两个蓝色。

选择【图像】/【调整】/【色调分离】命令，弹出的【色调分离】对话框如图 9-33 所示。【色阶】值为指定的色调级（或亮度值）数目。

图9-33　【色调分离】对话框

9.3.16 【阈值】命令

使用【阈值】命令可以删除图像的色彩信息，将一个灰度或彩色图像转换为高对比度的黑白图像。此命令是将一定的色阶指定为阈值。所有比该阈值亮的像素会被转换为白色，所有比该阈值暗的像素会被转换为黑色。选择【图像】/【调整】/【阈值】命令，弹出的【阈值】对话框如图 9-34 所示。

拖曳【阈值】对话框中直方图下方的滑块或修改上方的【阈值色阶】值，可以得到用户需要的阈值。如图 9-35 所示为原图，图 9-36 所示为调整后的效果。

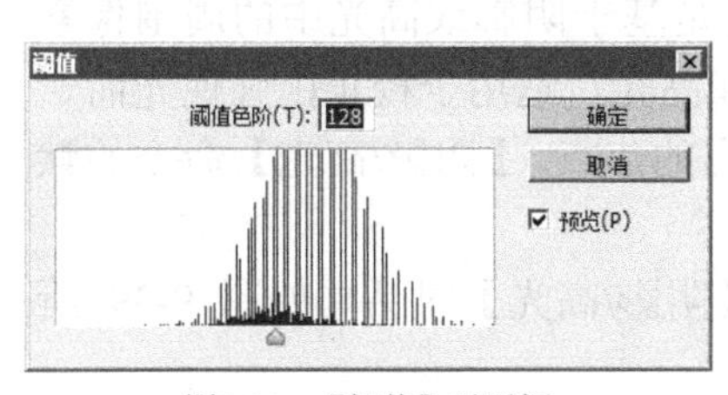

图9-34 【阈值】对话框

图9-35 原图

图9-36 调整后的效果

9.3.17 【渐变映射】命令

利用【渐变映射】命令可以使用指定的渐变填充颜色，在图像中按图像灰度级由暗至亮取代原图的颜色。选择【图像】/【调整】/【渐变映射】命令，弹出的对话框如图 9-37 所示。

- 单击【灰度映射所用的渐变】颜色条，可以在弹出的【渐变编辑器】对话框中选择并编辑要使用的渐变项。如果所选择的渐变中有透明效果，则透明不起作用。
- 仿色(D)：勾选该复选框，可以使渐变过渡更加均匀。
- 反向(R)：勾选该复选框，将反转过渡项中的渐变填充颜色方向。

9.3.18 【可选颜色】命令

使用【可选颜色】命令可以对指定的颜色进行精细调整，但不会影响其他主要颜色，以校正不平衡问题。使用【可选颜色】命令校正颜色是高档扫描仪和分色程序使用的一项技巧，可在图像中的每个加色（减色）的原色成分中增加（减少）印刷颜色的量。

选择【图像】/【调整】/【可选颜色】命令，弹出的对话框如图 9-38 所示。

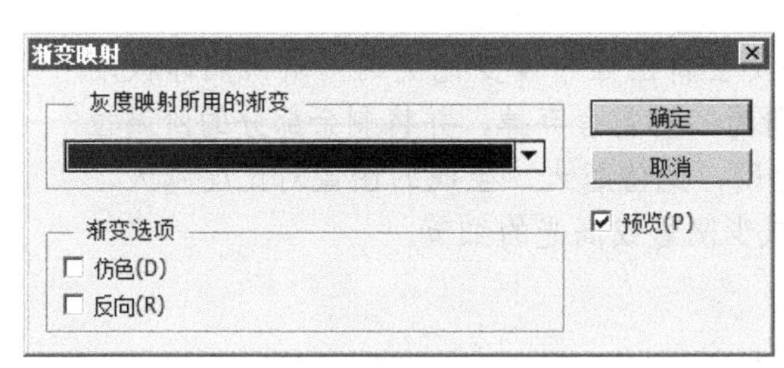

图9-37 【渐变映射】对话框

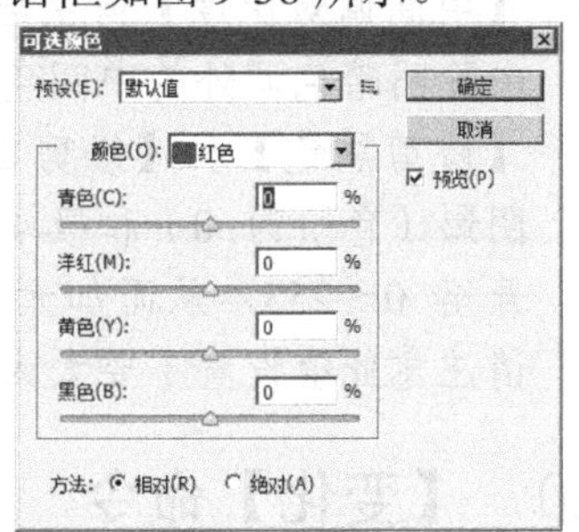

图9-38 【可选颜色】对话框

- 颜色(O): 红色 ：在此下拉列表中选择要调整的颜色。
- 通过调整【青色】、【洋红】、【黄色】和【黑色】值可以修改指定的颜色。
- 点击 相对(R) 单选项，可按照总量的百分比更改现有的青色、洋红、黄色或黑色的量。选择该选项不能调整纯白色或纯黑色。
- 点击 绝对(A) 单选项，则按绝对值调整颜色。例如，如果从 50%的洋红像素开始，然后添加 10%，则洋红会设置为 60%。

9.3.19　【阴影/高光】命令

【阴影/高光】命令不是简单地使图像变暗或变亮，而是基于阴影或高光中的周围像素（局部相邻像素）增亮或变暗。该命令允许分别控制阴影和高光，适用于校正由强逆光而形成剪影的照片，或者校正由于太接近相机闪光灯而有些发白的焦点。【阴影/高光】命令的默认值设置为修复具有逆光问题的图像。

选择【图像】/【调整】/【阴影/高光】命令，弹出的【阴影/高光】对话框如图 9-39 所示。【阴影】类和【高光】类下的参数类似，这里一并介绍。

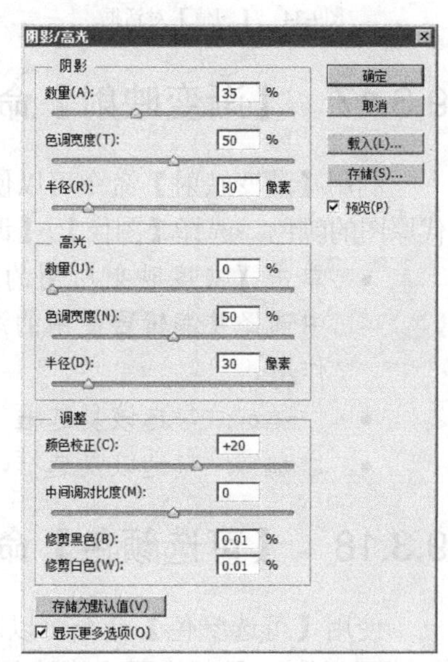

图9-39　【阴影/高光】对话框

- 【数量】值决定调整光照的校正量。此值越大，为图像中的阴影提供的增亮程度或者为高光提供的变暗程度越大。
- 【色调宽度】值控制阴影或高光中色调的修改范围。此值较小时，只对图像中的较暗或较亮区域进行校正调整；此值越大，包括的色调调整区域越多。
- 【阴影/高光】命令是让图像中的像素根据“周围像素”的明暗进行调整，【半径】值就是决定每个像素周围多大范围内的像素作为“周围像素”，再根据“周围像素”决定当前像素属于阴影还是高光。
- 【颜色校正】值主要用于在图像已更改明暗的区域中微调颜色，此调整仅适用于彩色图像。通常此值越大，生成的颜色越饱和；此值越小，生成的颜色越不饱和。
- 【中间调对比度】值主要用于调整图像中间调的对比度。“中间调”是指图像中除明暗色调外的中间色调。
- 【修剪黑色】和【修剪白色】值决定会将图像中多少比例的两端阶调即极端阴影（色阶为 0）和极端高光（色阶为 255）舍弃掉，并将剩余部分的阶调拉开至 0～255，从而加大图像的对比度。此值越大，生成的图像对比度越大。请注意此值设置不要太大，否则会减少阴影或高光的细节。

9.3.20　【变化】命令

使用【变化】命令能可视地调整图像或选区的色彩平衡、对比度、亮度及饱和度。此命令对于不需要精确色彩调整的平均色调图像最有用，但不能使用在索引颜色图像上。

打开本书配套光盘“Map”目录下的“海螺.jpg”文件。选择【图像】/【调整】/【变化】命令，弹出【变化】对话框，如图 9-40 所示。

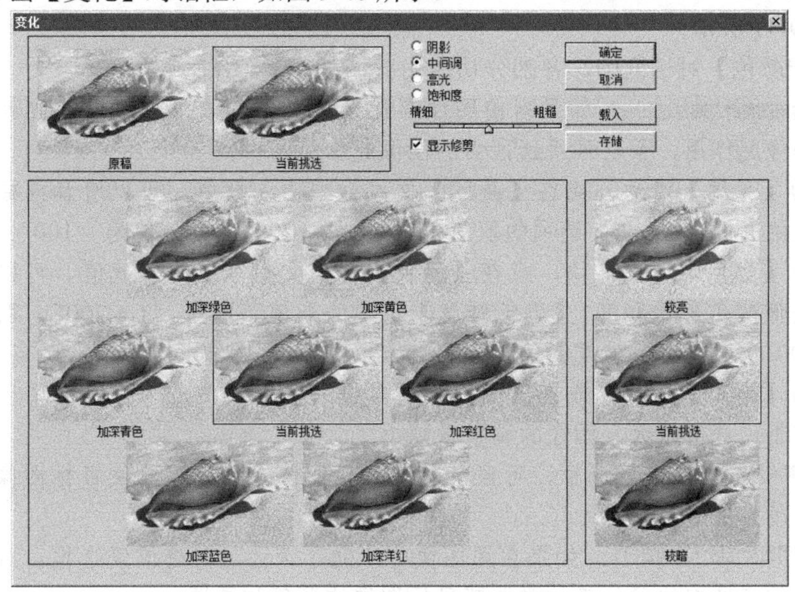

图9-40　【变化】对话框（参见光盘）

- 【原稿】缩览图显示原始图像的效果，【当前挑选】缩览图显示进行调整后的图像效果。
- 点击【阴影】、【中间色调】或【高光】单选项可调整图像的暗区、中间区域或亮区。点击【饱和度】单选项，可以更改图像中的色相度数。
- 【精细/粗糙】滑块可以设定每次调整的程度。
- 【变化】对话框左下方的 7 个加色缩览图显示当前图像增加某色后的效果。单击【变化】对话框右下方的 3 个缩览图，可以调整图像的亮度。

9.3.21　【去色】命令

使用【去色】命令可以删除图像的颜色，使图像以灰色显示。但使用【去色】命令只是将图像中原有的色彩丢弃，并不是将图像的颜色模式修改为灰度。

9.3.22　【匹配颜色】命令

使用【匹配颜色】命令可以将两个图像或同一图像中两个图层的颜色和亮度相匹配，使其颜色和亮度协调一致。其中需要改变颜色和亮度的图像称为“目标图像”，而要采样的图像称为“源图像”。该命令比较适合使多个图片的颜色保持一致，下面通过一个简单的练习来介绍它。

【匹配颜色】命令练习

1. 打开本书配套光盘“Map”目录下的“水果.jpg”文件和“海螺.tif”文件。

在本例中，要将“水果.jpg”文件中的颜色修改为“海螺.tif”文件中波浪的蓝色效果。

2. 选择【文件】/【存储为】命令，将“水果.jpg”文件另命名为“匹配颜色.jpg”保存。
3. 选择【图像】/【调整】/【匹配颜色】命令，在【匹配颜色】对话框中设置选项和参数如图 9-41 所示。

在【匹配颜色】对话框中，各部分功能如下。

- ☐ 应用调整时忽略选区(I)：如果当前图像存在选区，勾选该复选框，匹配颜色对整个图像起作用，否则只对选区内的图像起作用。
- 移动【亮度】滑块，或在【亮度】文本框中输入数值，可以增加或减小目标图像的亮度。【亮度】选项的取值范围是“1～200”，默认值是“100”。
- 移动【颜色强度】滑块，或在【颜色强度】文本框中输入数值，可以调整目标图像的色彩饱和度。【颜色强度】选项的取值范围是“1～200”，默认值是“100”。当【颜色强度】值为“1”时，生成灰度图像。
- 移动【渐隐】滑块，或在【渐隐】文本框中输入数值，可控制应用于图像的调整量。此值越大，图像的调整量越小。
- ☐ 中和(N)：勾选该复选框，可自动移去目标图像中的色痕，使目标图像的颜色和亮度自然过渡。
- ☑ 使用目标选区计算调整(T)：如果在源图像中建立了选区，勾选该复选框，可以使用源图像选区中的颜色来计算调整目标图像的颜色和亮度。
- ☑ 使用源选区计算颜色(R)：如果在目标图像中建立了选区，勾选该复选框，可以直接使用目标图像中被选择图像的颜色和亮度来计算调整目标图像的颜色和亮度。
- 源(S): 无：在此下拉列表中选择源文件。
- 图层(A): 背景：选择使用源文件的哪一个图像作为源图像。
- ☑ 预览(P)：勾选该复选框，图像窗口中将显示图像的预览效果。

4. 单击【匹配颜色】对话框中的 确定 按钮，匹配颜色后的效果如图 9-42 所示。
5. 选择【文件】/【存储】命令，将所做的修改保存。

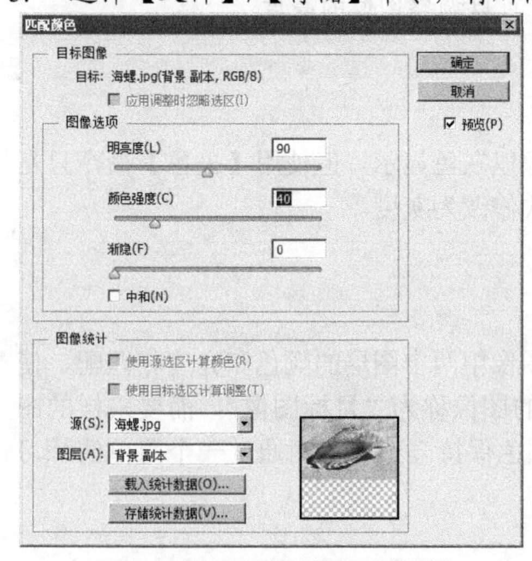

图9-41　【匹配颜色】对话框参数设置

图9-42　匹配颜色后的效果

9.3.23 【替换颜色】命令

使用【替换颜色】命令可以选择并修改图像中特定的颜色。当图像窗口存在图像文件时，选择【图像】/【调整】/【替换颜色】命令，弹出的对话框如图 9-43 所示。

图9-43 【替换颜色】对话框

- □本地化颜色簇(Z)：如果正在图像中选择多个颜色范围，勾选该复选框，可以创建更加精确的蒙版。
- 单击 按钮，可在图像中单击选择要替换的颜色。单击 按钮，可在图像中单击添加要替换的颜色。单击 按钮，可在图像中单击原定要替换的颜色，将该颜色从要替换的颜色中减去。
- 【颜色容差】值决定将被替换颜色的范围，以鼠标单击处的像素颜色作为标准颜色。【颜色容差】值是设定将被替换的颜色与标准颜色的接近范围值。
- 单击 ⊙选区(C) 单选项，窗口中将显示要替换颜色的范围；单击 ⊙图像(M) 单选项，将显示图像的效果。
- 通过调整【色相】、【饱和度】和【明度】值来修改要替换的颜色。

9.3.24 【色调均化】命令

使用【色调均化】命令可以重新分布像素的亮度值。软件将每个通道中最亮和最暗的像素定义为白色和黑色，然后按比例在整个灰度范围中重新分配中间像素值，使图像中的明暗更均匀地分布。

9.4 综合应用实例

下面通过综合应用实例再来巩固一下本次课程所学的知识，加强练习如何运用图像编辑调整命令和图像颜色调整命令修整各种图像效果。

9.4.1 包装制作

本节将主要使用图像的裁剪、变换及描边等命令制作一个茶叶包装的立体效果，通过练习使读者重点掌握图像编辑及调整命令的使用方法。该例的最终效果如图 9-44 所示。

运用图像编辑及调整命令制作包装

1. 选择【文件】/【新建】命令（或按 Ctrl+N 组合键），新建一个名为“包装设计.psd”的文件，各项具体设置如图 9-45 所示。

图9-44　包装设计的最终效果（参见光盘）

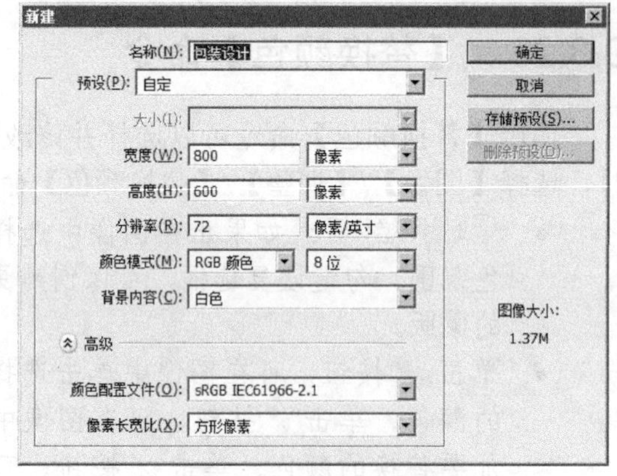

图9-45　【新建】对话框

2. 选择【文件】/【打开】命令（或按 Ctrl+N 组合键），打开配套光盘“Map”中的“茶园.jpg”文件，如图 9-46 所示。
3. 单击工具箱中的【带有菜单栏的全屏模式】按钮，切换显示模式，如图 9-47 所示。

图9-46　打开“茶园.jpg ”文件

图9-47　带有菜单栏的全屏模式

4. 单击工具箱中的工具（或按 P 键），绘制路径如图 9-48 所示。
5. 单击工具箱中的工具，将鼠标光标放置在锚点上拖曳，调整路径形态，如图 9-49 所示。
6. 单击【路径调板】下侧的【将路径作为选区载入】按钮。

图9-48　绘制路径（参见光盘）

图9-49　更改锚点（参见光盘）

7. 单击工具箱中的工具（或按 V 键），然后按住 Shift 键拖曳图像到“包装设计.psd”中，如图 9-50 所示。
8. 选择【文件】/【打开】命令（或按 Ctrl+O 组合键），打开配套光盘“Map”中的“品茶.jpg”文件。选择工具，拖曳图像到“包装设计.psd”文件中。
9. 然后调整图像大小与位置，如图 9-51 所示。

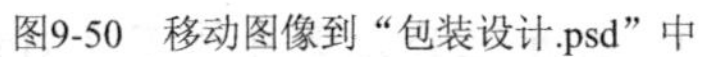

图9-50 移动图像到“包装设计.psd”中

图9-51 调整图像大小和位置

10. 在【图层调板】中，调整图层的叠放次序。单击工具箱中的 工具，同时选中“茶园”图层和“品茶”图层，单击选项栏上的 按钮进行右对齐，如图 9-52 所示。
11. 新建一图层，单击工具箱中的 工具，绘制矩形选区，如图 9-53 所示。选择【选择】/【变换选区】命令，按 Ctrl+＋ 组合键放大图像，进行精细的调整。

图9-52 调整图层次序和执行【右对齐】

图9-53 绘制矩形选区

12. 选择【编辑】/【描边】命令，弹出【描边】对话框，设置描边颜色为红色（R:131,G:37,B:47），其他各项设置如图 9-54 所示。描边效果如图 9-55 所示。
13. 然后调整图层叠放次序，如图 9-56 所示。

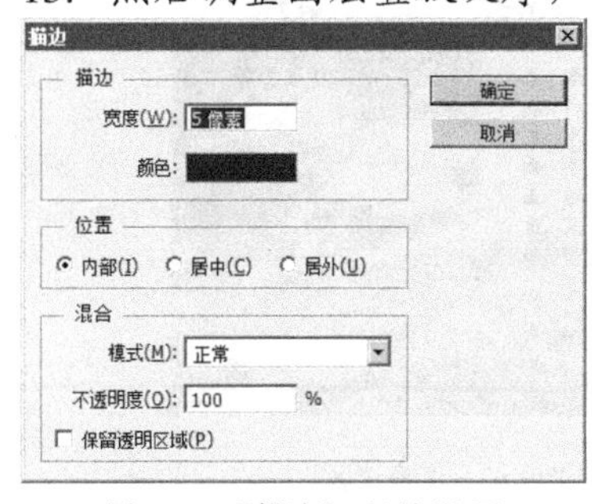

图9-54 【描边】对话框设置

图9-55 描边效果

图9-56 调整图层叠放次序

14. 选中“茶园”图层为现用图层，选择【编辑】/【描边】命令，弹出【描边】对话框，设置描边颜色为白色，其他各项设置如图 9-57 所示。描边效果如图 9-58 所示。

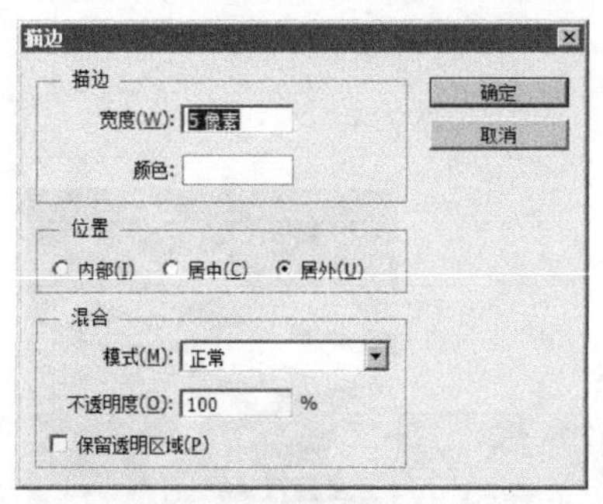

图9-57　【描边】对话框

图9-58　“茶园”图层描边效果

15. 选择工具箱中的 T 工具，并设置字体为“华文行楷”，大小为“6 点”，输入的文字如图 9-59 所示。
16. 选择【文件】/【打开】命令（或按 Ctrl+O 组合键），打开配套光盘目录下“Map”中的“清和茶.psd”文件，如图 9-60 所示。
17. 将“清和茶”拖曳到“包装设计.psd”文件中，然后按 Ctrl+T 组合键调整大小和位置，如图 9-61 所示。

图9-59　输入文字

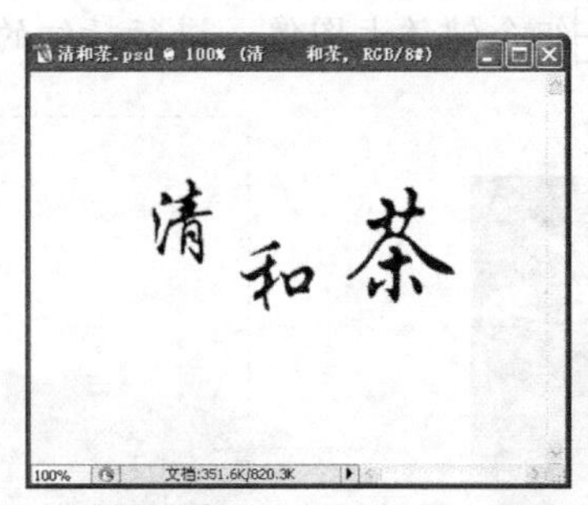

图9-60　打开“清和茶.psd”文件

图9-61　调整图像大小和位置

18. 选中“清和茶”图层为现用图层，选择【编辑】/【描边】命令，弹出【描边】对话框，设置描边颜色为白色，其他设置不变。描边效果如图 9-62 所示。
19. 将上述图层合并。再新建一图层，单击 工具，绘制矩形选区。选择【选择】/【变换选区】命令，进一步调整选区，然后按 Enter 键结束变换，如图 9-63 所示。

图9-62　描边效果

图9-63　变换选区

20. 选择【选择】/【反向】命令（或按 Ctrl+Shift+I 组合键），按 Delete 键删除选区外的内容。然后反选，填充为白色，作为包装盒正面的底色。
21. 调整图层叠放次序，然后合并图层。给“包装盒正面”描边，这样包装盒的正面就设计完成了。

22. 新建一图层，填充【径向渐变】，如图 9-64 所示。
23. 选择【文件】/【变换】/【缩放】命令，调整图像长宽比例和位置，如图 9-65 所示。

图9-64　填充渐变背景

图9-65　调整图像

24. 选择【文件】/【变换】/【斜切】命令，将鼠标光标移动到周边的小方框处，然后拖曳，使图像有透视感觉，确认透视没有问题后按 Enter 键结束，如图 9-66 所示。
25. 在同一图层上，使用 工具绘制路径，单击 工具调整透视，在【路径】调板中转换成选区后填充线性渐变并描边为灰色，如图 9-67 所示。

图9-66　使图像具有透视感觉

图9-67　制作侧面

26. 用同样的方法绘制上表面，并填充灰色，效果如图 9-68 所示。
27. 使用 工具和 工具调整局部，使之具有光影效果。然后合并图层，最终效果如图 9-69 所示。

图9-68　绘制上表面

图9-69　最终效果

9.4.2　数码照片的商务应用

本节将以普通的数码照片为基础，运用 Photoshop CS6 强大的颜色调整功能，制作出非常个性的简历或宣传页。如图 9-70 所示是一张登山者的照片，俯视拍摄角度，让画面富有一定的构成感。如图 9-71 所示最终效果展示了以此照片制作的简历封面。

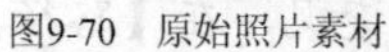

图9-70　原始照片素材

图9-71　最终效果

1. 首先打开本书配套光盘“Map”目录下的“攀岩素材.jpg”文件，可以看到图像中勇敢的登山者（见图 9-70）。
2. 按下 Ctrl+J 组合键，将原始素材创建一份副本，然后选择【图像】/【调整】/【去色】命令，得到一张完全无色的黑白照片。然后再次按下 Ctrl+J 组合键，将该黑白照片图层复制一份，如图 9-72 所示。
3. 选择位于“背景”图层上方的黑白照片图层，选择【图像】/【调整】/【阈值】命令，在弹出的【阈值】对话框中设置参数，如图 9-73 所示。

图9-72　得到黑白照片并原地复制一份

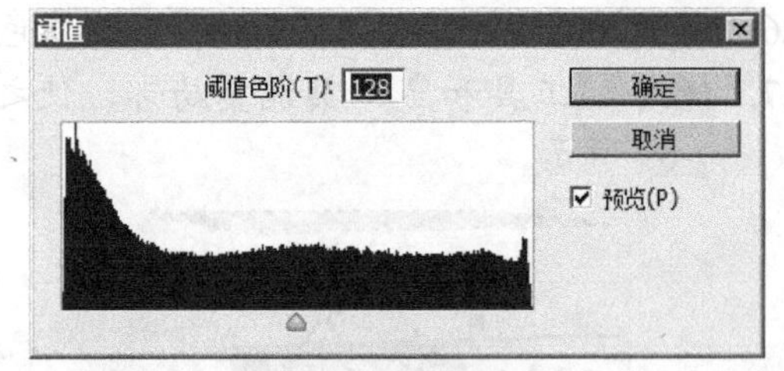

图9-73　【阈值】对话框

4. 单击 确定 按钮，得到如图 9-74 所示黑白两种颜色表现的图像效果。

要点提示　【阈值】命令通过设定黑、白两种颜色的【阈值色阶】来达到控制原始照片明亮及黑暗程度的目的，但是作为一种艺术效果使用，可以得到黑白强烈反差的视觉效果。

5. 选择位于最上方的黑白照片图层，选择【图像】/【调整】/【色调分离】命令，在弹出的【色调分离】对话框中设置参数，如图 9-75 所示。

图9-74 得到粗犷的黑白反差效果

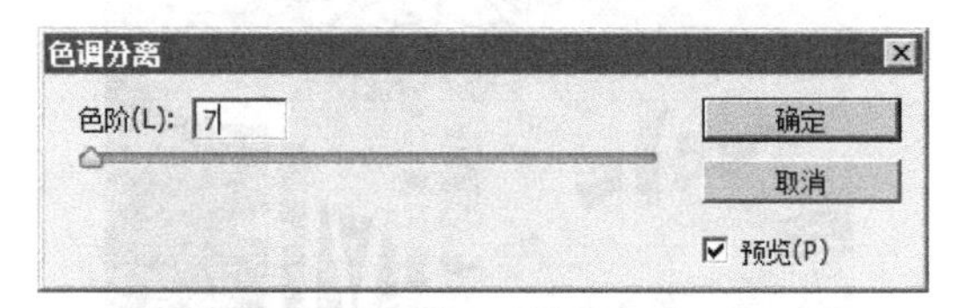

图9-75 【色调分离】对话框

6. 单击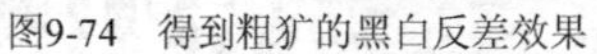按钮，得到如图 9-76 所示灰色色调分离的效果。
7. 将两个应用不同色调效果的黑白照片图层进行效果叠加。确保最上层的黑白照片图层处于被选择状态，然后在图层混合模式中选择“正片叠底”，如图 9-77 所示。

图9-76 【色调分离】后的黑白照片效果（参见光盘）

图9-77 进行图层混合操作

8. 此时对两个图层进行了效果的叠加，得到如图 9-78 所示高级混合效果。
9. 在所有图层之上建立一个新图层，并将其填充为粉色（R:255,G:172,B:180），读者也可选择自己喜欢的颜色，然后将该图层的混合模式改为“正片叠底”，得到如图 9-79 所示混合效果。

图9-78 图层混合叠加后的效果（参见光盘）

图9-79 基本完成简历或宣传页的背景（参见光盘）

10. 选择【字体】工具，在简历封面背景上输入“RESUME”英文字样，字体选择“Sakkal Majalla”（可以根据自己的喜好选择不同字体），字体颜色选用白色，按下 Ctrl+T 组合键将文字放大到如图所示大小并调整位置，设置字体的【不透明度】为 75%，如图 9-80 所示。

11. 选择【文件】/【打开】命令，打开人物头像素材图片，使用【移动】工具将图片移动到简历封面上方，按 Ctrl+T 组合键将图片缩小，并将其置于“RESUME”字体的上方，最终效果如图 9-81 所示。

图9-80　插入英文字体效果（参见光盘）

图9-81　插入人物图片效果（参见光盘）

12. 选择【钢笔】工具 ，在字体和人物照片的周围绘制个性边框，绘制完毕后按下 Ctrl+Enter 组合键将路径转换为选区，然后选择【编辑】/【描边】命令，设置描边的宽度为 2 个像素，描边颜色为白色，具体设置如图 9-82 所示。
13. 至此简历的封面制作完成，最终效果如图 9-83 所示。

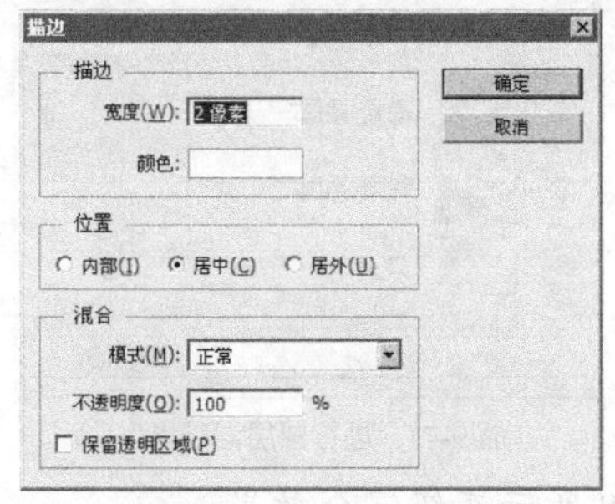

图9-82　描边参数设置

图9-83　简历封面最终效果

14. 读者还可以根据自己的需要更改简历封面的颜色，制作不同色彩风格的简历，如图 9-84 所示。

图9-84　不同色彩的最终效果

在这个实例中，仅仅使用了【阈值】与【色调分离】两个命令，并配合图层间的混合模式，便快速地制作出极具个性的简历封面。通过改变填充图层的色相，便可得到不同色彩风格的简历封面。读者可以根据已经做好的简历封面背景，制作风格统一的一系列简历内容页面，让自己的简历极具个性，富有设计感。

9.5 小结

本章主要介绍了 Photoshop CS6 中常用的图像编辑命令和图像的颜色调整命令，包括图像的撤销与恢复、图像的复制、图像的填充与描边、图像的变换、图像与画布的调整以及图像的色彩调整等。在实际的工作过程中这些命令经常会被用到，读者在平常的练习中要熟练掌握，以达到灵活运用的目的。

9.6 练习题

一、填空

1. 【图像】/【旋转画布】命令旋转的是（　　　　），包括所有图层、通道、路径都会一起旋转。【编辑】/【变换】命令旋转的只是（　　　　　　　）。
2. 菜单中的【图像】/【调整】/【色阶】命令主要用来调整（　　　　　　　　　）。
3. 选择菜单栏中的【图像】/【调整】/【曲线】命令，在弹出的【曲线】对话框中：水平轴表示像素（　　　）的亮度值（输入值），垂直轴表示（　　　）的亮度值（输出值）。
4. 菜单中的【图像】/【调整】/【色彩平衡】命令主要用于（　　　　　　　　）。
5. 使用【变化】命令能（　　）地调整图像或选区的色彩平衡、对比度、亮度及饱和度。

二、简答

1. 简述【图像】/【调整】子菜单中的【自动色阶】命令、【自动对比度】命令和【自动颜色】命令的异同点。
2. 简述【图像】/【调整】子菜单中的【替换颜色】命令、【可选颜色】命令的异同点。

三、操作

1. 打开本书配套光盘“Map”目录下的“假期.bmp”文件，如图 9-85 所示，将其修改为如图 9-86 所示傍晚效果。操作时请参照本书配套光盘“练习题”目录下的“假期傍晚.tiff”文件。

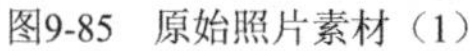
图9-85　原始照片素材（1）

图9-86　将图像修改为傍晚效果（参见光盘）

【操作步骤提示】

(1) 先打开本书配套光盘“Map”目录下的“浪漫.jpg”文件，如图 9-87 所示，将“假期.bmp”文件根据“浪漫.jpg”文件进行匹配颜色。

(2) 再打开本书配套光盘“Map”目录下的“鸟.bmp”文件，如图 9-88 所示，利用通道功能将图像中的鸟图像选择出来。

(3) 将鸟图像复制到“假期.bmp”文件中。

(4) 再将鸟图像所在的层根据“假期.bmp”文件的背景进行匹配颜色。

图9-87　原始照片素材（2）

图9-88　原始照片素材（3）

2. 打开本书配套光盘“Map”目录下的“石像.jpg”文件，如图 9-89 所示，将其修改为如图 9-90 所示色彩效果。

图9-89　原始效果

图9-90　最终效果

该练习要求读者掌握解决照片偏灰、对比度不够、色彩暗淡等问题的方法，以达到灵活运用图像颜色调整命令的目的。该练习的制作流程如图 9-91 所示。

【操作步骤提示】

(1) 选择【文件】/【打开】命令（或按 Ctrl+O 组合键），打开配套光盘“Map”目录下的“石像.jpg”文件。

(2) 首先选择【图像】/【调整】下的【曲线】命令进行初步调整。这时照片还是有点暗淡，可以选择【图像】/【调整】/【色阶】命令（或按 Ctrl+L 组合键），进行细微的手动调整。

现在图像变得明亮起来，不过整体画面比较灰，亮部与暗部的对比度不够。接下来就为其调整对比度。

(3) 选择【图像】/【调整】/【亮度/对比度】命令，弹出【亮度/对比度】对话框，参数的设置如图 9-91 所示。

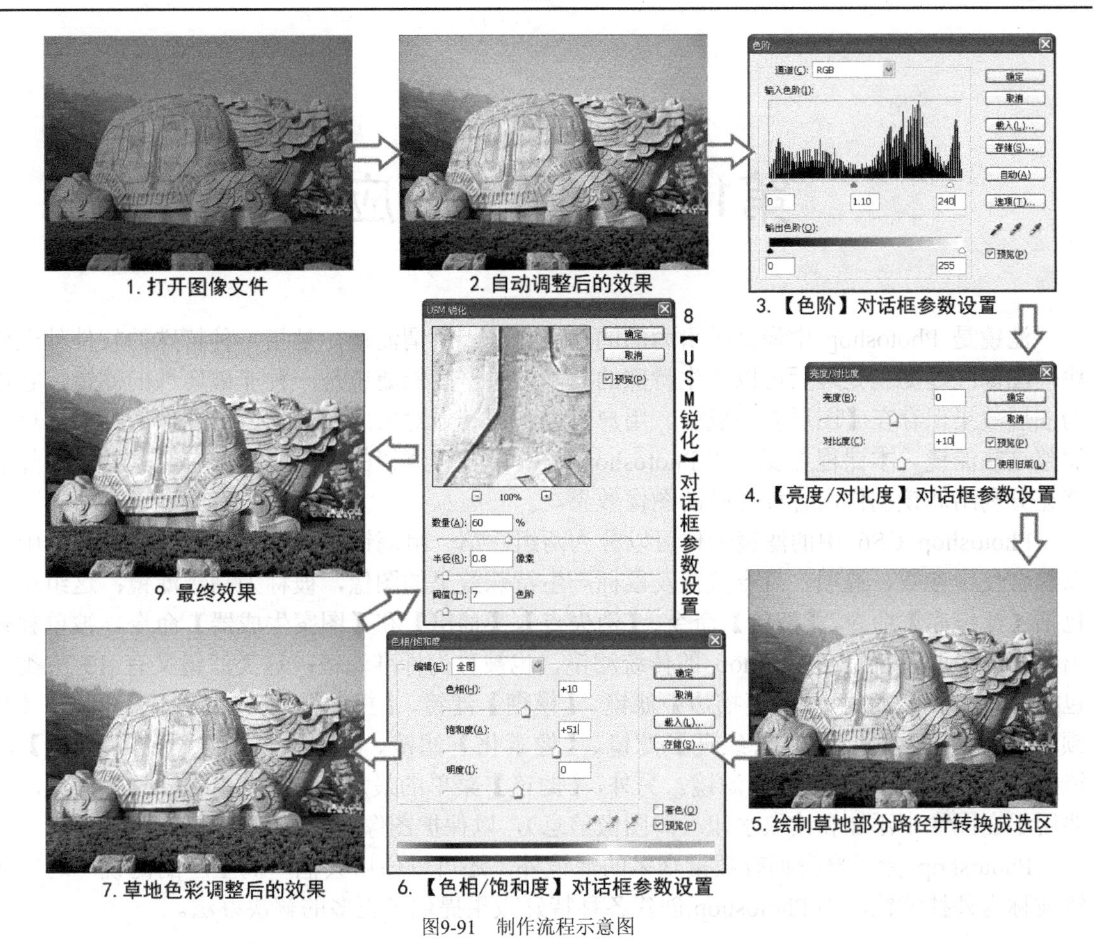

图9-91　制作流程示意图

下面来调整草地的色彩。

(4) 使用工具沿草地部分绘制路径，单击【路径】调板中的【将路径作为选区载入】按钮，将路径转换成选区。选择【选择】/【修改】/【羽化】命令，将【羽化半径】设为“10”，将选区羽化。

(5) 选择【图像】/【调整】/【色相/饱和度】命令（或按Ctrl+U组合键），弹出【色相/饱和度】对话框，设置如图 9-91 所示。

(6) 接下来修整照片左下角的阴影。

(7) 选择工具，修改选项栏内的【修补】为“源”，圈选阴影并拖曳至明亮处。反复操作直至满意为止（按Ctrl+Shift+Z组合键返回上一步操作）。

(8) 最后选择【滤镜】/【锐化】/【USM 锐化】命令，参数的设置如图 9-91 所示。

第10章　滤镜的应用

滤镜是 Photoshop 中最具吸引力的的功能之一。所谓滤镜，是指一种特殊的软件处理模块，图像经过滤镜处理后可以产生特殊的艺术效果。智能滤镜是一种非破坏性的滤镜，它作为图层效果保存在【图层】调板中。用户可以利用智能对象中包含的原始图像数据随时重新调整这些滤镜。本课程主要介绍 Photoshop CS6 中各种滤镜的使用，一个有经验的设计师能够充分利用滤镜创作出各种奇妙的图像效果。

Photoshop CS6 中的滤镜大体可以分为两组。第一组滤镜较复杂，在弹出的对话框中可以综合使用参数、选项、命令按钮及鼠标产生特殊效果的图像，被称为高级滤镜；这组滤镜包括【滤镜库】命令、【液化】命令、【消失点】、【抽出】和【图案生成器】命令，被单独列出。第二组滤镜就是 Photoshop 的传统滤镜，也被称为标准滤镜；这类滤镜又有 13 大类，包括【风格化】滤镜、【画笔描边】滤镜、【模糊】滤镜、【扭曲】滤镜、【锐化】滤镜、【视频】滤镜、【素描】滤镜、【纹理】滤镜、【像素化】滤镜、【渲染】滤镜、【艺术效果】滤镜、【杂色】滤镜和【其他】滤镜。另外，【滤镜】菜单的最后一项是【Digimarc】命令，主要用于在图像中添加和读取水印（即图像信息），以保护图像版权。

Photoshop 除了自身拥有数量众多的滤镜外，还可以使用其他厂商生产的滤镜。这些滤镜被称为外挂滤镜，为 Photoshop 创建各种特殊效果提供了更多的解决办法。

10.1　【转换为智能滤镜】命令

智能滤镜是一种非破坏性的滤镜，可以像使用图层样式一样随时调整滤镜参数。隐藏或者删除，这些操作都不会对图像造成任何实质性的破坏。

选择需要应用滤镜的图层，选择【滤镜】/【转换为智能滤镜】命令，将所选图层转换为智能对象，然后再使用滤镜，即可创建智能滤镜。在 Photoshop 中，除了【抽出】、【液化】、【图案生成器】和【消失点】滤镜外，其他滤镜都可以用作智能滤镜。

10.2　【滤镜库】命令

在处理图像时，可能需要单独使用某一滤镜，或者使用多个滤镜，或者将某滤镜在图像中应用多次。使用【滤镜库】不但能轻松地一次性完成这几种设置，而且还能预览图像应用多重滤镜后的效果。【滤镜库】是一个整合了多个滤镜的对话框，它可以将多个滤镜同时应用于同一图像，或者对同一图像多次应用一个滤镜，甚至还可以使用对话框中的其他滤镜替换原有的滤镜。

打开本书配套光盘“Map”目录下的“风景 01.jpg”文件，选择【滤镜】/【滤镜库】命令，弹出的【滤镜库】对话框如图 10-1 所示。

图10-1 【滤镜库】对话框

在【滤镜库】对话框中，左侧是预览区，用来预览图像应用滤镜的效果；中间是可以在滤镜库中使用的滤镜命令及其缩览效果，共包含 6 组可供选择的滤镜；右侧是参数设置区，上方是当前选择滤镜的参数选项，下方显示在图像中应用的滤镜。

- 单击对话框右侧上方的按钮，可以将滤镜组隐藏，从而扩大图像预览区的空间；再次单击按钮，则可以将滤镜组显示出来。
- 单击对话框右侧下方的按钮，可以将滤镜效果隐藏；再次单击该按钮，可以将滤镜效果显示出来。
- 单击对话框右下角的【新建效果图层】按钮，可以将当前应用的滤镜效果复制；单击对话框右下角的【删除效果图层】按钮，可以将当前应用的滤镜效果删除。

要点提示 在【滤镜】菜单中选择【滤镜库】中所包含的滤镜命令，也可以调出【滤镜库】对话框。在后面的学习中将只介绍相应滤镜的参数，而不再重复【滤镜库】的功能。

10.3 【液化】命令

菜单栏中的【滤镜】/【液化】命令主要是使图像产生特殊的扭曲效果。在【液化】对话框中，可以在左侧的工具列表中选择扭曲工具，在右侧扭曲选项的参数类下设置参数，在图像中拖曳或按住鼠标不放进行扭曲操作。

【液化】命令的参数较复杂，下面通过一个简单的练习来学习对其的使用。

练习使用【液化】命令

1. 打开本书配套光盘“Map”目录下的“液化练习.psd”文件。

2. 选择菜单栏中的【滤镜】/【液化】命令，在弹出的【液化】对话框右侧设置参数值如图 10-2 所示。

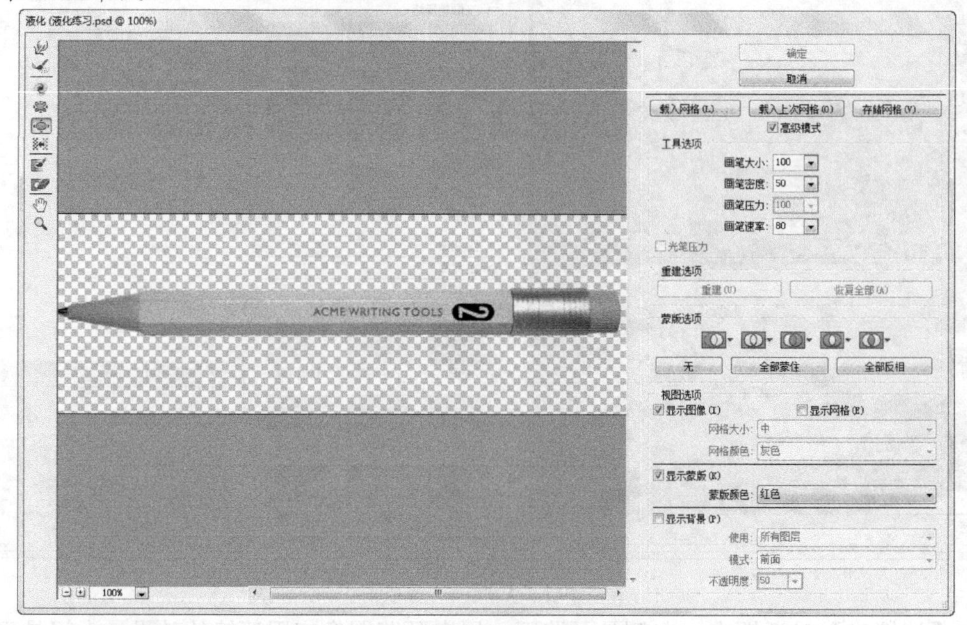

图10-2　【液化】对话框

在【液化】对话框中有几个重要的辅助工具和选项，分别介绍如下。

- 在【液化】对话框左上角选择【重建】工具，在图像中已变形的部分上拖曳鼠标光标，可以恢复原图的效果。这一工具的功能类似于工具箱中的【历史记录画笔】工具。
- 如果只修改图像中的一部分而不影响其他图像的效果，可以先选择【液化】对话框左侧的【冻结蒙版】工具，在要修改的图像周围拖曳鼠标光标创建红色区域。这个红色区域实际上是在图像中设置了蒙版，红色蒙版区域内的图像不受变形操作的影响，从而可以避免在变形时破坏其他部分图像。
- 如果当前图像中已经存在蒙版，在右侧的【蒙版选项】类下可以设置后添加蒙版与当前蒙版的计算方式。
- 选择【解冻蒙版】工具，在蒙版上拖曳鼠标光标可以将已设置为蒙版的区域取消。

下面来学习应用变形工具。

3. 在【液化】对话框右侧的工具选项中将画笔大小: 100 的数值修改为“150”。
4. 在【液化】对话框左侧选择【顺时针旋转扭曲】工具。
5. 在【液化】对话框中间的图像预览图上，将鼠标中心的“+”对准笔尖前部，按住鼠标左键不放，图像开始以“+”为中心在画笔区域内顺时针旋转。
6. 旋转至需要的效果时释放鼠标左键，完成变形，如图 10-3 所示。

选择工具，在图像中拖曳鼠标光标，旋转的中心随鼠标光标的移动而改变。按住 Alt 键不放，拖曳或按住鼠标左键时，图像逆时针旋转。按压时间的长短将影响变形效果，时间越长，变形越大。

7. 在【液化】对话框左侧选择【膨胀】工具。
8. 在【液化】对话框中间的图像预览图上，将鼠标中心的"+"对准铅笔头部分，按住鼠标左键不放，图像开始以"+"为中心在画笔区域内向外膨胀。
9. 图像膨胀至需要的效果时释放鼠标左键，完成变形，效果如图 10-4 所示。

图10-3　应用【顺时针旋转扭曲】工具

图10-4　应用【膨胀】工具

要点提示　在使用【液化】命令放大和缩小图像时，通常可以将【画笔大小】值设置为与要进行变形的图像直径相近的值，这样可以尽可能避免将不需要变形的图像破坏。

10. 单击【液化】对话框中的 确定 按钮，确认变形，最终效果如图 10-5 所示。选择【文件】/【存储为】命令，将当前图像另存。

图10-5　最终效果

【液化】命令常被用于对人物照片的修改中。适当使用【液化】命令中的功能，可以使人物显得更加漂亮，眼睛更大、鼻翼更纤巧、嘴更小、脸部轮廓更柔和、身材更纤细等。在一些特殊情况下，还可以对图像进行夸张变形，如特别放大或缩小某部分等。

10.4　【消失点】命令

使用【消失点】命令可以在有透视角度的图像中进行图像编辑与处理。通过使用【消失点】滤镜，来修饰、添加或移除图像中包含透视的内容。使用【消失点】命令修饰图案的前后效果如图 10-6 所示。

图10-6　使用【消失点】命令前后的效果

使用【消失点】命令修饰图案

1. 打开本书配套光盘"Map"目录下的"消失点练习.psd"文件。
2. 选择【滤镜】/【消失点】命令，弹出如图 10-7 所示【消失点】对话框。

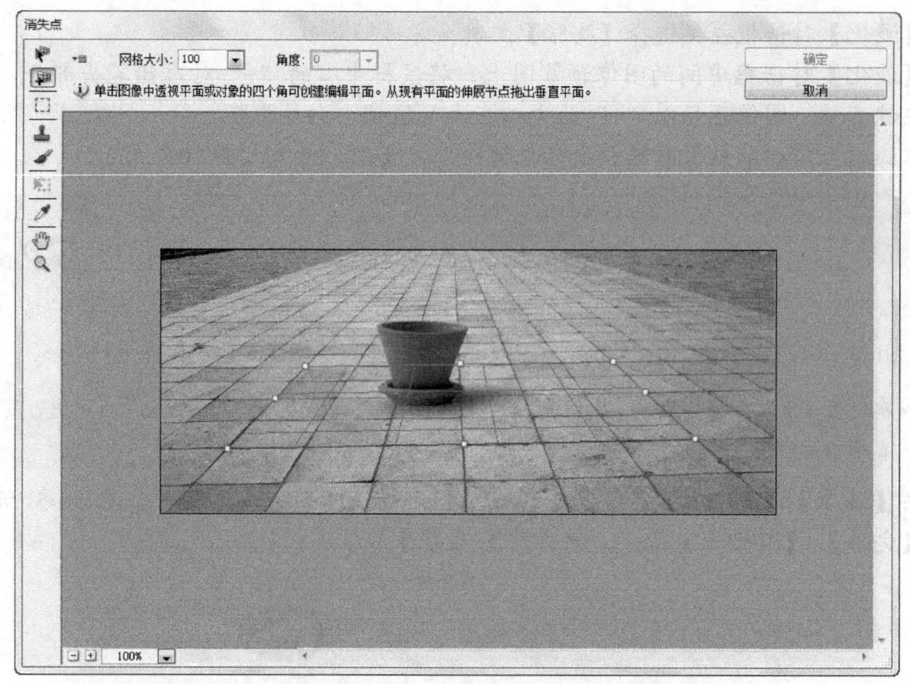

图10-7　【消失点】对话框

3. 单击对话框左侧工具栏中的 按钮，在对话框的图像区域中，通过单击创建一个四边形的调节框，如图 10-8 所示。

图10-8　创建调节框

4. 单击对话框左侧工具栏中的 按钮，参照图像的透视角度调整调节框，使透视角度匹配图像的透视角度，如图 10-9 所示。

图10-9　调整调节框

5. 单击对话框左侧工具栏中的按钮，将对话框顶部的 画笔大小: 100 修改为“15”，在图像区域中拖曳出如图 10-10 所示选区。
6. 按住 Shift+Alt 组合键，拖曳选区到需要修饰的区域后释放，反复多次，修复后的效果如图 10-11 所示。

图10-10　拖曳选区

图10-11　修复后的效果

在【消失点】对话框中有几个重要的辅助工具和选项，分别介绍如下。

- 第一次对图像使用【消失点】工具时，在弹出的对话框中，默认状态只能使用【创建平面】工具，首先要使用该工具来定义图像的透视平面，通过依次单击，确定透视平面的 4 个角点，同时调整平面的大小和形状。按住 Ctrl 键拖曳某个边节点可拉出与该平面相垂的透视平面。
- 使用【编辑平面】工具可以选择、编辑、移动透视平面并调整透视平面。
- 【选框】工具的使用方法与工具箱中的工具类似。
- 【图章】工具的使用方法与工具箱中的工具类似。

- 选择【变换】工具，通过移动变换控件手柄来缩放、旋转和移动选区，类似在矩形选区上使用【自由变换】命令。用户也可以沿平面的垂直轴水平翻转浮动选区，或沿平面的水平轴垂直翻转浮动选区。按住 Alt 键拖曳浮动选区可拉出选区的一份副本；按住 Ctrl 键拖曳选区可使用源图像填充选区。

10.5　【风格化】滤镜组

【风格化】滤镜组中共有 9 种滤镜，主要通过置换像素和通过查找并增加图像的对比度，产生绘画、印象派或其他风格化画派作品的效果。应用【风格化】滤镜组后的效果如图 10-12 至图 10-20 所示。

【风格化】滤镜组中各滤镜的作用介绍如下。

- 【查找边缘】滤镜能自动搜索图像主要色彩的变化区域，强化其过渡像素，产生用彩色铅笔勾描轮廓的效果。此命令直接执行，没有对话框及可调参数。常将此滤镜与【编辑】/【渐隐】命令共同使用，生成铅笔素描效果。
- 【等高线】滤镜是在图像中围绕每个通道的亮区和暗区边缘勾画轮廓线，从而产生三原色的细窄线条。经常在这种效果基础上修改或制作卡通、漫画等。
- 【风】滤镜是按图像边缘中的像素颜色增加一些小的水平线产生起风的效果，此滤镜不具有模糊图像的效果，只影响图像的边缘。常用此滤镜来创建火焰、冰雪和高速运动的效果。
- 【浮雕效果】滤镜通过勾画图像或选区的轮廓和降低周围色值来生成凸起或凹陷的浮雕效果。
- 【扩散】滤镜可以使图像中相邻的像素按规定的方式有机移动，使图像扩散，创建一种分离模糊效果，看起来有点像透过磨砂玻璃看图像的效果。
- 【拼贴】滤镜是将图像分裂成指定数目的方块并将这些方块从原位置上移动一定的距离，产生不规则瓷砖拼凑成的图像效果。此滤镜没有预览功能，所以可能需要多次调试。
- 【曝光过度】滤镜产生图像正片和负片混合的效果，类似于摄影中增加光线强度产生的过度曝光效果。这是一个直接执行的命令，没有可调参数。
- 【凸出】滤镜就是将图像附着在一系列的三维立方体或方锥体上，产生特殊的 3D 效果。
- 【照亮边缘】滤镜搜索图像中主要颜色变化区域，加强其过滤像素以产生轮廓发光的效果。该滤镜是【风格化】滤镜中唯一存放于【滤镜库】中的滤镜。

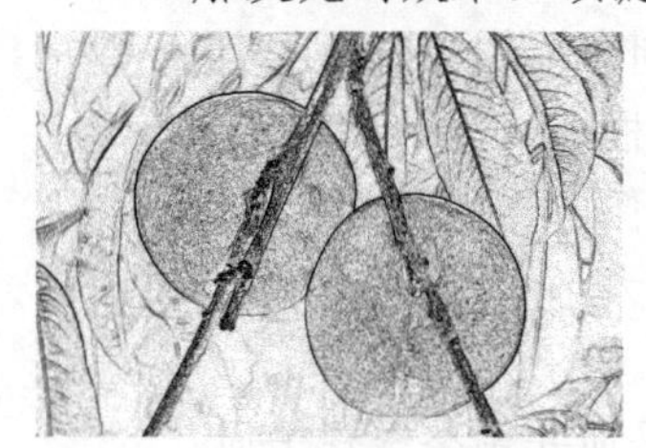

图10-12　【查找边缘】滤镜效果

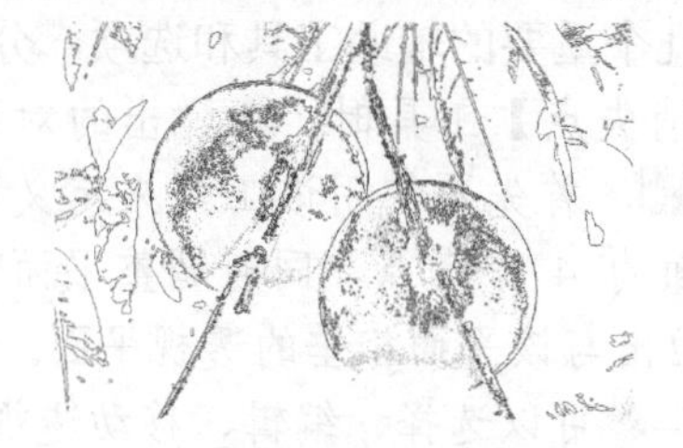

图10-13　【等高线】滤镜效果

图10-14　【风】滤镜效果

图10-15 【浮雕效果】滤镜效果

图10-16 【扩散】滤镜效果

图10-17 【拼贴】滤镜效果

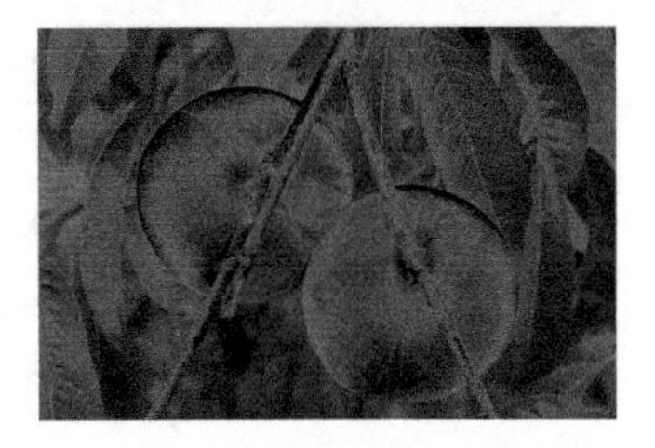

图10-18 【曝光过度】滤镜效果

图10-19 【凸出】滤镜效果

图10-20 【照亮边缘】滤镜效果

10.6 【画笔描边】滤镜组

【画笔描边】滤镜组中共有 8 种滤镜，主要利用不同的画笔和油墨描边效果创造出艺术绘画效果。该滤镜中的所有滤镜都在 Photoshop CS6 的【滤镜库】中。原图及应用【画笔描边】滤镜后的效果如图 10-21 至图 10-29 所示。

【画笔描边】滤镜组中各滤镜的作用介绍如下。

- 【成角的线条】滤镜使用对角描边重新绘制图像，产生一种不一致方向的倾斜笔触效果。笔触的方向在图像的不同颜色区域内发生变化，用一个方向的线条绘制图像的亮区，用相反方向的线条绘制暗区。
- 【墨水轮廓】滤镜是以钢笔画的风格，用纤细的线条在原图细节上重绘图像。
- 【喷溅】滤镜是在图像中产生画面颗粒飞溅的效果，就好像用水喷在图像上，使图像中出现一些细微的颜料滴。
- 【喷色描边】滤镜的效果与【喷溅】滤镜的效果有些相似，但它产生的是倾斜飞溅效果，有时利用【喷色描边】滤镜制作下雨的效果。
- 【强化的边缘】滤镜主要用于强化图像中不同颜色之间的边界，使图像产生一种强调边缘的效果。
- 【深色线条】滤镜生成的也是交叉笔触，它用短的、绷紧的线条绘制图像中接近黑色的暗区，用长的白色线条绘制图像中的亮区。该滤镜可以使图像产生一种很强烈的黑色阴影。
- 【烟灰墨】滤镜是以日本画的风格绘画，看起来像用蘸满黑色油墨的湿画笔在宣纸上绘画，这种效果具有非常黑的柔化模糊边缘。该滤镜通过计算图像像素的色值分布来产生色值概括描绘效果。
- 【阴影线】滤镜可以保留原始图像的细节和特征，同时使用模拟的铅笔阴影线添加纹理，并使彩色区域的边缘变得粗糙。

图10-21　原图

图10-22　【成角的线条】滤镜效果

图10-23　【墨水轮廓】滤镜效果

图10-24　【喷溅】滤镜效果

图10-25　【喷色描边】滤镜效果

图10-26　【强化的边缘】滤镜效果

图10-27　【深色线条】滤镜效果

图10-28　【烟灰墨】滤镜效果

图10-29　【阴影线】滤镜效果

10.7　【模糊】滤镜组

【模糊】滤镜组中共有 14 种滤镜，主要是对图像边缘过于清晰或对比度过于强烈的区域进行模糊，以产生各种不同的模糊效果，使图像看起来更朦胧一些。原图及应用【模糊】滤镜后的效果如图 10-30 至图 10-44（参见光盘）所示。

【模糊】滤镜组中各滤镜的作用介绍如下。

- 【表面模糊】滤镜可以在保留边缘的同时模糊图像。此滤镜常用于创建特殊效果并消除杂色或粒度。
- 【动感模糊】滤镜只在单一方向上对图像像素进行模糊处理。它可以产生动感模糊的效果，模仿物体高速运动时曝光的摄影手法，一般较适用于运动物体处于画面中心、周围背景变化较少的图像。
- 【方框模糊】滤镜基于相邻像素的平均颜色值来模糊图像。它的对话框仅有【半径】一个选项，该值决定每个调整区域的大小。此值越大，图像越模糊。
- 【高斯模糊】滤镜是 Photoshop 中较常使用的滤镜之一，是依据高斯曲线来调节图像的像素色值。【高斯模糊】对话框中只有一个【半径】选项，调整【半径】值可以控制模糊程度，从较微弱的模糊直至造成难以辨认的浓厚的图像模糊。
- 【进一步模糊】滤镜产生一个固定的较弱的模糊效果。它与前面的【模糊】滤镜效果相似，但模糊程度是【模糊】滤镜的 3～4 倍。

- 【径向模糊】滤镜可以创建一种旋转或放射模糊的效果。

【动感模糊】滤镜和【径向模糊】滤镜都可以用于表现动态效果，但【动感模糊】滤镜通常表现平面上的动态效果，【径向模糊】滤镜则表现纵深的动态效果。

- 【镜头模糊】滤镜向图像中添加模糊以产生更窄的景深效果，以便图像中的一些对象在焦点内，而使另一些区域变模糊。例如可以将照片中的前景保持清楚，而使背景变得模糊。
- 【模糊】滤镜可以产生较为轻微的、固定的模糊效果，常用于模糊图像边缘。
- 【平均】滤镜就是找出图像或选区中的平均颜色，然后用该颜色填充图像或选区。
- 【特殊模糊】滤镜可以产生一种清晰边界的模糊效果。它只对有微弱颜色变化的区域进行模糊，不对边缘进行模糊。也就是说，该滤镜能使图像中原来较清晰的部分不变，而原来较模糊的部分更加模糊。
- 【形状模糊】滤镜可以以一定形状为基础进行模糊处理。
- 【场景模糊】滤镜是 photoshop cs6 新增的模糊滤镜，用户可以通过添加控制点的方式，精确地控制景深形成范围、景深强弱程度，用于建立比较精确的画面背景模糊效果。
- 【光圈模糊】滤镜也是 photoshop cs6 新增的模糊滤镜，通过创建一个范围，以简单的设置形成一个景深模糊的效果。
- 【倾斜偏移】滤镜同样是 photoshop cs6 新增的模糊滤镜，用于创建移轴景深效果，通过控制点和范围设置，精准地控制移轴效果产生范围和焦外虚幻强弱程度。

图10-30　原图

图10-31　【表面模糊】滤镜效果

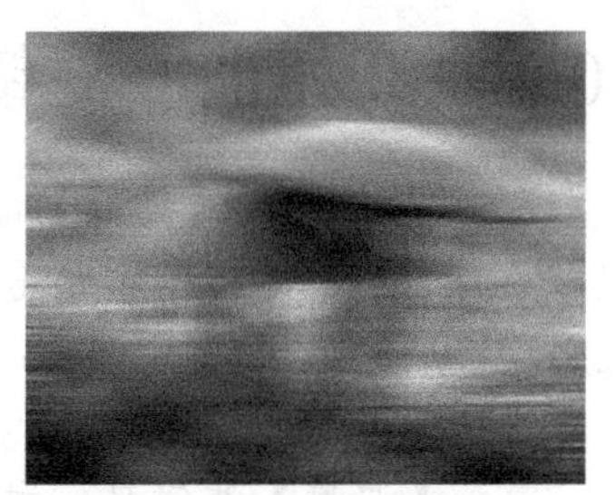

图10-32　【动感模糊】滤镜效果

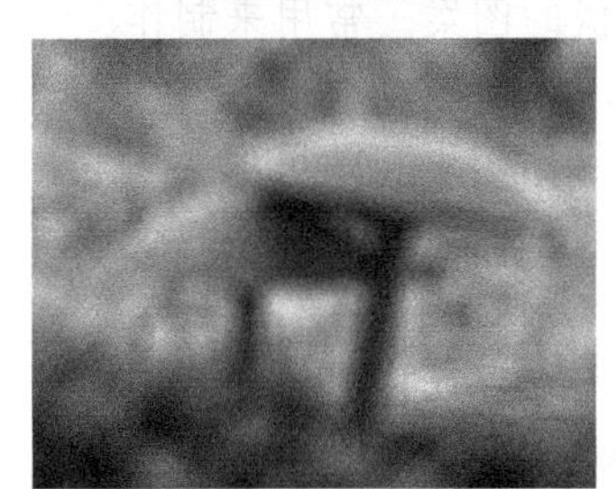

图10-33　【方框模糊】滤镜效果

图10-34　【高斯模糊】滤镜效果

图10-35　【进一步模糊】滤镜效果

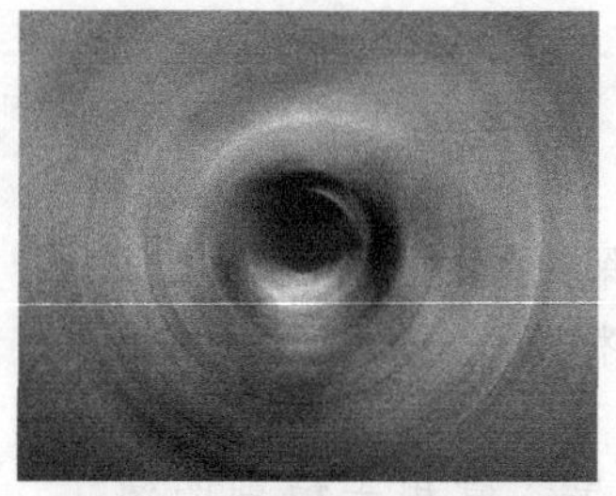
图10-36　【径向模糊】滤镜效果

图10-37　【镜头模糊】滤镜效果

图10-38　【模糊】滤镜效果

图10-39　【平均】滤镜效果

图10-40　【特殊模糊】滤镜效果

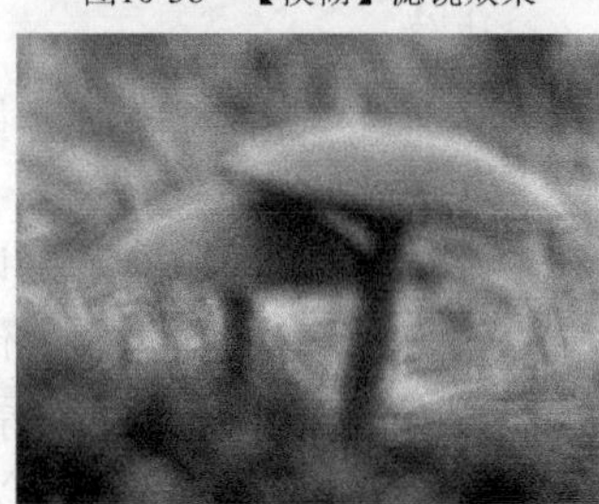
图10-41　【形状模糊】滤镜效果

图10-42　场景模糊

图10-43　光圈模糊

图10-44　倾斜偏移

10.8　【扭曲】滤镜组

选择【滤镜】/【扭曲】命令，弹出的子菜单如图 10-45 所示。这些就是【扭曲】滤镜组，共有 12 种滤镜，主要是将当前图层或选区内的图层进行各种各样的扭曲变形。原图及应用滤镜后的效果如图 10-46 至图 10-60（参见光盘）所示。

【扭曲】滤镜组中各滤镜的作用介绍如下。

- 【波浪】滤镜是一种复杂的【扭曲】滤镜，也是一种精确的【扭曲】滤镜，它可以由用户来控制波动的效果，在图像上创建波状起伏的图案。常用来制作不规则扭曲的效果，如闪电、飘动的旗子、卷曲的纸等。
- 【波纹】滤镜可以产生水纹的涟漪效果，常被用来制作水面倒影等效果。
- 【玻璃】滤镜是 Photoshop CS6【滤镜库】中的滤镜，它可以制作细小的纹理，生成一种透过玻璃看图像的效果。
- 【海洋波纹】滤镜也是 Photoshop CS6 滤镜库中的滤镜，它可以将随机分隔的波纹添加到图像表面，产生波纹涟漪效果。产生的波纹细小，边缘有较多抖动，使图像看起来就像在水下面。
- 【极坐标】滤镜将图像坐标从平面坐标转换为极坐标，或从极坐标转换为平面坐标，它使图像产生一种极度变形的效果。经常把它作为图案设计工具或用它创建一些特殊效果的图像。

- 【挤压】滤镜在图像或选区中间生成一个向内或向外的凸起，它的效果有点像后面要讲的【球面化】滤镜，但凸起形态变形较严重。
- 【镜头校正】滤镜可以修复常见的镜头缺陷，如桶形和枕形失真、晕影和色差以及校正图像的水平与垂直透视等。
- 【扩散亮光】滤镜是将背景色的光晕加至图像中较亮的部分，从而产生一种弥漫的光漫射效果。常用该滤镜表现强烈的光线，如强烈阳光照射的效果。对于整体较亮的图像，可以将背景色设置为白色，用此滤镜表现雾效。
- 【切变】滤镜可以根据在对话框中建立的曲线使图像产生弯曲效果。
- 【球面化】滤镜通过将选区折成球形、扭曲图像以及伸展图像以适合选中的曲线，使对象具有 3D 效果。它可以将图像中所选定的球形区域或其他区域扭曲膨胀或变形缩小，也可以在水平方向或垂直方向上进行单向球化。
  经常使用【球面化】滤镜制作带有折射效果的球体效果，如玻璃球、金属球等。也可以利用该滤镜制作圆柱形或圆柱形表面的效果，如饮料罐、笔筒、酒瓶上的标签等。
- 【水波】滤镜可以模拟水面上产生起伏旋转的波纹效果。
- 【旋转扭曲】滤镜产生旋转的风轮效果，旋转的中心为图像或选区的中心。
- 【置换】滤镜是根据另一个“.psd”格式图像的明暗度将当前图像中的像素移动，从而产生变形的效果。

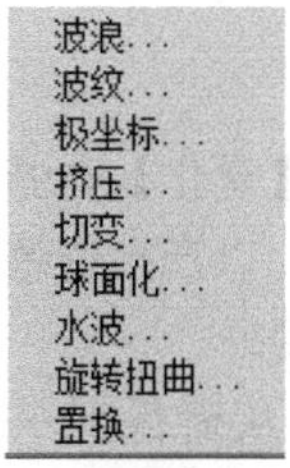

波浪...
波纹...
极坐标...
挤压...
切变...
球面化...
水波...
旋转扭曲...
置换...

图10-45 【扭曲】滤镜组次级菜单

图10-46 原图（1）

图10-47 【波浪】滤镜效果

图10-48 原图（2）

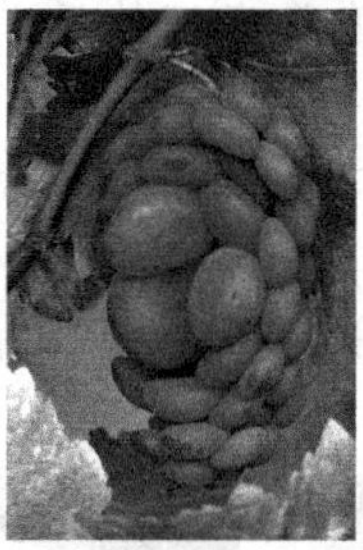

图10-49 【挤压】滤镜效果

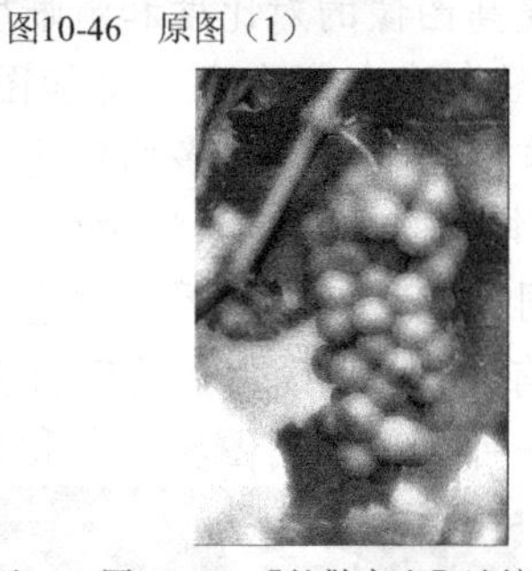

图10-50 【扩散亮光】滤镜效果

图10-51 【旋转扭曲】滤镜效果

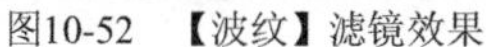

图10-52 【波纹】滤镜效果

图10-53 【玻璃】滤镜效果

图10-54 【海洋波纹】滤镜效果

图10-55　【极坐标】滤镜效果

图10-56　【球面化】滤镜效果

图10-57　【水波】滤镜效果

图10-58　【置换】滤镜效果

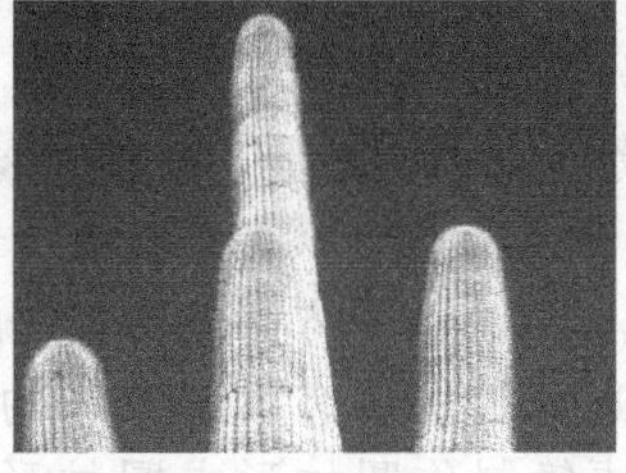

图10-59　原图（3）

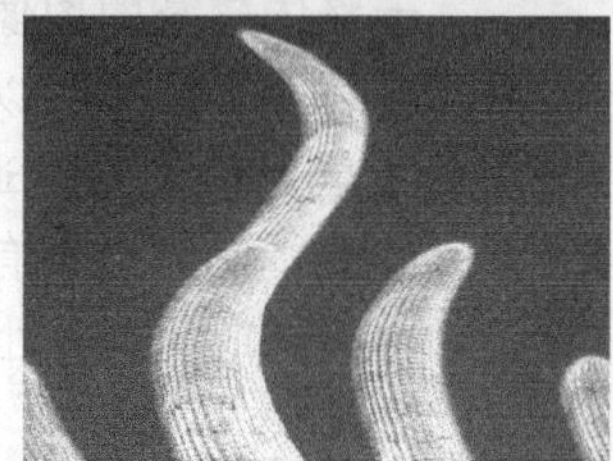

图10-60　【切变】滤镜效果

10.9　【锐化】滤镜组

【锐化】滤镜组中共有 5 种滤镜，主要通过增加相邻像素点之间的对比度来聚焦模糊的图像，使图像清晰化。原图及应用【锐化】滤镜后的效果如图 10-61 至图 10-66（参见光盘）所示。

【锐化】滤镜组中各滤镜的作用介绍如下。

- 【USM 锐化】滤镜是【锐化】类滤镜中应用最多的一种滤镜，也是【锐化】类滤镜中唯一可控制其效果的滤镜。该滤镜在处理过程中使用模糊的遮罩，以产生边缘轮廓锐化的效果，可以在尽可能少增加噪声的情况下提高图像的清晰度。
- 【进一步锐化】滤镜相当于连续多次使用下面的【锐化】滤镜，从而得到一种强化锐化的效果，提高图像的对比度和清晰度。
- 【锐化】滤镜作用于图像的全部像素，增加图像像素间的反差，对调节图像的清晰度起到一定的作用，但重复过多的锐化会使图像粗糙。
- 【锐化边缘】滤镜的作用与【锐化】滤镜的作用相似，但它仅仅锐化图像的轮廓部分，以增加不同颜色之间的分界。这也是一个直接执行的命令。
- 【智能锐化】滤镜具有【USM 锐化】滤镜所没有的锐化控制功能，具有可设置的锐化计算方法，并可单独控制图像阴影和高光的锐化程度。

图10-61　原图

图10-62　【USM 锐化】滤镜效果

图10-63　【进一步锐化】滤镜效果

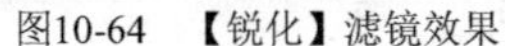
图10-64 【锐化】滤镜效果

图10-65 【锐化边缘】滤镜效果

图10-66 【智能锐化】滤镜效果

10.10 【视频】滤镜组

【视频】滤镜组主要包括【NTSC 颜色】和【逐行】两个滤镜。此组滤镜属于 Photoshop 的外部接口程序，用来从摄像机输入图像或将图像输入录像带上。这两个滤镜只有当图像要在电视或其他视频设备上播放时才会用到，所以在这里只做简单介绍。

【NTSC 颜色】滤镜转换图像中的色域，使之适合 NTSC（National Television Standards Committee 国家电视标准协议）视频标准色域以使图像可被电视机接收。

【逐行】滤镜是通过消除图像中的异常交错线来平滑影视图像，删除从视屏捕捉的图像上的横向扫描线，利用复制或内插法置换失去的像素。

10.11 【素描】滤镜组

【素描】滤镜组中的大部分命令将以前景色和背景色置换原图中的色彩，产生一种精确的图像效果，通常用于获得 3D 效果或创建精美的艺术品和手绘外观。【素描】滤镜组中共有 14 种滤镜，都被保存在 Photoshop CS6 的【滤镜库】中。只要打开【滤镜库】对话框，就可以方便地查看和设置每个【素描】滤镜。原图及应用【素描】滤镜后的效果如图 10-67 至图 10-81 所示。

在介绍【素描】滤镜组时，如无特别说明，则将前景色设为黑色、背景色设为白色。【素描】滤镜组中各滤镜的作用介绍如下。

- 【半调图案】滤镜是使用前景色和背景色的组合重新给图片上色，从而产生一种网板图案的效果。
- 【便条纸】滤镜是根据图像中像素的明暗，用前景色和背景色替换原图中像素的颜色，使图像产生一种类似用厚纸制作的有凹陷效果的作品。
- 【粉笔和炭笔】滤镜合成背景颜色的粉笔笔触和前景颜色的炭笔笔触，使图像产生一种粉笔和炭精涂抹的草图效果。与【编辑】/【渐隐粉笔和炭笔】命令结合使用会取得更好的效果。
- 【铬黄】滤镜产生的效果有点像【塑料效果】滤镜，只是它生成的效果是灰度的，原图像的细节几乎全部丢失，产生一种液体金属的质感。有时会用这一滤镜配合【渐隐】命令表现冰块、玻璃、水面或绸缎等表面光滑的效果。
- 【绘图笔】滤镜是用前景色和背景色生成一种钢笔画素描的效果，图像中没有轮廓，只有一些具有细微变化的笔触。
- 【基底凸现】滤镜在图像中产生一种浮雕效果，图像用前景色和背景色填充。由于使用这一滤镜的图像细节丢失较多，所以常将其与菜单栏中的【编辑】/【渐隐基底凸现】命令配合使用。

- 【水彩画纸】滤镜模仿在潮湿纸张上作画的效果，模糊颜色并减小图像反差，产生画面浸湿、扩散的效果。
- 【撕边】滤镜是用前景色和背景色填充图像，并在前景色与背景色的交界处制作溅射的效果。这一滤镜有时会被用来制作毛边的效果。
- 【塑料效果】滤镜利用前景色和背景色填充图像，产生一种光滑的浮雕效果。其中图像的高光部分使用背景色，较暗部分使用前景色。
- 【炭笔】滤镜是模拟炭笔素描的效果，图像中较暗的区域用前景色的"炭笔"笔触着色，较亮的部分用背景色填充。
- 【炭精笔】滤镜生成一种用蜡笔笔触以前景色和背景色在花纹纸上描绘的效果。常利用这种工具配合【编辑】/【渐隐炭精笔】命令制作磨损的地毯、粗布、麻布等效果。
- 【图章】滤镜用前景色和背景色填充图像，产生的效果类似于影印，但没有影印清晰，是一种类似于图章盖印双色图像的效果。
- 【网状】滤镜也是用前景色和背景色填充图像并在图像上产生不规则的噪声，从而生成一种网眼覆盖的效果。这一滤镜常被用来表示瓷砖等建筑材料的效果。
- 【影印】滤镜产生的效果就像在破旧的复制机上复制图像一样，其色彩用前景色和背景色填充，图像模糊、不均匀并且有色调分离的效果。这一滤镜也常被用来制作旧照片的效果。

图10-67 原图

图10-68 【半调图案】滤镜效果

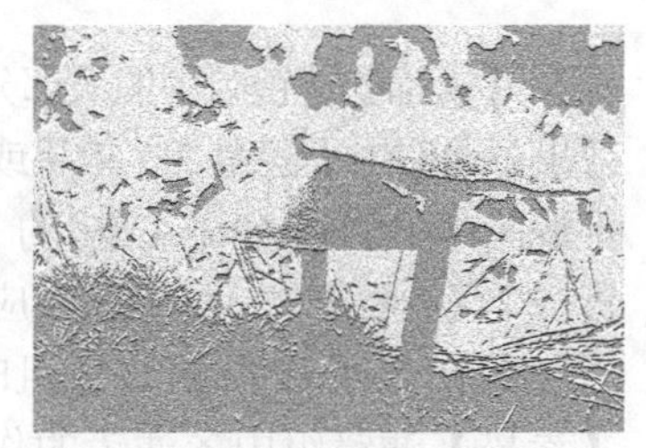

图10-69 【便条纸】滤镜效果

图10-70 【粉笔和炭笔】滤镜效果

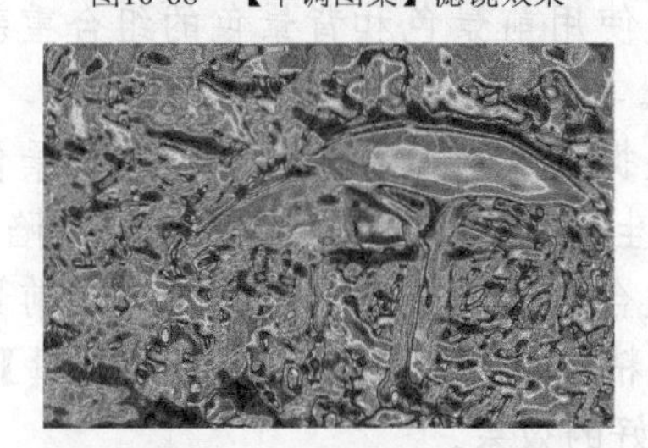

图10-71 【铬黄】滤镜效果

图10-72 【绘图笔】滤镜效果

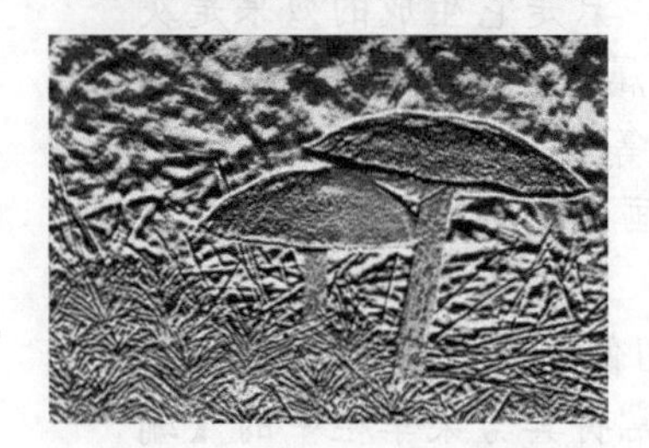

图10-73 【基底凸现】滤镜效果

图10-74 【水彩画纸】滤镜效果

图10-75 【撕边】滤镜效果

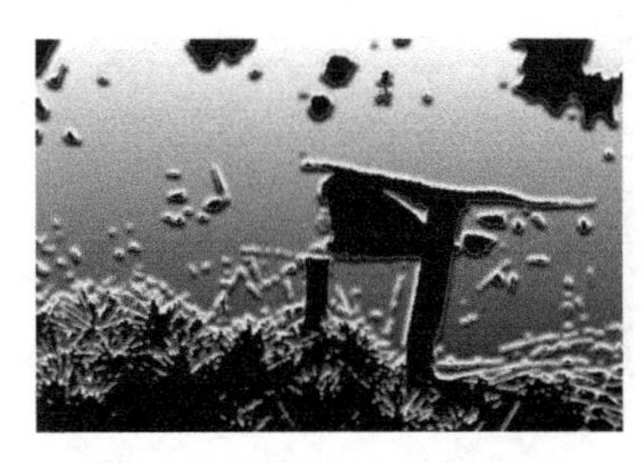

图10-76 【塑料效果】滤镜效果

图10-77 【炭笔】滤镜效果

图10-78 【炭精笔】滤镜效果

图10-79 【图章】滤镜效果

图10-80 【网状】滤镜效果

图10-81 【影印】滤镜效果

10.12 【纹理】滤镜组

【纹理】滤镜组中共有 6 种滤镜，主要功能是使图像产生各种纹理过渡的变形效果，常用来创建图像的凹凸纹理和材质效果。应用【纹理】滤镜后的效果如图 10-82 至图 10-87（参见光盘）所示。

【纹理】滤镜组中各滤镜的作用介绍如下。

- 【龟裂缝】滤镜是将浮雕效果与某种爆裂效果结合，产生凹凸不平的裂缝效果。
- 【颗粒】滤镜使用【常规】、【软化】、【喷洒】、【结块】、【斑点】等不同类型的颗粒在图像中添加纹理效果。它相当于一个可控制的【添加杂色】滤镜，常用于制作破损或脏旧的效果。
- 【马赛克拼贴】滤镜产生不规则的、近似方形马赛克瓷砖的效果。
- 【拼缀图】滤镜产生建筑拼贴瓷片的效果，其中原图中较暗的部分拼贴瓷片的高度较低，较亮的部分拼贴瓷片的高度较高。
- 【染色玻璃】滤镜产生从背后被照亮的不规则分离的“彩色玻璃格子”的效果，它们之间用前景色填充间隔，“玻璃格子”的色彩分布与图片中的颜色分布有关。这一滤镜常被用来制作玻璃窗、昆虫翅膀及龟裂的土地等。
- 【纹理化】滤镜是在图像中添加软件给出的纹理效果，或根据另一个文件的亮度值向图像中添加纹理，常用于制作布的效果。

图10-82 【龟裂缝】滤镜效果

图10-83 【颗粒】滤镜效果

图10-84 【马赛克拼贴】滤镜效果

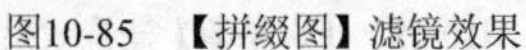

图10-85　【拼缀图】滤镜效果

图10-86　【染色玻璃】滤镜效果

图10-87　【纹理化】滤镜效果

10.13　【像素化】滤镜组

选择【滤镜】/【像素化】命令，弹出的子菜单如图 10-88 所示。这些就是【像素化】滤镜组，共有 7 种滤镜，主要用来将图像分块或平面化。它并不是真正地改变了图像像素点的形状，只是在图像中表现出某种基础形状的特征，以形成一些类似像素化的形状改变。原图及应用滤镜后的效果如图 10-89 至图 10-96（参见光盘）所示。

【像素化】滤镜组中各滤镜的作用介绍如下。

- 【彩块化】滤镜是通过分组和改变示例像素为相似的有色像素块，生成手绘效果，或使现实主义图像变为抽象派绘画。此滤镜通过单击直接完成，不能人工调整参数控制其效果。
- 【彩色半调】滤镜是在图像中添加带有彩色半色调的网点，将图像中的每个颜色通道都转变成着色网点，网点的大小受其亮度影响。
- 【点状化】滤镜将图像分为随机的彩色斑点，空白部分由背景色填充。【点状化】滤镜的效果与【彩色半调】滤镜的效果相似，但【点状化】滤镜最终生成的是与原图像颜色一致的斑点，而不是各个通道的原色斑点。
- 【晶格化】滤镜是将图像中的像素分块，每块都使用同一种颜色，从而将原图像修改为以多边形纯色色块组成的图像。
- 【马赛克】滤镜是通过将一个单元内的所有像素统一颜色来产生马赛克的效果。通常将此滤镜与【编辑】/【渐隐】功能结合使用，以得到理想的效果。
- 【碎片】滤镜是将图像复制为 4 份，再将它们平均和移位，从而形成一种不聚焦的“四重视”效果。【碎片】滤镜也是通过单击直接完成，不能控制效果。
- 【铜版雕刻】滤镜是用点、线条和笔画重新生成图像，产生镂刻的版画效果。它在【类型】框中总共提供了 10 种笔型选项。

彩块化
彩色半调...
点状化...
晶格化...
马赛克...
碎片
铜版雕刻...

图10-88　【像素化】滤镜组子菜单

图10-89　原图

图10-90　【彩块化】滤镜效果

图10-91 【彩色半调】滤镜效果

图10-92 【点状化】滤镜效果

图10-93 【晶格化】滤镜效果

图10-94 【马赛克】滤镜效果

图10-95 【碎片】滤镜效果

图10-96 【铜版雕刻】滤镜效果

10.14 【渲染】滤镜组

【渲染】滤镜组中共有 5 种滤镜，主要用于改变图像的光感效果。例如模拟在图像场景中放置不同的灯光，可以产生不同的光源效果、夜景等，也可以与通道相配合产生一种特殊的三维浮雕效果。原图及应用【渲染】滤镜后的效果如图 10-97 至图 10-102 所示。

【渲染】滤镜组中各滤镜的作用介绍如下。

- 【分层云彩】滤镜是一个直接执行的命令，它的效果与原图像的颜色有关，所以并不完全覆盖图像，而是相当于在图像中添加了一个差异色云彩效果。
- 【光照效果】滤镜可以在图像上添加一个特定的光源并可创建一种带阴影的 3D 效果。利用该滤镜创建浮雕效果非常简便且效果极佳。
- 【镜头光晕】滤镜将产生摄像机镜头光晕效果，并可自动调节摄像机光晕的位置，以创建星光效果、强烈的日光效果以及其他光芒等。
- 【纤维】滤镜使用前景色和背景色创建编织纤维的外观，通常用来制作纤维织品的效果。
- 【云彩】滤镜是利用前景色和背景色随机组合将图像转换为柔和的云彩效果，是一个单击即可直接执行的命令。使用【云彩】滤镜会将原图像全部覆盖。

图10-97 原图

图10-98 【分层云彩】滤镜效果

图10-99 【光照效果】滤镜效果

图10-100　【镜头光晕】滤镜效果

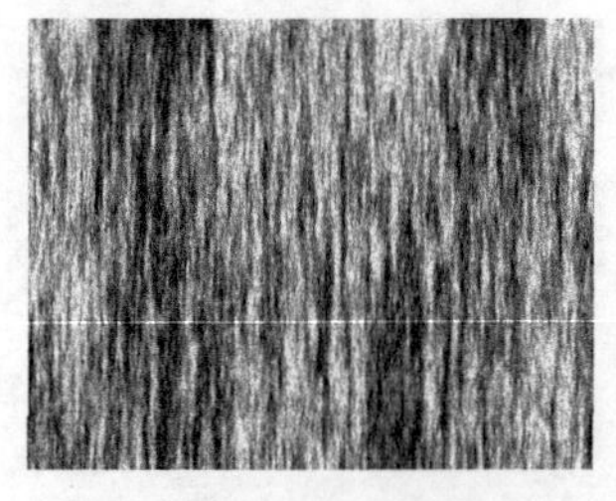

图10-101　【纤维】滤镜效果

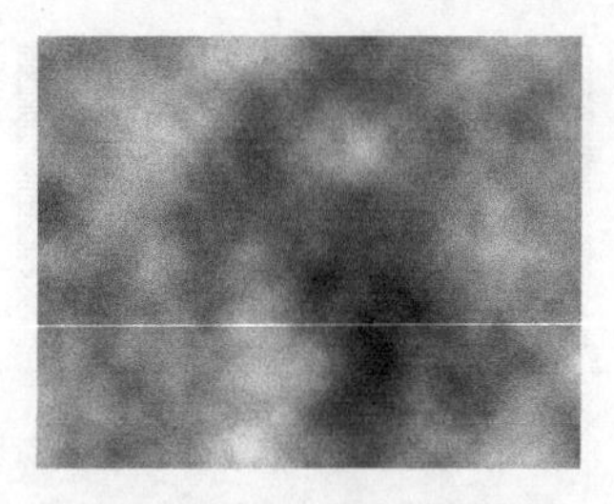

图10-102　【云彩】滤镜效果

10.15　【艺术效果】滤镜组

【艺术效果】滤镜组中共有 15 种滤镜，用来对图像进行绘画或艺术效果处理。此组滤镜只应用于 RGB 模式和多通道模式图像，可以使图像不再像一张照片，而是产生精美艺术品般的效果。

【艺术效果】滤镜组也都存在于【滤镜库】中，打开【滤镜库】命令即可调用【艺术效果】滤镜组。应用【艺术效果】滤镜后的效果如图 10-103 至图 10-117（参见光盘）所示。

【艺术效果】滤镜组中各滤镜的作用介绍如下。

- 【壁画】滤镜可产生古壁画的斑点效果，它往往用于在图像边缘上添加黑色边缘，并增加反差及饱和度。
- 【彩色铅笔】滤镜是模拟使用彩色铅笔在纯色背景上绘制图像的效果，图像中较明显的边缘被保留并带有粗糙的阴影线外观。
- 使用【粗糙蜡笔】滤镜的图像看上去好像用彩色粉笔在带纹理的背景上描过边。在亮色区域，粉笔看上去很厚，几乎看不见纹理；在深色区域，粉笔似乎被擦去了，使纹理显露出来。
- 【底纹效果】滤镜是根据纹理的类型和色值产生一种纹理喷绘的效果，经常利用它与菜单栏中的【编辑】/【渐隐】命令相结合来创建一种布料的效果或油画的效果。
- 【调色刀】滤镜使相近颜色融合产生大写意的笔法效果。
- 【干画笔】滤镜模拟使用干画笔技术（介于油画和水彩画之间）绘制图像的边缘，使画面产生一种不饱和、不湿润、干枯的油画效果。它相当于在一幅油画颜料未干时用一把干刷子在图画上涂抹的效果。
- 【海报边缘】滤镜主要是减少图像中的颜色数量并用黑色勾画轮廓，从而将图像转换成一种美观的招贴画效果。
- 【海绵】滤镜产生画面浸湿的效果，是模拟用海绵涂抹的效果，有时用于表现水渍的效果。
- 【绘画涂抹】滤镜就像一系列滤镜效果的共同作用，先将图像柔化，再描边，然后进行色调分离处理，最后锐化得到的效果。
- 【胶片颗粒】滤镜产生一种软片颗粒纹理效果，在增加图像噪声的同时增亮图像并加大其反差。
- 【木刻】滤镜是对图像中的颜色进行色调分离处理，得到几乎不带渐变的简化图像，处理结果类似于木刻画。

- 【霓虹灯光】滤镜通过结合前景色和背景色给图像重新上色，并产生各种彩色霓虹灯光的效果。利用【霓虹灯光】滤镜可以创建出许多神奇而美丽的效果。
- 【水彩】滤镜产生的是一种水彩画的效果，但它生成的色彩通常比一般常见的水彩画要深。
- 【塑料包装】滤镜增加图像中的高光并强调图像中的线条，使图像产生一种表面质感很强的塑料压膜效果。
- 【涂抹棒】滤镜看起来就像模糊笔触产生的一种条状涂抹效果。

图10-103 【壁画】滤镜效果

图10-104 【彩色铅笔】滤镜效果

图10-105 【粗糙蜡笔】滤镜效果

图10-106 【底纹效果】滤镜效果

图10-107 【调色刀】滤镜效果

图10-108 【干画笔】滤镜效果

图10-109 【海报边缘】滤镜效果

图10-110 【海绵】滤镜效果

图10-111 【绘画涂抹】滤镜效果

图10-112 【胶片颗粒】滤镜效果

图10-113 【木刻】滤镜效果

图10-114 【霓虹灯光】滤镜效果

图10-115 【水彩】滤镜效果

图10-116 【塑料包装】滤镜效果

图10-117 【涂抹棒】滤镜效果

10.16 【杂色】滤镜组

选择【滤镜】/【杂色】命令，弹出的子菜单如图 10-118 所示。这些就是【杂色】滤镜组，共有 5 种滤镜，主要用于在图像中按一定方式添加或去除杂色，以制作出着色像素图案的纹理。原图及应用滤镜后的效果如图 10-119 至图 10-124（参见光盘）所示。

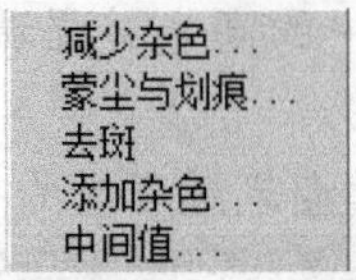

减少杂色...
蒙尘与划痕...
去斑
添加杂色...
中间值...

图10-118　【像素化】滤镜组次级菜单

【杂色】滤镜组中各滤镜的作用介绍如下。

- 【减少杂色】滤镜可以去除图像中的杂色以及消除 JPEG 存储低品质图像导致的斑驳效果。
- 【蒙尘与划痕】滤镜的作用是搜索图像中的缺陷并将其融入周围像素中。它将根据亮度的过渡差值，找出突出于其周围像素的像素，并用周围的颜色填充这些区域。这是消除图像划痕的有效方法，但它也有可能将图像中应有的亮点清除，所以要慎重使用。
- 【去斑】滤镜将寻找图像中色彩变化最大的区域，然后模糊除去过滤边缘外的所有选区，消除图像中的斑点。这个命令没有选项，单击即可直接执行。它在清除图像杂点的同时会使图像产生一定的模糊，所以在使用时要慎重。
- 【添加杂色】滤镜用来将一定数量的杂色点以随机的方式引入图像中，可以使混合时产生的色彩具有漫散的效果。
- 【中间值】滤镜通过混合选区中像素的亮度来减少图像的杂色。此滤镜搜索像素选区的半径范围以查找亮度相近的像素，扔掉与相邻像素差异太大的像素，并用搜索到的像素的中间亮度值替换中心像素。此滤镜在消除或减少图像的动感效果时非常有用。

图10-119　原图

图10-120　【减少杂色】滤镜效果

图10-121　【蒙尘与划痕】滤镜效果

图10-122　【去斑】滤镜效果

图10-123　【添加杂色】滤镜效果

图10-124　【中间值】滤镜效果

10.17 【其他】滤镜组

【其他】滤镜组中共有 5 种滤镜，有允许用户自定义滤镜的命令，也有使用滤镜修改蒙版、在图像中使选区发生位移和快速调整颜色的命令。应用【其他】滤镜组后的效果如图 10-125 至图 10-129（参见光盘）所示。

【其他】滤镜组中各滤镜的作用介绍如下。

- 【高反差保留】滤镜可以删除图像中亮度逐渐变化的部分，并保留图像中色彩变化最大的部分，可起到一定的压平图像颜色的作用。
- 【位移】滤镜根据对话框中的值进行图像偏移，常用于编辑无缝图案中的单元图像。对于由偏移产生的空缺区域，还可以用不同的方式来填充。
- 用户可以通过【自定】滤镜创建并存储自定义的滤镜，并将它们应用于图像中，如清晰化、模糊化和浮雕等效果。
- 【最大值】滤镜通过提亮暗区边缘的像素将图像中的亮区放大，消减暗区。
- 【最小值】滤镜是通过加深亮区的边缘像素将暗区放大，消减亮区。

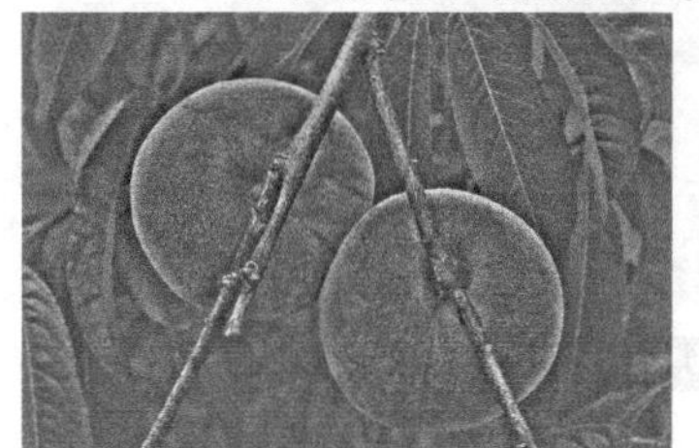

图10-125 【高反差保留】滤镜效果

图10-126 【位移】滤镜效果

图10-127 【自定】滤镜效果

图10-128 【最大值】滤镜效果

图10-129 【最小值】滤镜效果

10.18 【Digimarc】（作品保护）滤镜

【Digimarc】（作品保护）滤镜主要包括【读取水印】和【嵌入水印】两个滤镜，用于加入作品标记至图像中。

【读取水印】滤镜将检查图像，看看它是否有水印。如果没有水印，就会弹出一个【找不到水印】提示框，提示没有水印；如果有水印，就会显示出创建者的信息。

【嵌入水印】滤镜是在图像中加入识别图像创建者的水印。要先获得一个 ID 号才能使用这一功能，这个 ID 号是付钱给 Digimarc Corporation 后收到的号码。一旦有了这个号码就可以单击【嵌入水印】对话框中的 个人注册... 按钮，并根据对话框中的提示，一步步将个人的信息加入图像中。

10.19　综合应用实例

下面通过综合应用实例再来巩固一下本次课程所学的知识，加强练习如何运用各种滤镜命令以及前面所学的各种工具和命令，以创建出各种特殊的图像效果。

10.19.1 滤镜综合练习

Photoshop CS6 提供的滤镜种类繁多，功能也非常强大，灵活运用往往可以产生一些出人意料的效果。所以读者在学习滤镜时，不应局限于书中所讲的应用范围，可多找一些不同的图像反复尝试，以期将这些滤镜的效果显示出来，并熟练掌握。

本节将综合使用【滤镜】命令制作出一幅油画效果的图像，练习制作时请注意不同滤镜命令的参数调整和效果显示。该例的原图与最终效果如图 10-130 所示。

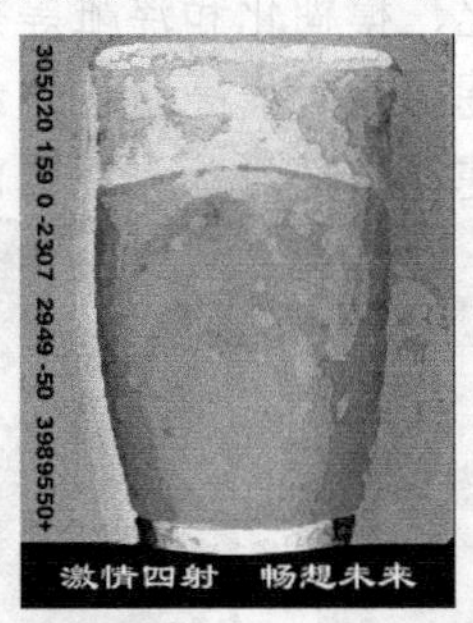

图10-130　原图与最终油画效果

1. 选择菜单栏中的【文件】/【打开】命令，打开本书配套光盘“Map”目录下的“啤酒杯.bmp”文件。
2. 选择菜单栏中的【滤镜】/【艺术效果】/【干画笔】命令，弹出如图 10-131 所示【干画笔】对话框，修改【画笔大小】、【画笔细节】、【纹理】数值分别为“3”、“9”、“1”，然后单击 确定 按钮。

图10-131　【干画笔】对话框

3. 选择菜单栏中的【滤镜】/【艺术效果】/【水彩】命令，弹出如图 10-132 所示【水彩】对话框，修改【画笔细节】、【阴影强度】、【纹理】数值分别为“12”、“1”、“1”，然后单击 确定 按钮。

图10-132 【水彩】对话框

4. 选择菜单栏中的【图像】/【调整】/【曲线】命令，弹出如图 10-133 所示【曲线】对话框，参照图示调整曲线，加大图像的对比度。

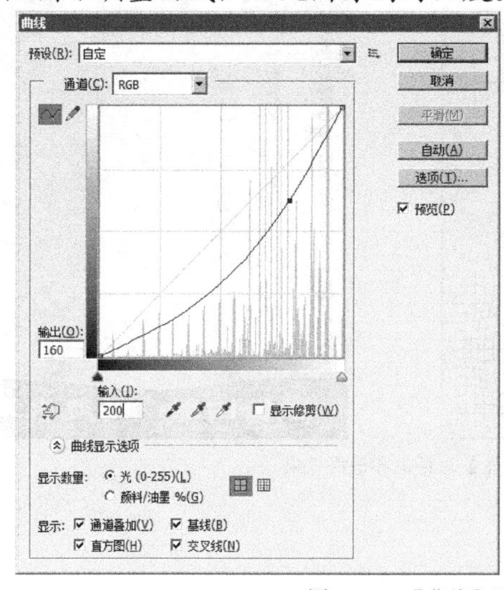

图10-133 【曲线】调整及其效果

5. 选择菜单栏中的【图像】/【调整】/【色彩平衡】命令，弹出如图 10-134 所示【色彩平衡】对话框，参照图示调整参数，使图像色彩更偏向暖黄色。
6. 再新建一个图层，添加文字和细节，效果如图 10-135 所示。

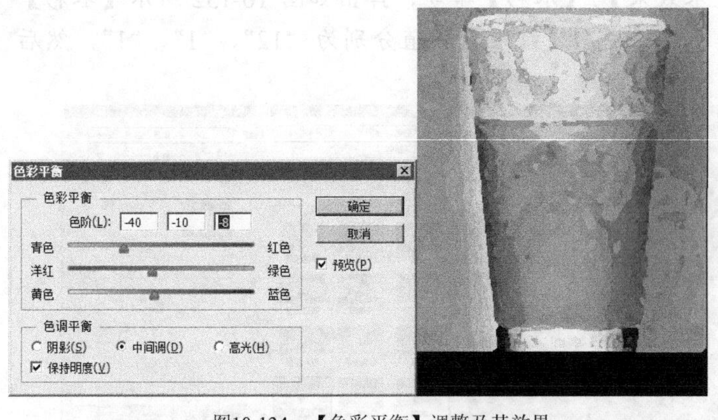

图10-134　【色彩平衡】调整及其效果

图10-135　添加文字和细节后的效果

在将不同的图像处理成油画效果时，调整使用的参数要根据具体情况进行调整，除了使用菜单栏中的【滤镜】/【艺术效果】/【干画笔】命令、【滤镜】/【艺术效果】/【水彩】命令，还可以结合使用【滤镜】/【艺术效果】/【绘画涂抹】命令。使用滤镜后再对图像的色彩进行调整。

7. 再次选择菜单栏中的【滤镜】/【扭曲】/【挤压】命令，弹出如图 10-136 左图所示【挤压】对话框，参照图示调整参数，产生挤压变形效果，最终效果如图 10-136 右图所示。
8. 选择菜单栏中的【文件】/【存储为】命令，将当前图像保存到计算机中。

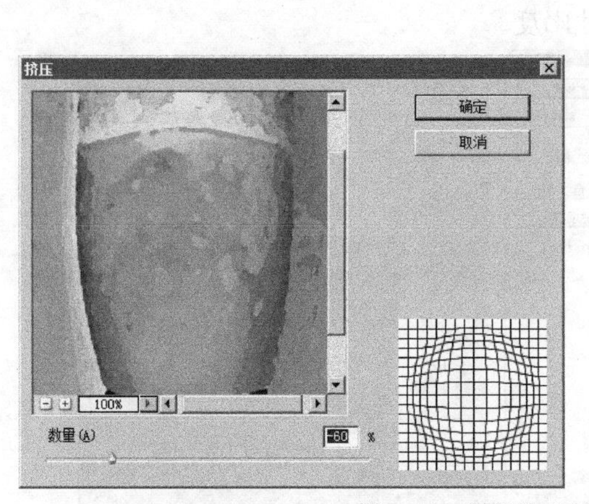

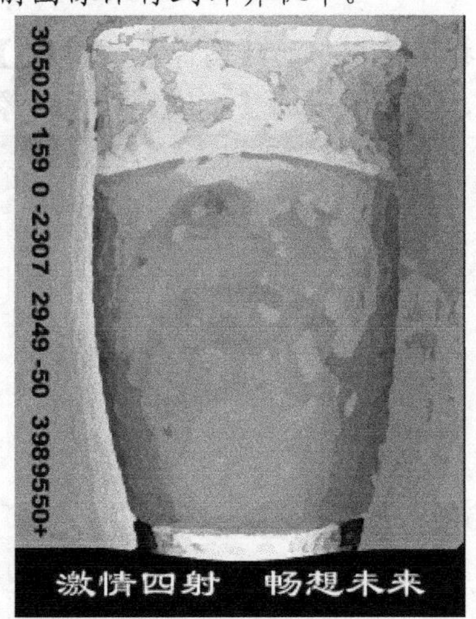

图10-136　【挤压】对话框和最终效果

10.19.2 水波效果制作

本节将主要介绍使用【渲染】、【模糊】、【扭曲】等滤镜命令及【色彩平衡】命令，制作逼真的水波效果，最终效果如图 10-137 所示。

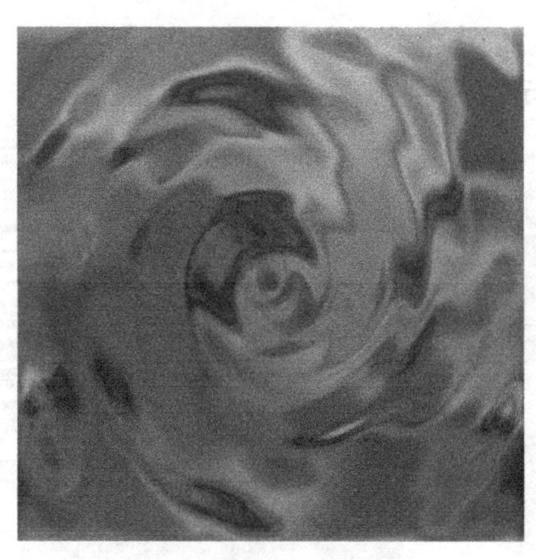

图10-137　水波效果

本次实训要求读者掌握制作水波效果的基本方法，以达到灵活运用滤镜命令的目的。

【操作步骤提示】

9. 选择【文件】/【新建】命令，新建一个名为“水波效果制作.psd”的文件，参数的设置如图 10-138 所示。
10. 新建一个图层，将前景色和背景色分别设置为黑色和白色。选择【滤镜】/【渲染】/【云彩】命令，得到如图 10-139 所示效果。

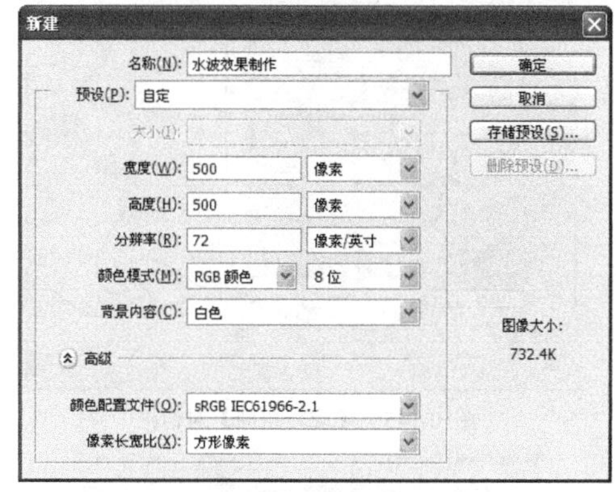

图10-138　新建文件

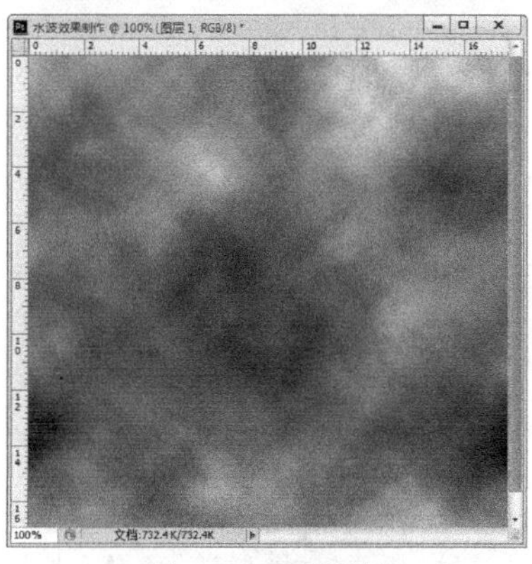

图10-139　云彩效果

11. 选择【滤镜】/【模糊】/【径向模糊】命令，参数的设置如图 10-140 所示。再选择【滤镜】/【模糊】/【高斯模糊】命令，参数的设置如图 10-141 所示，最终得到如图 10-142 所示效果。

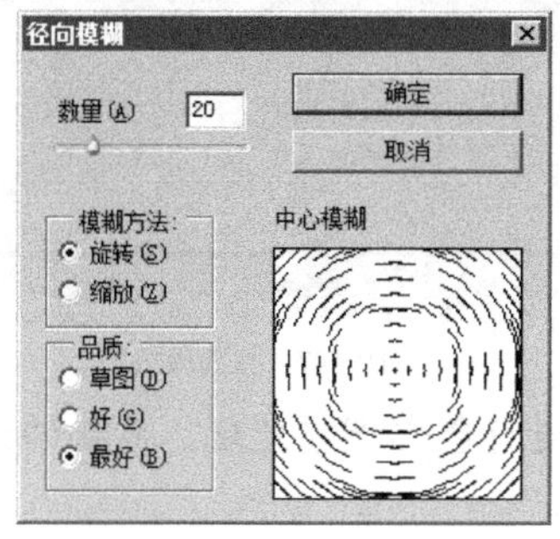

图10-140　【径向模糊】对话框

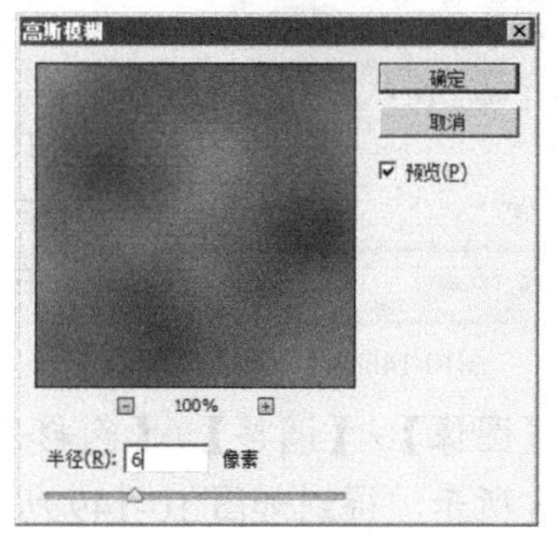

图10-141　【高斯模糊】对话框

12. 选择【滤镜】/【滤镜库】/【素描】/【铬黄渐变】命令，参数的设置如图 10-143 所示，得到如图 10-144 所示效果。

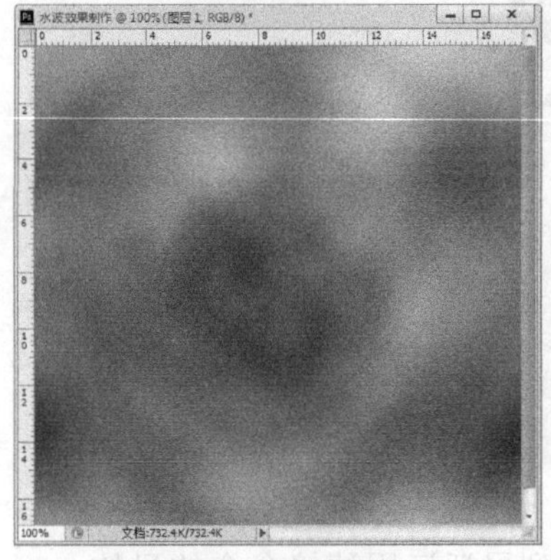

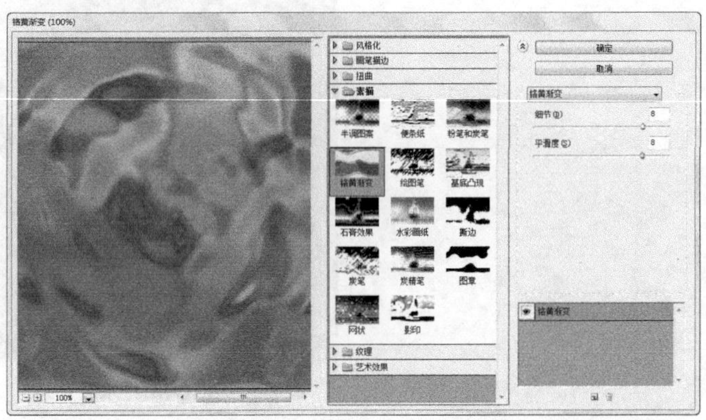

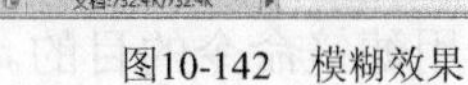

图10-142　模糊效果　　　图10-143　【铬黄渐变】对话框

13. 选择【滤镜】/【扭曲】/【旋转扭曲】命令，参数的设置如图 10-145 所示。再选择【滤镜】/【扭曲】/【水波】命令，参数的设置如图 10-146 所示，最终得到如图 10-147 所示效果。

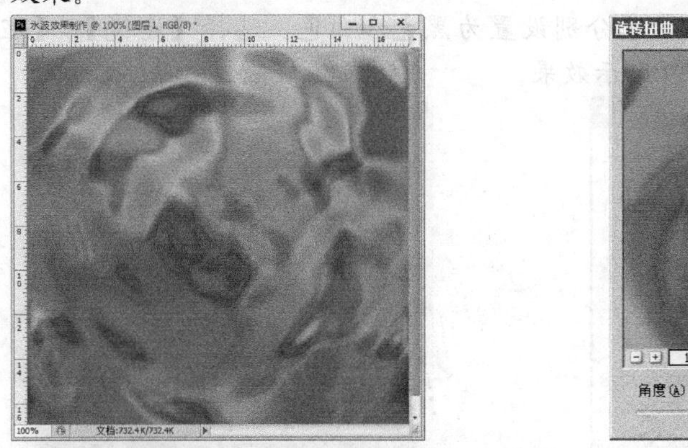

图10-144　铬黄效果

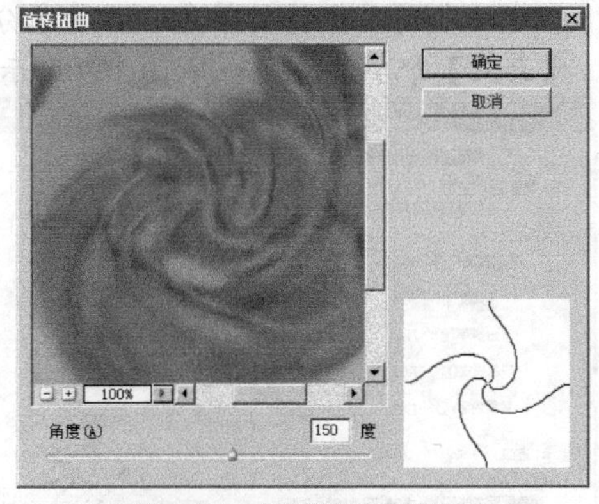

图10-145　【旋转扭曲】对话框

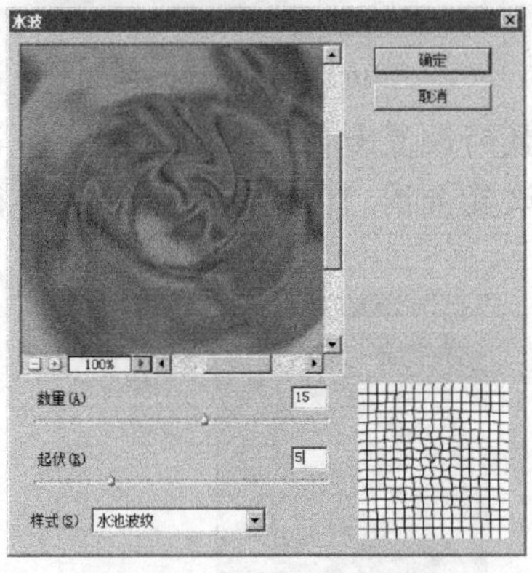

图10-146　【水波】对话框

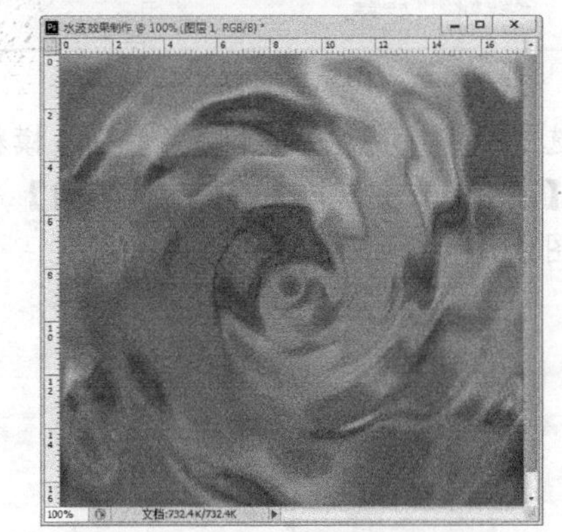

图10-147　扭曲效果

14. 选择【图像】/【调整】/【色彩平衡】命令，对图像进行色彩调整处理，参数的设置如图 10-148 所示，得到如图 10-149 所示效果。

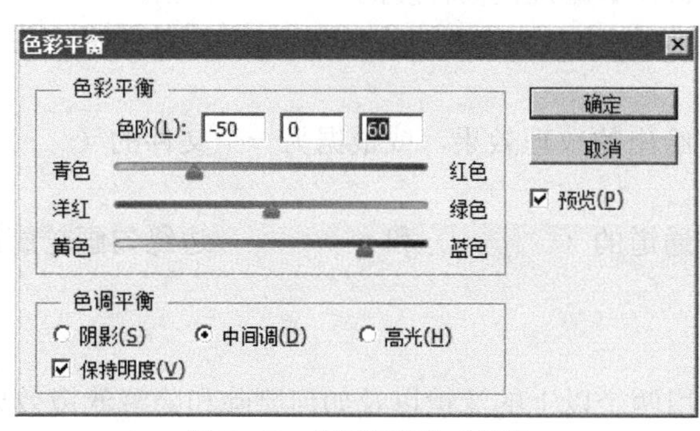
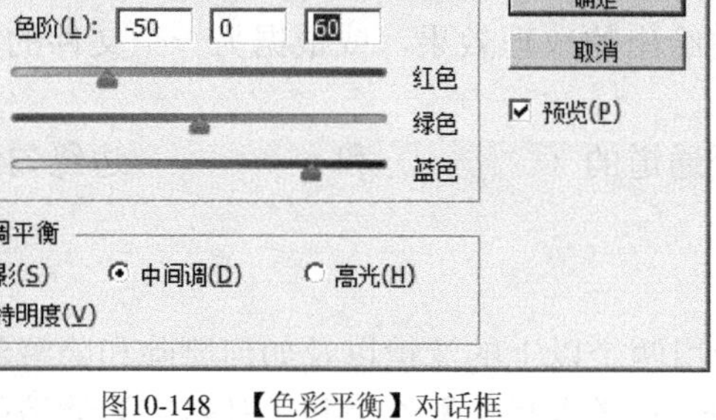

图10-148 【色彩平衡】对话框

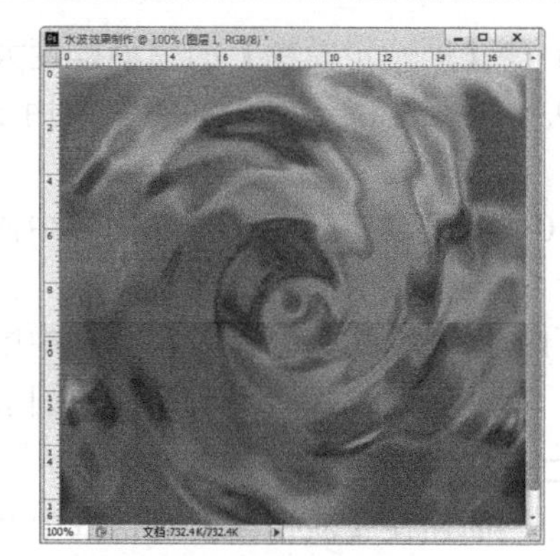

图10-149 最终效果

15. 选择菜单栏中的【文件】/【存储为】命令，将当前图像保存到计算机中。

10.20 小结

本章主要介绍了 Photoshop CS6 的各种滤镜，种类比较繁多，有的也比较复杂，几乎可以被看作一个小程序。这些滤镜的功能非常强大，往往可以产生一些出人意料的效果。所以读者在学习滤镜时，不应局限于书中所讲的应用范围，应多找一些不同的图像反复尝试，以期将这些滤镜的效果显示出来，并熟练掌握。

读者可以多尝试调整滤镜的参数，或者将几个滤镜组合，看看能不能得出一些特别的效果。除了利用滤镜处理图像外，还可以尝试将滤镜应用到文字上，以获得各种各样的文字效果。在做这样的尝试时，如果得到较好的效果，应该立刻将制作过程记录下来，哪怕只需要一两步操作也要记录。这样慢慢积累下来，设计能力就会大大提高。

10.21 练习题

一、填空

1. 【抽出】命令提取的结果是将（　　　　）擦除，如果当前图层是背景层，则自动转换为（　　　）。
2. 【彩色半调】滤镜是在图像中添加带有彩色半色调的网点，图像中的每个颜色通道都转变成着色网点，网点的大小受其（　　　）影响。
3. 【晶格化】滤镜是将图像中的像素分块，每块都使用（　　　　）颜色，从而将原图像修改为以（　　　　）形的（　　　　）色块组成的图像。
4. 【碎片】滤镜是将图像形成一种不聚焦的（　　　　　）效果。
5. 【扩散亮光】滤镜是将（　　　　）色的光晕加至图像中较（　　　）的部分，从而产生一种弥漫的光漫射效果。
6. 【置换】滤镜是根据另一个（　　　）格式图像的（　　　　）度将当前图像中的像素进行移动，从而产生变形的效果。
7. 【蒙尘与划痕】滤镜的作用是搜索图像中的缺陷并将其融入到（　　　　　）中。它将根据（　　　　）的过渡差值，找出突出于其周围像素的像素，并用（　　　　）的颜色填充这些区域。

8. 【进一步模糊】的模糊程度大约是【模糊】滤镜模糊程度的（　　　）倍。
9. 【强化的边缘】滤镜主要用于强化图像中（　　　　　　　　　），使图像产生一种强调（　　　）的效果。
10. 【纹理化】滤镜是在图像中添加软件给出的纹理效果，或根据另一个文件的（　　）值向图像中添加纹理。
11. 【等高线】滤镜是在图像中围绕每个通道的（　　　）和（　　　）边缘勾画轮廓线，从而产生（　　　）色的细窄线条。

二、简答

1. 简述在【滤镜库】对话框中对图像应用两个以上的滤镜以及如何删除和隐藏滤镜效果。
2. 简述【彩色半调】滤镜、【晶格化】滤镜、【点状化】滤镜和【马赛克】滤镜的区别。
3. 简述如何调整【切变】滤镜的扭曲效果。
4. 简述【动感模糊】滤镜与【径向模糊】滤镜的区别。
5. 简述【喷溅】滤镜与【喷色描边】滤镜的效果有什么不同。
6. 简述【成角的线条】滤镜、【深色线条】滤镜与【阴影线】滤镜的效果有什么不同。
7. 简述什么是 NTSC。
8. 简述【锐化】滤镜中 4 个滤镜的功能有什么不同。

三、操作

1. 打开本书配套光盘“Map”目录下的“向日葵.jpg”文件，如图 10-150 所示，将其修改为如图 10-151 所示咖啡店霓虹灯招牌的效果。操作时请参照本书配套光盘“练习题”目录下的“霓虹灯招牌.psd”文件。

图10-150　原始照片素材

图10-151　霓虹灯招牌（参见光盘）

【操作步骤提示】

(1) 使用【照亮边缘】滤镜将图像修改为光亮的霓虹灯。
(2) 将背景层转换为普通层，并修改当前图层的名称为“向日葵”。
(3) 添加一个黑色的背景层。
(4) 将【向日葵】层等比例缩小至如图 10-151 所示大小。
(5) 按住 Ctrl 键，在【图层】调板中单击【向日葵】层的缩览图，载入矩形选区。
(6) 创建一个新图层，并修改新图层的名称为“框”。
(7) 移动【框】层至【向日葵】层上方，在【框】层中用白色对选区进行描边，并设置蓝色的【外发光】和【内发光】样式，如图 10-151 所示。
(8) 将【向日葵】层中的黑色图像删除。

(9) 将【向日葵】层再复制一层，使用【高斯模糊】滤镜（【半径】值为“5”）使新复制图层模糊，并修改当前图层的模式为【变亮】。
(10) 在图像中创建如图 10-151 所示白色“coffee”文字。
(11) 将文字用绿色描边，描边宽度为 1px。
(12) 将文字再复制一层，新复制的文字层名称为“coffee 副本”，修改当前文字颜色为绿色。使用【高斯模糊】滤镜（【半径】值为“3”）使新复制图层模糊，并修改当前图层的模式为【变亮】。
(13) 将【coffee 副本】层再复制一层。
(14) 给【coffee】层添加绿色的【外发光】样式。霓虹灯招牌的效果如图 10-151 所示。

2. 使用【渲染】、【像素化】、【模糊】、【扭曲】、【锐化】及图像颜色调整等命令，制作出如图 10-152 所示奇特绚丽的图像效果。操作时请参照配套光盘“练习题”目录下的“炫彩效果制作.psd”文件。

图10-152 炫彩效果

【操作步骤提示】

(1) 选择【文件】/【新建】命令，新建一个名为“炫彩效果制作.psd”的文件，参数的设置如图 10-153 所示。
(2) 新建一个图层，将前景色和背景色分别设置为黑色和白色。选择【滤镜】/【渲染】/【云彩】命令，得到如图 10-154 所示效果。

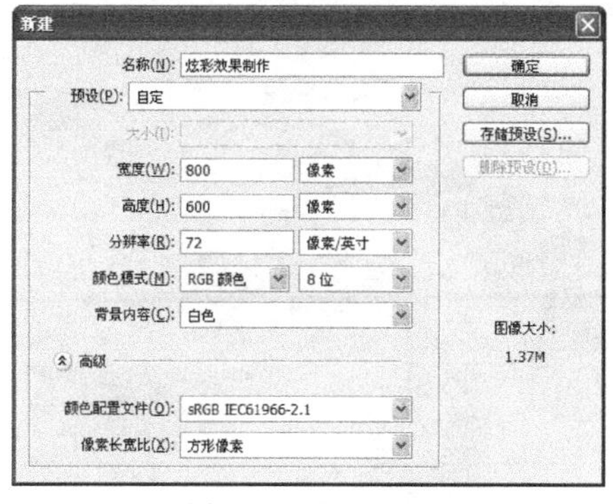

图10-153 新建文件

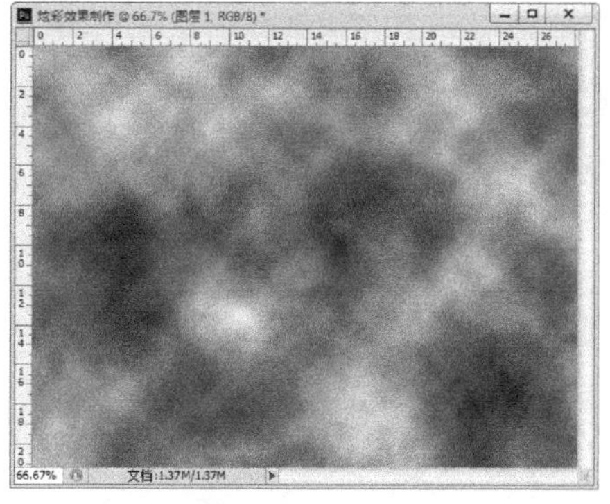

图10-154 云彩效果

(3) 选择【滤镜】/【像素化】/【铜版雕刻】命令，参数的设置如图 10-155 所示，得到如图 10-156 所示效果。

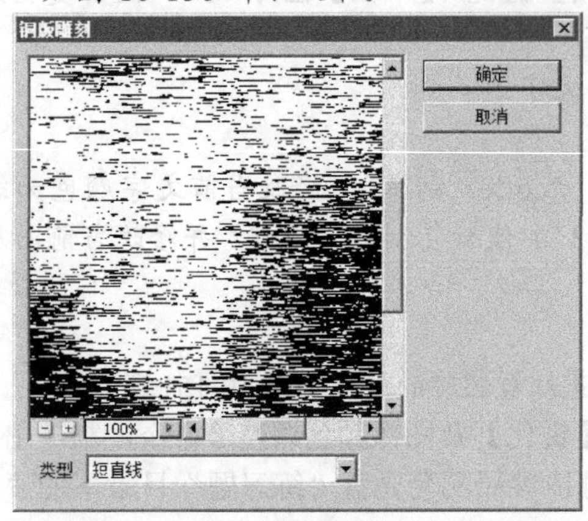

图10-155　【铜版雕刻】对话框

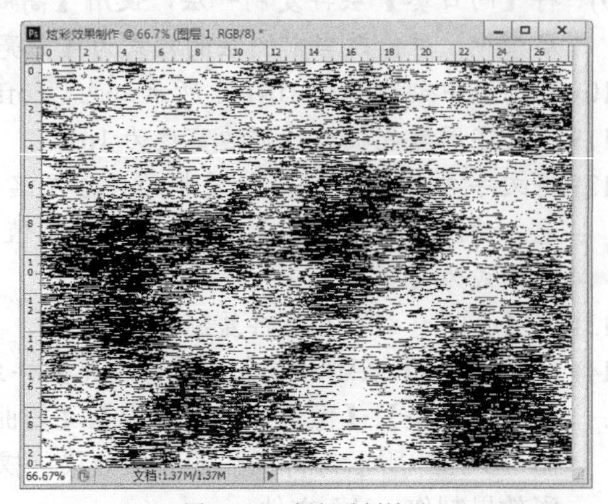

图10-156　铜版雕刻效果

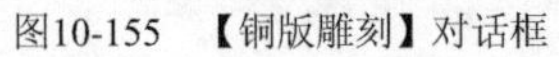

(4) 选择【滤镜】/【模糊】/【径向模糊】命令，参数的设置如图 10-157 所示。执行两次该操作，最终得到如图 10-158 所示效果。

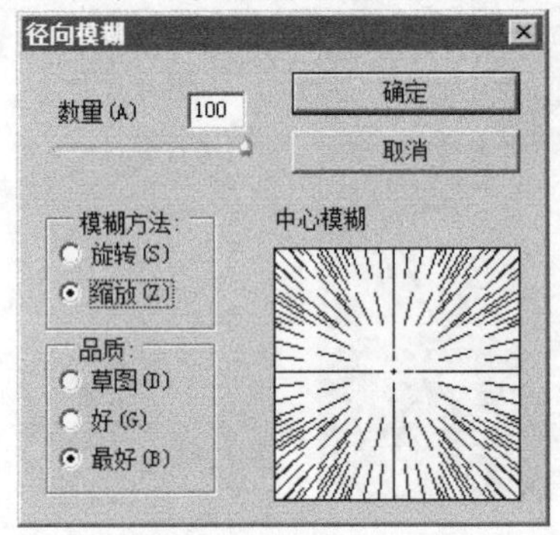

图10-157　【径向模糊】对话框

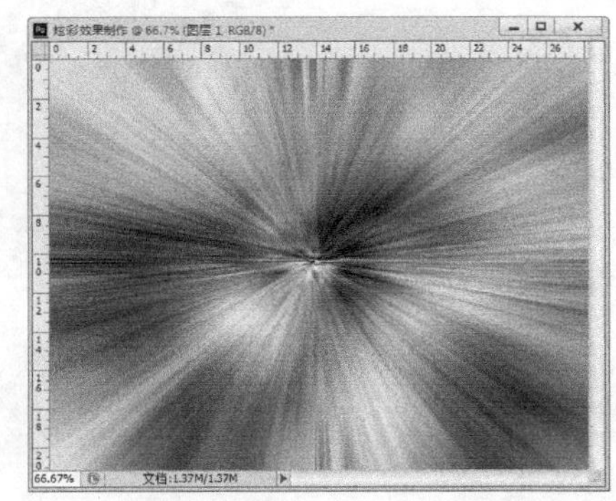

图10-158　径向模糊效果

(5) 选择【滤镜】/【扭曲】/【旋转扭曲】命令，参数的设置如图 10-159 所示，得到如图 10-160 所示效果。

(6) 复制当前图层，再次选择【滤镜】/【扭曲】/【旋转扭曲】命令对复制的图层进行操作，参数的设置如图 10-161 所示。完成后在【图层】调板左上角的【图层混合模式】下拉列表中选择【变亮】模式，最终得到如图 10-162 所示效果。

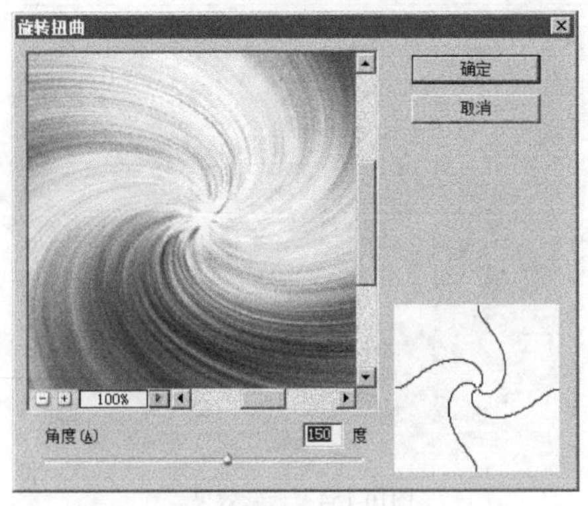

图10-159　【旋转扭曲】对话框（1）

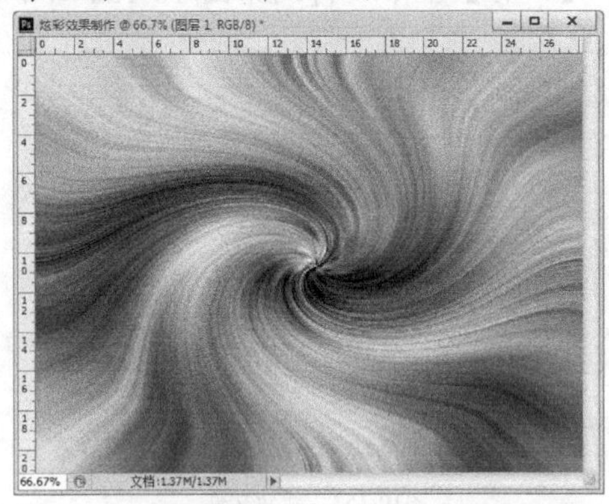

图10-160　扭曲效果（1）

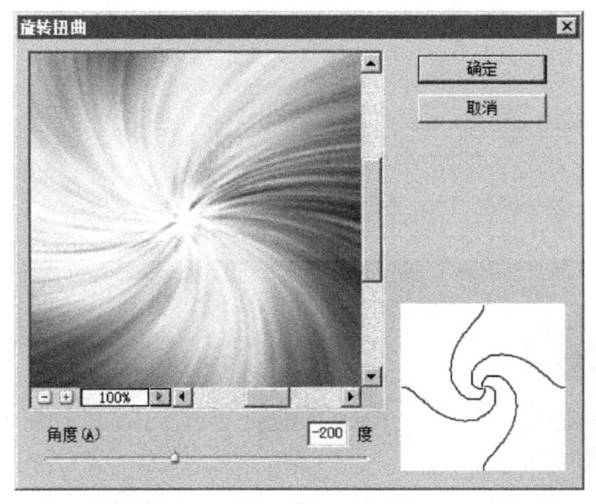

图10-161 【旋转扭曲】对话框（2）

图10-162 扭曲效果（2）

(7) 选择【图像】/【调整】/【色相/饱和度】命令，对图像进行着色处理，参数的设置如图 10-163 所示，得到如图 10-164 所示效果。

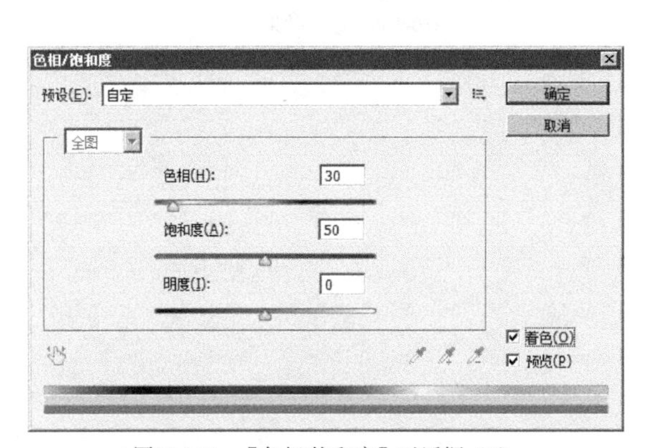

图10-163 【色相/饱和度】对话框（1）

图10-164 着色效果（1）

(8) 选择【图层 1】，再次选择【图像】/【调整】/【色相/饱和度】命令，参数的设置如图 10-165 所示，得到如图 10-166 所示效果。

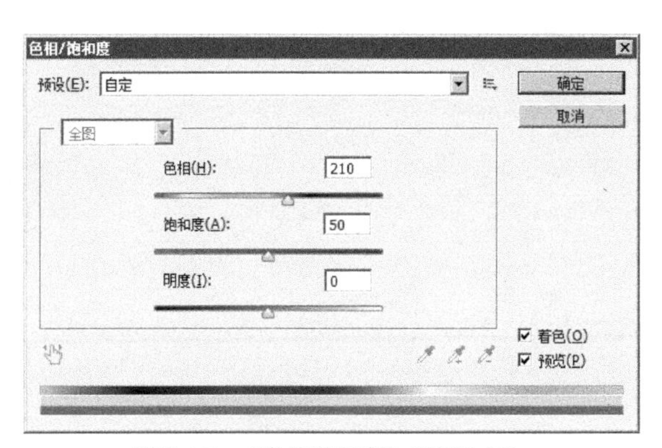

图10-165 【色相/饱和度】对话框（2）

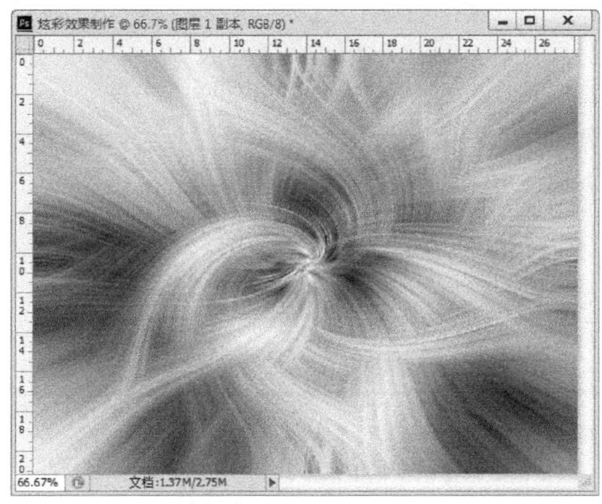

图10-166 着色效果（2）

(9) 选择【图层】/【合并可见图层】命令，将图层合并。选择【滤镜】/【锐化】/【USM 锐化】命令，参数的设置如图 10-167 所示，最终得到如图 10-168 所示效果。

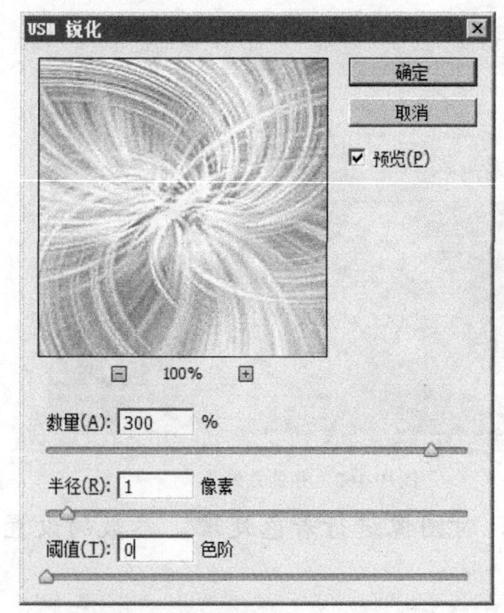

图10-167　【USM 锐化】对话框

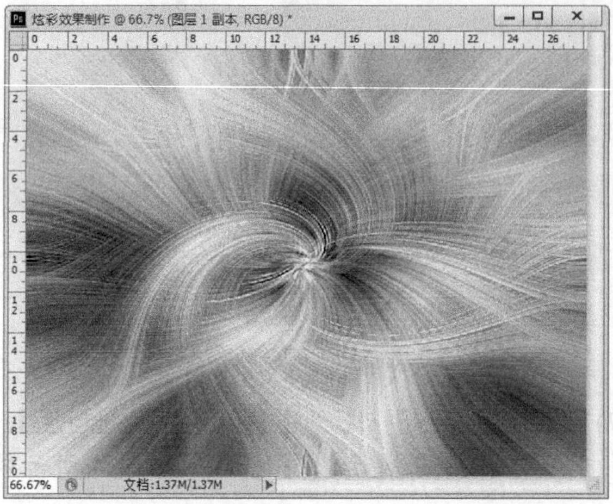

图10-168　最终效果

(10) 选择【文件】/【存储】命令，保存文件。